南开大学统计与数据科学丛书

数理统计教程（第二版）

A course in mathematical statistics

王兆军　邹长亮　周永道　编著

中国教育出版传媒集团
高等教育出版社・北京

内容提要

数理统计是一门主要研究如何有效地收集、整理和分析受随机因素影响的数据，并对所考虑的问题作出科学推断的课程，具有很强的应用性。本书主要讲述数理统计的一些基本概念与方法，如几个常用的抽样分布，矩估计、最小方差无偏估计、最大似然估计、最小二乘估计等点估计方法和基于枢轴量法的区间估计，单样本与两样本的显著性检验、最大功效检验、似然比检验、序贯概率比检验及一些拟合优度检验方法。另外，本书还简单介绍了某些统计模拟方法以及现在非常流行的自助法和经验似然方法。

本书可作为高等学校数学类专业、统计学类专业以及数据科学与大数据技术专业本科生数理统计课程教材，也可供其他专业、工程技术人员和统计应用工作者参考。

图书在版编目（CIP）数据

数理统计教程 / 王兆军，邹长亮，周永道编著 . -- 2 版 . -- 北京：高等教育出版社，2023. 8

ISBN 978-7-04-060894-6

Ⅰ. ①数… Ⅱ. ①王… ②邹… ③周… Ⅲ. ①数理统计-教材 Ⅳ. ① O212

中国国家版本馆 CIP 数据核字（2023）第 135987 号

Shuli Tongji Jiaocheng

策划编辑 张晓丽　　责任编辑 张晓丽　　封面设计 马天驰　　版式设计 杜微言
责任绘图 李沛蓉　　责任校对 吕红颖　　责任印制 韩 刚

出版发行 高等教育出版社
社　　址 北京市西城区德外大街4号
邮政编码 100120
印　　刷 北京印刷集团有限责任公司
开　　本 787mm×1092mm 1/16
印　　张 22.25
字　　数 430 千字
购书热线 010-58581118
咨询电话 400-810-0598
网　　址 http://www.hep.edu.cn
　　　　 http://www.hep.com.cn
网上订购 http://www.hepmall.com.cn
　　　　 http://www.hepmall.com
　　　　 http://www.hepmall.cn
版　　次 2014 年 2 月第 1 版
　　　　 2023 年 8 月第 2 版
印　　次 2023 年 8 月第 1 次印刷
定　　价 46.60 元

物 料 号 60894-00

第二版前言

本书第一版自 2014 年出版以来, 被多所高校选用为本科生或研究生数理统计课程教材或参考书, 很多读者提供了非常宝贵的修改建议。为了更好地适应统计学和数据科学相关专业对数理统计理论与应用的需求, 我们在高等教育出版社的支持下, 对教材进行了修订。

这次修订除了更正第一版的一些排版错误外, 增添了部分内容, 也删减了某些已不适应大数据时代的内容, 对部分理论和方法提供了更详细的解释, 并调整了部分习题。主要包括:

1. 在 1.1 节中增加了统计学的发展历史, 并说明统计学与数学的异同之处, 把第一版的 1.5 节内容调整到 1.2 节, 并删除了茎叶图等内容;

2. 在 2.2 节增加了替代原理的详细介绍以及其与矩估计之间的关系, 在 2.3.2 小节增加了关于求解似然方程的 Newton 迭代法, 在 2.3.3 小节中增加了 EM 算法的背景介绍, 以便更好理解该算法, 在 2.7.5 小节引入 Delta 方法, 从而得到统计量函数的极限分布;

3. 删除了第 5 章中关于相似检验的内容, 5.7 节增加了多重检验、错误发现率及其控制方法。

本书适合作为高等学校数学类专业、统计学类专业以及数据科学与大数据技术专业的本科生教材或其他相关专业研究生的参考书, 一学期完成授课, 学生需要有高等数学和概率论的基本知识。本书中新增的关于算法方面的部分内容, 若能结合统计和数据科学软件 (如 MATLAB、R、Python 等) 学习, 会大大提高学习效果。

作者衷心感谢对本书的修订及勘误提出许多非常好的建议的读者, 感谢高等教育出版社张晓丽编辑对修订工作付出的辛勤劳动, 特别感谢多位助教对本书课后习题的补充与修订。

虽然我们在修订时努力使本书匹配大数据时代统计学专业本科生对数理统计基础知识的需求, 但限于作者水平, 不当之处在所难免, 热诚欢迎广大读者继续对第二版提出宝贵意见, 以便今后进一步修改完善。

编者

2023 年 1 月于南开园

第一版前言

数理统计是一门应用性非常强的学科，它的历史已有三百多年，即使从 K. Pearson 和 R. A. Fisher 的工作算起，数理统计的发展也已有一百多年的历史，并且取得了良好的社会效益和经济效益。

按《不列颠百科全书》上的说法，统计学 (statistics) 是 “收集和分析数据的科学与艺术”，且该书中没有标出 “mathematical statistics” 一词，因为西方的 “mathematical statistics” 是特指统计方法的理论基础那一部分。我们所说的数理统计 (mathematical statistics) 即为西方所说的 “statistics”，以示与视为社会科学的经济统计学的区别。

数理统计是一门研究如何有效地收集和分析受到随机因素影响的数据的学科，经过多年的发展和完善，其研究内容已非常丰富，且形成了多个学科分支，如抽样调查、试验设计、回归分析、多元统计分析、时间序列分析、非参数统计、Bayes 推断等。而且，数理统计也在多个领域有所应用，可以说，只要一个实际问题有大量或少量数据，我们就可以利用数理统计方法去分析它、解决它。

本书用较严格的语言，较详细地介绍数理统计学中的一些基础知识，以期为进一步的理论研究打下较坚实的基础。另外，也对当前统计学的某些热点研究方向，如经验似然、自助法等基本概念和知识进行了简单的介绍，希望开拓学生的视野。

全书共分 8 章。第 1 章介绍了统计学中的一些基本概念，如样本、总体、样本分布族、统计量、充分统计量及几个常用抽样分布。第 2 章给出了矩估计、最大似然估计、无偏估计等点估计方法，并且在此基础上，简单介绍了 Bayes 估计和最小二乘估计。第 3 章介绍了区间估计的基本概念，基于枢轴量法的区间估计和 Fisher 信念推断方法。第 4 章介绍了关于单样本及两样本正态总体的 Fisher 显著性检验，以及单参数指数型分布族的显著性检验和似然比检验问题。第 5 章讲述了基于 Neyman-Pearson 引理的一致最大功效检验，多参数指数型分布族的最大功效检验和序贯概率比检验。第 6 章介绍了 Pearson χ^2 拟合优度检验，Kolmogorov 检验以及某些正态性检验。第 7 章介绍了产生随机数的几种常用方法和随机模拟计算。第 8 章简单介绍了自助法和经验似然初步。附录给出了一些常用分布的分位数表 (均是利用 FORTRAN 程序计算得到)。

在本书的编写过程中，我们选择了一些常用的典型统计方法来叙述前人积累起来的统计思想和概念，并注重统计的应用性。本书是为南开大学数学科学学院统计学专业本科生的 “数理统计” 必修课编写的，且在南开大学数学科学学院讲授多年。期间, 许多学生对本书提出了许多宝贵的修改意见。

多位审稿者对本书初稿提出了许多非常好的修改意见, 我们在此表示衷心的感谢。

在编写本书的过程中, 我们参阅了多本书籍, 如陈希孺院士的《数理统计学简史》, Lehmann 教授的《点估计理论》, 茆诗松、王静龙教授的《数理统计》, 茆诗松、王静龙、濮晓龙教授的《高等数理统计》, 韦博成教授的《参数统计教程》及复旦大学编写的《概率论: 第二册》等。这些书籍为本书的编写提供了许多宝贵的材料, 在此表示衷心的感谢。

由于我们无论是中文写作水平还是统计学专业知识都很有限, 编写之中难免会有不妥之处, 欢迎广大读者批评指正。

编者

2013 年 10 月于南开园

目 录

1

第 1 章 基本概念

随着科学技术的发展, 如何有效地收集、分析各类试验数据显得越来越重要. 特别地, 现处于大数据时代, 获取的数据量级越来越大, 高效地分析大数据也显得愈加重要. 其中, 无论数据量的大小, 统计学都可以发挥非常重要的作用. 本章简单介绍统计学的基本概念, 数理统计与统计学及数学之间的关系, 以及数理统计的部分研究方向. 在本书中用到的一些基本概念将在本章给出, 如样本、总体、抽样分布、参数及统计量、充分统计量、次序统计量等.

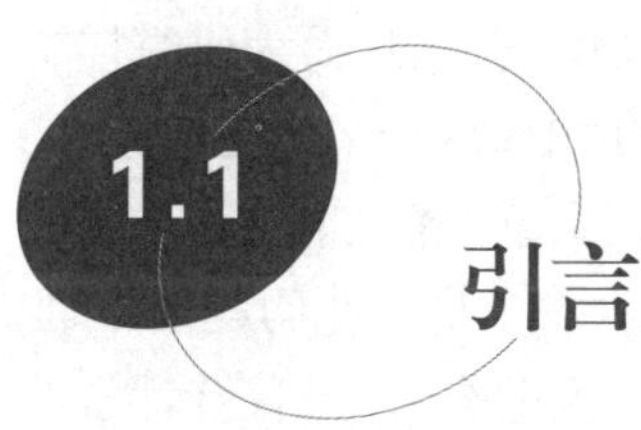

引言

本节首先给出统计学的定义, 并对数据做一些直观的描述和刻画.

1.1.1 统计学

数据无处不在, 让数据本身说话是一门科学. 在《不列颠百科全书》中, 统计学被定义为用来收集和分析数据的一门科学和艺术. 关于统计学更完整的定义如下: 统计学是通过收集、整理、分析、描述数据等手段, 从而推断所测对象的本质, 甚至预测对象未来的一门综合性科学. 从统计学的定义可知, 统计学的研究对象即为数据.

统计学的英文 statistics 源于现代拉丁文 statisticum collegium (国会) 以及意大利文 statista (国民或政治家), 其与国家或城邦的英文 “state” 同一词根, 这说明统计学与国家管理有关. 统计学是一门很古老的科学. 中国是世界上最早进行统计调查的国家之一, 周代《尚书・禹贡》有最早的国情记录, 其记录了当时土地、人口和财产等状况, 迄今已有 3000 多年历史. 在 2300 多年前, 古希腊的亚里士多德撰写 “城邦政情” (matters of state), 其包括各城邦的历史、行政、科学、艺术、人口、资源和财富等社会和经济情况的比较、分析. 因此, 统计学起源于研究社会经济问题. 在 2000 多年的发展过程中, 统计学至少经历了 “城邦政情”“政治算数” 和 “统计分析科学” 三个发展阶段. 第三阶段的 “统计分析科学” 即为现代意义的统计学.

现代统计学的奠基性人物为英国著名统计学家 K. Pearson (K. 皮尔逊)

和 R. A. Fisher (费希尔). K. Pearson 最伟大的成就就是创造出了第一个 "拟合优度检验" (goodness of fit test) —— χ^2 拟合优度检验. 他还提出标准差、矩估计法等, 并发展了大样本理论. 此外, 他在 Weldon (威隆) 和 Galton (高尔顿) 的协助下, 于 1901 年创建了著名期刊 *Biometrika*, 其为统计学的第一本期刊. 另一方面, Fisher 对现代统计科学做出了杰出贡献, 包括创建了试验设计方法, 提出了方差分析、最大似然统计推断、信仰推断和导出了许多抽样分布等. Fisher 还提出了在假设检验中影响极大的 p 值. 他在统计学的诸多思想影响至今. 后来, Gosset (戈塞特) 于 1908 年首次以 "学生" (Student) 为笔名, 在 *Biometrika* 上发表了具有里程碑意义的论文 "The probable error of a mean", 其中所提的 t 分布是小样本理论研究的奠基性工作, 从而为研究样本分布理论奠定了重要基础. 后来, Neyman (奈曼) 和 E. Pearson (E. 皮尔逊, K. 皮尔逊的儿子) 在 1928—1938 年合作发表了一系列文章, 建立了一种严格的假设检验的数学理论, 其要旨是把假设检验问题作为一个最优化问题来处理, 从而使统计推断理论变得非常明确. 经过这些统计学家的努力, 现代统计学的理论基础日臻完善, 也使得统计学成为一门独立的学科. 本书将陆续介绍这些内容.

统计学以概率论和数学其他分支的理论为基础, 目的是解决实际应用问题. 统计学为各学科领域提供科学的数据分析工具, 并帮助科学家和人文学家发现、探索和掌握自然科学和人文社会科学中的科学真理和自然规律, 从而推动各个学科领域的发展. 统计学并不是数学, 两者之间有以下区别:

(1) 出发点不同: 数学以公理体系为出发点, 统计以科学数据为出发点.

(2) 推理手段不同: 数学以演绎为主, 统计以归纳为主.

(3) 判别标准不同: 数学的标准是 "对" 与 "错", 统计的标准是 "好" 与 "坏".

(4) 研究的关系不同: 数学研究的是因果关系, 统计研究的主要是相关关系.

(5) 问题来源不同: 数学研究的问题主要来源于学科自身, 统计研究的问题主要来源于学科外部.

1.1.2 数理统计

数理统计是统计学在第三个发展阶段所形成的所有收集和分析数据的新方法的一个综合性名词. 数理统计是统计学最重要的部分, 是统计学的理论基础. 它以数学中的概率论为基础, 研究大量随机现象的统计规律性.

对于数理统计的各种各样的定义, 虽无原则性的分歧, 但是也很难找到一种说法是完全无懈可击的. 现就这些定义中的一些共性进行分析和说明.

1. 必须是受到随机影响的数据, 才能成为数理统计学的研究内容

数理统计与其他学科的一个重要区别点即在于随机性. 随机性的第一个来源就是试验误差 (不是系统误差), 第二个来源就是由于研究问题所涉及的对象太多, 故我们只能随机地抽取部分来进行研究.

2. 如何 "有效" 地收集数据

"有效" 有两个方面的含义: 一是可以建立一个模型来描述所得数据, 二是数据要尽可能多地包含与研究问题有关的信息, 例如想调查某地区共 10 000 户农户的经济状况, 由于条件的限制, 我们不可能逐户调查, 若从中随机抽取 100 户作实际调查, 问题是:

(1) 100 户是否合适 (如何权衡精度与费用)?

(2) 这 100 户如何去选 (如何抽样以得到更有代表性的数据)?

3. 如何 "有效" 地利用数据

获取数据的目的在于提供所研究问题的相关信息, 这种信息有时并不是一目了然的, 而需要用 "有效" 的方法去提取或提炼, 之后再对所研究的问题作出一个结论, 这种 "结论" 在统计上被称为推断 (inference).

为有效地使用数据进行统计推断, 就要涉及统计中的一些准则, 以评价推断的优劣.

描述统计的任务是如何有效地收集样本, 并对样本进行整理、分组, 计算各种特征指标, 以描述样本分布的集中趋势、离中趋势和偏斜度等. 其中, 数据采集方法包括抽样调查和试验设计等. 推断统计是在描述统计的基础上, 根据随机样本归纳出的规律性, 对总体进行推断和预测. 推断统计可以分为估计理论和假设检验理论. 本书主要介绍部分参数估计方法和假设检验方法.

1.1.3 数理统计的部分研究方向

在讲解基本概念之前, 我们先看数理统计研究常应用的几个方面.

例 1.1.1 (抽样调查) 随着高校招生政策的变化, 每所院校及院系都越来越重视自己的生源情况, 也都想出了各种各样的方法以吸引各地优秀的中学生报考自己的学校. 导致这种现象的根本原因就是各个学校都认识到学生质量对学校声誉的重要性. 如果仅从考试成绩来看, 大学成绩是否真的与中学成绩存在着很大的相关性? 要想回答此问题, 我们有必要考虑如下问题:

(1) 选取哪几所大学进行研究? 在选定的大学中选取多少名什么样的大学生?

(2) 用什么成绩来反映大学和中学的成绩?

(3) 有了数据后如何进行分析?

(4) 这种情况对于重点大学与一般大学是否一样?

上面的几个问题中既有如何选取学校和学生的问题, 也有如何进行数据分析的问题. 有关学校及学生的选取问题, 相关抽样内容我们将在抽样调查 (sampling survey) 课程中学习.

例 1.1.2 (估计) 如何综合评价一个大学生的学习成绩?

这是一个估计 (estimation) 的问题, 我们将在本书中介绍.

例 1.1.3 (假设检验) 在许多体育比赛中, 裁判均是通过掷硬币的方法让一方先进行选择, 大家之所以接受这种方法是由于我们相信硬币是均匀的, 即掷一次硬币出现正面与反面的概率是相同的. 现要验证某硬币的均匀性, 我们将这枚硬币投掷 495 次, 正、反面分别出现 220 次和 275 次, 请问: 我们能说这枚硬币均匀吗?

这个问题的解决方法, 就是本书将要介绍的假设检验 (hypothesis testing) 中的内容.

例 1.1.4 (试验设计) 农民在种地之前, 会选择适当的种子. 假如一个农业试验站共有五种小麦可供选择, 请问此试验站应向农民提供哪种种子以备来年的播种?

此问题属于试验设计 (design of experiment) 的研究范畴. 试验设计这一学科的产生、发展与 Fisher 密不可分. 他 1909 年入剑桥大学攻读数学和物理, 期间受 K. Pearson 的影响, 兴趣主要集中在生物学和统计学上. 1914 年第一次世界大战爆发后, Fisher 也打算投笔从戎, 但因视力不好未果. 在此后的 5 年里他的职业是中学教师, 期间他认为农业对于一个国家是非常重要的, 于是他曾在短时间内经营过一个小型农场, 并于 1919 年进入 Rothamsted (洛桑) 试验站工作. 在此试验站工作期间 (1919—1933), 他提出并发展了试验设计这一方向.

例 1.1.5 (质量控制) 在一个工业产品的设计和生产过程中, 如何控制其产品质量? 如何验证其质量是否合格? 又如何改进其产品质量?

此问题就是质量控制 (quality control) 的研究内容, 它可分为线外 (off-line) 和线内 (on-line) 质量控制.

例 1.1.6 (时间序列) 股票是大家常用的投资工具之一, 若把每天的收盘价记录下来, 以 $\{X_t\}_{t=1}^n$ 表示过去 n 天的收盘价, 则人们关心的问题就是如何利用这些数据预测未来?

由于这样的数据是依时间顺次排列的, 故它们的研究方法将在时间序列分析 (time seriesandysis) 这一课程或方向中加以介绍. 当然, 类似的与时间有关的数据还有很多, 且多与经济、金融等行业有关.

例 1.1.7 (回归) 从遗传学的角度看, 遗传会把一种性状 (如身高) 的优势传递给下一代. 如果真是这样的话, 我们会看到一代一代的人中, 个子很高和很矮的人的比例会日渐升高, 而中间部分的比例会日渐下降, 但实际上, 一代代人的身高却稳定在正态分布, 请问如何解释这种情况?

Galton 花费了十几年的时间, 最终此问题得到了圆满的解决. Galton 是 Darwin (达尔文) 的近亲表弟, 他受 Darwin 的影响, 对遗传学很有兴趣, 概率论中讲述的 Galton 钉板即是他发明的一种产生正态分布的装置 (他称这个装置为 quincunx (五点形排法)). 在上述亲子身高问题中, Galton 发现了亲子代间性状遗传中, 性状有向中心回归 (regression) 的现象, 简言之, 高个子的后代平均来说也高些, 但不如其父代那么高, 要向平均身高的方向 "回归" 一些. 其具体验证方法请见陈希孺 (2009).

1.2 数据初步分析

统计学的研究对象是数据. 针对某一实际问题, 若通过抽样调查或试验设计的方法获得样本数据之后, 首先需要对数据进行初步的分析. 我们可以通过图表或数学方法, 对数据进行整理、分析, 并对数据的分布状态、数字特征和随机变量之间关系进行初步地判断和描述. 这一方面的内容即属于描述统计的范畴, 其可分为集中趋势分析、离中趋势分析和相关分析等. 这里, 集中趋势分析包括通过平均数、中数、众数等统计指标来表示数据的集中趋势; 同时可以判断数据的分布是否对称、左偏或右偏等. 离中趋势分析包括通过四分位差、平均差、方差、标准差等统计指标来研究数据的离中趋势. 相关分析可以根据自变量和因变量之间的散点图, 大概地判断两者之间是否存在某种相关性, 从而为后续的回归分析做一些直观判断. 本节我们介绍几种数据初步分析方法, 以利于大家对一组数据的分布特点有一些简单的直观了解, 也有利于大家以后对数据作进一步统计推断.

假设某高校数学学院三个专业共有 126 名学生于 2006 年选修 "数理统计" 课程并参加期末考试, 其期末成绩按照姓氏笔画排列如下:

▶ 表 1.1
126 名学生的考试成绩

应用数学				统计学				信息与计算科学			
63	6	26	79	69	64	89	85	86	64	77	80
70	64	51	70	89	82	74	91	82	86	60	80
86	74	93	94	60	88	60	90	47	91	90	35
89	65	83	32	91	85	77	83	43	65	25	54
89	65	76	89	80	41	69	66	65	71	90	63
50	54	69	80	80	75	83	81	71	67	60	74
88	49	88	61	87	77	86	87	49	35	84	91
55	79	71	82	53	60	91	61	71			
85	81	78	66	78	60	85	94				
76	77	92	74	85	85	81	88				
89	69	78	89	74	77	94	81				
69	88	85	94	75	82	37	60				
				62							

大家很难从表 1.1 的数据中直接看出该组数据的某些特征, 如各专业学生成绩的分布、各专业间的差异等. 本节将简单介绍几种常用的数据初步分析方法: 直方图 (histogram)、五数概括和盒子图 (boxplot).

1.2.1 直方图

直方图是用来描述数据分布的常用工具之一, 它是由若干矩形构成的图. 在构造直方图时, 先把数据值域分成若干个等长区间, 之后利用这些区间把数据分组, 每组作一个矩形, 其高和数据落入该组的频数成比例, 其底为所属区间. 图 1.1 就是表 1.1 中数据的直方图, 在此直方图中, 我们把成绩分成 10 个区间. 由此直方图可以看出 126 名学生期末考试成绩的分布情况.

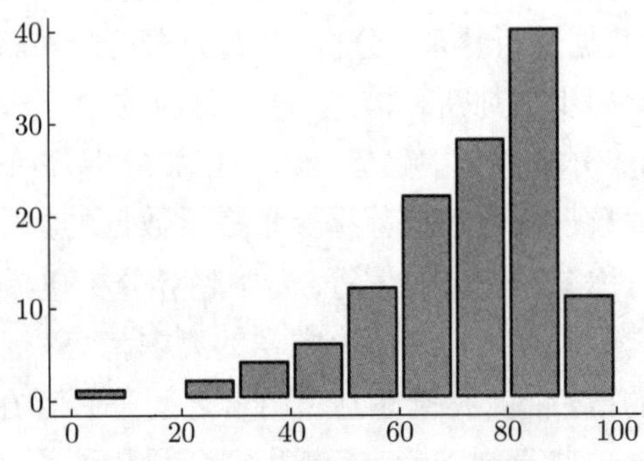

▶ 图 1.1
表 1.1 数据的直方图

从该直方图可知, 数据的分布并不是对称的, 即不可能是正态分布, 而是偏态分布. 进一步地, 可知该数据的左侧偏长, 右侧偏短, 我们称这样的数据分布是左偏分布或负偏态. 对应地, 若某数据的直方图右侧偏长, 左侧偏短, 则称这样的数据分布是右偏分布或正偏态.

此外, 可对每个专业的数据各自得到直方图, 如图 1.2 所示. 从中可以大概判断不同专业数据的分布是否相同. 若从定量的角度去说明不同专业的数据分布是否相同, 需要做假设检验. 本书将给出具体的方法. 一个简单想法是比较不同专业数据的均值或方差是否相同. 我们也可以估计出每个专业的分数的密度函数, 再比较其密度函数是否相同.

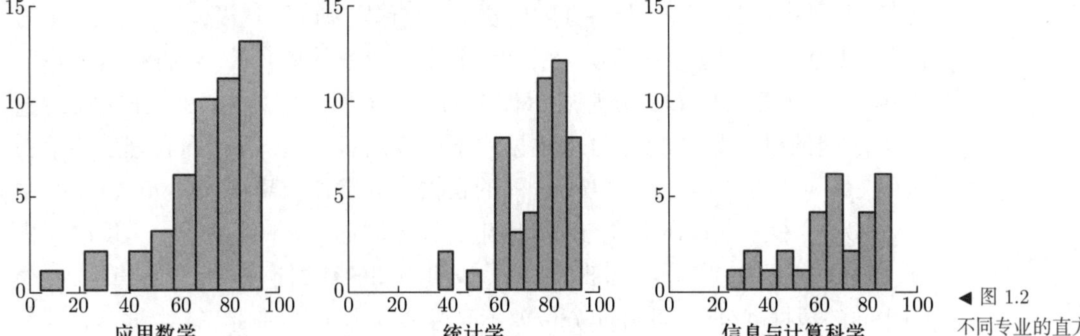

◀ 图 1.2 不同专业的直方图

一般来说, 对于样本 $X_1, \cdots, X_n$, 选择两个适当的常数 X_0 和 $h(>0)$, 把 $(-\infty, \infty)$ 分成若干个小区间 $\Delta_i = [X_0 + (i-1)h, X_0 + ih)$, $i = 0, \pm 1, \pm 2, \cdots$, 并以 n_i 记样本落入区间 Δ_i 的个数. 若我们以 Δ_i 为底, $\dfrac{n_i}{nh}$ 为高作一矩形, 则这些矩形就构成一个直方图. 直方图的形状依赖于初值 X_0 及组距 h 的选取.

这样构造出来的直方图实质上只是把矩形的高由频数变为频率. 因此, 也可以称为频率直方图. 例如, 把图 1.1 中每个小矩形的高除以样本数 126 即可得数据落在每个小区间的频率. 易知, 变换后所有小矩形的高加在一起等于 1. 事实上, 频率直方图是密度函数的一种近似. 若对频率直方图做某种程度的光滑处理, 则可以更好地估计密度函数. 这即是非参数统计中核密度估计的出发点.

1.2.2 五数概括

直方图包含了大量的样本信息, 但没有对样本作过多的加工和整理, 而我们有时需要用少数几个统计量来对大量的原始数据进行简单的概括, 其中有五个数比较重要, 这就是最值、中位数及上 (下) 四分位数. 为了得到这五个值, 首先对样本进行从小到大排序. 这里, 最值包括样本的最大值和最小值. 下四分位数 (lower quartile)、中位数 (median) 和上四分位数 (upper quartile) 分别是第 25%、第 50% 和第 75% 个样本. 这三个数也被称为第 1、2、3 个四分位数. 因此, 这五个数把数据分为四个区间, 每个区间有 25% 的数据, 且下四分位数和上四分位数之间包含 50% 的数据. 在实际中, 估计这三个四分位数的方法如下. 对于给定的样本 $X_1, \cdots, X_n$, 对其进行从小到大的排序后, 记为 $X_{(1)}, X_{(2)}, \cdots, X_{(n)}$. 在次序统计量中, 第 i 个四分位数所在的位置为 $d_i = in/4$, $i = 1, 2, 3$. 记 $[d_i]$ 为 d_i 的整数部分, 则第 i 个四分位数为

$$Y_i = X_{([d_i])} + \frac{i(n+1)}{4-[d_i]}(X_{([d_i]+1)} - X_{([d_i])}).$$

例如, 对于中位数, $d_2 = (n+1)/2$. 若 n 为奇数, 则 $Y_2 = X_{((n+1)/2)}$, 若 n 为偶数, 则 $Y_2 = (X_{(n/2)} + X_{(n/2+1)})/2$. 关于中位数的更多性质, 将在后续章节中讨论. 下面以 Q_L, Q_U 分别表示样本的下、上四分位数. 由于数据落在 Q_L 和 Q_U 间的概率为 0.5, 且每个数据均不应离二者太远, 故我们有理由相信在区间 $(Q_L - 1.5H, Q_U + 1.5H)$ 之外的数据为异常值或离群值 (outliar), 其中 $H = Q_U - Q_L$ 为四分位差. H 可用于比较不同样本之间的差异. 它反映了中间 50% 数据的离散程度, 其数值越小, 说明中间的数据越集中; 其数值越大, 说明中间的数据越分散. 此外四分位差不受极值的影响. 特别地, 若数据落在区间 $(Q_L - 3H, Q_U + 3H)$ 之外, 则有充分理由相信其为异常值.

1.2.3 盒图

虽然上述五个数能反映样本的某些信息, 但由于这五个数并不直观, 故我们把这五个数画在一个图上: 在 Q_L 与 Q_U 之间画一矩形盒子, 在剔除异常点后的极大值与 Q_U 之间、极小值与 Q_L 之间画两线段, 在中位数处画一横线, 且分别在 Q_L 和 Q_U 的下侧和上侧加上竖虚线, 并在 $Q_L - 1.5H$ 和 $Q_U + 1.5H$ 之处加上横线. 若最小值大于 $Q_L - 1.5H$ 或最大值小于 $Q_U + 1.5H$, 则竖虚线只到最小值或最大值. 这样就构成了一个盒图或箱线图 (boxplot 或 box-whiskers plot). 图 1.3 即为表 1.1 中三个专业学生成绩的盒图.

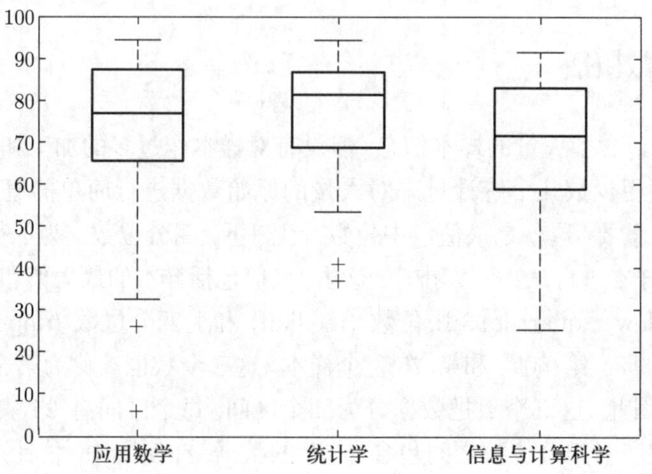

▶ 图 1.3
表 1.1 中三个专业学生成绩的盒图

从盒图不仅可以看出数据的分散程度、中位数的大小以及是否有异常点等, 而且还可以通过不同专业学生成绩的盒图看到各专业间的差异.

从图 1.3 可知, 统计学专业的学生成绩平均分更高, 其中间的矩形盒子的高度最短, 这说明该专业的学生成绩比较集中. 相对而言, 信息与计算科学专业的学生成绩平均分最低, 数据也较分散. 统计学和应用数学这两个专业各存在两个奇异值, 即这几个点和该专业的大部分同学的分数散布情形不同.

1.2.4 散点图

前面的盒图只针对一维的离散数据. 在实际中, 若采集的数据与时间有关或有多个变量, 则可用散点图来表示数据之间的大概趋势. 例如, 图 1.4 表示 2020 年 1 月 2 日至 2022 年 12 月 30 日的上证综合指数收盘价, 这即是一维时间序列, 其随着时间推移而变化. 从中可以判断数据的趋势, 进一步地, 后续可以建立数学或统计模型对其进行拟合.

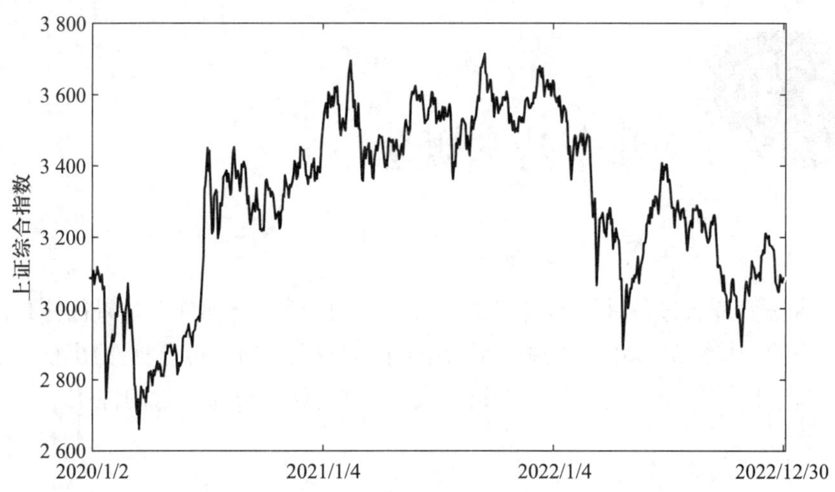

◀ 图 1.4 2020—2022 年上证综合指数时序图

若对于两个变量, 我们可以画出其散点图初步观察两者之间是否存在相关关系. 例如, 我们采用加州大学洛杉矶分校统计在线计算资源网站中包含 25 000 个 18 岁的不同人的身高和体重的数据. 该数据集可用于构建预测人类身高或体重的模型. 为了便于观察, 我们取数据集中前 200 个人的数据, 其散点图如图 1.5 所示. 从中可知, 身高和体重之间存在某种线性关系, 后续可以通过回归分析方法估计出相应的回归方程及其置信区间.

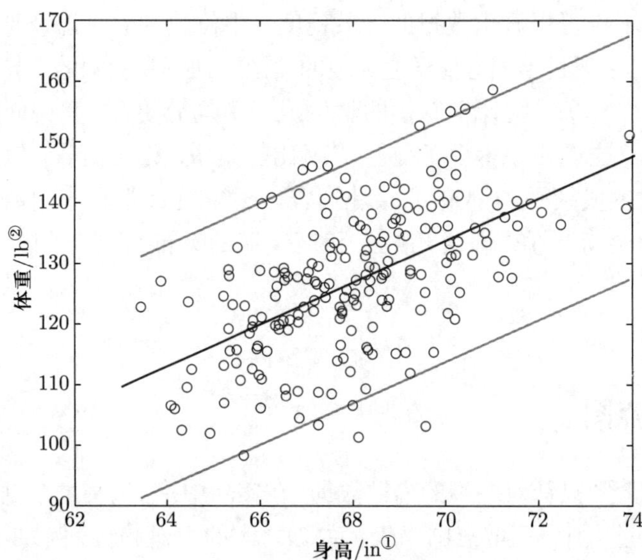

① 1 in = 0.025 4 m.
② 1 lb = 0.454 kg.

▶ 图 1.5
200 个样本点的身高、体重数据

1.3 几个基本概念

前一节是通过各种图形初步地分析数据的特点, 这种分析结果往往是定性且直观的. 从本节开始, 我们将给出更准确的分析. 本节中我们将给出样本、样本分布、抽样分布、统计量等严格定义, 并讨论经验分布函数的性质.

1.3.1 样本和样本分布

一、样本

通过观测或试验而得到的数据就称为**样本** (sample), 又称样品或子样. 若将一物体放在天平上称 n 次, 记录到的数据为 $x_1, \cdots, x_n$, 则它的全体, 即 $\boldsymbol{X} = (x_1, \cdots, x_n)$, 就称为一个样本, n 称为**样本容量** (sample size) 或**样本大小**.

二、样本分布

如果仅从应用的角度看, 样本就是一组已知的数字, 但我们必须注意到, 样本是一组受到随机影响的数. 若从概率论的角度看, 样本就是一个 n 维的随机变量, 记为 $\boldsymbol{X}=(X_1,\cdots,X_n)$ 而我们收集到的具体样本则是这个随机变量的实现或观测值, 这即是样本的二重性.

既然样本是随机变量, 那就有概率分布, 于是, 这个概率分布就称为**样本分布** (sample distribution). 该 n 维随机变量 $\boldsymbol{X}=(X_1,\cdots,X_n)$ 的概率分布可以用其联合分布函数来刻画, 即 $F(x_1,\cdots,x_n)=P\{X_1\leqslant x_1,\cdots,X_n\leqslant x_n\}$. 当 $X_1,\cdots,X_n$ 相互独立时, $F(x_1,\cdots,x_n)=\prod\limits_{i=1}^{n}P\{X_i\leqslant x_i\}$. 当 $X_1,\cdots,X_n$ 是离散取值时, 也可以用概率分布律 $P\{X_1=x_1,\cdots,X_n=x_n\}$ 来表示.

例 1.3.1 *假设一批产品共有 N 个, 其中有次品 M 个, 但未知. 现从 N 个产品中不放回地随机抽取 n 个产品加以检验, 用以估计 $M/N=p$ 的值. 试求样本分布.*

解 对于本问题, 假设我们有一个属性指标 X, 如 $X=1$ 对应次品, $X=0$ 对应合格品. 于是, 我们抽取的 n 个样本可以记为 $X_1,\cdots,X_n$, 其中每一个样本的观测值都只能取 0 或 1. 显然, X_i 是一随机变量, 且容易验证此时的样本分布为

$$P\{X_1=x_1,\cdots,X_n=x_n\}=\frac{M(M-1)\cdots(M-a+1)}{N(N-1)\cdots(N-a+1)}\cdot\frac{(N-M)\cdots(N-M-n+a+1)}{(N-a)\cdots(N-n+1)},\tag{1.3.1}$$

其中 $\sum\limits_{i=1}^{n}x_i=a$, $x_1,\cdots,x_n$ 为样本 $X_1,\cdots,X_n$ 的观测值. □

我们回忆一下概率论所学的超几何分布 (hypergeometric distribution), 知 $\sum\limits_{i=1}^{n}X_i$ 的分布即为超几何分布, 即

$$P\left\{\sum_{i=1}^{n}X_i=a\right\}=\frac{\mathrm{C}_M^a\mathrm{C}_{N-M}^{n-a}}{\mathrm{C}_N^n}.$$

例 1.3.2 *对于例 1.3.1, 如果我们考虑有放回抽样, 且仍以 $x_1,\cdots,x_n$ 记 n 次抽样得到的结果, 则样本分布如何?*

解 对于此问题, 由于样本之间是独立的, 故样本分布为

$$P\{X_1 = x_1, \cdots, X_n = x_n\} = \left(\frac{M}{N}\right)^{\sum\limits_{i=1}^{n} x_i} \left(1 - \frac{M}{N}\right)^{n - \sum\limits_{i=1}^{n} x_i}. \tag{1.3.2}$$

□

从例 1.3.1 和例 1.3.2 可以看出, 由于有放回抽样得到的样本是独立同分布的, 而不放回抽样得到的样本则不是, 故不放回抽样比有放回抽样的样本分布要复杂许多. 但是, 当 N/n 很大时, (1.3.1) 式与 (1.3.2) 式相差并不太大, 故我们可以近似地把不放回抽样当作有放回抽样来处理.

例 1.3.3 为估计一物体质量 μ, 现用一架天平将它独立重复测量 n 次, 结果记为 $x_1, \cdots, x_n$, 试确定其样本分布.

解 对于此问题, 为求样本分布, 可以假设每次测量都是独立的且是在"相同条件下"进行的, 于是, 由中心极限定理可知, 这 n 次测量的结果是独立的且近似服从正态分布 $N(\mu, \sigma^2)$. 故样本分布为

$$P\{X_1 = x_1, \cdots, X_n = x_n\} = (2\pi\sigma^2)^{-\frac{n}{2}} \exp\left[-\frac{\sum\limits_{i=1}^{n}(x_i - \mu)^2}{2\sigma^2}\right]. \tag{1.3.3}$$

□

1.3.2 总体与总体分布

总体 (population) 又称母体, 我们常把它理解为"研究问题所涉及的全体对象的集合". 总体中的每个元素称为"个体"或"单元", 从总体中按一定规则抽出一些个体, 称为**抽样**, 所抽得的个体即为实际所观测的数据, 称为**样本**.

对于例 1.3.1 和例 1.3.2, 由于我们感兴趣的是估计这批产品的次品率, 故总体就是这批产品, 抽出的 n 个产品即为样本. 但对于例 1.3.3, 由于我们感兴趣的是估计一物体的质量, 故总体不是现实存在的对象的集合, 而只是我们头脑中的抽象: 我们把总体理解为"一切可能出现的称量结果的集合". 当然, 不同人可能会给出不同的称量结果的集合, 即总体, 如区间 $[a, b], [0, \infty)$ 等. 由于此时的总体已失去了其原来的特性, 故我们仅从样本分布出发研究感兴趣的问题, 而不管总体如何.

在有些情况下, 从总体出发比从样本出发具有更方便之处, 于是, 我们定义**总体分布**为当样本容量为 1 时的样本分布. 之所以定义总体分布, 是由于: 当有 n 个独立同分布的样本时, 若以 F 记总体分布, 则样本 $X_1, \cdots, X_n$ 的分布

为 $F(x_1)\cdots F(x_n)$, 其写法非常麻烦, 此时就不如仅说总体分布为 F.

当总体分布为 F, 而 $X_1,\cdots,X_n$ 为独立同分布的样本时, 我们常称 $X_1,\cdots,X_n$ 是从总体 F 中抽出的简单随机样本或独立同分布的 (independent identically distributed, 简记为 IID) 样本, 并记

$$X_1,\cdots,X_n \overset{\text{IID}}{\sim} F(x). \tag{1.3.4}$$

若分布 F 有概率密度函数 $f(x)$, 则也常记为

$$X_1,\cdots,X_n \overset{\text{IID}}{\sim} f(x). \tag{1.3.5}$$

有时, 我们也以一个抽象的记号 X 来表示所考察的指标, 它不是一个样本, 而只是一个记号. 我们常把 X 看成一个随机变量, 其分布就是总体分布 F. 于是, 样本 $X_1,\cdots,X_n$ 是 X 的观测值, 且以

$$X_1,\cdots,X_n \overset{\text{IID}}{\sim} X \tag{1.3.6}$$

表示 $X_1,\cdots,X_n$ 为来自总体 X 的 IID 样本.

1.3.3 样本分布族, 参数和参数空间

在统计上, 把出现在样本分布中的未知常数称为**参数** (parameter), 它可能是一维的, 也可能是多维的. 对于例 1.3.3, μ 就是一个参数, 至于 σ 是否为参数, 则取决于实际情况如何.

在某些具体问题中, 样本分布中的参数虽然未知, 但根据实际情况和该参数的意义, 我们可以给出参数所在的大概范围, 这个范围就称为**参数空间**. 对于例 1.3.3, 若 σ 未知, 则根据它的实际意义, 应有 $\mu>0, \sigma>0$, 故此时的参数空间可取为

$$\Theta=\{(\mu,\sigma):\mu>0,\sigma>0\}.$$

若根据以往的经验, 我们知道 $0<a\leqslant\mu\leqslant b<\infty$, 则也可取参数空间为

$$\Theta=\{(\mu,\sigma):0<a\leqslant\mu\leqslant b<\infty,\sigma>0\}.$$

由于样本分布中包含的未知参数在参数空间中取值, 故可能的样本分布就不止一个, 而应是一个分布族, 于是, 我们称之为样本分布族. 样本分布族反映了我们对所研究问题以及抽样方式的认知. 所谓统计推断就是指利用样本推断样本分布族中的未知参数.

在某些实际问题中, 其中一些参数可能不是我们感兴趣的, 我们称这些参数为讨厌参数.

1.3.4 统计量

总的来说, 为研究一个问题, 我们需要收集样本, 再通过样本对问题进行具体的统计推断. 不做特殊说明时, 本书讨论的样本都是独立同分布的. 在进行统计推断时, 由于样本是一堆杂乱无章的数, 故我们必须对它进行必要的加工、整理, 以便从中提取有利于研究问题的信息. 在统计上, 把凡是能由样本计算出来的量称为**统计量**. 显然, 这只是一个定性的定义, 而不是一个严密的数学定义. 设从总体中抽得的样本为 $X_1, \cdots, X_n$, 若样本函数 $T = T(X_1, \cdots, X_n)$ 中不含有任何未知参数, 则称 T 为统计量. 从这个定义可以看出, 一个统计量仅与样本本身有关, 而与样本分布或参数没有关系. 因此, 我们可以构造统计量来估计总体的未知参数, 且根据样本值就可以得到相应的估计值. 下面我们看几个例子.

例 1.3.4 (样本均值与样本方差) 设 $X_1, \cdots, X_n$ 为样本, 则

$$\overline{X} = \frac{1}{n}\sum_{i=1}^{n} X_i, \quad S_n^2 = \frac{1}{n-1}\sum_{i=1}^{n}(X_i - \overline{X})^2 \tag{1.3.7}$$

分别称为样本均值 (sample mean) 和样本方差 (sample variance). 易知, 样本均值 $\overline{X}$ 和样本方差 S_n^2 都是统计量, 其与总体的未知参数无关. 设总体均值 μ 未知, 则 $\frac{1}{n}\sum_{i=1}^{n}(X_i - \mu)^2$ 不是一个统计量.

我们注意到, 在 (1.3.7) 式定义的样本方差中, 其分母为 $n-1$, 此时我们称之为 S_n^2 的自由度 (degree of freedom), 解释如下:

(1) 我们有 n 个样本 $X_1, \cdots, X_n$, 它们都可以自由变化, 故其自由度为 n, 但由于其中一个已用于估计总体均值, 故还有 $n-1$ 个可自由变化.

(2) 从 S_n^2 的定义不难看出, 它是由 n 个数 $X_1 - \overline{X}, \cdots, X_n - \overline{X}$ 的平方求和得到的, 而这 n 个数有一个约束 $\sum_{i=1}^{n}(X_i - \overline{X}) = 0$, 故其自由度只有 $n-1$.

(3) 如果把 $\overline{X}$ 代入 $\sum_{i=1}^{n}(X_i - \overline{X})^2$, 则可知它是一个如下形式的二次型: $\sum_{i,j=1}^{n} a_{ij}X_iX_j (a_{ij} = a_{ji})$, 且不难验证矩阵 $\boldsymbol{A} = (a_{ij})$ 的秩为 $n-1$.

例 1.3.5 (样本相关系数) 设 $\begin{pmatrix} X_1 \\ Y_1 \end{pmatrix}, \cdots, \begin{pmatrix} X_n \\ Y_n \end{pmatrix}$ 为一个二维样本, 则

$$r(X, Y) = \frac{\sum_{i=1}^{n}(X_i - \overline{X})(Y_i - \overline{Y})}{\sqrt{\sum_{i=1}^{n}(X_i - \overline{X})^2 \sum_{i=1}^{n}(Y_i - \overline{Y})^2}} \tag{1.3.8}$$

称为 X,Y 间的样本相关系数 (sample correlation coefficient). 易知, 样本相关系数的取值范围为 $-1\leqslant r(X,Y)\leqslant 1$.

例 1.3.6 (次序统计量) 设 $X_1,\cdots,X_n$ 为样本, 把 $X_1,\cdots,X_n$ 由小到大排列成 $X_{(1)}\leqslant\cdots\leqslant X_{(n)}$, 则称 $(X_{(1)},\cdots,X_{(n)})$ 为次序统计量 (order statistic), $X_{(i)}$ 称为第 i 个次序统计量.

注 1.3.1 上述定义的第 i 个次序统计量的随机性可如下理解: 对于给定的一组样本值 $x_1,\cdots,x_n, X_{(i)}$ 取值 $x_{(i)}$.

通过次序统计量, 我们有如下一些很实用的统计量, 如

(1) 样本 p 分位数 (quantile): 对于给定的 $p\in(0,1)$, 我们称

$$m_{n,p}=X_{([np])}+(n+1)\left(p-\frac{[np]}{n+1}\right)(X_{([np]+1)}-X_{([np])}) \tag{1.3.9}$$

为此样本的 p 分位数, 其中 $[x]$ 表示不超过 x 的最大整数. 特别地, 样本中位数 (median) 定义为

$$X_{\text{med}}=\begin{cases}X_{((n+1)/2)}, & n \text{ 是奇数},\\ \dfrac{X_{(n/2)}+X_{(n/2+1)}}{2}, & n \text{ 是偶数}.\end{cases}$$

注 1.3.2 样本 p 分位数反映了样本中有 $100p\%$ 的数据小于该分位数. $p=0.05,0.1,0.25,0.5,0.75,0.9,0.95$ 等时有较多应用. 关于样本 p 分位数的定义还有许多种, 如 $X_{([np])}$, $X_{([np]+1)}$, $\inf\{x: F_n(x)\geqslant p\}$ 等 (F_n 的含义见下面的定义 1.3.1). 这些定义虽然有所不同, 但它们均是一个 (或两个) 次序统计量, 且随着样本容量的加大, 它们间的差别并不大 ($k=np+o(\sqrt{n})$).

(2) 极值 (extreme value) 统计量: 称 $X_{(1)}$ 与 $X_{(n)}$ 为极小值与极大值统计量. 有时, 称 $X_{(1)}$ 和 $X_{(n)}$ 为最小次序与最大次序统计量. 极值统计量可应用在均匀分布等情形下的参数估计中.

(3) 极差 (range): $R=X_{(n)}-X_{(1)}$. 极差反映了这个数据的变化范围.

例 1.3.7 设 $X_1,\cdots,X_n$ 为样本, 称 $S_n/\overline{X}$ 为样本变异系数 (coefficient of variation).

例 1.3.8 (样本 k 阶矩) 称 $a_k=\dfrac{1}{n}\displaystyle\sum_{i=1}^n X_i^k$ 与 $m_k=\dfrac{1}{n}\displaystyle\sum_{i=1}^n (X_i-\overline{X})^k$ 为样本 k 阶原点矩 (moment) 和样本 k 阶中心矩.

例 1.3.9 (样本偏度与样本峰度) 称

$$\frac{\sqrt{n}\sum_{i=1}^{n}(X_i-\overline{X})^3}{\left[\sum_{i=1}^{n}(X_i-\overline{X})^2\right]^{3/2}} \quad 与 \quad \frac{n\sum_{i=1}^{n}(X_i-\overline{X})^4}{\left[\sum_{i=1}^{n}(X_i-\overline{X})^2\right]^{2}}-3$$

为样本偏度 (skewness) 与样本峰度 (kurtosis).

1.3.5 经验分布函数

定义 1.3.1 设 $X_1,\cdots,X_n$ 为取自总体分布函数为 $F(x)$ 的样本, $X_{(1)}\leqslant\cdots\leqslant X_{(n)}$ 为其次序统计量, 则称

$$F_n(x)=\frac{1}{n}\sum_{i=1}^{n}I(X_i<x)=\begin{cases}0, & x<X_{(1)},\\ \dfrac{k}{n}, & X_{(k)}\leqslant x<X_{(k+1)}, k=1,\cdots,n-1,\\ 1, & x\geqslant X_{(n)}\end{cases} \tag{1.3.10}$$

为样本 $X_1,\cdots,X_n$ 的经验分布函数 (empirical distributed function).

可以证明 $F_n(x)$ 是一个非降的左连续函数, 且具有如下性质 (当样本是 IID 时):

(1) $F_n(x)\xrightarrow{P}F(x),\ \forall x\in\mathbf{R}$;

(2) $E[F_n(x)-F(x)]^2\longrightarrow 0,\ \forall x\in\mathbf{R}$;

(3) $P\{\lim\limits_{n\to\infty}F_n(x)=F(x)\}=1,\ \forall x\in\mathbf{R}$;

(4) $\dfrac{\sqrt{n}(F_n(x)-F(x))}{\sqrt{F(x)(1-F(x))}}\xrightarrow{d}N(0,1),\ \forall x\in\mathbf{R}$.

经验分布函数的上述前三条性质说明经验分布函数 $F_n(x)$ 依概率、均方、几乎处处收敛于真实分布函数 $F(x)$, 第四条性质的中心极限定理说明 $F_n(x)$ 具有渐近正态性. 从上面性质可知, 对于任意给定的实数 x, 当 n 充分大时, $F_n(x)$ 与 $F(x)$ 的值, 在概率意义下是非常接近的, 定理 1.3.1 就给出了这种接近程度的大样本度量.

定理 1.3.1 (Glivenko-Cantelli) 对于任意给定的正整数 n, 设 $X_1,\cdots,X_n$ 为取自总体分布 $F(x)$ 的 IID 样本, $F_n(x)$ 为其经验分布函数, 记

$$D_n=\sup_x|F_n(x)-F(x)|,$$

则有

$$P\{\lim_{n\to\infty} D_n = 0\} = 1.$$

其证明可见茆诗松, 王静龙 (1990).

注 1.3.3 于 1933 年, Glivenko (格利文科) 证明 F 为连续的情况 (*Giorn. Inst. Ital. Attuari*, 4, 92—99), Cantelli (坎泰利) 证明了 F 为一般的情况 (*Giorn. Inst. Ital. Attuari*, 4, 421—424).

事实上, 上述统计量 D_n 是非参数检验中著名的 Kolmogorov-Smirnov (柯尔莫哥洛夫–斯米尔诺夫) 检验统计量, 可用于检验某个样本 $X_1, \cdots, X_n$ 是否来自分布为 $F(x)$ 的总体. 其研究结果相当丰富, 我们不加证明地给出如下结论:

定理 1.3.2 (Dvoretzky, Kiefer, Wolfowitz) 对于 IID 样本 $X_1, \cdots, X_n$, 存在一个不依赖于分布函数 F 的正常数 C, 使得

$$P\{D_n > d\} \leqslant C\mathrm{e}^{-2nd^2}, \quad \forall d > 0.$$

上述不等式称为 D_n 的指数型不等式, 它是上述三位作者于 1956 年证明的 (*Ann. Math. Statist.*, 27, 642—669). 另外, Kolmogorov 于 1933 年给出了 D_n 在一维时的极限分布, 如下:

定理 1.3.3 (Kolmogorov) 当 F 为一维且连续时, 有

$$\lim_{n\to\infty} P\{n^{1/2}D_n \leqslant d\} = 1 - 2\sum_{j=1}^{\infty}(-1)^{j+1}\mathrm{e}^{-2j^2d^2}, \quad \forall d > 0.$$

关于 D_n 的应用, 请见 6.3 的 Kolmogorov 检验.

1.3.6 抽样分布

由于统计量是作为随机变量的样本的函数, 故它也有概率分布, 于是, 我们称统计量的概率分布为该统计量的**抽样分布** (sampling distribution), 这个概念是由 Fisher 于 1922 年提出的.

虽然对于给定的一组样本, 用于统计推断的统计量是一个固定的数, 但由于样本受到了随机因素的影响, 故其推断结果也是随机的, 所以, 有可能出现这样的情况: 一个整体上看来较好的统计推断方法, 在个别情况下也可能给出不好的结果. 因此, 我们可以用抽样分布来衡量统计推断的好坏.

例如在例 1.3.3 中, 我们可以用样本均值 $\overline{X}$ 来估计正态分布的均值 μ, 且希望二者非常接近. 但由于受到随机的影响, 有时二者可能会有一定的差距, 为

了衡量二者的差距 $P\{|\overline{X}-\mu|>c\}$, 就必须知道统计量 $\overline{X}$ 的抽样分布.

例 1.3.10 设 $X_1,\cdots,X_n$ 为来自 $N(\mu,\sigma^2)$ 的 IID 样本, 则由概率论知识不难求得

$$\overline{X}\sim N\left(\mu,\frac{\sigma^2}{n}\right),$$

更一般地, 有

$$T=\sum_{i=1}^{n}c_iX_i\sim N\left(\mu\sum_{i=1}^{n}c_i,\sigma^2\sum_{i=1}^{n}c_i^2\right).$$

从例 1.3.10 可以看出, $\overline{X}$ 的分布与参数 μ,σ^2 有关, 虽然我们在前面说过, 统计量仅依赖于样本而与参数无关, 这一点并不矛盾. 事实上, 如果一个统计量的分布与感兴趣的参数无关, 那我们如何利用这个统计量来进行统计推断? 故有用的统计量的抽样分布肯定会与参数有关.

例 1.3.11 以 T 记在例 1.3.1 和例 1.3.2 中抽出的次品数, 求 T 的抽样分布.

解 此时 $T=\sum_{i=1}^{n}X_i$. 对于不放回抽样: 由于 T 服从超几何分布, 故

$$P\{T=t\}=\frac{\mathrm{C}_M^t\mathrm{C}_{N-M}^{n-t}}{\mathrm{C}_N^n}. \tag{1.3.11}$$

对于有放回抽样: 由于 T 服从二项分布 $B(n,p)$, 其中 $p=M/N$, 故

$$P\{T=t\}=\mathrm{C}_n^tp^t(1-p)^{n-t},\quad t=0,1,\cdots,n. \tag{1.3.12}$$

□

例 1.3.12 (次序统计量) 设 $X_1,\cdots,X_n\overset{\mathrm{IID}}{\sim}F(x)$, 求次序统计量 $X_{(k)}$ 的抽样分布.

解 实际上, 我们有

$$\begin{aligned}F_k(x)&=P\{X_{(k)}\leqslant x\}=P\{\text{在 }X_1,\cdots,X_n\text{ 中至少有 }k\text{ 个不大于 }x\}\\&=\sum_{m=k}^{n}P\{\text{在 }X_1,\cdots,X_n\text{ 中恰有 }m\text{ 个不大于 }x\}\\&=\sum_{m=k}^{n}\mathrm{C}_n^mF^m(x)(1-F(x))^{n-m}.\end{aligned}$$

即

$$F_k(x)=\sum_{m=k}^{n}\mathrm{C}_n^mF^m(x)(1-F(x))^{n-m}. \tag{1.3.13}$$

另外, 不难证明 (习题一第 30 题), 我们还可以把上式改写成如下积分形式:

$$F_k(x) = k\mathrm{C}_n^k \int_0^{F(x)} t^{k-1}(1-t)^{n-k}\mathrm{d}t. \tag{1.3.14}$$

若总体分布 $F(x)$ 有概率密度函数 $f(x)$, 则 $X_{(k)}$ 也有概率密度函数, 且为

$$f_k(x) = k\mathrm{C}_n^k F^{k-1}(x)(1-F(x))^{n-k}f(x). \tag{1.3.15}$$

特别地, 当 $k=1$ 和 $k=n$ 时, 我们有极小值与极大值次序统计量的累积分布函数 (cumulative distribution function, 简记为 CDF) 与概率密度函数 (probability density function, 简记为 PDF) 如下:

$$\begin{aligned} &F_1(x) = 1-(1-F(x))^n, \quad &&f_1(x) = n(1-F(x))^{n-1}f(x),\\ &F_n(x) = F^n(x), &&f_n(x) = nF^{n-1}(x)f(x). \end{aligned}$$

□

1.4 统计中常用的抽样分布

虽然抽样分布对于统计推断很重要, 但在许多情况下, 我们并不容易得到统计量的抽样分布. 然而, 当总体服从正态分布时, 许多重要统计量的抽样分布却可以很容易得到, 这即是本节的内容.

1.4.1 χ^2 分布

这个分布最早是由物理学家 Maxwell (麦克斯韦) 在研究空气分子的运动速度的分布时发现的, 他发现分子速度在三个坐标轴上的分量服从正态分布, 则分子运动速度的平方 v^2 符合自由度为 3 的 χ^2 分布. 后来, K. Pearson 推广这个分布并于 1900 年发表, 该工作被认为是假设检验的开山之作. χ^2 分布在分布曲线和数据拟合优度检验中有很重要的应用.

定义 1.4.1 (χ^2 分布) 设 $X_1, \cdots, X_n \overset{\text{IID}}{\sim} N(0,1)$, 则称随机变量

$$\xi = \sum_{i=1}^n X_i^2 \tag{1.4.1}$$

所服从的分布为自由度为 n 的 χ^2 分布，也称 ξ 为自由度为 n 的 χ^2 随机变量，并记为 $\xi \sim \chi^2(n)$.

关于 χ^2 分布的 PDF $f(x)$, 我们有如下的结论.

定理 1.4.1 由 (1.4.1) 式所定义的随机变量 ξ 的 PDF 为

$$f(x) = \begin{cases} \dfrac{1}{2^{n/2}\Gamma(n/2)} \mathrm{e}^{-\frac{x}{2}} x^{\frac{n}{2}-1}, & x > 0, \\ 0, & x \leqslant 0, \end{cases} \tag{1.4.2}$$

其中 n 为自由度.

证明 为求 ξ 的 PDF, 我们先求它的 CDF $F(x) = P\{\xi \leqslant x\}$. 显然, 当 $x \leqslant 0$ 时, $F(x) = 0$; 当 $x > 0$ 时,

$$F(x) = P\left\{\sum_{i=1}^{n} X_i^2 \leqslant x\right\}. \tag{1.4.3}$$

因为 $X_1, \cdots, X_n$ 相互独立且同分布于 $N(0,1)$, 故 $X_1, \cdots, X_n$ 的联合 PDF 为

$$\frac{1}{(2\pi)^{n/2}} \exp\left(-\frac{1}{2}\sum_{i=1}^{n} x_i^2\right).$$

于是,

$$F(x) = \frac{1}{(2\pi)^{n/2}} \int \cdots \int_{\sum\limits_{i=1}^{n} x_i^2 < x} \exp\left(-\frac{1}{2}\sum_{i=1}^{n} x_i^2\right) \mathrm{d}x_1 \cdots \mathrm{d}x_n.$$

为求此积分, 作如下的球形变换:

$$\begin{cases} x_1 = \rho \cos\theta_1 \cos\theta_2 \cdots \cos\theta_{n-1}, \\ x_2 = \rho \cos\theta_1 \cos\theta_2 \cdots \sin\theta_{n-1}, \\ \cdots\cdots\cdots\cdots \\ x_n = \rho \sin\theta_1, \end{cases}$$

此变换的 Jacobi (雅可比) 矩阵行列式为

$$J = \frac{\partial(x_1, \cdots, x_n)}{\partial(\rho, \theta_1, \cdots, \theta_{n-1})} = \rho^{n-1} D(\theta_1, \cdots, \theta_{n-1}),$$

其中 $D(\theta_1, \cdots, \theta_{n-1})$ 与 ρ 无关. 于是,

$$F(x) = \frac{1}{(2\pi)^{n/2}} \int_0^{\sqrt{x}} \mathrm{d}\rho \int_{-\frac{\pi}{2}}^{\frac{\pi}{2}} \cdots \int_{-\frac{\pi}{2}}^{\frac{\pi}{2}} \int_{-\pi}^{\pi} \cdot$$
$$\mathrm{e}^{-\rho^2/2} \rho^{n-1} D(\theta_1, \cdots, \theta_{n-1}) \mathrm{d}\theta_1 \cdots \mathrm{d}\theta_{n-2} \mathrm{d}\theta_{n-1}$$

$$= C_n \int_0^{\sqrt{x}} \mathrm{e}^{-\rho^2/2} \rho^{n-1} \mathrm{d}\rho,$$

其中 $C_n = \dfrac{1}{(2\pi)^{n/2}} \int_{-\frac{\pi}{2}}^{\frac{\pi}{2}} \cdots \int_{-\frac{\pi}{2}}^{\frac{\pi}{2}} \int_{-\pi}^{\pi} D(\theta_1, \cdots, \theta_{n-1}) \mathrm{d}\theta_1 \cdots \mathrm{d}\theta_{n-2} \mathrm{d}\theta_{n-1}$.

令 $\rho = \sqrt{y}$, 则 $\mathrm{d}\rho = \dfrac{\mathrm{d}y}{2\sqrt{y}}$, 于是,

$$F(x) = C_n \int_0^x \mathrm{e}^{-y/2} y^{(n-1)/2} \frac{1}{2y^{1/2}} \mathrm{d}y = \frac{C_n}{2} \int_0^x \mathrm{e}^{-y/2} y^{n/2-1} \mathrm{d}y.$$

又因为

$$1 = F(\infty) = \frac{C_n}{2} \int_0^{\infty} \mathrm{e}^{-y/2} y^{n/2-1} \mathrm{d}y,$$

而

$$\int_0^{\infty} \mathrm{e}^{-y} y^{n/2-1} \mathrm{d}y = \Gamma(n/2),$$

故

$$C_n = \frac{1}{2^{\frac{n}{2}-1} \Gamma\left(\frac{n}{2}\right)}.$$

这样, χ^2 分布的 CDF 为

$$F(x) = \frac{1}{2^{\frac{n}{2}} \Gamma\left(\frac{n}{2}\right)} \int_0^x \mathrm{e}^{-\frac{y}{2}} y^{\frac{n}{2}-1} \mathrm{d}y, \tag{1.4.4}$$

PDF 为

$$f(x) = \frac{1}{2^{\frac{n}{2}} \Gamma\left(\frac{n}{2}\right)} \mathrm{e}^{-\frac{x}{2}} x^{\frac{n}{2}-1}, \quad \forall x > 0.$$

□

图 1.6 给出了自由度 n 分别为 5, 10, 20 时 χ^2 分布的 PDF 曲线.

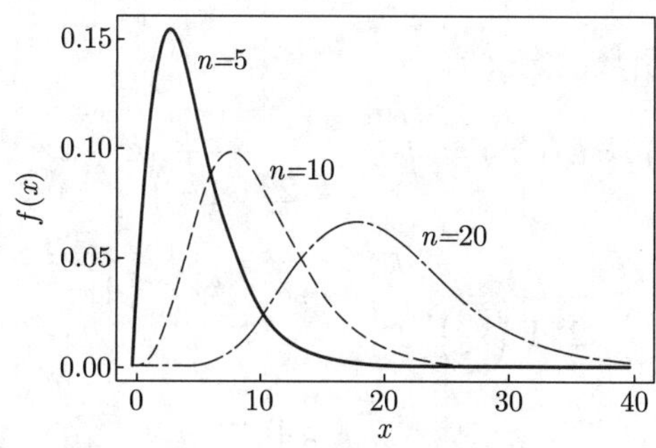

◀ 图 1.6 χ^2 分布的概率密度函数曲线

从图 1.6 我们可以看到

(1) 随着 n 的增大, 它的对称性越来越好, 峰度越来越小.

(2) 随着 n 的增大, 其图形越来越像正态分布的概率密度函数.

(3) 随着 n 的增大, 它的图形越来越向右移动, 且尾部越来越大.

例 1.4.1 设 $X_1,\cdots,X_n \overset{\text{IID}}{\sim} N(\mu,\sigma^2)$, 其中 μ 是已知常数, 求统计量

$$\eta=\sum_{i=1}^{n}(X_i-\mu)^2 \tag{1.4.5}$$

的分布.

解 若令 $Y_i=(X_i-\mu)/\sigma$, $i=1,\cdots,n$, 则知 $Y_1,\cdots,Y_n \overset{\text{IID}}{\sim} N(0,1)$, 于是由定义 1.4.1 知

$$\frac{\eta}{\sigma^2}=\sum_{i=1}^{n}\left(\frac{X_i-\mu}{\sigma}\right)^2=\sum_{i=1}^{n}Y_i^2\sim\chi^2(n),$$

于是, 由 (1.4.2) 式可知 η 的 PDF 为

$$f(x)=\begin{cases}(2\sigma^2)^{-\frac{n}{2}}\left[\Gamma\left(\dfrac{n}{2}\right)\right]^{-1}\mathrm{e}^{-\frac{x}{2\sigma^2}}x^{\frac{n}{2}-1}, & x>0,\\ 0, & x\leqslant 0.\end{cases} \tag{1.4.6}$$

□

比较 (1.4.6) 式与 (1.4.2) 式可知, 二者只相差一个因子 σ^2, 故有时我们也称 (1.4.5) 式的统计量为刻度化的 χ^2. 另外, 从 (1.4.6) 式可以看到, (1.4.5) 式的 χ^2 分布提供了关于 σ^2 的有关信息, 所以, 我们将用它来估计 σ^2.

χ^2 分布在统计上非常有用, 其原因与下面的一些结论有关.

定理 1.4.2 设 $\xi\sim\chi^2(n)$, 则

(1) ξ 的特征函数为 $\psi(t)=(1-2\mathrm{i}t)^{-\frac{n}{2}}$; (1.4.7)

(2) $E(\xi)=n$, $\mathrm{Var}(\xi)=2n$. (1.4.8)

证明 由特征函数的定义有

$$\begin{aligned}\psi(t)=E(\mathrm{e}^{\mathrm{i}\xi t})&=\int_0^{\infty}\mathrm{e}^{\mathrm{i}xt}\frac{1}{2^{\frac{n}{2}}\Gamma\left(\dfrac{n}{2}\right)}\mathrm{e}^{-\frac{x}{2}}x^{\frac{n}{2}-1}\mathrm{d}x\\ &=\frac{1}{2^{\frac{n}{2}}\Gamma\left(\dfrac{n}{2}\right)}\int_0^{\infty}\mathrm{e}^{-(\frac{1}{2}-\mathrm{i}t)x}x^{\frac{n}{2}-1}\mathrm{d}x\\ &=\frac{1}{2^{\frac{n}{2}}\Gamma\left(\dfrac{n}{2}\right)}\frac{\Gamma\left(\dfrac{n}{2}\right)}{\left(\dfrac{1}{2}-\mathrm{i}t\right)^{n/2}}=(1-2\mathrm{i}t)^{-\frac{n}{2}}.\end{aligned}$$

于是, 由概率论知识知

$$E(\xi)=\psi'(0)/\mathrm{i}=n,\quad E(\xi^2)=\psi''(0)/\mathrm{i}^2=n(n+2),$$

这样, $\mathrm{Var}(\xi)=2n$. □

定理 1.4.3 设 $\xi\sim\chi^2(m)$, $\eta\sim\chi^2(n)$, 且 ξ,η 相互独立, 则 $\xi+\eta\sim\chi^2(m+n)$.

证明略.

注 1.4.1 由定理 1.4.3 知, 两个独立的 χ^2 分布之和仍然是 χ^2 分布, 且其自由度为两者之和, 多个之和见下面的推论.

推论 1.4.1 设 $\xi_i\sim\chi^2(n_i)$, $i=1,2,\cdots,m$, 且相互独立, 则

$$\sum_{i=1}^m\xi_i\sim\chi^2\left(\sum_{i=1}^m n_i\right).$$

χ^2 分布有用的一个重要原因即是下面的定理.

定理 1.4.4 设 $X_1,\cdots,X_n\overset{\text{IID}}{\sim}N(\mu,\sigma^2)$, $\overline{X}$ 和 S_n^2 分别是样本均值和方差, 则

(1) $\overline{X}\sim N\left(\mu,\dfrac{\sigma^2}{n}\right)$;

(2) $\dfrac{(n-1)S_n^2}{\sigma^2}\sim\chi^2(n-1)$;

(3) $\overline{X}$ 与 S_n^2 独立.

证明 记 $\boldsymbol{A}$ 为如下的正交矩阵:

$$\boldsymbol{A}=\begin{pmatrix}\frac{1}{\sqrt{n}} & \frac{1}{\sqrt{n}} & \frac{1}{\sqrt{n}} & \frac{1}{\sqrt{n}} & \cdots & \frac{1}{\sqrt{n}} & \frac{1}{\sqrt{n}}\\ \frac{1}{\sqrt{2}} & -\frac{1}{\sqrt{2}} & 0 & 0 & \cdots & 0 & 0\\ \frac{1}{\sqrt{2\cdot 3}} & \frac{1}{\sqrt{2\cdot 3}} & -\frac{2}{\sqrt{2\cdot 3}} & 0 & \cdots & 0 & 0\\ \vdots & \vdots & \vdots & \vdots & & \vdots & \vdots\\ \frac{1}{\sqrt{(n-1)n}} & \frac{1}{\sqrt{(n-1)n}} & \frac{1}{\sqrt{(n-1)n}} & \frac{1}{\sqrt{(n-1)n}} & \cdots & \frac{1}{\sqrt{(n-1)n}} & -\frac{n-1}{\sqrt{(n-1)n}}\end{pmatrix}$$

作如下正交变换

$$
\begin{pmatrix} Y_1 \\ \vdots \\ Y_n \end{pmatrix} = \boldsymbol{A} \begin{pmatrix} X_1 \\ \vdots \\ X_n \end{pmatrix},
$$

则有

$$
Y_1 = \frac{1}{\sqrt{n}} \sum_{i=1}^{n} X_i = \sqrt{n}\, \overline{X}, \quad \sum_{i=1}^{n} Y_i^2 = \sum_{i=1}^{n} X_i^2 = \sum_{i=1}^{n} (X_i - \overline{X})^2 + n\overline{X}^2.
$$

综合以上二式, 有

$$
(n-1)S_n^2 = \sum_{i=1}^{n} (X_i - \overline{X})^2 = \sum_{i=1}^{n} Y_i^2 - n\overline{X}^2 = \sum_{i=2}^{n} Y_i^2,
$$

另外, 由习题一第 6 题知道, $Y_1, \cdots, Y_n$ 也是独立的正态随机变量, 且

$$
E(Y_1) = \sqrt{n}\mu, \quad E(Y_k) = 0 (k \geqslant 2), \quad \mathrm{Var}(Y_k) = \sigma^2 (k = 1, \cdots, n),
$$

于是, Y_1 与 $(n-1)S_n^2$ 独立, 即 $\overline{X}$ 与 S_n^2 独立, 且

$$
\overline{X} \sim N\left(\mu, \frac{\sigma^2}{n}\right), \quad \frac{(n-1)S_n^2}{\sigma^2} \sim \chi^2(n-1). \qquad \square
$$

注 1.4.2 如果一组随机样本的均值与方差独立, 则总体分布必为正态分布 (见 Stuart, Ord (2008)). 事实上, 一般情况下样本均值与方差的协方差为 $\mathrm{Cov}(\overline{X}, S_n^2) = \dfrac{\nu_3}{n}$, 其中 $\nu_k = E(X - E(X))^k$.

从 χ^2 分布的定义不难看出, χ^2 分布是若干个独立的 $N(0,1)$ 随机变量的平方和, 而平方和是二次型的一个特殊形式, 那一个自然的问题是: 一个正态随机向量的二次型的分布如何呢? 这即是下面的 Cochran (科克伦) 定理.

定理 1.4.5 (Cochran) 设 $X_1, \cdots, X_n$ 相互独立, 且 $X_i \sim N(\mu_i, \sigma^2)$, $i = 1, \cdots, n$, 令 $\boldsymbol{X} = (X_1, \cdots, X_n)^{\mathrm{T}}$. 又设 $\boldsymbol{A}_1, \cdots, \boldsymbol{A}_m$ 是 m 个 n 阶非负定矩阵, 且 $\boldsymbol{A}_1 + \cdots + \boldsymbol{A}_m = \boldsymbol{I}_n$ (n 阶单位矩阵), $\displaystyle\sum_{i=1}^{m} rk(\boldsymbol{A}_i) = n$ ($rk(\boldsymbol{A}_i)$ 表示 $\boldsymbol{A}_i$ 的秩). 记 $\xi_i = \boldsymbol{X}^{\mathrm{T}} \boldsymbol{A}_i \boldsymbol{X}$, $i = 1, \cdots, m$, $\boldsymbol{\mu} = (\mu_1, \cdots, \mu_n)^{\mathrm{T}}$. 则

(1) $\xi_1, \cdots, \xi_m$ 相互独立;

(2) 若 $\boldsymbol{\mu}^{\mathrm{T}} \boldsymbol{A}_1 \boldsymbol{\mu} = 0$, 则 $\xi_1/\sigma^2 \sim \chi^2(rk(\boldsymbol{A}_1))$.

证明 记 $n_i = rk(\boldsymbol{A}_i)$, $i = 1, \cdots, m$. 因为 $\boldsymbol{A}_i$ 是 n 阶非负定矩阵, 则存在一个 $n \times n_i$ 矩阵 $\boldsymbol{B}_i$, 使得 $\boldsymbol{A}_i = \boldsymbol{B}_i \boldsymbol{B}_i^{\mathrm{T}}$. 记 $\boldsymbol{B} = \left(\boldsymbol{B}_1 \,\vdots\, \boldsymbol{B}_2 \,\vdots\, \cdots \,\vdots\, \boldsymbol{B}_m\right)$, 则由已知条件可知 $\boldsymbol{B}$ 是一个 n 阶正交矩阵.

作如下正交变换:

$$\boldsymbol{Y}=\begin{pmatrix}Y_1\\ \vdots\\ Y_n\end{pmatrix}=\boldsymbol{B}^{\mathrm{T}}\boldsymbol{X}=\begin{pmatrix}\boldsymbol{B}_1^{\mathrm{T}}\boldsymbol{X}\\ \vdots\\ \boldsymbol{B}_m^{\mathrm{T}}\boldsymbol{X}\end{pmatrix},$$

即

$$\boldsymbol{B}_i^{\mathrm{T}}\boldsymbol{X}=\begin{pmatrix}Y_{n_1+\cdots+n_{i-1}+1}\\ Y_{n_1+\cdots+n_{i-1}+2}\\ \vdots\\ Y_{n_1+\cdots+n_{i-1}+n_i}\end{pmatrix},\quad i=1,\cdots,m,$$

其中 $n_0=0$.

由于 $\boldsymbol{B}$ 是一正交矩阵, 故由习题一第 6 题知道: $Y_1,\cdots,Y_n$ 独立, 且 $Y_i\sim N(\beta_i,\sigma^2), i=1,\cdots,n$, 其中 $\boldsymbol{\beta}=(\beta_1,\cdots,\beta_n)^{\mathrm{T}}=\boldsymbol{B}^{\mathrm{T}}\boldsymbol{\mu}$.

又因为

$$\begin{aligned}\xi_i&=\boldsymbol{X}^{\mathrm{T}}\boldsymbol{A}_i\boldsymbol{X}=\boldsymbol{X}^{\mathrm{T}}\boldsymbol{B}_i\boldsymbol{B}_i^{\mathrm{T}}\boldsymbol{X}=(\boldsymbol{B}_i^{\mathrm{T}}\boldsymbol{X})^{\mathrm{T}}\boldsymbol{B}_i^{\mathrm{T}}\boldsymbol{X}\\&=\sum_{j=n_1+\cdots+n_{i-1}+1}^{n_1+\cdots+n_{i-1}+n_i}Y_j^2,\quad i=1,\cdots,m,\end{aligned}$$

故 $\xi_1,\cdots,\xi_m$ 相互独立, 第一点得证.

下证第二点. 由已知条件知, $\boldsymbol{\mu}^{\mathrm{T}}\boldsymbol{A}_1\boldsymbol{\mu}=0$, 即 $\boldsymbol{\mu}^{\mathrm{T}}\boldsymbol{B}_1\boldsymbol{B}_1^{\mathrm{T}}\boldsymbol{\mu}=0$, 于是, $\boldsymbol{B}_1^{\mathrm{T}}\boldsymbol{\mu}=0$, 即 $\beta_i=0, i=1,\cdots,n_1$.

又由于 $\xi_1/\sigma^2=\sum\limits_{i=1}^{n_1}Y_i^2/\sigma^2$, 而 $Y_1,\cdots,Y_{n_1}\overset{\text{IID}}{\sim}N(0,\sigma^2)$, 故 $\xi_1/\sigma^2\sim\chi^2(n_1)$. □

上面我们所讨论的 χ^2 分布, 均是指若干个独立的标准正态随机变量的平方和. 若随机变量不服从标准正态分布, 则也必须要求其均值为零, 否则我们得不到一个 χ^2 随机变量. 下面, 我们将其推广, 得到非中心 χ^2 分布的定义.

定义 1.4.2 (非中心 χ^2 分布) 设 $X_1,\cdots,X_n$ 是独立的正态随机变量, $X_i\sim N(\mu_i,1)$, 且 μ_i 不全为零, 则称

$$\xi=\sum_{i=1}^{n}X_i^2\tag{1.4.9}$$

为非中心 χ^2 随机变量, 它的分布为非中心 χ^2 分布, 自由度为 n, 非中心参数为 $\delta=\sum\limits_{i=1}^{n}\mu_i^2$, 并记为 $\xi\sim\chi^2(n,\delta)$.

我们注意到, 有的书上也取非中心参数为 $\delta = \left(\sum_{i=1}^{n} \mu_i^2\right)^{1/2}$.

用类似于定理 1.4.1 的方法, 经过一些复杂计算可求得非中心 χ^2 分布的 PDF 为

$$\mathrm{e}^{-\delta^2/2} \sum_{m=0}^{\infty} \frac{(\delta^2/2)^m}{m!} \chi^2(x; 2m+n), \tag{1.4.10}$$

其中 $\chi^2(x; l)$ 为由 (1.4.2) 式决定的自由度为 l 的 χ^2 分布的 PDF. 另外, 非中心 χ^2 分布的特征函数为

$$\psi(t) = (1 - 2\mathrm{i}t)^{-n/2} \exp[\mathrm{i}\delta^2 t/(1 - 2\mathrm{i}t)], \tag{1.4.11}$$

其期望与方差分别为 $n + \delta$ 和 $2n + 4\delta$.

有时为了区别由定义 1.4.1 给出的 χ^2 分布与由定义 1.4.2 给出的非中心 χ^2 分布, 我们也称由定义 1.4.1 给出的 χ^2 分布为中心 χ^2 分布.

1.4.2 t 分布

在 20 世纪初, 或更具体地说, 在 1908 年以前, 统计学的主要用武之地先是社会统计, 尤其是人口统计, 后来加入生物统计问题. 在这些问题中的数据一般都是大量的、自然采集的. 所用的方法多以 Laplace (拉普拉斯) 中心极限定理为依据, 总是归结到正态分布. K. Pearson 就是此时统计的统治者. 但到了 20 世纪, 受人工控制的试验条件下所得数据的统计分析问题, 日渐引人注意. 此时的数据量一般不大, 故那种依赖于中心极限定理的传统方法, 开始受到质疑. 这个方向的先驱就是 Gosset 和 Fisher.

Gosset 于 1899 年作为一名酿酒师进入爱尔兰都柏林一家啤酒厂工作, 在那里他涉及有关酿造过程的数据处理问题. 1906 年到 1907 年, 他到 K. Pearson 那里学习统计学, 并着重研究少量数据的统计分析问题. 1908 年, 他在发表的文章中提出了如下结果: 设 $X_1, \cdots, X_n$ 是来自 $N(\mu, \sigma^2)$ 的 IID 样本, μ, σ^2 均未知, 则 $\dfrac{\sqrt{n}(\overline{X} - \mu)}{S_n}$ 服从自由度为 $n-1$ 的 t 分布, 并给出了这种 t 分布的一些分位数值 (分位数的概念, 我们将在假设检验中加以介绍). 虽然 Gosset 的证明存在着漏洞, 但可以说小样本统计分析由此引起了广大统计科研工作者的重视. 最早注意到这个问题的是 Fisher, 并于 1922 年给出了此问题的完整证明. 有关这方面的资料陈希孺 (2009) 给出了非常详尽的描述.

定义 1.4.3 设 $\xi \sim N(0,1)$, $\eta \sim \chi^2(n)$, 且 ξ, η 相互独立, 则称随机变量

$$T=\frac{\xi}{\sqrt{\eta/n}}\tag{1.4.12}$$

所服从的分布为 t 分布, n 为其自由度, 且记为 $T\sim t(n)$.

由于 t 分布是由 Gosset 用笔名 Student 提出的, 故有时也称之为 Student t 分布, 其 PDF 由下面定理给出.

定理 1.4.6 由 (1.4.12) 式所定义的 $t(n)$ 分布的 PDF 为

$$f(x)=\frac{\Gamma((n+1)/2)}{\sqrt{n\pi}\Gamma(n/2)}(1+x^2/n)^{-\frac{n+1}{2}}.\tag{1.4.13}$$

证明 因为 ξ,η 相互独立, 故可知 ξ,η 的联合 PDF 为

$$C\mathrm{e}^{-x^2/2}\mathrm{e}^{-y/2}y^{n/2-1},\tag{1.4.14}$$

其中 C 为不依赖于 x,y 的常数, 但与 n 有关.

为了求 $\xi/\sqrt{\eta/n}$ 的 PDF, 作如下变换:

$$\begin{cases}\xi=R\sin\theta, & 0<R<\infty,\\ \eta=R^2\cos^2\theta, & -\dfrac{\pi}{2}<\theta<\dfrac{\pi}{2}.\end{cases}\tag{*1}$$

由 (1.4.14) 式及 (*1) 式, 我们可以求得 R,θ 的联合 PDF 为

$$2C\mathrm{e}^{-r^2/2}r^n(\cos\theta)^{n-1}.\tag{*2}$$

利用概率论知识, 由 (*2) 式可知, R 与 θ 是独立的, 且 θ 的 PDF 为

$$C_1(\cos\theta)^{n-1},\tag{*3}$$

其中 $C_1^{-1}=\displaystyle\int_{-\pi/2}^{\pi/2}(\cos\theta)^{n-1}\mathrm{d}\theta=\frac{\Gamma(1/2)\Gamma(n/2)}{\Gamma((n+1)/2)}$.

又由于 $T=\dfrac{\sin\theta}{\cos\theta}\sqrt{n}=\sqrt{n}\tan\theta$, 若令 $t=\sqrt{n}\tan\theta$, 则 $\cos\theta=(1+t^2/n)^{-1/2}$, $\mathrm{d}t=\sqrt{n}\sec^2\theta\mathrm{d}\theta=\sqrt{n}(1+t^2/n)\mathrm{d}\theta$, 于是, 由 (*3) 式可得到服从 t 分布的随机变量的 PDF 为

$$\begin{aligned}f(t)&=C_1[(1+t^2/n)^{-1/2}]^{n-1}\frac{1}{\sqrt{n}(1+t^2/n)}\\&=\frac{\Gamma((n+1)/2)}{\Gamma(n/2)\sqrt{n\pi}}\left(1+\frac{t^2}{n}\right)^{-\frac{n+1}{2}}.\end{aligned}$$ □

为了对 t 分布有一个直观的了解, 我们看一看 $n=2,5,50$ 时的 PDF 曲线, 见图 1.7.

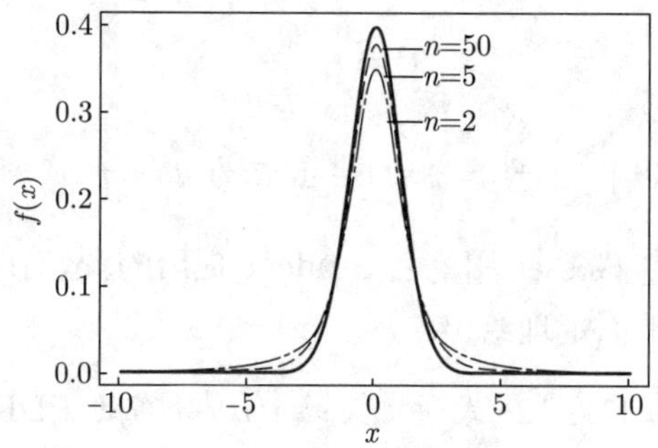

▶ 图 1.7
t 分布的概率密度函数曲线

从图 1.7, 我们看到

(1) $t(n)$ 的 PDF 关于 y 轴对称, 且 $\lim\limits_{|x|\to\infty} f(x)=0$.

(2) 随着 n 的增大, 其峰度越来越高, 尾部越来越小.

(3) 由于对于固定的 x, 我们有

$$\lim_{n\to\infty}\left(1+\frac{x^2}{n}\right)^{-\frac{n+1}{2}}=\mathrm{e}^{-x^2/2},$$

故当 n 很大时, t 分布的 PDF 接近于标准正态分布的 PDF (其常数可用 Stirling (斯特林) 公式: $n!=\sqrt{2\pi n}n^n\mathrm{e}^{-n}$ 求得).

(4) 当 $n=1$ 时, 它是 Cauchy (柯西) 分布, 故此时期望不存在.

关于 t 分布的数字特征, 有如下的结论.

定理 1.4.7 设 $\xi\sim t(n)$, $n>1$, 则 $\forall r<n$, $E(\xi^r)$ 存在, 且有

$$E(\xi^r)=\begin{cases}0, & r\text{ 是奇数},\\ n^{r/2}\dfrac{\Gamma((r+1)/2)\Gamma((n-r)/2)}{\Gamma(1/2)\Gamma(n/2)}, & r\text{ 是偶数}.\end{cases}\tag{1.4.15}$$

证明略.

由定理 1.4.7 可知, 如果 $\xi\sim t(n)$ 且 $n>2$, 则 $E(\xi)=0$, $\mathrm{Var}(\xi)=\dfrac{n}{n-2}$.

例 1.4.2 设 $\xi\sim N(\mu,\sigma^2)$, $\eta/\sigma^2\sim\chi^2(n)$, 且 ξ,η 相互独立, 则易知

$$T=\frac{\xi-\mu}{\sqrt{\eta/n}}\sim t(n).\tag{1.4.16}$$

若 $X_1,\cdots,X_n$ 是正态总体 $N(\mu,\sigma^2)$ 的独立样本, 记 $\overline{X}$ 和 S_n^2 分别是样本均值和样本方差. 则由例 1.3.10 可知 $\dfrac{\overline{X}-\mu}{\sigma/\sqrt{n}}\sim N(0,1)$, 由定理 1.4.4 知 $(n-1)S_n^2/\sigma^2\sim\chi^2(n-1)$, 则由 (1.4.16) 式可知,

$$T=\frac{\sqrt{n}(\overline{X}-\mu)}{S_n}=\frac{\dfrac{\overline{X}-\mu}{\sigma/\sqrt{n}}}{\sqrt{\dfrac{(n-1)S_n^2/\sigma^2}{n-1}}}\sim t(n-1).\tag{1.4.17}$$

上式在后续的假设检验中将有重要应用.

在 t 分布的定义中, 我们始终假设分子的正态分布的均值为零, 如果均值非零的话, 就是下面的非中心 t 分布的定义.

定义 1.4.4 (非中心 t 分布) 设 $\xi \sim N(\mu, \sigma^2)$, $\eta/\sigma^2 \sim \chi^2(n)$, 且二者独立, $\mu \neq 0$, 则称

$$T = \frac{\xi}{\sqrt{\eta/n}}$$

所服从的分布为非中心 t 分布, 其非中心参数为 $\delta = \mu/\sigma$, 自由度为 n.

利用定理 1.4.6 的方法, 经过一些复杂计算可求得非中心 t 分布的 PDF 为

$$\frac{n^{n/2}\mathrm{e}^{-\delta^2/2}}{\sqrt{\pi}\Gamma(n/2)(n+x^2)^{(n+1)/2}}\sum_{m=0}^{\infty}\Gamma\left(\frac{n+m+1}{2}\right)\left(\frac{\delta^m}{m!}\right)\left(\frac{\sqrt{2}x}{\sqrt{n+x^2}}\right)^m,$$

其期望与方差分别为

$$E(T) = \delta\frac{\Gamma((n-1)/2)}{\Gamma(n/2)}\sqrt{\frac{n}{2}}, \quad n > 1,$$

$$\mathrm{Var}(T) = \frac{n(1+\delta^2)}{n-2} - \frac{\delta^2 n}{2}\left[\frac{\Gamma((n-1)/2)}{\Gamma(n/2)}\right]^2, \quad n > 2.$$

1.4.3 F 分布

F 分布是 1924 年由 Fisher 和美国统计学家 Snedecor (斯内德克) 共同提出的, 因此也被称为 Fisher-Snedecor 分布.

定义 1.4.5 设 ξ, η 是自由度分别为 m, n 的独立的 χ^2 随机变量, 则称随机变量

$$F = \frac{\xi/m}{\eta/n} \tag{1.4.18}$$

所服从的分布为 F 分布, 其自由度为 (m, n), 且记为 $F \sim F(m, n)$.

从上述定义可以看出, 当 $n \to \infty$ 时, 统计量 mF 依概率收敛于一个自由度为 m 的 χ^2 随机变量. 同理, 当 $m \to \infty$ 时, $\dfrac{n}{F}$ 依概率收敛于自由度为 n 的 χ^2 随机变量.

F 分布的 PDF 由下面定理给出.

定理 1.4.8 由上面定义的 F 分布的 PDF 为

$$f(x;m,n)=\begin{cases}0, & x<0,\\ \dfrac{\Gamma((m+n)/2)}{\Gamma(m/2)\Gamma(n/2)}\left(\dfrac{m}{n}\right)\left(\dfrac{mx}{n}\right)^{m/2-1}\left(1+\dfrac{mx}{n}\right)^{-(m+n)/2}, & x>0.\end{cases}\tag{1.4.19}$$

证明 由于 $\xi\sim\chi^2(m)$, $\eta\sim\chi^2(n)$, 且二者独立, 故它们的联合 PDF 为

$$f(x,y)=\frac{1}{2^{(m+n)/2}\Gamma(m/2)\Gamma(n/2)}\mathrm{e}^{-(x+y)/2}x^{m/2-1}y^{n/2-1},\quad x>0,\ y>0.$$

作如下变换:

$$\begin{cases}u=x+y,\\ v=\dfrac{x}{y}\dfrac{n}{m},\end{cases}$$

则 (U,V) 的联合 PDF 为

$$\begin{aligned}g(u,v)=&\frac{1}{2^{(m+n)/2}\Gamma(m/2)\Gamma(n/2)}\mathrm{e}^{-u/2}u^{\frac{m+n}{2}-2}\cdot\\ &\left(\frac{m}{n}\right)^{m/2-1}\frac{v^{\frac{m}{2}-1}}{(1+mv/n)^{\frac{m+n}{2}-2}}\frac{m}{n}\frac{u}{(1+mv/n)^2}\\ =&\frac{1}{2^{\frac{m+n}{2}}\Gamma((m+n)/2)}\mathrm{e}^{-u/2}u^{\frac{m+n}{2}-2}\cdot\\ &\frac{\Gamma((m+n)/2)(m/n)^{m/2}}{\Gamma(m/2)\Gamma(n/2)}\frac{v^{m/2-1}}{(1+mv/n)^{\frac{m+n}{2}}},\end{aligned}$$

知 U,V 相互独立, 且 $U\sim\chi^2(m+n)$, 而第二部分即为 V 的 PDF, 即为所求.

□

推论 1.4.2 设 $\xi\sim\chi^2(m)$, $\eta\sim\chi^2(n)$, 且 ξ 与 η 相互独立, 则 $Y=\xi+\eta$ 与 $Z=\xi/\eta$ 相互独立.

注 1.4.3 设随机变量 $X\sim F(m,n)$, 则 $\dfrac{1}{X}\sim F(n,m)$.

注 1.4.4 若在 (1.4.18) 式中取 $m=1$, 则知 $F(1,n)=(t(n))^2$, 即来自自由度为 $(1,n)$ 的 F 分布的随机变量 X 与来自自由度为 n 的 t 分布的随机变量 Y, 二者的关系为 $X\overset{d}{=}Y^2$.

为了直观地了解 F 分布的 PDF, 我们在图 1.8 中给出了 $(m,n)=(5,10)$, $(10,10)$, $(10,5)$ 时的 F 分布的 PDF 曲线.

关于 F 分布的数字特征, 我们有如下的定理.

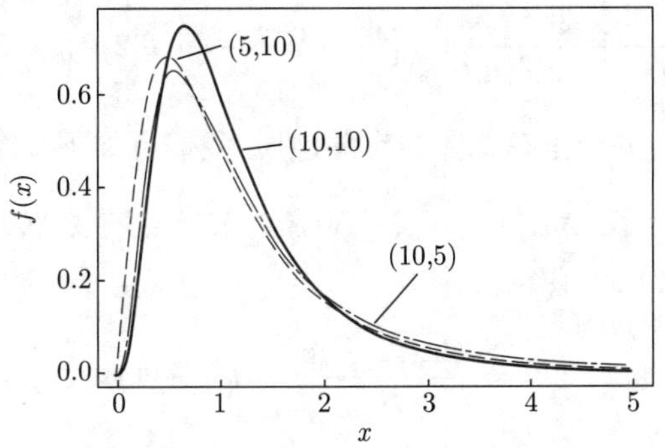

◀ 图 1.8
F 分布的概率密度函数曲线

定理 1.4.9 设 $\xi \sim F(m,n)$, 则对 $r>0$ 有

$$E(\xi^r)=\left(\frac{n}{m}\right)^r\frac{\Gamma\left(r+\frac{m}{2}\right)\Gamma\left(\frac{n}{2}-r\right)}{\Gamma(m/2)\Gamma(n/2)},\quad 2r<n.$$

特别地, 其期望与方差分别为

$$E(\xi)=\frac{n}{n-2},\quad n>2,$$

$$\mathrm{Var}(\xi)=\frac{n^2(2m+2n-4)}{m(n-2)^2(n-4)},\quad n>4.$$

证明略.

定理 1.4.10 设 $X_1,\cdots,X_n \overset{\text{IID}}{\sim} N(0,\sigma^2)$, Q_i, $i=1,\cdots,k$ 是秩为 n_i 的关于 $X_1,\cdots,X_n$ 的非负定二次型, 且 $\sum\limits_{i=1}^k Q_i=\sum\limits_{i=1}^n X_i^2$, $n_1+\cdots+n_k=n$. 则

$$F_{ij}=\frac{Q_i/n_i}{Q_j/n_j}\sim F(n_i,n_j).$$

此结论容易由 Cochran 定理和 F 分布的定义求得, 证明略.

我们注意到, 定理 1.4.10 在方差分析 (analysis of variance, 简记为 ANOVA) 中非常有用.

定义 1.4.6 (非中心 F 分布) 设 $\xi\sim\chi^2(m,\delta)$, $\eta\sim\chi^2(n)$, $\delta\neq 0$, 且 ξ,η 独立, 则称 $F=\dfrac{\xi/m}{\eta/n}$ 所服从的分布为非中心 F 分布, 其自由度为 (m,n), 非中心参数为 δ.

由于非中心 F 分布的 PDF 比较复杂, 且不常用, 故我们就不再写出了, 如有兴趣, 请参见复旦大学编写的《概率论: 第二册》第 38 页. 我们在这里仅给出其期望与方差:

$$E(F)=\frac{n(m+\delta)}{m(n-2)},\quad n>2,$$

$$\mathrm{Var}(F)=\frac{2n^2}{m^2(n-2)^2(n-4)}[(m+\delta)^2+(n-2)(m+2\delta)],\quad n>4.$$

结合前面讲的关于正态总体的有关性质, 我们有如下几个非常有用的定理.

定理 1.4.11 设 $X_1,\cdots,X_n\overset{\mathrm{IID}}{\sim}N(\mu,\sigma^2)$, $\overline{X},S_n^2$ 分别是样本均值与样本方差, 则由 (1.4.17) 式可知

$$T=\frac{\sqrt{n}(\overline{X}-\mu)}{S_n}\sim t(n-1). \tag{1.4.20}$$

定理 1.4.12 设 $X_1,\cdots,X_m\overset{\mathrm{IID}}{\sim}N(\mu_1,\sigma_1^2)$, $Y_1,\cdots,Y_n\overset{\mathrm{IID}}{\sim}N(\mu_2,\sigma_2^2)$, 且两组样本独立, 则

$$F=\frac{S_{1m}^2/\sigma_1^2}{S_{2n}^2/\sigma_2^2}\sim F(m-1,n-1), \tag{1.4.21}$$

其中 $S_{1m}^2=\dfrac{1}{m-1}\sum\limits_{i=1}^m(X_i-\overline{X})^2$, $S_{2n}^2=\dfrac{1}{n-1}\sum\limits_{i=1}^n(Y_i-\overline{Y})^2$. 特别地, 若 $\sigma_1=\sigma_2$, 则 $F=\dfrac{S_{1m}^2}{S_{2n}^2}\sim F(m-1,n-1)$.

定理 1.4.13 设 $X_1,\cdots,X_m\overset{\mathrm{IID}}{\sim}N(\mu_1,\sigma^2)$, $Y_1,\cdots,Y_n\overset{\mathrm{IID}}{\sim}N(\mu_2,\sigma^2)$, 且全样本独立, 则

$$T=\frac{(\overline{X}-\overline{Y})-(\mu_1-\mu_2)}{\sqrt{(m-1)S_{1m}^2+(n-1)S_{2n}^2}}\sqrt{\frac{mn(m+n-2)}{m+n}}\sim t(m+n-2). \tag{1.4.22}$$

1.4.4 几个常用的分布族

在前几个小节中, 我们给出了几个常用的抽样分布, 从其定义可以看出, 它们的 PDF 中仅有自由度, 而没有未知参数. 在本节, 我们将再给出几个常用的分布族, 如 $\varGamma$ 分布族、β 分布族和指数型分布族.

一、$\varGamma$ 分布族

定义 1.4.7 PDF 为

$$f(x;\alpha,\lambda)=\frac{\lambda^\alpha}{\Gamma(\alpha)}x^{\alpha-1}\mathrm{e}^{-\lambda x},\quad x>0 \tag{1.4.23}$$

的分布称为 $\varGamma$ 分布, 记为 $\varGamma(\alpha,\lambda)$, 其中 $\alpha>0$ 为形状参数 (shape parameter), $\lambda>0$ 为尺度参数 (scale parameter).

关于 $\varGamma(\alpha,\lambda)$, 我们注意到

(1) $\Gamma\left(\dfrac{n}{2},\dfrac{1}{2}\right)=\chi^2(n)$;

(2) $\Gamma(1,\lambda)$ 为常用的指数分布 $E(\lambda)$;

(3) 之所以称 $\alpha>0$ 为形状参数, 是由于 Γ 分布的形状取决于 α 的大小, 见图 1.9.

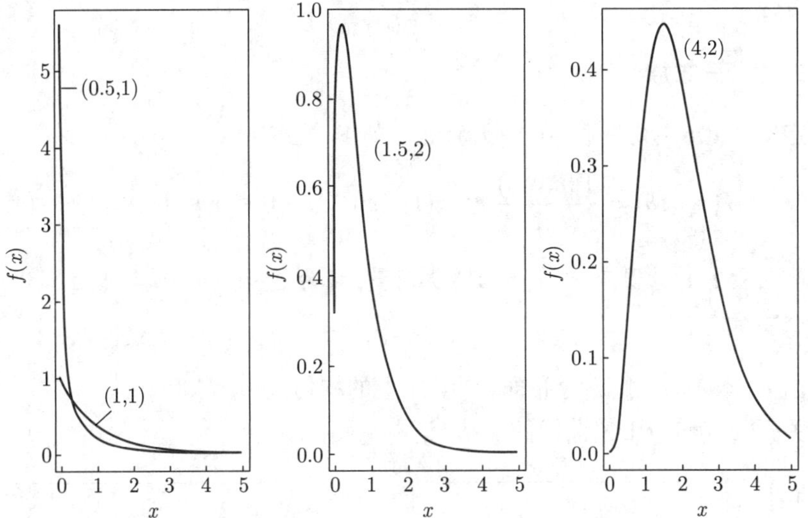

◀ 图 1.9
Γ 分布的概率密度函数曲线

在图 1.9 中我们分别画出了 $(\alpha,\lambda)=(0.5,1),(1,1),(1.5,2)$ 和 $(4,2)$ 时 Γ 分布的 PDF 曲线, 从中可以看出:

(1) 当 $\alpha\leqslant 1$ 时, 其严格单调下降;

(2) 当 $1<\alpha\leqslant 2$ 时, 它先上凸后下凸, 其拐点为 $\dfrac{\alpha-1}{\lambda}$;

(3) 当 $\alpha>2$ 时, 其先下凸, 再上凸, 最后又下凸, 其峰值在 $\dfrac{\alpha-1}{\lambda}$ 处达到.

另外, 也容易算得 Γ 分布的特征函数为

$$\psi(t)=\left(1-\frac{\mathrm{i}t}{\lambda}\right)^{-\alpha}, \tag{1.4.24}$$

并由此可以求得其 k 阶矩为

$$E(\xi^k)=\frac{\Gamma(\alpha+k)}{\Gamma(\alpha)}\frac{1}{\lambda^k}, \tag{1.4.25}$$

特别地, 其期望、方差分别为

$$E(\xi)=\frac{\alpha}{\lambda},\quad \mathrm{Var}(\xi)=\frac{\alpha}{\lambda^2}.$$

另外, 从其特征函数 (1.4.24) 可以看出, 在相同的尺度参数下, Γ 分布关于 α 具有可加性, 即下面的结论.

定理 1.4.14 设 $\xi \sim \Gamma(\alpha_1, \lambda), \eta \sim \Gamma(\alpha_2, \lambda)$, 且 ξ, η 相互独立, 则

$$\xi + \eta \sim \Gamma(\alpha_1 + \alpha_2, \lambda).$$

关于 Γ 分布的尺度参数, 有如下的数乘性质.

定理 1.4.15 设 $\xi \sim \Gamma(\alpha, \lambda)$, 则对于任一实数 $k > 0$, 均有 $\eta = \xi/k \sim \Gamma(\alpha, k\lambda)$.

二、β 分布族

定义 1.4.8 定义在 $[0,1]$ 上的具有如下 PDF:

$$f(x; a, b) = \frac{\Gamma(a+b)}{\Gamma(a)\Gamma(b)} x^{a-1}(1-x)^{b-1}, \quad 0 \leqslant x \leqslant 1 \tag{1.4.26}$$

的随机变量 ξ 称为具有 β 分布的随机变量, 记为 $\xi \sim \beta(a, b)$, 其中 $a > 0, b > 0$ 为两个参数.

当 $a = b = 1$ 时, β 分布即为 $[0,1]$ 上的均匀分布 $U(0,1)$.

关于 β 分布 PDF 曲线的形状, 请参见图 1.10.

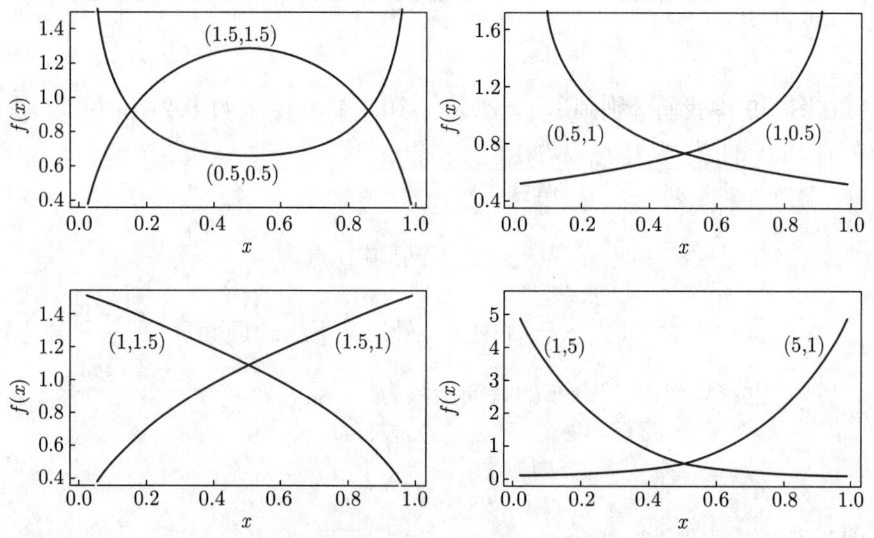

▶ 图 1.10 β 分布的概率密度函数曲线

关于 β 分布的数字特征, 我们不加证明地给出:

$$E(\xi) = \frac{a}{a+b}, \quad \mathrm{Var}(\xi) = \frac{ab}{(a+b)^2(a+b+1)}.$$

例 1.4.3 设 $X_1, \cdots, X_n \overset{\mathrm{IID}}{\sim} U(0,1)$, 则由例 1.3.12 中的 (1.3.15) 式可知, 其第 k 个次序统计量的 PDF 为

$$f_k(x) = \frac{n!}{(k-1)!(n-k)!} x^{k-1}(1-x)^{n-k}, \quad 0 \leqslant x \leqslant 1,$$

与 (1.4.26) 式相比知, 这即是 $\beta(k,n-k+1)$ 的 PDF.

三、指数型分布族

定义 1.4.9 设 $\mathcal{F}=\{f(x,\theta):\theta\in\Theta\}$ 是某参数分布族, 如果 $f(x,\theta)$ 可以表示成

$$f(x,\theta)=c(\theta)\exp\left(\sum_{i=1}^{k}c_i(\theta)T_i(x)\right)h(x), \tag{1.4.27}$$

则称此分布族为指数型分布族, 其中 k 为正整数, $c(\theta)>0, h(x)>0$.

为了方便, 人们常把上面的指数型概率密度函数写成如下的典则形式 (canonical form):

$$f(x,\eta)=\exp\left(\sum_{i=1}^{k}\eta_i T_i(x)-a(\eta)\right)h(x), \quad \eta\in\Xi=\{\eta(\theta):\theta\in\Theta\}, \tag{1.4.28}$$

其中 η 称为自然参数, Ξ 称为自然参数空间.

如果自然参数空间 Ξ 包含一个开集, 则称此指数型分布族为满秩的.

指数型分布族在统计中有着重要的应用, 我们常用的多个分布族均为指数型分布族, 下面看几个例子.

例 1.4.4 对于正态分布族, 因为

$$\begin{aligned}f(x;\mu,\sigma^2)&=\frac{1}{\sqrt{2\pi}\sigma}\exp\left[-\frac{(x-\mu)^2}{2\sigma^2}\right]\\&=\frac{1}{\sqrt{2\pi}\sigma}\exp\left(-\frac{\mu^2}{2\sigma^2}\right)\exp\left(-\frac{x^2}{2\sigma^2}+\frac{\mu x}{\sigma^2}\right),\end{aligned}$$

如取

$$\begin{gathered}c(\mu,\sigma)=\frac{1}{\sqrt{2\pi}\sigma}\exp\left(-\frac{\mu^2}{2\sigma^2}\right),\\c_1(\mu,\sigma)=-\frac{1}{2\sigma^2},\quad c_2(\mu,\sigma)=\frac{\mu}{\sigma^2},\\T_1(x)=x^2,\quad T_2(x)=x,\quad h(x)=1,\end{gathered}$$

则正态分布族满足定义 1.4.9 的要求.

例 1.4.5 对于二项分布族 $B(n,p)$, 由于其分布函数可以写成如下形式:

$$\begin{aligned}f(x)&=\mathrm{C}_n^x p^x(1-p)^{n-x}\\&=\mathrm{C}_n^x(1-p)^n\left(\frac{p}{1-p}\right)^x=\mathrm{C}_n^x(1-p)^n\exp\left(x\ln\frac{p}{1-p}\right),\end{aligned}$$

若取

$$c(p) = (1-p)^n, \quad c_1(p) = \ln \frac{p}{1-p}, \quad T_1(x) = x, \quad h(x) = \mathrm{C}_n^x,$$

则它满足指数型分布族的定义.

注 1.4.5 我们注意到, $c_1(p) = \ln \dfrac{p}{1-p}$ 被称为 logit 函数. 如果有 n 个独立的二项随机变量: $X_i \sim B(n_i, p_i)$ 和一个协变量 Z, 且满足

$$\eta_i = \alpha + \beta Z_i, \tag{1.4.29}$$

则称上述模型为 logit 模型, 其中 $\eta_i = \ln[p_i/(1-p_i)]$.

例 1.4.6 对于均匀分布族 $\{U(0,\theta) : \theta > 0\}$, 虽然它的 PDF 为 $\dfrac{1}{\theta} I(x \in [0,\theta])$ 的形式, 但它并不是指数型分布族, 其原因是它的支撑集 (support set) 与参数有关.

注 1.4.6 一个 PDF $f(x,\theta)$ 的支撑集被定义为

$$S = \{x : f(x,\theta) > 0\}.$$

注 1.4.7 在指数型分布族的定义 1.4.9 中, 我们必须要求其支撑集与参数无关.

例 1.4.7 对于双参数指数分布族, 其 PDF 为

$$f(x;\mu,\sigma) = \frac{1}{\sigma} \exp\left(-\frac{x-\mu}{\sigma}\right), \quad x > \mu,\ \mu \in \mathbf{R},\ \sigma > 0,$$

由于其支撑集也与未知参数 μ 有关, 故它也不是指数型分布族. 但如果 μ 已知, 则它就是单参数指数分布族, 属于指数型分布族.

前面我们给出了几个属于指数型分布族的例子, 大家可以自己验证: Γ 分布族、β 分布族、Poisson (泊松) 分布族、负二项分布族等均是指数型分布族.

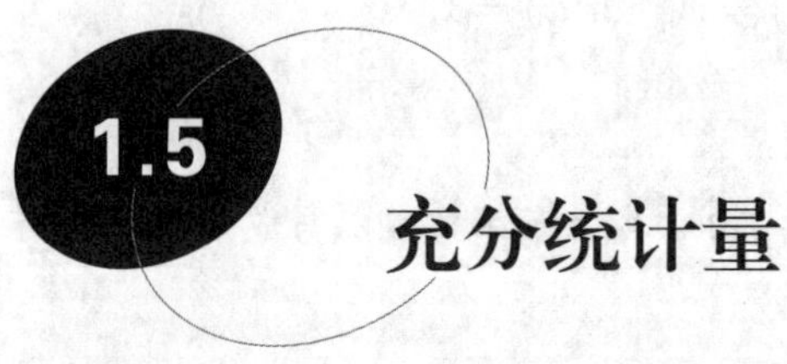

1.5 充分统计量

统计量的引入是为了简化样本的繁杂, 但在利用统计量进行统计推断时, 一个自然的问题是: 我们所用的统计量是否把样本中关于感兴趣问题的信息全

部吸收进来了? 如果某几个统计量包含了样本中关于感兴趣问题的所有信息, 则这几个统计量对将来的统计推断会非常有用, 这就是**充分统计量**的概念, 它是 Fisher 于 1922 年正式提出的, 而其思想则源于他与天文学家 Eddington (爱丁顿) 的关于估计标准差的争论. 设 $X_1,\cdots,X_n$ 为来自 $N(\mu,\sigma^2)$ 的 IID 样本, 现要估计 σ. Fisher 主张用样本标准差 S_n, 而 Eddington 则主张用如下的平均绝对偏差

$$d=\sqrt{\frac{\pi}{2}}\frac{1}{n}\sum_{i=1}^{n}|X_i-\overline{X}|. \tag{1.5.1}$$

Fisher 认为 "在 S_n 中包含了样本中有关 σ 的全部信息, 而 d 则否". 这就是充分统计量的思想.

注 1.5.1 虽然 (1.5.1) 式的统计量 d 并不是后面所讲的充分统计量, 即它没有把样本中关于 σ 的全部信息都包含进来, 但如果用别的准则来衡量的话, 此统计量具有非常好的优良性质, 如稳健性 (robustness) 等.

在给出充分统计量的严格定义之前, 我们先看一个例子.

例 1.5.1 某工厂为了解其产品的不合格品率 p, 检验员抽查了 10 件产品. 其检查结果是: 除前两件是不合格品外 (记 $X_1=X_2=1$), 其他的都是合格品 (记为 $X_i=0,\ i=3,4,\cdots,10$). 当厂长问及检验结果时, 检验员可以有如下两种回答:

(1) 10 件中有 2 件不合格 $\left(\sum\limits_{i=1}^{10}X_i=2\right)$;

(2) 前两件不合格 $(X_1=X_2=1)$.

这两种回答所用的统计量有所不同, 当然所包含的信息也有所不同. 显然, 第二种回答是不能令人满意的, 由于它没有包含样本中关于 p 的所有信息, 而第一种回答则包含了样本中关于 p 的所有信息.

由于样本或统计量中关于参数的信息是通过分布来反映的, 且我们希望在给定充分统计量后, 样本中已没有任何有用信息可用, 于是, 我们可以用在给定一个统计量 T 后的样本的条件分布是否与参数有关来判断这个统计量是否是充分统计量.

例 1.5.2 (续例 1.5.1) 设 $X_1,\cdots,X_n$ 是来自 Bernoulli (伯努利) 分布 $b(1,p)$ 的 n 个 IID 样本, 其中 $p\in(0,1), n>2$. 我们考虑的统计量为 $T_1=\sum\limits_{i=1}^{n}X_i$, $T_2=X_1+X_2$. 由于此时的样本分布为

$$P\{X_1=x_1,\cdots,X_n=x_n\}=p^{\sum\limits_{i=1}^{n}x_i}(1-p)^{n-\sum\limits_{i=1}^{n}x_i},$$

且 $T_1 \sim B(n,p)$, 故在给定 $T_1=t$ 下样本的条件分布为

$$\begin{aligned}
&P\{X_1=x_1,\cdots,X_n=x_n|T_1=t\}\\
=&\frac{P\left\{X_1=x_1,\cdots,X_{n-1}=x_{n-1},X_n=t-\sum\limits_{i=1}^{n-1}x_i\right\}}{P\{T_1=t\}}\\
=&\frac{p^t(1-p)^{n-t}}{\mathrm{C}_n^t p^t(1-p)^{n-t}}=\mathrm{C}_n^{t-1},
\end{aligned}$$

它与参数 p 无关, 即这个条件分布中已没有关于 p 的任何信息了, 也就是说, 样本中关于 p 的所有信息都在统计量 T_1 中了. 但对于统计量 T_2 而言, 由于 $T_2 \sim B(2,p)$, 故

$$\begin{aligned}
&P\{X_1=x_1,\cdots,X_n=x_n|T_2=t\}\\
=&\frac{P\{X_1=x_1,X_2=t-x_1,X_3=x_3,\cdots,X_n=x_n\}}{P\{T_2=t\}}\\
=&\frac{p^{t+\sum\limits_{i=3}^{n}x_i}(1-p)^{n-t-\sum\limits_{i=3}^{n}x_i}}{\mathrm{C}_2^t p^t(1-p)^{2-t}},
\end{aligned}$$

与 p 有关, 说明 T_2 没有把样本中关于 p 的所有信息都包含进来.

定义 1.5.1 (充分统计量) 对于某分布族 $\mathcal{F}=\{F_\theta(x):\theta\in\Theta\}$, $\forall F\in\mathcal{F}$, 设 $X_1,\cdots,X_n$ 是来自 F 的样本, $T=T(X_1,\cdots,X_n)$ 是一统计量. 若在给定 $T=t$ 下, 样本 $(X_1,\cdots,X_n)$ 的条件概率分布与总体分布 F 或参数 θ 无关, 则称统计量 T 是此分布族 $\mathcal{F}$ 的充分统计量 (sufficient statistic), 也称统计量 T 是参数 θ 的充分统计量.

关于上述定义, 我们有如下几点需要注意:

(1) 对于连续型随机变量, 其中的概率分布为概率密度函数; 对于离散型随机变量, 其中的概率分布取为累积分布函数.

(2) 充分统计量 T 可以是向量, 但不一定与参数的维数相同.

(3) 如果统计量 T 是参数 θ 的充分统计量, 且 $S(t)$ 是单值可逆的, 则 $S(T)$ 也是 θ 的充分统计量. 现在看几个例子.

例 1.5.3 设 $X_1,\cdots,X_n$ 是来自几何分布的 IID 样本, 即

$$P\{X=x\}=\theta(1-\theta)^x,\quad x=0,1,\cdots,$$

其中 $0<\theta<1$, 则 $T=\sum\limits_{i=1}^{n}X_i$ 是充分统计量.

解 由概率论知识知, 统计量 $T=\sum_{i=1}^{n}X_i$ 服从 Pascal (帕斯卡) 分布, 即

$$P\{T=t\}=\mathrm{C}_{t+n-1}^{n-1}\theta^n(1-\theta)^t,\quad t=0,1,\cdots.$$

故当 $T=t$ 时, 样本的条件概率分布为

$$\begin{aligned}&P\{X_1=x_1,\cdots,X_n=x_n|T=t\}\\=&\frac{P\{X_1=x_1,\cdots,X_n=x_n,T=t\}}{P\{T=t\}}\\=&\frac{P\{X_1=x_1\}\cdots P\{X_{n-1}=x_{n-1}\}P\left\{X_n=t-\sum_{i=1}^{n-1}x_i\right\}}{P\{T=t\}},\\=&\frac{\theta(1-\theta)^{x_1}\cdots\theta(1-\theta)^{x_{n-1}}\theta(1-\theta)^{t-\sum_{i=1}^{n-1}x_i}}{\mathrm{C}_{t+n-1}^{n-1}\theta^n(1-\theta)^t}=(\mathrm{C}_{t+n-1}^{n-1})^{-1},\end{aligned}$$

它与 θ 无关, 故 T 是 θ 的充分统计量. □

例 1.5.4 设 $X_1,\cdots,X_n$ 是来自 Poisson 分布 $P(\lambda)$ 的 IID 样本, 则 $T=\sum_{i=1}^{n}X_i$ 是 λ 的充分统计量.

解 由 Poisson 分布的可加性知, $T=\sum_{i=1}^{n}X_i\sim P(n\lambda)$, 故当 $T=t$ 时, 样本的条件概率分布为

$$\begin{aligned}&P\{X_1=x_1,\cdots,X_n=x_n|T=t\}\\=&\frac{P\{X_1=x_1\}\cdots P\{X_{n-1}=x_{n-1}\}P\left\{X_n=t-\sum_{i=1}^{n-1}x_i\right\}}{P\{T=t\}}\\=&\frac{\left(\prod_{j=1}^{n-1}\frac{\lambda^{x_j}\mathrm{e}^{-\lambda}}{x_j!}\right)\frac{\lambda^{t-\sum_{i=1}^{n-1}x_i}\mathrm{e}^{-\lambda}}{\left(t-\sum_{i=1}^{n-1}x_i\right)!}}{\frac{(n\lambda)^t}{t!}\mathrm{e}^{-n\lambda}}\\=&\frac{t!}{\prod_{j=1}^{n-1}x_j!\left(t-\sum_{i=1}^{n-1}x_i\right)!}\frac{1}{n^t},\end{aligned}$$

与 λ 无关, 故 T 是充分统计量. □

例 1.5.5 设 $X_1,\cdots,X_n$ 为来自正态总体 $N(\mu,1)$ 的 IID 样本, 则 $T=\sum\limits_{i=1}^{n}X_i$ 是 μ 的充分统计量.

解 由于此时总体分布是连续的, 故不易直接计算条件分布. 为此, 我们作正交变换 $\boldsymbol{Y}=(Y_1,\cdots,Y_n)^{\mathrm{T}}=\boldsymbol{C}\boldsymbol{X}$, 其中 $\boldsymbol{C}$ 是第一行为 $(1/\sqrt{n},\cdots,1/\sqrt{n})$ 的正交矩阵. 此时, $Y_1=T/\sqrt{n}$, 且 $Y_1,\cdots,Y_n$ 独立, $Y_i\sim N(0,1), 2\leqslant i\leqslant n$. 由此可知, 在给定 T 即 Y_1 的条件下, $(Y_2,\cdots,Y_n)$ 的条件分布与 θ 无关. 由于变换 $\boldsymbol{C}$ 与 θ 无关, 故推出 $\boldsymbol{X}|T$ 也与 θ 无关. 这就是说 T 是充分统计量. □

在例 1.5.5 中, 仅有一个未知参数 μ, 如果其方差也是未知的, 则利用定义来求充分统计量比较困难. 并且从上面的例子也可以看出, 想求取充分统计量, 就必须先猜测一个统计量, 之后再用定义证明之. 显然, 这很不便于利用, 于是有如下的因子分解定理 (factorization theorem).

定理 1.5.1 (因子分解定理) 对于参数分布族

$$\mathcal{F}=\{f_\theta(\boldsymbol{x}):\theta\in\Theta\},$$

设 $X_1,\cdots,X_n$ 为其一组 IID 样本, T 是一统计量, 则 T 是 θ 的充分统计量的充要条件是: 其样本分布 $f_\theta(x_1,\cdots,x_n)$ 可如下分解:

$$f_\theta(x_1,\cdots,x_n)=g_\theta(T(x_1,\cdots,x_n))\cdot h(x_1,\cdots,x_n), \tag{1.5.2}$$

其中 $h(\boldsymbol{x})$ 不依赖于参数 θ.

由于一般情况下的详细证明比较复杂 (参见陈希孺 (2009)), 故下面我们仅给出 $X_1,\cdots,X_n$ 是离散情况下的证明. 另外, 陈希孺, 倪国策 (2009) 也给出了 $X_1,\cdots,X_n$ 是连续情况下的一种简捷证明.

证明 此时, $f_\theta(x_1,\cdots,x_n)=P_\theta\{X_1=x_1,\cdots,X_n=x_n\}$. 另外, 对于给定的 t, 定义

$$A(t)=\{(x_1,\cdots,x_n):T(x_1,\cdots,x_n)=t\}.$$

充分性: 对于给定的样本值 $\boldsymbol{x}$, 当 $\boldsymbol{x}\notin A(t)$ 时, $P_\theta\{\boldsymbol{X}=\boldsymbol{x}|T=t\}=0$ 与参数 θ 无关; 当 $\boldsymbol{x}\in A(t)$ 时, 有

$$\begin{aligned}P_\theta\{\boldsymbol{X}=\boldsymbol{x}|T=t\}&=\frac{P_\theta\{\boldsymbol{X}=\boldsymbol{x},T=t\}}{P_\theta\{T=t\}}=\frac{P_\theta\{\boldsymbol{X}=\boldsymbol{x}\}}{P_\theta\{T=t\}}\\&=\frac{g_\theta(t)h(\boldsymbol{x})}{\sum\limits_{\boldsymbol{y}\in A(t)}g_\theta(t)h(\boldsymbol{y})}=\frac{h(\boldsymbol{x})}{\sum\limits_{\boldsymbol{y}\in A(t)}h(\boldsymbol{y})},\end{aligned}$$

与参数 θ 无关, 故由定义知, T 为充分统计量.

必要性: 设 T 为充分统计量. 由定义知 $P_\theta\{\boldsymbol{X}=\boldsymbol{x}|T=t\}$ 与参数 θ 无关, 则它只能是 $\boldsymbol{x}$ 的函数, 我们记之为 $h(\boldsymbol{x})$.

对于给定的 t 及 $\boldsymbol{x}\in A(t)$, 有

$$P_\theta\{\boldsymbol{X}=\boldsymbol{x}\}=P_\theta\{\boldsymbol{X}=\boldsymbol{x}|T=t\}P_\theta\{T(\boldsymbol{x})=t\}=g_\theta(t)h(\boldsymbol{x}).$$

定理得证. □

因子分解定理是 Fisher 于 20 世纪 20 年代提出的, 它的严格证明及一般形式则是 Halmos (哈尔莫斯) 与 Savage (萨维奇) 于 1949 年给出的. 另外, $X_1,\cdots,X_n$ 离散时, (1.5.2) 中的 f 表示累积分布函数; $X_1,\cdots,X_n$ 连续时, 它表示概率密度函数.

例 1.5.6 求均匀分布 $U(0,\theta)$ 的充分统计量.

解 此时样本的联合 PDF 为

$$f_\theta(\boldsymbol{x})=\begin{cases}\theta^{-n}, & \max\{x_1,\cdots,x_n\}<\theta,\\ 0, & \text{其他}.\end{cases} \tag{1.5.3}$$

若取 $T=\max\{X_1,\cdots,X_n\}$, 则 (1.5.3) 式可改写为

$$f_\theta(\boldsymbol{x})=\frac{1}{\theta^n}I(0<t<\theta),$$

则由因子分解定理可知, $T=X_{(n)}$ 即为 θ 的充分统计量. □

例 1.5.7 考虑正态总体 $N(\mu,\sigma^2)$ 的充分统计量.

解 此时简单随机样本 $X_1,\cdots,X_n$ 的联合 PDF 为

$$\begin{aligned}f(\boldsymbol{x})&=\left(\frac{1}{\sqrt{2\pi}\sigma}\right)^n\exp\left[-\frac{1}{2\sigma^2}\sum_{i=1}^n(x_i-\mu)^2\right]\\&=\left(\frac{1}{\sqrt{2\pi}\sigma}\right)^n\exp\left[-\frac{n}{2\sigma^2}(\bar{x}-\mu)^2\right]\cdot\exp\left[-\frac{1}{2\sigma^2}\sum_{i=1}^n(x_i-\bar{x})^2\right],\end{aligned}$$

故由因子分解定理可知 $\left(\overline{X},\sum_{i=1}^n(X_i-\overline{X})^2\right)$ 是 (μ,σ^2) 的充分统计量. □

例 1.5.8 考虑 $\Gamma(\alpha,\lambda)$ 的充分统计量.

解 此时随机样本 $X_1,\cdots,X_n$ 的联合 PDF 为

$$f_{\alpha,\lambda}(\boldsymbol{x})=\frac{\lambda^{n\alpha}}{\Gamma^n(\alpha)}\left(\prod_{i=1}^n x_i\right)^{\alpha-1}\exp\left(-\lambda\sum_{i=1}^n x_i\right).$$

若定义 $T(\boldsymbol{X})=(T_1,T_2)=\left(\prod_{i=1}^{n}X_i,\sum_{i=1}^{n}X_i\right)$, 且 $h(\boldsymbol{x})=1$, $g_{\alpha,\lambda}(t)=\frac{\lambda^{n\alpha}}{\Gamma^n(\alpha)}t_1^{\alpha-1}\mathrm{e}^{-\lambda t_2}$, 则由因子分解定理知 T 是 (α,λ) 的充分统计量.

特别地, 当 α 已知时, 可验证 $T_2=\sum_{i=1}^{n}X_i$ 是 λ 的充分统计量; 当 λ 已知时, $T_1=\prod_{i=1}^{n}X_i$ 是 α 的充分统计量. □

例 1.5.9 考虑均匀分布族 $U\left(-\frac{1}{2}+\theta,\frac{1}{2}+\theta\right)$ 的充分统计量.

解 此时样本的联合 PDF 为

$$f_\theta(\boldsymbol{x})=I\left(-\frac{1}{2}+\theta<x_{(1)}<x_{(n)}<\frac{1}{2}+\theta\right),$$

故由因子分解定理可知, $(X_{(1)},X_{(n)})$ 是 θ 的充分统计量. □

例 1.5.10 考虑 Bernoulli 分布 $b(1,p)$ 的充分统计量.

解 此时随机样本 $X_1,\cdots,X_n$ 的联合分布为

$$P\{X_1=x_1,\cdots,X_n=x_n\}=p^{\sum\limits_{i=1}^{n}x_i}(1-p)^{n-\sum\limits_{i=1}^{n}x_i},$$

于是, 由因子分解定理可知, 如下统计量

$$\begin{aligned}&T_1=(X_1,\cdots,X_n),\\&T_2=(X_1+X_2,X_3,\cdots,X_n),\\&\qquad\cdots\\&T_n=X_1+\cdots+X_n\end{aligned}$$

均是充分统计量. □

由于次序统计量在许多实际问题中都有应用, 并且, 许多著名统计量也都是次序统计量的函数, 故下面我们看一看次序统计量的充分性.

定理 1.5.2 (次序统计量的充分性) 对于分布族 $\mathcal{F}$, 设 $F\in\mathcal{F}$, $X_1,\cdots,X_n$ 为来自 F 的样本, 只要 $X_1,\cdots,X_n$ 是独立同分布的, 则不论 $\mathcal{F}$ 如何, 其次序统计量 $X_{(1)},\cdots,X_{(n)}$ 都是充分的.

证明见 David (1981).

显然, 在例 1.5.10 的统计量中, T_n 最简单, 是否还存在别的简化统计量是充分的呢?

定义 1.5.2 (极小充分统计量) 设 S 是分布族 $\mathcal{F}$ 的充分统计量, 若对 $\mathcal{F}$

的任一充分统计量 T, 均存在函数 $f(\cdot)$, 使得 $S=f(T)$, 则称 S 是此分布族 $\mathcal{F}$ 的极小充分统计量.

我们常用的充分统计量基本都是极小的. 例如, 在例 1.5.10 中 $T_n=X_1+\cdots+X_n$ 是极小充分统计量.

习题一

1. 通过网络找一个感兴趣的数据集, 并画出其盒图.
2. 通过网络找某个逐年, 逐月或逐日的数据集, 并画出其散点图, 初步判断其大概的趋势.
3. 设 $X_1,\cdots,X_n$ 为来自总体分布 $F(x)$ 的 IID 样本, 记其经验分布函数为 $F_n(x)$, 试证对于任意给定的 $x\in\mathbf{R}$, 有

$$E(F_n(x))=F(x),\quad \mathrm{Var}(F_n(x))=\frac{1}{n}F(x)(1-F(x)).$$

4. 设 $X_1,\cdots,X_n$ 为来自总体分布 $F(x)$ 的 IID 样本, 记其经验分布函数为 $F_n(x)$, 试证对于任意给定的 $x\in\mathbf{R}$, $F_n(x)\xrightarrow{P}F(x)$.
5. 设 $X_1,\cdots,X_{n+1}$ 为来自总体 X 的 IID 样本, 试证明

$$S_{n+1}^{*2}=\frac{n}{n+1}\left[S_n^{*2}+\frac{1}{n+1}(X_{n+1}-\overline{X}_n)^2\right].$$

6. 设 $X_1,\cdots,X_n$ 为来自 $N(0,\sigma^2)$ 的 IID 样本, $\boldsymbol{A}=(a_{ij})$ 是一 n 阶正交矩阵, $\boldsymbol{c}=(c_1,\cdots,c_n)^{\mathrm{T}}$ 为一 n 维常向量, 记 $\boldsymbol{X}=(X_1,\cdots,X_n)^{\mathrm{T}}$, 则 $\boldsymbol{Y}=\boldsymbol{AX}+\boldsymbol{c}$ 的各分量相互独立, 且分别服从 $N(c_i,\sigma^2)$.
7. 设 $X_1,\cdots,X_8$ 为来自 $N(0,1)$ 的 IID 样本, $Y=(X_1+\cdots+X_4)^2+(X_5+\cdots+X_8)^2$, 试求常数 c, 使 cY 服从 χ^2 分布.
8. 设 $X_1,\cdots,X_4$ 为来自 $N(0,1)$ 的 IID 样本, $X=a(X_1-2X_2)^2+b(3X_3-4X_4)^2$, 试求 a,b, 使 X 服从 χ^2 分布.
9. 设 $X_1,\cdots,X_n$ 为来自 $N(\mu,\sigma^2)$ 的 IID 样本, 请问当 k 为多少时,

$$P\{\overline{X}>\mu+kS_n\}=0.95?$$

*10. 设 $X_1,\cdots,X_n$ 为来自某总体 $X\sim F$ 的 IID 样本, 且 $E(X)=\mu,\mathrm{Var}(X)=\sigma^2$. 记 $T_n=\dfrac{\sqrt{n}(\overline{X}-\mu)}{\sigma}$, 则在某些连续性假设下, 证明: T_n 的分布函数可展成如下形式:

$$\Phi(x)-\phi(x)\left[\frac{\gamma_1}{6\sqrt{n}}H_2(x)+\frac{1}{n}\left(\frac{\gamma_2}{24}H_3(x)+\frac{\gamma_1^2}{72}H_5(x)\right)+r_n\right],$$

其中 γ_1, γ_2 分别为总体 X 的偏度与峰度, $r_n = o(n^{-1})$, $H_r(\cdot)$ 为 r 阶 Hermite (埃尔米特) 多项式, 其定义如下: $\dfrac{\mathrm{d}^r(\mathrm{e}^{-x^2/2})}{\mathrm{d}x^r} = (-1)^r H_r(x)\mathrm{e}^{-x^2/2}$. 上述展式被称为 Edgeworth (埃奇沃思) 展开.

*11. (续上题) 由 Edgeworth 展开, 请验证: T_n 的 α 分位数可近似为

$$u_\alpha + \frac{\gamma_1}{6\sqrt{n}}(u_\alpha^2 - 1) + \frac{\gamma_2}{24n}(u_\alpha^3 - 3u_\alpha) - \frac{\gamma_1^2}{36n}(2u_\alpha^3 - 5u_\alpha) + r_n,$$

其中 u_α 为标准正态分布的 α 分位数, 且上述展式被称为 Fisher-Cornish (科尼什) 展开.

12. 设 $X_1, \cdots, X_n$ 为来自某总体 $X \sim F$ 的 IID 样本, 总体概率密度函数为 $f(x)$, 则对于给定的 $1 \leqslant j \leqslant k \leqslant n$, 统计量 $X_{(j)}$ 与 $X_{(k)}$ 的联合概率密度函数为

$$f_{j,k}(x,y) = \begin{cases} \dfrac{n!}{(j-1)!(k-j-1)!(n-k)!} F^{j-1}(x)[F(y)-F(x)]^{k-j-1}. \\ [1-F(y)]^{n-k} f(x)f(y), & x < y, \\ 0, & \text{其他}. \end{cases}$$

13. 设 $X_1, \cdots, X_{n+1}$ 为来自 $N(\mu, \sigma^2)$ 的 IID 样本, 试求统计量

$$T = \frac{X_{n+1} - \overline{X}_n}{S_n^*}\sqrt{\frac{n-1}{n+1}}$$

的抽样分布.

14. 设 $X_1, \cdots, X_{m+n}$ 为来自 $N(0, \sigma^2)$ 的 IID 样本, 试求统计量

$$Z = \sqrt{\frac{m}{n}} \frac{\sum\limits_{i=1}^{n} X_i}{\sqrt{\sum\limits_{i=n+1}^{n+m} X_i^2}}, \quad F = \frac{m}{n} \frac{\sum\limits_{i=1}^{n} X_i^2}{\sum\limits_{i=n+1}^{n+m} X_i^2}$$

的抽样分布.

15. 设随机变量 X, Y 相互独立且均服从 $N(0, \sigma^2)$, 则

(1) $X^2 + Y^2$ 与 $\dfrac{X}{\sqrt{X^2+Y^2}}$ 相互独立;

(2) $\theta = \arcsin \dfrac{X}{\sqrt{X^2+Y^2}}$ 服从 $\left(-\dfrac{\pi}{2}, \dfrac{\pi}{2}\right)$ 上的均匀分布;

(3) X/Y 服从 Cauchy 分布.

16. 设 $X_1, \cdots, X_4$ 为来自 $N(0, \sigma^2)$ 的 IID 样本,

$$U = \frac{\sqrt{3}X_1}{\sqrt{X_2^2 + X_3^2 + X_4^2}},$$

试求 $E(U)$, $\mathrm{Var}(U)$.

17. 设 $X_1, \cdots, X_{n+1}$ 为来自 $N(\mu, \sigma^2)$ 的 IID 样本, 记

$$V_i = X_i - \frac{1}{n+1}\sum_{i=1}^{n+1} X_i, \quad i = 1, \cdots, n+1.$$

试求 V_i 的分布.

18. 设 $X_1, \cdots, X_m$ 为来自 $N(\mu_1, \sigma^2)$ 的 IID 样本, $Y_1, \cdots, Y_n$ 为来自 $N(\mu_2, \sigma^2)$ 的 IID 样本, 且全样本独立. 又设 a, b 为两个常数,

$$Z = \frac{a(\overline{X} - \mu_1) + b(\overline{Y} - \mu_2)}{\sqrt{(m-1)S_{1m}^2 + (n-1)S_{2n}^2}},$$

试求常数 c, 使得 cZ 服从 t 分布, 并给出其自由度.

19. 设 $X_1, \cdots, X_n$ 为来自指数分布 $Exp(\lambda)$ 的 IID 样本, 记 $T = 2\lambda\sum_{i=1}^{n} X_i$, 证明 T 服从 $\chi^2(2n)$.

20. 设随机变量 X 服从自由度为 n, m 的 F 分布, 试求 $Y = 1/X$ 的分布, 并证明:

$$Z = \frac{nX}{m + nX} \sim \beta(n/2, m/2).$$

21. 设 $X_1 \sim \beta(a_1, b_1)$, $X_2 \sim \beta(a_2, b_2)$, $a_1 = a_2 + b_2$, 且 X_1 与 X_2 独立, 则 $Y = X_1X_2 \sim \beta(a_2, b_1 + b_2)$.

22. 设 $X \sim N(0,1)$, $T \sim t(n)$, 则存在一个正数 t_0, 使得

$$P\{|T| \geqslant t_0\} \geqslant P\{|X| \geqslant t_0\}.$$

23. 检验下列分布族是不是指数型分布族:

(1) Poisson 分布族;

(2) 双参数指数分布族;

(3) Γ 分布族 $\Gamma(\alpha, \lambda)$;

(4) Cauchy 分布族: $\left\{f(x, \lambda) = \dfrac{\lambda}{\pi(\lambda^2 + x^2)} : \lambda > 0\right\}$.

24. 设 $X_1, \cdots, X_n$ 为来自 PDF 为

$$f(x, \theta) = \theta^{-1}\exp\left(-\frac{|x|}{\theta}\right), \quad x \in \mathbf{R},\ \theta > 0$$

的总体的 IID 样本, 证明: $T = \sum_{i=1}^{n}|X_i|$ 是 θ 的充分统计量.

25. 设 $X_1, \cdots, X_n$ 为来自均匀分布族 $\{U(\theta_1, \theta_2) : -\infty < \theta_1 < \theta_2 < \infty\}$ 的 IID 样本, 证明: $(X_{(1)}, X_{(n)})$ 是 (θ_1, θ_2) 的充分统计量.

26. 设 $Y_i \sim N(\alpha + \beta x_i, \sigma^2)$, $i = 1, \cdots, n$, 且诸 Y_i 相互独立, 其中 $\alpha, \beta \in \mathbf{R}$, $\sigma > 0$ 是未知参数, $x_1, \cdots, x_n$ 为已知的常数. 试证明统计量

$$\left(\sum_{i=1}^{n} Y_i, \sum_{i=1}^{n} x_iY_i, \sum_{i=1}^{n} Y_i^2\right)$$

是 $(\alpha, \beta, \sigma^2)$ 的充分统计量.

27. 设 $X_1, \cdots, X_n$ 为来自 PDF 为

$$f(x, \theta) = \frac{\theta}{x^2}, \quad 0 < \theta < x < \infty$$

的总体的 IID 样本, 试证明 $X_{(1)}$ 是充分统计量.

28. 设 $X_1, \cdots, X_n$ 为来自 Bernoulli 分布 $b(1, p)$ 的 IID 样本, 试写出 $X_1, \cdots, X_n$ 的联合分布, 并指出 $X_1 + X_2$, $X_{(n)}$, $X_n + 2p$, $(X_n - X_1)^2$ 中哪些是统计量, 为什么?

29. 设 $X_1, \cdots, X_n$ 为来自 PDF 为

$$f(x) = \begin{cases} 2x, & 0 < x < 1, \\ 0, & \text{其他} \end{cases}$$

的总体的 IID 样本, 试求 $X_{(1)}, X_{(n)}$ 的 PDF.

30. 设 $X_1, \cdots, X_n$ 为来自 PDF 为 $f(x)$ 的总体的 IID 样本, 试证明: 样本极差 $R = X_{(n)} - X_{(1)}$ 的 PDF 为

$$f_R(x) = n(n-1) \int_{-\infty}^{\infty} [F(t+x) - F(t)]^{n-2} f(x+t) f(t) \mathrm{d}t,$$

其中 F 为总体的 CDF.

31. 设 $X_1, \cdots, X_m$ 为来自 $N(\mu, \sigma_1^2)$ 的 IID 样本, $Y_1, \cdots, Y_n$ 为来自 $N(\mu, \sigma_2^2)$ 的 IID 样本, 且全样本独立, 记

$$\alpha_1 = \frac{S_{1m}^2}{S_{1m}^2 + S_{2n}^2}, \quad \alpha_2 = \frac{S_{2n}^2}{S_{1m}^2 + S_{2n}^2}.$$

试求 $Z = \alpha_1 \overline{X} + \alpha_2 \overline{Y}$ 的期望.

32. 设 $X \sim B(n, p)$, 对 $k \geqslant 1$, 请证明:

$$P\{X \geqslant k\} = \sum_{i=k}^{n} \mathrm{C}_n^i p^i (1-p)^{n-i} = k \mathrm{C}_n^k \int_0^p t^{k-1} (1-t)^{n-k} \mathrm{d}t.$$

33. 设 $X_1, \cdots, X_n$ 为来自总体分布为 F 的 IID 样本, $X_{(1)} \leqslant \cdots \leqslant X_{(n)}$ 为其次序统计量. 如果 $F(x)$ 连续, 则

$$E[F(X_{(i)})] = \frac{i}{n+1}, \quad \mathrm{Var}[F(X_{(i)})] = \frac{i(n+1-i)}{(n+1)^2(n+2)}.$$

34. 设 $X_1, \cdots, X_n$ 是 n 个相互独立的随机变量, 且 $X_i \sim N(0, \sigma_i^2)$. 记

$$Y = \frac{\sum\limits_{i=1}^{n} X_i / \sigma_i^2}{\sum\limits_{i=1}^{n} 1/\sigma_i^2}, \quad Z = \sum_{i=1}^{n} \frac{(X_i - Y)^2}{\sigma_i^2},$$

试证明 $Z \sim \chi^2(n-1)$.

*35. 设 $X_1, \cdots, X_n$ 为来自正态总体 $N(\mu, \sigma^2)$ 的 IID 样本, 记

$$\tau = \frac{X_1 - \overline{X}}{S}\sqrt{\frac{n}{n-1}},$$

试证明

$$t = \frac{\tau\sqrt{n-2}}{\sqrt{n-1-\tau^2}} \sim t(n-2).$$

*36. 设 $\begin{pmatrix} X_1 \\ Y_1 \end{pmatrix}, \cdots, \begin{pmatrix} X_n \\ Y_n \end{pmatrix}$ 为来自二维正态总体 $N(\boldsymbol{\mu}, \boldsymbol{\Sigma})$ 的 IID 样本, 其中 $\boldsymbol{\mu} = (\mu_1, \mu_2)^{\mathrm{T}}$, $\boldsymbol{\Sigma} = \begin{pmatrix} \sigma_1^2 & \rho\sigma_1\sigma_2 \\ \rho\sigma_1\sigma_2 & \sigma_2^2 \end{pmatrix}$. 定义两样本间的相关系数为

$$r(X, Y) = \frac{\sum_{i=1}^{n}(X_i - \overline{X})(Y_i - \overline{Y})}{\left[\sum_{i=1}^{n}(X_i - \overline{X})^2 \sum_{i=1}^{n}(Y_i - \overline{Y})^2\right]^{1/2}},$$

试证明: 如果 $\rho = 0$, 则统计量

$$t = \sqrt{n-2}\frac{r(X, Y)}{\sqrt{1 - (r(X, Y))^2}} \sim t(n-2).$$

37. 证明: 服从非中心 t 分布的随机变量的平方服从非中心 F 分布.

38. 一个总体有 N 个元素, 其指标值分别为 $a_1 > a_2 > \cdots > a_N$. 指定正整数 $M < N, n < N$, 并设 $m = nM/N$ 为整数. 在 $(a_1, \cdots, a_M)$ 中不放回地抽取 m 个, 在 $(a_{M+1}, \cdots, a_N)$ 中不放回地抽取 $n - m$ 个. 写出所得样本的分布.

39. 设 $X_1, \cdots, X_n$ 为来自区间 (a, b) 内均匀分布的 IID 样本, $-\infty < a < b < \infty$. 试证对于任何 a 和 b, $(X_{(i)} - X_{(1)})/(X_{(n)} - X_{(1)}), i = 2, \cdots, n-1$ 与 $(X_{(1)}, X_{(n)})$ 是相互独立的.

40. 设 $X_1, \cdots, X_n$ 为来自总体 $P_\theta \in \{P_\theta : \theta \in \Theta\}$ 的 IID 样本. 在下列几种情况下, 找出一个与 $\theta \in \Theta$ 相同维数的充分统计量.

(1) P_θ 是 Poisson 分布 $P(\theta), \theta \in (0, \infty)$;

(2) P_θ 是负二项分布 $NB(\theta, r)$, 且 r 已知, $\theta \in (0, 1)$;

(3) P_θ 是指数分布 $Exp(\theta)$, $\theta \in (0, \infty)$.

41. 设 $X_1, \cdots, X_n$ 为来自 $N(\theta, \theta^2)(\theta > 0)$ 的 IID 样本. 问 $\overline{X}$ 是否仍为充分统计量?

42. 设 $X_1, \cdots, X_n$ 为来自 $N(0, \sigma^2)$ 的 IID 样本, $\overline{X}$ 为样本均值, $\xi = f(X_1, \cdots, X_n)$ 满足条件 $f(X_1 + c, \cdots, X_n + c) = f(X_1, \cdots, X_n)$ (对任何常数 c). 证明: ξ 与 $\overline{X}$ 独立.

43. 非中心 χ^2 变量 $\xi = \sum_{i=1}^{n}(X_i + a_i)^2$, $X_1, \cdots, X_n \sim N(0, 1)$, $a_1, \cdots, a_n$ 为常数. 证明: ξ 的分布只依赖于 n 和 $\delta = \sqrt{\sum_{i=1}^{n} a_i^2}$ (提示: 作正交变换, 使 $Y_1 = \sum_{j=1}^{n} a_j X_j/\delta$).

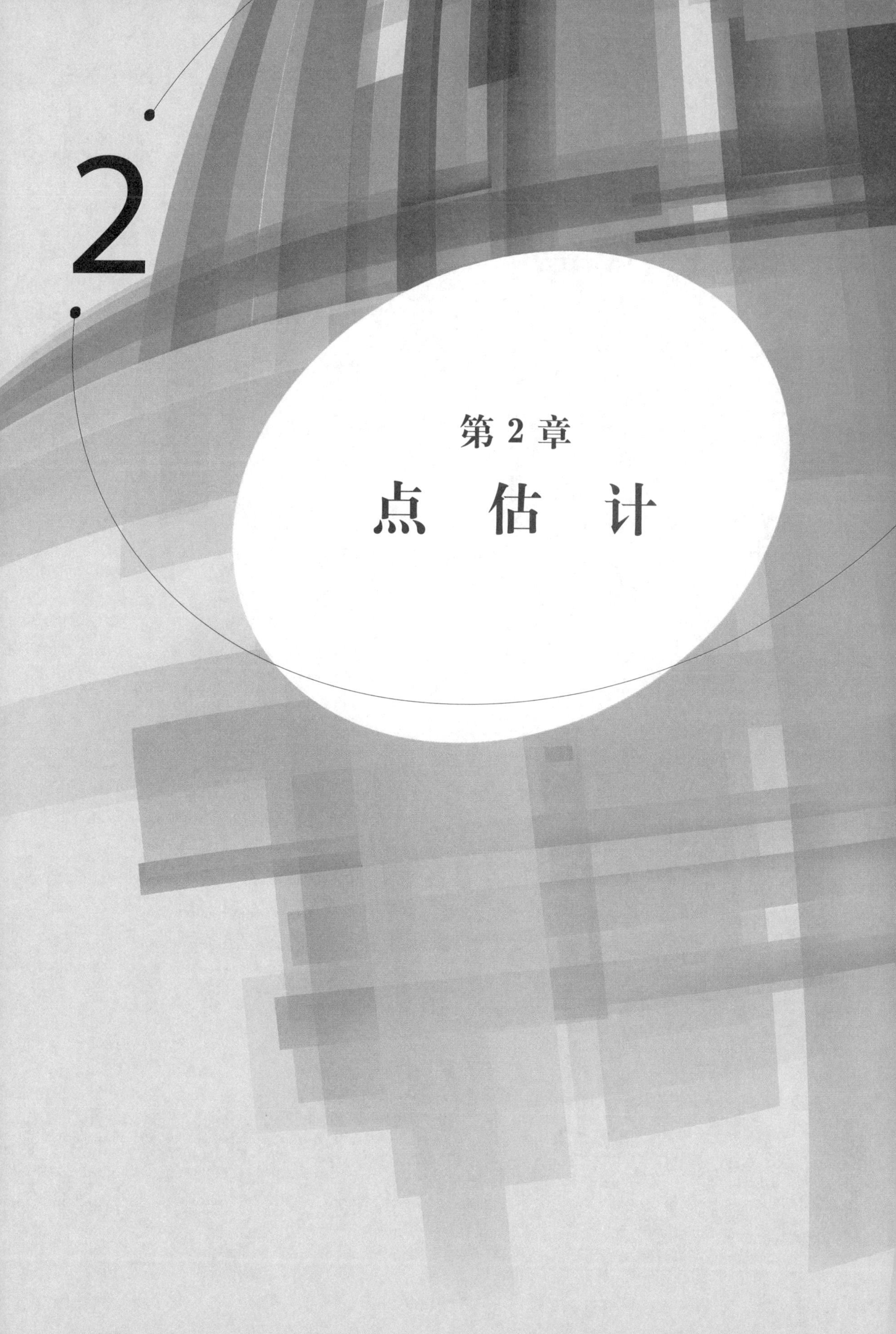

2

第 2 章

点 估 计

在上一章中, 我们主要讲述了统计量的几个常用抽样分布及充分统计量. 我们回想一下, 引进统计量的目的在于对感兴趣的问题进行统计推断. 而在实际中, 我们感兴趣的问题多是以分布族中的未知参数或是参数函数的形式出现的. 当然, 在所考虑的分布族中, 也可能会有一些未知参数并不是我们感兴趣的, 我们称这样的参数为讨厌参数.

从本章开始, 我们将讨论感兴趣参数的估计和检验问题. 而估计又分区间估计与点估计, 区间估计是下一章的内容, 本章主要讲述点估计方法和评价估计好坏的准则.

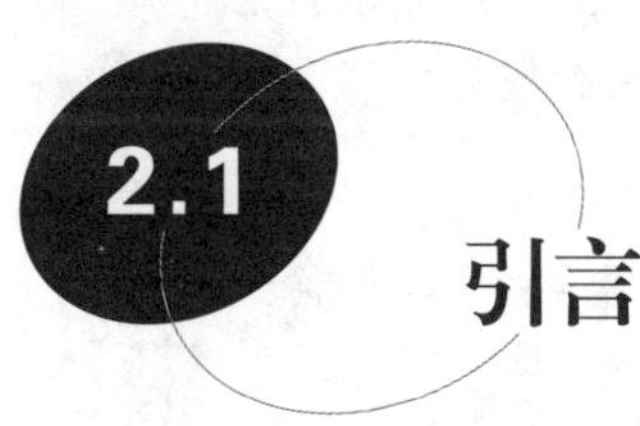

2.1 引言

人们主要从三个方向进行参数统计研究: 抽样分布、参数的估计问题和参数的假设检验. 几个常用的抽样分布在上一章已介绍过, 本章将开始介绍参数的估计问题. 参数估计分点估计 (point estimation) 和区间估计 (interval estimation), 本章将介绍几个常用的点估计方法, 如无偏估计 (unbiased estimate, 简记为 UE)、一致最小方差无偏估计 (uniformly minimum variance unbiased estimate, 简记为 UMVUE)、最大似然估计 (maximum likelihood estimate, 简记为 MLE) 等. 之所以引入这些估计方法, 是由于我们采取了不同的估计准则, 这些准则也将在本章加以介绍.

在参数统计中, 往往假设总体的分布为 $F(x,\theta)$, 其中分布类型 F 是已知的, 而其参数 θ 未知. 例如, 假设总体分布为正态分布 $N(\mu,\sigma^2)$, 则其密度函数的形式已知, 只是参数 $\theta=(\mu,\sigma^2)$ 未知. 参数估计的目的是根据样本 $X_1,\cdots,X_n$, 对总体参数 θ 或参数的函数 $g(\theta)$ 进行估计, 并研究估计量的性质. 例如, 对于正态总体而言, 我们将估计 μ 和 σ^2, 或者未知参数的函数 σ 等. 矩估计、最大似然估计、Bayes (贝叶斯) 估计是估计未知参数的三类常用方法. 为了评价不同估计方法的效果, 本章也将介绍无偏性、有效性、(强) 相合性等不同准则. 我们将发现矩估计的适用面广, 而最大似然估计的估计效果往往更好.

2.2 矩估计与替代原理

2.2.1 矩估计

矩估计 (moment estimation) 是 K. Pearson 于 1894 年基于某些生物学方面的数据并非来自正态分布这一发现而提出的, 这种估计方法在实际中有着广泛的应用. 矩估计的主要思想是用从样本出发得到的样本矩来估计总体矩. 样本矩的值可根据具体样本而得到, 总体矩中包括未知参数的信息, 由此可以得到未知参数的估计. 首先给出样本矩的定义.

定义 2.2.1 对于样本 $X_1,\cdots,X_n$ 及任意一正整数 k, 我们称

$$a_k=\frac{1}{n}\sum_{i=1}^{n}X_i^k,\quad m_k=\frac{1}{n}\sum_{i=1}^{n}(X_i-\overline{X})^k \tag{2.2.1}$$

为样本 k 阶原点矩和 k 阶中心矩, 其中 $\overline{X}=a_1$ 为样本均值.

从定义 2.2.1 可以看出, $m_1=0$, $m_2=\dfrac{n-1}{n}S_n^2=\dfrac{1}{n}\left(\sum_{i=1}^{n}X_i^2-n\overline{X}^2\right)=a_2-a_1^2$. 另外, 若 m_k 展开成多项式的形式, 则知道样本 k 阶中心矩 m_k 可以由样本 k 阶以下的原点矩线性表出, 同样, 样本原点矩 a_k 也可以由样本 k 阶以下的中心矩线性表出.

我们在概率论已经讲过一个随机变量的 k 阶原点矩和中心矩, 为与样本矩作一比较, 我们称总体 X 的 k 阶原点矩和中心矩分别为

$$\mu_k=E(X^k),\quad \nu_k=E(X-\mu_1)^k. \tag{2.2.2}$$

显然, 样本矩不依赖于总体中的参数, 它们是统计量; 而总体矩则与分布中的未知参数有关. 另外, 由大数定律和中心极限定理可知, 样本矩是总体矩的一个很好的估计. 于是, 我们可以利用上述想法来估计总体的未知参数, 这就是矩估计的基本思想, 其具体过程如下:

设 $\{F(x,\theta):\theta\in\Theta\}$ 是总体 X 的分布族, $\theta=(\theta_1,\cdots,\theta_m)$ 是我们感兴趣的有待估计的未知参数, Θ 为参数取值空间, 假设总体的 k 阶矩 μ_k 存在且有限. 若令

$$\mu_k(\theta)=a_k,\quad k=1,\cdots,m, \tag{2.2.3}$$

则得到了一个含有 m 个未知参数的方程组. 若由此方程组可求得 θ_i, 记为 $\hat{\theta}_i$, $i=1,\cdots,m$, 则称之为 θ_i 的矩估计.

关于矩估计, 我们注意到:

(1) 在 (2.2.3) 中, 我们也可以通过用样本 k 阶中心矩作为总体 k 阶中心矩的估计而建立相应的方程组. 这样求得的参数估计也称为矩估计. 当然, 这两种方法得到的估计可能不相同.

(2) 方程组 (2.2.3) 的解是否存在且唯一, 要取决于具体问题.

(3) 在用矩估计法求参数估计时, 我们尽可能用低阶矩.

下面看几个例子.

例 2.2.1 考虑总体均值与方差的矩估计.

解 设 $X_1,\cdots,X_n$ 是一组简单随机样本, 且总体二阶矩存在, 记 $\mu=E(X_1)$, $\sigma^2=\mathrm{Var}(X_1)$, 则由矩估计法知, 其估计方程为

$$\begin{cases}\hat{\mu}=a_1=\dfrac{1}{n}\displaystyle\sum_{i=1}^n X_i,\\ \hat{\mu}_2=\hat{\mu}^2+\hat{\sigma}^2=a_2=\dfrac{1}{n}\displaystyle\sum_{i=1}^n X_i^2.\end{cases}$$

由此可求得总体均值与方差的矩估计为

$$\begin{cases}\hat{\mu}=\overline{X},\\ \hat{\sigma}^2=\dfrac{1}{n}\displaystyle\sum_{i=1}^n (X_i-\overline{X})^2=\dfrac{n-1}{n}S_n^2.\end{cases}$$ □

由此例可以看出, 总体均值的矩估计是样本均值, 而总体方差的矩估计却不是样本方差, 而是样本方差的 $\dfrac{n-1}{n}$ 倍. 当然, 当 n 较大时, 这个系数与 1 非常接近. 为了以后的方便, 我们记

$$S_n^{*2}=\frac{1}{n}\sum_{i=1}^n (X_i-\overline{X})^2. \tag{2.2.4}$$

另外, 从这个例子还可以看出, 上述估计并不要求总体分布具有什么给定的形式. 换句话说, 在有些情形下, 矩估计可以不要求知道总体的分布类型. 在实际应用中, 我们有时不知道总体的分布类型. 若对总体分布做某种假设, 例如可假设总体满足正态分布或其他分布类型, 此时出现两种情况: 一是这种假设是合理的, 则总体分布类型的信息有助于参数估计, 即可以更准确地估计参数; 二是这种假设与真实情形有较大差异, 则利用这种不准确的分布类型的信息反而不利于参数估计. 因此, 矩估计可不利用总体分布类型的信息的特点, 使得矩估计比较稳健、对总体分布类型的要求不多, 往往可得到较好的估计, 虽然其

不一定是最好的估计. 后面分析矩估计的理论性质时, 将更清晰地看到矩估计的这一特点.

例 2.2.2 考虑 Poisson 分布 $P(\lambda)$ 的总体均值的矩估计.

解 对于 Poisson 分布 $P(\lambda)$, 由于 λ 既是总体均值, 又是总体方差, 故有两个矩估计, 它们是

$$\hat{\lambda} = a_1 = \overline{X},$$
$$\hat{\lambda} = m_2 = S_n^{*2}.$$ □

由此例可以看出, 矩估计不是唯一的. 我们再看一个例子.

例 2.2.3 考虑指数分布 $Exp(\lambda)$ 中参数 λ 的矩估计.

解 对于指数分布 $Exp(\lambda)$, 任意 $r > 0$, 我们有 $E(X_i^r) = \dfrac{\Gamma(r+1)}{\lambda^r}$, 其中 $\Gamma(\cdot)$ 为 Γ 函数, 即 $\Gamma(x) = \displaystyle\int_0^{+\infty} t^{x-1}\mathrm{e}^{-t}\mathrm{d}t\ (x>0)$. 把总体矩 $E(X_i^r)$ 用样本矩 a_r 来代替, 则得参数 λ 的矩估计

$$\hat{\lambda} = \left(\frac{1}{n\Gamma(r+1)}\sum_{i=1}^{n} X_i^r\right)^{-1/r}.$$

上式说明矩估计可以有无穷多个. 我们需要某种准则来确定最优的 r. 后面, 我们将从无偏性、有效性等不同准则出发, 评价不同矩估计的性质. □

例 2.2.4 考虑均匀分布 $U(0,\theta)$ 中参数 θ 的矩估计.

解 因为此时总体均值为

$$\mu = E(X_1) = \int_0^{\theta} x\frac{1}{\theta}\mathrm{d}x = \frac{\theta}{2},$$

故由矩估计法知

$$\hat{\theta} = 2\overline{X}.$$ □

例 2.2.5 考虑均匀分布 $U(\alpha,\beta)$ 中 α,β 的矩估计.

解 因为总体均值与方差分别为

$$\mu = \int_{\alpha}^{\beta} \frac{x}{\beta-\alpha}\mathrm{d}x = \frac{\alpha+\beta}{2},$$
$$\nu_2 = \int_{\alpha}^{\beta} \frac{1}{\beta-\alpha}\left(x - \frac{\alpha+\beta}{2}\right)^2 \mathrm{d}x = \frac{(\beta-\alpha)^2}{12},$$

故由矩估计法原理有如下的估计方程

$$\begin{cases}\hat{\mu}=\overline{X},\\ \hat{\nu}_2=m_2,\end{cases}$$

于是, 可求得其矩估计为

$$\begin{cases}\hat{\alpha}=\overline{X}-\sqrt{3S_n^{*2}},\\ \hat{\beta}=\overline{X}+\sqrt{3S_n^{*2}}.\end{cases}$$ □

关于矩估计的优良性质, 我们将在后面介绍.

对于矩估计, 我们还可以从另一个角度进行解释. 参数统计中, 常常需要估计与数据分布有关的参数, 例如均值、方差、中位数等. 这些参数是从总体分布函数 F 出发而得到的, 即这些参数可以看成定义在某分布函数空间取值为实数的泛函 $T(F)$, 称 F 为函数参数 (functional parameter), 其为某个随机变量的分布函数. 所谓的泛函, 简单地说, 就是以整个函数为自变量的函数.

例 2.2.6 对于分布函数为 F 的随机变量,

均值: $\mu=T(F)=\int_{-\infty}^{\infty}x\mathrm{d}F(x)$,

方差: $\sigma^2=T(F)=\int_{-\infty}^{\infty}x^2\mathrm{d}F(x)-\left(\int_{-\infty}^{\infty}x\mathrm{d}F(x)\right)^2$,

中位数: $med(F)=T(F)=F^{-1}(0.5)=\inf\{x:F(x)\geqslant 1/2\}$,

密度: $f(x)=T(F)=F'(x)$,

其中 $\inf\{x:F(x)\geqslant 1/2\}$ 表示满足条件 $F(x)\geqslant 1/2$ 的最小的 x. 在均值、方差和中位数的定义中, $F(x)$ 可以是任意类型的随机变量的分布函数. 当随机变量为连续型时, 存在密度函数 $f(x)$, 则 $\mathrm{d}F(x)=f(x)\mathrm{d}x$, 相应的均值 $\mu=E(X)=\int_{-\infty}^{\infty}xf(x)\mathrm{d}x$, 方差 $\sigma^2=E(X^2)-(E(X))^2=\int_{-\infty}^{\infty}x^2f(x)\mathrm{d}x-\left(\int_{-\infty}^{\infty}xf(x)\mathrm{d}x\right)^2$. 当随机变量为离散型时, 其相应的分布函数即退化为 (1.3.10) 的经验分布函数, 即 $F(x)=\dfrac{1}{n}\sum\limits_{i=1}^{n}I(X_i\leqslant x)$. 记样本值为 $x_1,\cdots,x_n$, 则 $\int_{-\infty}^{\infty}x\mathrm{d}F(x)=\dfrac{1}{n}\sum\limits_{i=1}^{n}x_i$, 因为微分 $\mathrm{d}F(x)$ 只有在 x_i 处才有取值 $\dfrac{1}{n}$, 其余的地方都为 0. 类似地, $\int_{-\infty}^{\infty}x^2\mathrm{d}F(x)=\dfrac{1}{n}\sum\limits_{i=1}^{n}x_i^2$. □

2.2.2 替代原理

设 $X_1,\cdots,X_n \overset{\text{IID}}{\sim} F(x)$, F 或者完全未知或者依赖于某些有限参数. 现在考虑参数 $\theta=T(F)$ 的估计问题. 由于 $T(F)$ 为 F 的泛函, 因此启示 θ 的估计可以分两步: 先找到 F 的一个好的估计 $\hat{F}$, 然后用 $\hat{\theta}=T(\hat{F})$ 来估计 $\theta=T(F)$. 这种用 $\hat{F}$ 代替 F 得到 θ 的估计方法称为**替代原理**. 替代原理有两个基本问题:

(1) 怎样估计 F?

(2) 替代原理能否得到好的估计 $\hat{\theta}$?

根据定理 1.3.1 的 Glivenko-Cantelli 定理, 经验分布函数 $F_n(x)$ 是总体分布函数 F 一个较好的估计. 由于 $F_n(x)$ 是一个阶梯函数, 有时 $F_n(x)$ 并不适合来估计 F, 例如对于密度函数 $f(x)$ 的估计, 不能由 $F_n(x)$ 求导而得到. 对于密度函数, 往往用非参数统计中的核密度估计方法来估计, 这里不展开说明. 不过对于很多情形, 用 $F_n(x)$ 来估计 F 后, 可以得到 θ 较好的估计 $\hat{\theta}$.

例 2.2.7 设总体 X 的一个简单随机样本 $X_1,\cdots,X_n \overset{\text{IID}}{\sim} F(x)$. 待估参数 $\theta=T(F)=E(h(X))=\displaystyle\int_{-\infty}^{\infty}h(x)\mathrm{d}F(x)$. 用经验分布函数 $F_n(x)$ 代替 F 后, 可得

$$\hat{\theta}=T(F_n)=\int_{-\infty}^{\infty}h(x)\mathrm{d}F_n(x)=\frac{1}{n}\sum_{i=1}^{n}h(X_i),$$

即用 $h(X_1),\cdots,h(X_n)$ 的样本均值来估计 $E(h(X))$. 这里 $h(x)$ 可取 $x^k, k\geqslant 1$, 或其他函数. 通过替代原理, 可得总体 k 阶矩 $E(X^k)$ 的估计为样本 k 阶原点矩 $a_k=\dfrac{1}{n}\displaystyle\sum_{i=1}^{n}X_i^k, k\geqslant 1$.

此外, 对于方差 $\sigma^2=T(F)$, 应用替代原理可得其估计为

$$\hat{\theta}=T(F_n)=\frac{1}{n}\sum_{i=1}^{n}X_i^2-\left(\frac{1}{n}\sum_{i=1}^{n}X_i\right)^2=\frac{1}{n}\sum_{i=1}^{n}(X_i-\overline{X})^2,$$

其中 $\overline{X}=\dfrac{1}{n}\displaystyle\sum_{i=1}^{n}X_i$ 为样本均值. □

例 2.2.8 替代原理还可以处理参数 $\theta=T(F)$ 不是显式形式的情形. 设 $X\sim F$, θ 满足 $\displaystyle\int_{-\infty}^{\infty}g(x,\theta)\mathrm{d}F(x)=0$, 即 $E(g(X,\theta))=0$. 则由替代原理, 估计 $\hat{\theta}=T(F_n)$ 满足

$$\int_{-\infty}^{\infty}g(x,T(F_n))\mathrm{d}F_n(x)=\frac{1}{n}\sum_{i=1}^{n}g(X_i,\hat{\theta})=0.$$

由上式求得 $\hat{\theta}$ 即可. □

进一步地, 我们可以利用替代原理去估计参数统计模型中的未知参数. 设 $X_1, \cdots, X_n \overset{\text{IID}}{\sim} F_{\boldsymbol{\theta}}(x)$, 其中 $\boldsymbol{\theta} = (\theta_1, \theta_2, \cdots, \theta_p)^{\mathrm{T}}$ 为 p 个总体参数. 为用替代原理, 我们找关于 F 且依赖于 $\boldsymbol{\theta}$ 的 p 个泛函 $\eta_1(F), \eta_2(F), \cdots, \eta_p(F)$, 即 $\eta_k(F) = g_k(\boldsymbol{\theta})$, $k = 1, 2, \cdots, p$, 其中 $g_1, g_2, \cdots, g_p$ 为已知函数. 这样给定 $\eta_1(F), \eta_2(F), \cdots, \eta_p(F)$, 由 p 个方程可求解出 $\boldsymbol{\theta}$. 利用替代原理, 先找 F 的估计 F_n, 定义 $\boldsymbol{\theta}$ 的估计为 $\hat{\boldsymbol{\theta}}$ 满足

$$\eta_k(F_n) = g_k(\hat{\boldsymbol{\theta}}), \quad k = 1, 2, \cdots, p.$$

对于给定的 $\eta_k(F)$, 相应的 $\eta_k(F_n)$ 的形式往往已知, $k = 1, 2, \cdots, p$. 由此, 可根据这 p 个方程解得 $\boldsymbol{\theta}$ 的估计 $\hat{\boldsymbol{\theta}}$. 选取 $\eta_k(F)$ 的一个通常做法是取

$$\eta_k(F) = \int_{-\infty}^{\infty} x^k \mathrm{d}F_{\boldsymbol{\theta}}(x) = E(X^k), \quad k = 1, \cdots, p.$$

此时, 根据替代原理可知, $\boldsymbol{\theta}$ 的估计 $\hat{\boldsymbol{\theta}}$ 满足

$$\frac{1}{n} \sum_{i=1}^{n} X_i^k = g_k(\hat{\boldsymbol{\theta}}), \quad k = 1, 2, \cdots, p.$$

从而可得估计 $\hat{\boldsymbol{\theta}}$. 上述估计总体参数 $\boldsymbol{\theta}$ 的做法即为矩估计方法. 因此, 矩估计可以认为是替代原理的一种应用.

2.3 最大似然估计与 EM 算法

最大似然估计最早是由德国数学家 Gauss (高斯) 在 1821 年针对正态分布提出的, 之后 Fisher 于 1922 年提出了一般分布的最大似然估计. 本节将给出最大似然估计的定义及求取某些复杂情况下 MLE 的一种有效算法——EM 算法.

2.3.1 最大似然估计

在讲最大似然估计之前, 我们先看一下其基本思想.

例 2.3.1 假设在一个罐中放着许多白球和黑球，且二者数目之比为 1∶3，但不知哪种颜色球多. 现考虑通过有放回抽样方法估计罐中黑球数目的比例 p.

解 假设从罐中有放回抽样 n 次，则由概率论知识知道，其中包括黑球个数 X 的概率分布是二项分布 $B(n,p)$，即

$$P(x,p)=P\{X=x|p\}=\mathrm{C}_n^x p^x(1-p)^{n-x}. \tag{2.3.1}$$

由于我们知道 p 等于 1/4 或 3/4，故我们的目的在于通过 X 的大小来估计 p. 为此，我们先看一个 $n=3$ 的简单情况. 此时，我们针对不同的 x 值，计算 (2.3.1) 式的概率如表 2.1 所示.

x	0	1	2	3
$P\left(x,\frac{3}{4}\right)$	$\frac{1}{64}$	$\frac{9}{64}$	$\frac{27}{64}$	$\frac{27}{64}$
$P\left(x,\frac{1}{4}\right)$	$\frac{27}{64}$	$\frac{27}{64}$	$\frac{9}{64}$	$\frac{1}{64}$

▶ 表 2.1
最大似然思想

从表 2.1 可以看出，当 $x=0$ 时，$\dfrac{27}{64}\gg\dfrac{1}{64}$，故认为 $\hat{p}=\dfrac{1}{4}$ 更有可能发生，因而，取 $\hat{p}=\dfrac{1}{4}$ 比取 $\hat{p}=\dfrac{3}{4}$ 更合理. 于是，若把 $\hat{p}$ 看成是 x 的函数 $\hat{p}(x)$，则我们得到如下的比较合理的估计:

$$\hat{p}(x)=\begin{cases}\dfrac{1}{4}, & x=0,1,\\[2mm] \dfrac{3}{4}, & x=2,3.\end{cases}$$

我们在选取上述估计时遵循了如下原理: 认为概率最大的事件最有可能发生，即我们选取的估计 $\hat{p}(x)$ 满足如下不等式:

$$P\{X=x|\hat{p}(x)\}\geqslant P\{X=x|p'\},\ \forall p',\ \forall x.$$

这就是我们要讲的最大似然原理的基本思想. □

定义 2.3.1 (似然函数) 对于分布族 $\{f(x,\theta),\theta\in\Theta\}$，若以 $f(\boldsymbol{x},\theta)$ 记其 n 个样本的联合概率分布，则对于给定的样本观测值 $\boldsymbol{x}=(x_1,\cdots,x_n)$，我们称 $f(\boldsymbol{x},\theta)$ 为参数 θ 的似然函数，简称为似然函数 (likelihood function)，并记之为

$$L(\theta|\boldsymbol{x})=f(\boldsymbol{x},\theta),\quad \forall\theta\in\Theta. \tag{2.3.2}$$

称 $\ln L(\theta|\boldsymbol{x})$ 为对数似然函数，记为 $l(\theta|\boldsymbol{x})$ 或 $l(\theta)$.

从上一定义可以看出，似然函数与样本联合概率分布相同，但二者的含义却不同: 后者是固定参数值 θ 下关于样本 $\boldsymbol{x}$ 的函数，它的取值空间为样本空间 $\mathcal{X}$; 而似然函数则是固定样本观测值 $\boldsymbol{x}$ 下关于参数 θ 的函数，其在参数空间 Θ

上取值. 为考察二者的区别, 我们不妨把参数 θ 和样本分别看作 "原因" 和 "结果". 当给定参数后, 样本联合概率分布将告诉我们哪个样本将以多大的概率被观测到; 反过来, 当有了样本后, 似然函数将告诉我们如何最有可能地取参数 θ 的估计.

"似然" 的字面含义就是 "看起来像". 下面, 我们将利用样本观测值来确定参数看起来最像的值, 这就是统计上常说的似然原理.

定义 2.3.2 (MLE) 设 $X_1, \cdots, X_n$ 是来自某概率分布 $f(x,\theta) \in \mathcal{F} = \{f(x,\theta) : \theta \in \Theta \subseteq \mathbf{R}^k\}$ 的一组样本, 如果统计量 $\hat{\theta}(\boldsymbol{X})$ 满足

$$L(\hat{\theta}(\boldsymbol{x})|\boldsymbol{x}) = \sup_{\theta \in \Theta} L(\theta|\boldsymbol{x}), \tag{2.3.3}$$

或等价地满足

$$l(\hat{\theta}(\boldsymbol{x})|\boldsymbol{x}) = \sup_{\theta \in \Theta} l(\theta|\boldsymbol{x}), \tag{2.3.4}$$

则称 $\hat{\theta}$ 为 θ 的 MLE.

从上一定义可以看出, 求某参数的 MLE, 就是求 (2.3.3) 式或 (2.3.4) 式的极值问题. 如果似然函数 $L(\theta|\boldsymbol{x})$ 关于 θ 可微, 则 θ 的 MLE 可以通过求解下面的方程求得:

$$\frac{\partial L(\theta|\boldsymbol{x})}{\partial \theta_j} = 0, \quad j = 1, \cdots, k, \tag{2.3.5}$$

或等价地有

$$\frac{\partial l(\theta|\boldsymbol{x})}{\partial \theta_j} = 0, \quad j = 1, \cdots, k. \tag{2.3.6}$$

在统计上, 我们称上述方程 (2.3.5) 或 (2.3.6) 为似然方程.

例 2.3.2 设 $X_1, \cdots, X_n$ 为来自正态总体 $N(\mu, \sigma^2)$ 的 IID 样本, 试求 μ 和 σ^2 的 MLE.

解 此时的似然函数为

$$L(\mu, \sigma^2|\boldsymbol{x}) = \frac{1}{(\sqrt{2\pi}\sigma)^n} \exp\left[-\frac{1}{2\sigma^2}\sum_{i=1}^n (x_i - \mu)^2\right],$$

其对数似然函数为

$$l(\mu, \sigma^2|\boldsymbol{x}) = -\frac{n}{2}\ln(2\pi) - \frac{n}{2}\ln\sigma^2 - \frac{1}{2\sigma^2}\sum_{i=1}^n (x_i - \mu)^2,$$

两边分别对 μ 和 σ^2 求偏导, 再令其为零, 则得到如下的似然方程:

$$
\begin{cases}
\dfrac{\partial l}{\partial \mu} = \dfrac{1}{\sigma^2}\displaystyle\sum_{i=1}^{n}(x_i - \mu) = 0, \\
\dfrac{\partial l}{\partial \sigma^2} = -\dfrac{n}{2\sigma^2} + \dfrac{1}{2\sigma^4}\displaystyle\sum_{i=1}^{n}(x_i - \mu)^2 = 0,
\end{cases}
$$

由此求得其根为

$$
\begin{cases}
\mu = \bar{x}, \\
\sigma^2 = {s_n^*}^2 = \dfrac{1}{n}\displaystyle\sum_{i=1}^{n}(x_i - \bar{x})^2.
\end{cases}
$$

容易验证上述二根的确使其似然函数值达到最大, 于是, 所求的 MLE 为

$$
\begin{cases}
\hat{\mu} = \overline{X}, \\
\hat{\sigma}^2 = S_n^{*2}.
\end{cases}
$$

□

比较一下例 2.2.1 与例 2.3.2 可知, 对于正态总体而言, 其均值与方差的矩估计和 MLE 是一样的.

例 2.3.3 设 $X_1, \cdots, X_n$ 为来自均匀分布 $U(0,\theta)$ 的 IID 样本, 试求参数 θ 的 MLE.

解 此时的似然函数为

$$
L(\theta|\boldsymbol{x}) = \prod_{i=1}^{n} f(x_i, \theta) = \begin{cases}
\dfrac{1}{\theta^n}, & 0 \leqslant \max\limits_{1\leqslant i\leqslant n} x_i \leqslant \theta, \\
0, & \text{其他}.
\end{cases}
$$

显然, 当 $\theta = \max\limits_{1\leqslant i\leqslant n} x_i$ 时, $L(\theta|\boldsymbol{x})$ 达到最大, 于是 $\hat{\theta} = X_{(n)}$ 是 θ 的 MLE. □

比较一下例 2.2.4 与例 2.3.3 可知, 对于均匀分布总体 $U(0,\theta)$, 参数 θ 的矩估计和 MLE 是不一样的. 为了对二者作一比较, 我们记

$$
\hat{\theta}_M = 2\overline{X}, \quad \hat{\theta}_L = X_{(n)},
$$

由概率论知识, 容易求得它们的一、二阶矩如下:

$$
\begin{aligned}
E(\hat{\theta}_M) &= \theta, & \operatorname{Var}(\hat{\theta}_M) &= \frac{\theta^2}{3n}, \\
E(\hat{\theta}_L) &= \frac{n}{n+1}\theta, & \operatorname{Var}(\hat{\theta}_L) &= \frac{n\theta^2}{(n+1)^2(n+2)}.
\end{aligned}
$$

从二者的期望来看, 显然 $\hat{\theta}_L$ 不是以 θ 为中心, 而 $\hat{\theta}_M$ 是. 但是从方差来看, 由于 $\operatorname{Var}(\hat{\theta}_L) < \operatorname{Var}(\hat{\theta}_M)$, 故 $\hat{\theta}_L$ 比 $\hat{\theta}_M$ 更集中在其均值附近.

另外, 我们注意到, 在例 2.3.3 中, 我们不能利用微分法求其 MLE, 其原因是此时似然函数的支撑集依赖于未知参数 θ.

例 2.3.4 设 $X_1, \cdots, X_n$ 为来自 Poisson 分布 $P(\lambda)$ 的 IID 样本, 试求 λ 的 MLE.

解 此时的似然函数为

$$L(\lambda|\boldsymbol{x}) = \prod_{i=1}^{n} \frac{\lambda^{x_i} \mathrm{e}^{-\lambda}}{x_i!} = \frac{\lambda^{\sum\limits_{i=1}^{n} x_i} \mathrm{e}^{-n\lambda}}{\prod\limits_{i=1}^{n} x_i!},$$

其对数似然函数为

$$l(\lambda|\boldsymbol{x}) = -n\lambda + \sum_{i=1}^{n} x_i \ln\lambda - \sum_{i=1}^{n} \ln x_i!,$$

似然方程为

$$\frac{\partial l(\lambda|\boldsymbol{x})}{\partial\lambda} = -n + \frac{\sum\limits_{i=1}^{n} x_i}{\lambda} = 0,$$

由此解得

$$\lambda = \bar{x}.$$

经验证知 $\hat{\lambda} = \overline{X}$ 是 λ 的 MLE. □

由此例可知, Poisson 分布参数 λ 的 MLE 与例 2.2.2 中的第一个矩估计一样, 并且这个估计也比较符合实际.

例 2.3.5 设 $X_1, \cdots, X_n$ 为来自均匀分布 $U(\theta, \theta+1)$ 的 IID 样本, $\theta \in \mathbf{R}$, 试求 θ 的 MLE.

解 此时其似然函数为

$$L(\theta|\boldsymbol{x}) = \begin{cases} 1, & \theta \leqslant x_{(1)} \leqslant x_{(n)} \leqslant \theta + 1, \\ 0, & \text{其他}. \end{cases}$$

由于此时的似然函数在不为零的区域上是常数, 故只要 θ 不超过 $x_{(1)}$, 而 $\theta + 1$ 不小于 $x_{(n)}$, 其似然函数均达到最大值 1, 故 θ 的 MLE 不止一个, 在区间 $[X_{(n)} - 1, X_{(1)}]$ 中的任何一个均是 θ 的 MLE. □

由此例可知, MLE 并不唯一. 下面我们再给出一个 MLE 不唯一的例子.

例 2.3.6 设 $X_1, \cdots, X_n$ 是来自指数分布 $E(\lambda)$ 的 IID 样本, 试求 λ 的 MLE.

解 我们以 $X_{(1)} \leqslant \cdots \leqslant X_{(n)}$ 记次序统计量. 由次序统计量的知识可知,

基于 $X_{(1)},\cdots,X_{(r)}$ 的似然函数为

$$L(\lambda|x_{(1)},\cdots,x_{(r)})=\frac{n!}{(n-r)!}\exp\left\{-\lambda[x_{(1)}+\cdots+x_{(r)}+(n-r)x_{(r)}]\right\}\lambda^r,$$

其对数似然函数为

$$l(\lambda|x_{(1)},\cdots,x_{(r)})=-\lambda[x_{(1)}+\cdots+x_{(r)}+(n-r)x_{(r)}]+\ln\frac{n!}{(n-r)!}+r\ln\lambda,$$

其似然方程为

$$\frac{\partial l}{\partial\lambda}=-[x_{(1)}+\cdots+x_{(r)}+(n-r)x_{(r)}]+\frac{r}{\lambda}=0,$$

于是求得 λ 的 MLE 为

$$\hat{\lambda}=\frac{r}{\sum\limits_{i=1}^{r}X_{(i)}+(n-r)X_{(r)}}.$$ □

于是, 不同的 r 可得 λ 不同的最大似然估计.

注 2.3.1 从前面的例子可以看出, MLE 多是充分统计量的函数, 事实上, 如果 T 是充分统计量, 则由因子分解定理可知, $f(\boldsymbol{x},\theta)=g(\theta,T(\boldsymbol{x}))h(\boldsymbol{x})$, 于是, $l(\theta|\boldsymbol{x})=\ln g(\theta,T(\boldsymbol{x}))+\ln h(\boldsymbol{x})$, 由此可见, 为使对数似然函数值达到最大, 只需使 $g(\theta,T(\boldsymbol{x}))$ 达到最大, 所以, MLE 肯定是充分统计量 $T(x)$ 的函数.

对于表示寿命分布的指数分布 $Exp(\lambda)$, $1/\lambda$ 表示其平均寿命. 于是, 许多实际工作者感兴趣的可能是关于平均寿命 $1/\lambda$ 的估计. 而在上面例子中仅讨论了 λ 的估计, 那我们又如何估计其平均寿命 $1/\lambda$ 呢? 见下面注.

注 2.3.2 若 $g(\theta)$ 是任意函数, 且 $\hat{\theta}$ 是 θ 的 MLE, 则可以证明 $g(\hat{\theta})$ 也是 $g(\theta)$ 的 MLE.

证明 设 $G(w)=\{\theta:g(\theta)=w\}$, $M(w,\boldsymbol{x})=\sup\limits_{\theta\in G(w)}L(\theta|\boldsymbol{x})$, 则

$$\begin{aligned}M(g(\hat{\theta});\boldsymbol{x})&=\sup_{\theta\in G(g(\hat{\theta}))}L(\theta|\boldsymbol{x})=L(\hat{\theta}|\boldsymbol{x})=\sup_{\theta\in\Theta}L(\theta|\boldsymbol{x})\\&\geqslant\sup_{\theta\in G(w)}L(\theta|\boldsymbol{x})=M(w,\boldsymbol{x}),\end{aligned}$$

故 $g(\hat{\theta})$ 为 $g(\theta)$ 的 MLE. □

最大似然估计的上述性质称为**不变原则**, 它在许多实际问题中具有很大的应用.

注 2.3.3 对于指数分布族, 似然方程 (2.3.6) 若有解, 则必唯一. 对于单

参数指数分布族 $f(x,\theta)=\exp(\theta T(x)+a(\theta))h(x)$, 其似然方程为

$$\frac{\partial l(\theta|x)}{\partial\theta}=\sum_{i=1}^{n}T(x_i)+na'(\theta)=0. \tag{2.3.7}$$

由于 $E(T(X))=-a'(\theta)$, $\mathrm{Var}(T(X))=-a''(\theta)>0$ (利用 $\int f(x,\theta)\mathrm{d}x=1$, 之后两边关于 θ 求导即可), 故如上式有解, 必唯一. 如果上式无解, 则其 MLE 在 Θ 的边界处达到.

下面讨论最大似然估计和替代原理之间的关系. 首先, 给出 Kullback-Leibler (库尔贝克–莱布勒) 散度的定义.

定义 2.3.3 (Kullback-Leibler 散度) 设 $X_1,\cdots,X_n\overset{\text{IID}}{\sim}f_0(x)$, 对任意其他密度 $f(x)$, 定义 Kullback-Leibler 散度为

$$KL(f_0,f)=E_0\left\{\ln\left[\frac{f_0(X_i)}{f(X_i)}\right]\right\},$$

其中 E_0 表示期望在 X_i 的真实密度 f_0 下计算.

Kullback-Leibler 散度常被简记为 KL 散度. $KL(f_0,f)$ 可以用来比较两个概率分布, 即度量 f 与真实密度 f_0 的距离. 在实际应用中, 我们常常会用一个更简单的近似分布去替换观测到的数据或是一个复杂分布. 当选择一个近似分布时, KL 散度帮助我们衡量丢失了多少信息. KL 散度的基本性质: $KL(f_0,f)\geqslant 0$, 等号成立当且仅当 $f=f_0$, a.s.. 因此 $KL(f_0,f)$ 也可解释为当真实密度 f_0 时, 采用 f 时的效率差. 值得注意的是, KL 散度不具有对称性, 即 $KL(f_0,f)$ 往往不等于 $KL(f,f_0)$. 这说明由于 $KL(f_0,f)=E_0(\ln f_0(X_i))-E_0(\ln f(X_i))$, 这样对固定的 f_0, 当 $f=f_0$, a.s. 时, 极大化 $E_0(\ln f(X_i))=L(f,f_0)$, 这就启示了如下方法来估计 $f_0(x)$:

a.s. 表示几乎处处.

(1) 对每一 $f\in\mathcal{F}$, 利用替代原理可以估计 $L(f,f_0)$,

$$\hat{L}(f,f_0)=\frac{1}{n}\sum_{i=1}^{n}\ln f(X_i).$$

(2) 找 f 极大化 $\hat{L}(f,f_0)$. 若 $\boldsymbol{F}$ 为参数族, 即 $\boldsymbol{F}=\{f(x,\theta):\theta\in\Theta\}$, 则 $n\hat{L}(f,f_0)$ 即为似然函数. 这样 MLE 可以看成一种替代原理的估计.

2.3.2 迭代算法

在前一小节的几个例子中, 似然方程 (2.3.6) 往往有显式解, 然而在很多情形下, 似然方程 (2.3.6) 并没有显式解. 此时, 可以应用迭代算法来求解, 其中最

常用的是 Newton 迭代法, 该方法也被称为 **Newton-Raphson (牛顿–拉弗森) 算法**, 它是 Newton 在 17 世纪提出的一种在实数域和复数域上近似求解方程的方法.

记似然方程 (2.3.6) 为 $s(\boldsymbol{\theta})=\dfrac{\partial l(\boldsymbol{\theta}|\boldsymbol{x})}{\partial\boldsymbol{\theta}}=\mathbf{0}$, 其中 $\boldsymbol{\theta}=(\theta_1,\cdots,\theta_m)^{\mathrm{T}}$. 称 $s(\boldsymbol{\theta})$ 为得分函数 (score function). 先以一维为例, 说明 Newton 法的迭代公式. 设 θ 是方程 $s(\theta)=0$ 的根, 选取 $\hat{\theta}^{(0)}$ 作为 θ 的初始近似值, 过点 $(\hat{\theta}^{(0)},s(\hat{\theta}^{(0)}))$ 做曲线 $y=s(\theta)$ 的切线 $L: y=s(\hat{\theta}^{(0)})+s'(\hat{\theta}^{(0)})(\theta-\hat{\theta}^{(0)})$, 则 L 与横轴交点的横坐标为 $\hat{\theta}^{(1)}=\hat{\theta}^{(0)}-\dfrac{s(\hat{\theta}^{(0)})}{s'(\hat{\theta}^{(0)})}$, 称 $\hat{\theta}^{(1)}$ 为 θ 的一次近似值. 接着, 过点 $(\hat{\theta}^{(1)},s(\hat{\theta}^{(1)}))$ 作曲线 $y=s(\theta)$ 的切线, 并求得该切线与横轴交点的横坐标 $\hat{\theta}^{(2)}=\hat{\theta}^{(1)}-\dfrac{s(\hat{\theta}^{(1)})}{s'(\hat{\theta}^{(1)})}$, 称 $\hat{\theta}^{(2)}$ 为 θ 的第二次近似值. 重复以上过程, 得 θ 的第 $k+1$ 次近似值为

$$\hat{\theta}^{(k+1)}=\hat{\theta}^{(k)}-\frac{s(\hat{\theta}^{(k)})}{s'(\hat{\theta}^{(k)})},$$

其即为一维情形的 Newton 迭代公式. 进一步地, 考虑多维情况. 令

$$\boldsymbol{H}(\boldsymbol{\theta})=-\frac{\partial^2 l(\boldsymbol{\theta})}{\partial\boldsymbol{\theta}\partial\boldsymbol{\theta}^{\mathrm{T}}}=-\frac{\partial s(\boldsymbol{\theta})}{\partial\boldsymbol{\theta}^{\mathrm{T}}},$$

称 $\boldsymbol{H}(\boldsymbol{\theta})$ 为 Hesse **(黑塞) 矩阵**. 此时, 给定初值 $\hat{\boldsymbol{\theta}}^{(0)}$, Newton 迭代公式变为

$$\hat{\boldsymbol{\theta}}^{(k+1)}=\hat{\boldsymbol{\theta}}^{(k)}+[\boldsymbol{H}(\hat{\boldsymbol{\theta}}^{(k)})]^{-1}s(\hat{\boldsymbol{\theta}}^{(k)}). \tag{2.3.8}$$

因此 Newton 迭代法的步骤如下:

步骤 1 令 $k=0$, 选初值 $\hat{\boldsymbol{\theta}}^{(k)}$;

步骤 2 $\hat{\boldsymbol{\theta}}^{(k+1)}=\hat{\boldsymbol{\theta}}^{(k)}+[\boldsymbol{H}(\hat{\boldsymbol{\theta}}^{(k)})]^{-1}s(\hat{\boldsymbol{\theta}}^{(k)})$;

步骤 3 若 $|s(\hat{\boldsymbol{\theta}}^{(k)})|$ 或 $|\hat{\boldsymbol{\theta}}^{(k+1)}-\hat{\boldsymbol{\theta}}^{(k)}|$ 充分小, 则停止; 否则 $k=k+1$, 回步骤 2.

在 Newton-Raphson 算法中可以得到 $\boldsymbol{H}(\hat{\boldsymbol{\theta}}^{(k)})$, 该值实际上是观测的 Fisher 信息矩阵 (observed Fisher information matrix), 该值将用于 MLE 的方差矩阵估计, 具体内容见 2.7 节. Fisher 信息的定义见 2.6 节.

在应用 Newton-Raphson 算法时, 需要给出 θ 的初始估计 $\hat{\theta}^{(0)}$. 事实上, 初值 $\hat{\theta}^{(0)}$ 的选取往往对算法收敛性是有影响的. 一般地, 可用其他方法 (例如矩方法) 得到一个初值 $\hat{\theta}^{(0)}$. 若初值 $\hat{\theta}^{(0)}$ 有很好的渐近性质, 即 $\sqrt{n}(\hat{\theta}^{(0)}-\theta)\xrightarrow{d}N(0,\sigma^2(\theta))$, 则其一步迭代估计 $\hat{\theta}^{(1)}=\hat{\theta}^{(0)}+[H(\hat{\theta}^{(0)})]^{-1}s(\hat{\theta}^{(0)})$ 满足 $\sqrt{n}(\hat{\theta}^{(1)}-\theta)\xrightarrow{P}0$. 可以证明, 如果 $s(\theta)$ 是连续的, 并且待求的零点是孤立的,

那么在零点周围存在一个区域, 只要初值位于这个邻近区域内, 那么 Newton 法必定收敛.

给定初值后, Newton-Raphson 算法通常收敛速度很快. 在很多情形下, 似然函数 $l(\theta|\boldsymbol{x})$ 是一个多峰函数, 此时得分函数 $s(\theta)=0$ 的解不唯一, 从而可能导致序列收敛到似然函数局部极大 (或小) 值点, 或者鞍点 (saddle point), 即收敛到一个 "错误" 的解. 为了解决该问题, 可以多取几个初值来尝试, 并选择其中使似然函数达到最大的解为最终的解, 从而使得算法尽可能地收敛到 MLE. 实际中, 参数个数为 1 和 2 时可以通过作图来选择一个恰当的初始值, 对于参数个数不少于 3 时, 选取合适的初值较难. 一种可行的方式是用试验设计中的空间填充设计方法来选取初始值, 具体的方法这里不展开讨论.

记 $\boldsymbol{H}^*(\boldsymbol{\theta})=E_{\boldsymbol{\theta}}(\boldsymbol{H}(\boldsymbol{\theta}))=-E_{\boldsymbol{\theta}}\left(\dfrac{\partial^2 l(\boldsymbol{\theta})}{\partial\boldsymbol{\theta}\partial\boldsymbol{\theta}^{\mathrm{T}}}\right)$, 称 $\boldsymbol{H}^*(\boldsymbol{\theta})$ 为期望 Fisher 信息矩阵 (expected Fisher information matrix), 其对 Hesse 矩阵求期望. 可以证明, 在一些正则条件下, $\boldsymbol{H}^*(\boldsymbol{\theta})$ 即为 2.6 节定义的 Fisher 信息量. 把 Newton 迭代公式 (2.3.8) 中的 $\boldsymbol{H}(\boldsymbol{\theta})$ 替换为 $\boldsymbol{H}^*(\boldsymbol{\theta})$, 则 (2.3.8) 变为 **Fisher 得分法** (Fisher scoring algorithm):

$$\hat{\boldsymbol{\theta}}^{(k+1)}=\hat{\boldsymbol{\theta}}^{(k)}+[\boldsymbol{H}^*(\hat{\boldsymbol{\theta}}^{(k)})]^{-1}s(\hat{\boldsymbol{\theta}}^{(k)}).$$

Newton-Raphson 算法和 Fisher 得分法这两个算法的区别如下: $\boldsymbol{H}(\boldsymbol{\theta})$ 一般既依赖于 $\boldsymbol{\theta}$, 也依赖于 $\boldsymbol{x}$, $\boldsymbol{H}^*(\boldsymbol{\theta})$ 只显含 $\boldsymbol{\theta}$, 通过 $\boldsymbol{\theta}$ 依赖于 $\boldsymbol{x}$. 此外, 在一般条件下, 这两个算法都能收敛, Newton-Raphson 算法收敛速度往往更快, 但 Fisher 得分法收敛区域要宽. 这意味着 Fisher 得分法对初值依赖比 Newton-Raphson 算法要小. 不过后面将看到, 对于指数分布族, 这两个算法几乎一样, 特别对自然参数下的指数分布族, 这两个算法完全一样.

例 2.3.7 设 $X_1,X_2,\cdots,X_n\overset{\text{IID}}{\sim}$ Cauchy 分布, $f_\theta(x)=\dfrac{1}{\pi}\dfrac{1}{1+(x-\theta)^2}$. 此时, 略去与 θ 无关常数后对数似然为 $l(\theta)=-\sum\limits_{i=1}^{n}\ln[1+(X_i-\theta)^2]$, 得分函数为 $s(\theta)=\sum\limits_{i=1}^{n}\dfrac{2(X_i-\theta)}{1+(X_i-\theta)^2}$, 从而 θ 的 MLE $\hat{\theta}_n$ 满足似然方程 $\sum\limits_{i=1}^{n}\dfrac{2(X_i-\hat{\theta}_n)}{1+(X_i-\hat{\theta}_n)^2}=0$. 此方程需要数值求解 $\hat{\theta}_n$. 此时, 容易计算得到 Hesse 矩阵

$$H(\theta)=\sum_{i=1}^{n}\frac{2[1-(X_i-\theta)^2]}{[1+(X_i-\theta)^2]^2}\quad 且\quad H^*(\theta)=\frac{n}{2}.$$

因此, 相应的 Newton-Raphson 算法为

$$\hat{\theta}^{(k+1)}=\hat{\theta}^{(k)}+\left(\sum_{i=1}^{n}\frac{1-(X_i-\hat{\theta}^{(k)})^2}{[1+(X_i-\hat{\theta}^{(k)})^2]^2}\right)^{-1}\sum_{i=1}^{n}\frac{X_i-\hat{\theta}^{(k)}}{1+(X_i-\hat{\theta}^{(k)})^2},$$

而 Fisher 得分法

$$\hat{\theta}^{(k+1)} = \hat{\theta}^{(k)} + \frac{4}{n}\sum_{i=1}^{n}\frac{X_i - \hat{\theta}^{(k)}}{1+(X_i - \hat{\theta}^{(k)})^2},$$

其中初值可选取为 $\hat{\theta}^{(0)} = \text{median}\{X_1, X_2, \cdots, X_n\}$.

2.3.3 EM 算法

MLE 是一种非常有效的参数估计方法, 但当分布中有讨厌参数或数据为截尾或缺失时, 其 MLE 的求取是比较困难的. Dempster, Laird, Rubin (1977) 正式提出了 EM 算法, 其含义是把求 MLE 的过程分两步走: 第一步求期望, 以便把讨厌的部分去掉; 第二步求极大值. 本小节将简单介绍这种非常有用的方法.

一、EM 算法

下面我们考虑两个例子来说明引入 EM 算法的必要性.

例 2.3.8 设一次试验可能有四个结果, 其发生的概率分别为 $\frac{1}{2}+\frac{\theta}{4}, \frac{1-\theta}{4}, \frac{1-\theta}{4}, \frac{\theta}{4}$, 其中 $\theta \in (0,1)$, 现进行了 197 次试验, 四种结果的发生次数分别为 125, 18, 20, 34. 试求 θ 的 MLE.

解 由于此时的总体分布为多项分布, 故其似然函数

$$f(\theta|\boldsymbol{y}) \propto \left(\frac{1}{2}+\frac{\theta}{4}\right)^{y_1}\left(\frac{1-\theta}{4}\right)^{y_2}\left(\frac{1-\theta}{4}\right)^{y_3}\left(\frac{\theta}{4}\right)^{y_4} \propto (2+\theta)^{y_1}(1-\theta)^{y_2+y_3}\theta^{y_4}, \tag{2.3.9}$$

其中 y_1, y_2, y_3, y_4 分别表示四种结果发生的次数. 由此可知, 其对数似然方程是关于 θ 的二次三项式. □

但是我们可以通过引入一个变量 Z 后, 使得求解变得比较容易. 现假设第一种结果可以分成两部分, 其发生概率分别为 1/2 和 $\theta/4$, 令 Z 和 $Y_1 - Z$ 分别表示落入这两部分的次数. 显然, Z 是我们人为引入的, 它是不可观测的 (在文献中称之为潜在变量). 也称数据 $(\boldsymbol{Y}, Z)$ 为完全数据 (complete data), 而观测到的数据 $\boldsymbol{Y}$ 称为不完全数据. 此时完全数据的似然函数为

$$f(\theta|\boldsymbol{y}, z) \propto \left(\frac{1}{2}\right)^{z}\left(\frac{\theta}{4}\right)^{y_1-z}\left(\frac{1-\theta}{4}\right)^{y_2}\left(\frac{1-\theta}{4}\right)^{y_3}\left(\frac{\theta}{4}\right)^{y_4} \propto \theta^{y_1-z+y_4}(1-\theta)^{y_2+y_3},$$

其对数似然函数为

$$l(\theta|\boldsymbol{y}, z) \propto (y_1 - z + y_4)\ln\theta + (y_2 + y_3)\ln(1-\theta). \tag{2.3.10}$$

如果 $\boldsymbol{y}, z$ 均已知, 则由上式很容易求得 θ 的 MLE, 但遗憾的是, 我们仅知道 $\boldsymbol{y}$, 而不知道 z 的值. 因此, 难以直接对 (2.3.10) 求导得到参数的估计, 需要其他方法加以克服. 我们再来看另一个例子.

例 2.3.9 设某高校男生的身高服从正态分布 $N(\mu_1, \sigma_1^2)$, 女生的身高服从正态分布 $N(\mu_2, \sigma_2^2)$, 相应的密度函数分别为 $\phi_1(x|\mu_1, \sigma_1^2)$ 和 $\phi_2(x|\mu_2, \sigma_2^2)$. 若男生所占的比例是 r, 则所有学生的分布为混合正态分布, 其密度函数为

$$f(x, \boldsymbol{\theta}) = r\phi_1(x|\mu_1, \sigma_1^2) + (1-r)\phi_2(x|\mu_2, \sigma_2^2),$$

其中 $\boldsymbol{\theta} = (\mu_1, \sigma_1^2, \mu_2, \sigma_2^2, r)$. 我们希望通过抽样来估计该高校的男生和女生的身高分布. 若在校园里随机找了 n 位学生, 记录其身高数据为 $x_1, \cdots, x_n$. 假设收集每个学生的数据时缺少性别信息, 则收集的每个样本不知道是从哪个分布中抽取的. 此时, 我们需要估计参数 θ, 即估计以下未知量:

(1) 男生、女生身高数据集的正态分布的参数分别是多少?

(2) 男生所占比例 r 为多少?

设性别变量为 Z, $Z=1$ 表示为男生, $Z=0$ 表示为女生. 因此, 完全数据应为 $(x_i, z_i), i=1, \cdots, n$, 我们仅有 x_i 的值而缺少 z_i 的值, 故这是一个不完全数据. 若 z_i 的值已知, 则该估计问题变得很简单, 即应用例 2.3.2 中单个正态总体的 MLE 方法对男生和女生的分布分别估计参数即可得, 且男生所占比例 r 可用样本中男生人数除以 n 来估计. 当 z_i 未知时, 求解 MLE 的过程变得复杂. 对于观测数据 $\boldsymbol{y} = (y_1, \cdots, y_n)$, 对数似然函数为

$$l(\theta|\boldsymbol{y}) = \sum_{j=1}^{n} \ln(r\phi_1(y_j|\mu_1, \sigma_1^2) + (1-r)\phi_2(y_j|\mu_2, \sigma_2^2)).$$

由于上式右边的对数中有加号, 我们也不能由上式对各参数求导而得到相应参数的估计. 由于 $z_1, \cdots, z_n$ 独立同分布于 Bernoulli 分布 $b(1, r)$, 令 $\boldsymbol{z} = (z_1, \cdots, z_n)$, 则我们可进一步地考虑如下完全数据 $\boldsymbol{x} = (\boldsymbol{y}, \boldsymbol{z})$ 的对数似然函数

$$l(\theta|\boldsymbol{x}) = \sum_{j=1}^{n} \left\{ z_i[\ln r + \ln\phi_1(y_j|\mu_1, \sigma_1^2)] + (1-z_i)[\ln(1-r) + \ln\phi_2(y_j|\mu_2, \sigma_2^2)] \right\}. \tag{2.3.11}$$

由于 $\boldsymbol{z}$ 的信息未知, 我们仍不能直接求解该似然函数. 由 (2.3.10)—(2.3.11) 式可知, 对于不完全数据, 不能直接求 MLE.

一般地, 设观测数据为 $\boldsymbol{y} = (y_1, \cdots, y_n)$, 若存在潜在变量 $\boldsymbol{z} = (z_1, \cdots, z_n)$, 此时总体参数 θ 的 MLE 为极大化对数似然函数:

$$\hat{\theta} = \arg\max_{\theta} \sum_{i=1}^{n} \ln f(y_i|\theta) = \arg\max_{\theta} \sum_{i=1}^{n} \ln \sum_{z_i} f(y_i, z_i|\theta),$$

其中 $f(\boldsymbol{y},\boldsymbol{z}|\theta)=\prod\limits_{i=1}^{n}f(y_i,z_i|\theta)$ 是完全数据的概率分布, $f(\boldsymbol{y}|\theta)=\prod\limits_{i=1}^{n}f(y_i|\theta)$ 是不完全数据的概率分布, $\sum\limits_{z_i}$ 表示对 z_i 的取值求和. 上面的式子不能直接求出 θ. 为此, 我们对该式进行缩放如下:

$$\begin{aligned}\sum_{i=1}^{n}\ln\sum_{z_i}f(y_i,z_i|\theta)&=\sum_{i=1}^{n}\ln\sum_{z_i}Q_i(z_i)\frac{f(y_i,z_i|\theta)}{Q_i(z_i)}\\&\geqslant\sum_{i=1}^{n}\sum_{z_i}Q_i(z_i)\ln\frac{f(y_i,z_i|\theta)}{Q_i(z_i)}.\end{aligned}\tag{2.3.12}$$

上面第一个等式中引入了一个未知的新的分布 $Q_i(z_i)$, 第二个不等式用到了 Jensen (延森) 不等式, 即对于凹函数 f, 有 $f(E(x))\geqslant E(f(x))$. 由于对数函数是凹函数, 则有 $\ln\sum\limits_{j}\lambda_j y_j\geqslant\sum\limits_{j}\lambda_j\ln y_j,\lambda_j\geqslant 0,\sum\limits_{j}\lambda_j=1$, 且等式成立时要求

$$\frac{f(y_i,z_i|\theta)}{Q_i(z_i)}=c,\quad c\text{ 为常数}.$$

由于 $Q_i(z_i)$ 是一个分布, 故满足 $\sum\limits_{z_i}Q_i(z_i)=1$. 因此, 我们可以得到:

$$Q_i(z_i)=\frac{f(y_i,z_i|\theta)}{\sum\limits_{z}f(y_i,z_i|\theta)}=\frac{f(y_i,z_i|\theta)}{f(x_i|\theta)}=f(z_i|y_i,\theta).\tag{2.3.13}$$

此时, (2.3.12) 式是包含潜在变量的完全数据的对数似然的一个下界, 也可以看为 $\ln\dfrac{f(y,z|\theta)}{Q(z)}$ 的期望. 如果能极大化这个下界, 则也在尝试极大化对数似然. 若给定参数 θ 的当前值, 则由 (2.3.13) 式确定 $Q_i(z_i)$ 的值, 从而极大化对数似然下界得到 θ 的更新值:

$$\hat{\theta}=\arg\max_{\theta}\sum_{i=1}^{n}\sum_{z_i}Q_i(z_i)\ln\frac{f(y_i,z_i|\theta)}{Q_i(z_i)}.$$

依次迭代, 可以得到 θ 的 MLE 值. 这个迭代过程即为 Dempster, Laird, Rubin (1977) 提出的 EM 算法的核心思想, 可分为 E 步和 M 步, 具体过程如下所示:

E 步: 在给定 $\boldsymbol{y}$ 及 $\theta=\theta^{(i)}$ 的条件下, 求完全数据的对数似然函数关于潜在变量 Z 的期望:

$$Q(\theta|\boldsymbol{y},\theta^{(i)})=E_Z l(\theta|Z,\boldsymbol{y})=\sum_{i=1}^{n}\sum_{z_i}Q_i(z_i)\ln\frac{f(y_i,z_i|\theta)}{Q_i(z_i)},\tag{2.3.14}$$

其中 $Q_i(z_i) = f(z_i|y_i, \theta)$.

M 步: 求 $Q(\theta|\boldsymbol{y}, \theta^{(i)})$ 关于 θ 的最大值 $\theta^{(i+1)}$, 即

$$\theta^{(i+1)} = \arg\max_{\theta} Q(\theta|\boldsymbol{y}, \theta^{(i)}). \tag{2.3.15}$$

重复 (2.3.14) 和 (2.3.15) 式, 直至收敛即可得到 θ 的 MLE.

对于例 2.3.8 的问题, 其 E 步为

$$\begin{aligned}Q(\theta|\boldsymbol{y}, \theta^{(i)}) &\propto [y_1 - E_Z(Z|\boldsymbol{y}, \theta = \theta^{(i)}) + y_4]\ln\theta + (y_2 + y_3)\ln(1-\theta)\\ &= [y_1 - 2y_1/(2+\theta^{(i)}) + y_4]\ln\theta + (y_2 + y_3)\ln(1-\theta).\end{aligned}$$

其 M 步即为上式两边关于 θ 求导, 并令其等于 0, 可求得

$$\theta^{(i+1)} = \frac{y_1\theta^{(i)} + y_4(\theta^{(i)} + 2)}{y_1\theta^{(i)} + (y_2 + y_3 + y_4)(\theta^{(i)} + 2)} = \frac{159\theta^{(i)} + 68}{197\theta^{(i)} + 144}.$$

若取 $\theta^{(0)} = 0.5$, 则经过四步迭代后可求得 θ 的 MLE 为 0.6268. □

注 2.3.4 在 $Y_1 = y_1$ 的条件下, $Z \sim b(y_1, 2/(2+\theta))$ 的原因: 以 A_1 表示第一种结果出现的事件, B_1, B_2 分别表示我们所定义的两个事件, $A_1 = B_1 \cup B_2$. 由定义知它们是独立的, 且 $P(A_1) = \dfrac{1}{2} + \dfrac{\theta}{4}$, $P(B_1) = \dfrac{1}{2}$, $P(B_2) = \dfrac{\theta}{4}$, 则可知

$$P(B_1|A_1) = \frac{P(B_1)}{P(A_1)} = \frac{2}{2+\theta}.$$

注 2.3.5 (2.3.14) 式右边的期望是关于 Z 在 $\theta = \theta^{(i)}$ 的条件下求取的, 而其余的参数不变, 故左边与 $\theta^{(i)}$ 有关.

注 2.3.6 上述 EM 算法的收敛性没有问题, 但得到的有可能是局部极大值.

关于上述算法的收敛性, 有如下的结论:

定理 2.3.1 对于上述的 EM 算法, 有

$$l_0(\theta^{(i+1)}|\boldsymbol{y}) \geqslant l_0(\theta^{(i)}|\boldsymbol{y}) \geqslant 0, \tag{2.3.16}$$

其中 $l_0(\theta|\boldsymbol{y})$ 为不完全数据 Y 的对数似然函数, 即 $l_0(\theta|\boldsymbol{y}) = \ln f(\boldsymbol{y}|\theta)$.

证明 不完全数据 (观测数据) Y 的 PDF 和对数似然函数分别为 $f(\boldsymbol{y}|\theta)$ 和 $l_0(\theta|\boldsymbol{y})$; 完全数据 (Y, Z) 的 PDF 和对数似然函数分别为 $f(\boldsymbol{y}, z|\theta)$ 和 $l(\theta|\boldsymbol{y}, z)$. 于是, 由条件 PDF 公式知, 在 (Y, θ) 已知条件下, Z 的 PDF 为 $f(z|\boldsymbol{y}, \theta) = \dfrac{f(\boldsymbol{y}, z|\theta)}{f(\boldsymbol{y}|\theta)}$, 由此可知 $f(\boldsymbol{y}|\theta) = \dfrac{f(\boldsymbol{y}, z|\theta)}{f(z|\boldsymbol{y}, \theta)}$, 两边取对数后有

$$l_0(\theta|\boldsymbol{y}) = l(\theta|\boldsymbol{y}, z) - \ln f(z|\boldsymbol{y}, \theta).$$

对上式两边求 Z 在 $(Y,\theta=\theta^{(i)})$ 条件下的期望, 有

$$l_0(\theta|\boldsymbol{y})=Q(\theta|\boldsymbol{y},\theta^{(i)})-\int f(z|\boldsymbol{y},\theta^{(i)})\ln f(z|\boldsymbol{y},\theta)\mathrm{d}z. \tag{$*$}$$

在 $(*)$ 式中, 取 $\theta=\theta^{(i)}$ 和 $\theta^{(i+1)}$, 得到下面二式

$$l_0(\theta^{(i)}|\boldsymbol{y})=Q(\theta^{(i)}|\boldsymbol{y},\theta^{(i)})-\int f(z|\boldsymbol{y},\theta^{(i)})\ln f(z|\boldsymbol{y},\theta^{(i)})\mathrm{d}z, \tag{*1}$$

$$l_0(\theta^{(i+1)}|\boldsymbol{y})=Q(\theta^{(i+1)}|\boldsymbol{y},\theta^{(i)})-\int f(z|\boldsymbol{y},\theta^{(i)})\ln f(z|\boldsymbol{y},\theta^{(i+1)})\mathrm{d}z. \tag{*2}$$

(*2) − (*1), 得

$$\begin{aligned}l_0(\theta^{(i+1)}|\boldsymbol{y})-l_0(\theta^{(i)}|\boldsymbol{y})=&\,Q(\theta^{(i+1)}|\boldsymbol{y},\theta^{(i)})-Q(\theta^{(i)}|\boldsymbol{y},\theta^{(i)})-\\&\int\ln\frac{f(z|\boldsymbol{y},\theta^{(i+1)})}{f(z|\boldsymbol{y},\theta^{(i)})}f(z|\boldsymbol{y},\theta^{(i)})\mathrm{d}z.\end{aligned}$$

由 EM 算法的 M 步知道, $Q(\theta^{(i+1)}|\boldsymbol{y},\theta^{(i)})-Q(\theta^{(i)}|\boldsymbol{y},\theta^{(i)})\geqslant 0$, 对于第二部分, 由 Jensen 不等式知

$$\int\ln\frac{f(z|\boldsymbol{y},\theta^{(i+1)})}{f(z|\boldsymbol{y},\theta^{(i)})}f(z|\boldsymbol{y},\theta^{(i)})\mathrm{d}z\leqslant\ln\int\frac{f(z|\boldsymbol{y},\theta^{(i+1)})}{f(z|\boldsymbol{y},\theta^{(i)})}f(z|\boldsymbol{y},\theta^{(i)})\mathrm{d}z=0$$

$(E(\ln X)\leqslant\ln E(X))$.

于是, 知道 $l_0(\theta^{(i+1)}|\boldsymbol{y})-l_0(\theta^{(i)}|\boldsymbol{y})\geqslant 0$, 即得证. □

此定理告诉我们, 通过 EM 算法得到的序列 $\theta^{(n)}$, 会使其原数据的对数似然函数 $l_0(\theta^{(n)}|\boldsymbol{y})$ 单增.

若以 $\hat{\theta}$ 表示 EM 算法所得到的估计, 则它的渐近方差近似等于下面的观测数据的 Fisher 信息量的倒数 (关于 Fisher 信息量的定义请见 2.6 节):

$$I_0^{-1}=\left(-\left.\frac{\partial^2\ln f(\boldsymbol{y}|\theta)}{\partial\theta^2}\right|_{\hat{\theta}}\right)^{-1}. \tag{2.3.17}$$

关于 EM 算法的研究, 现已取得了非常丰富的结果, 且许多统计软件均给出了 EM 算法的程序.

例 2.3.10 (简单的指数密度) 考虑一个平凡的例子, 其中 $Y_1,Y_2\overset{\mathrm{IID}}{\sim}E(\theta)$. 假定 $y_1=5$ 是观测到的, 但 y_2 的值是缺失的. 试使用 EM 算法求 θ 的最大似然估计.

解 完全数据对数似然函数为 $\ln L(\theta|\boldsymbol{x})=\ln f_{\boldsymbol{x}}(\boldsymbol{x}|\theta)=2\ln\theta-\theta y_1-\theta y_2$. 取 $\ln L(\theta|\boldsymbol{x})$ 的条件期望, 得到 $Q(\theta|\theta_t)=2\ln\theta-5\theta-\dfrac{\theta}{\theta_t}$, 因为由独立性得 $E(Y_2|y_1,\theta_t)=E(Y_2|\theta_t)=\dfrac{1}{\theta_t}$, 容易发现 $Q(\theta|\theta_t)$ 关于 θ 的最大值点是 $\dfrac{2}{\theta}-5-$

$\frac{1}{\theta_t}=0$ 的根. 对 θ 求解, 得到更新方程 $\theta_{t+1}=\frac{2\theta_t}{5\theta_t+1}$. 注意到这儿的 E 步和 M 步不需要在每次迭代时重新导出: 由某初始值开始对更新方程的反复应用可给出收敛到 $\hat{\theta}=0.2$ 的估计. □

例 2.3.11 (失效时间) 假设一种灯泡的寿命服从某个参数为 θ 的指数分布. 为了估计 θ, 我们测试了 n 个灯泡直至它们失效, 记失效的时间是 $y_1,\cdots,y_n$; 另外还有一组独立的试验测试了 m 个灯泡, 但是单个灯泡的失效时间没有被记录, 只记录下在时刻 t 时共有 r 个灯泡失效. 试使用 EM 算法求 θ 的最大似然估计.

解 不妨记这些缺失的失效时间数据为 $z_1,\cdots,z_m$, 则有如下的对数似然函数:

$$\ln L(\theta|\boldsymbol{x})=n(\ln\theta-\theta\bar{y})+\sum_{i=1}^{m}(\ln\theta-\theta z_i).$$

取条件期望得到

$$E(\ln L(\theta|\boldsymbol{x})|y,\theta_t)=(n+m)\ln\theta-\theta\left[n\bar{y}+(m-r)\left(t+\frac{1}{\theta_t}\right)+r\left(\frac{1}{\theta_t}-th_t\right)\right],$$

其中

$$h_t=\frac{\exp(-t\theta_t)}{1-\exp(-t\theta_t)}.$$

则在第 $t+1$ 个 M 步确定最大值 θ_{t+1}:

$$\theta_{t+1}=(n+m)\left[n\bar{y}+(m-r)\left(t+\frac{1}{\theta_t}\right)+r\left(\frac{1}{\theta_t}-th_t\right)\right]^{-1}. \quad □$$

例 2.3.12 (混合分布) 设 Y 的密度函数为

$$f(y_j|\boldsymbol{\psi})=\sum_{i=1}^{g}\pi_i f_i(y_j|\theta_i),$$

其中 $\pi_i>0$, $\sum_{i=1}^{g}\pi_i=1$, $f_i(\cdot|\cdot)$ 是密度函数. 这里记 $\boldsymbol{\psi}=(\pi_1,\cdots,\pi_{g-1},\boldsymbol{\xi}^{\mathrm{T}})^{\mathrm{T}}$ 和 $\boldsymbol{\xi}=(\theta_1,\cdots,\theta_g)^{\mathrm{T}}$. 求 $\boldsymbol{\psi}$ 的最大似然估计.

解 在给定观测 $\boldsymbol{y}$ 下对 $\boldsymbol{\psi}$ 的对数似然函数可写为

$$\ln L(\boldsymbol{y}|\boldsymbol{\psi})=\sum_{j=1}^{n}\ln f(y_j|\psi)=\sum_{j=1}^{n}\ln\left[\sum_{i=1}^{g}\pi_i f_i(y_j|\theta_i)\right].$$

下面考虑使用 EM 算法对上式优化求解 $\widehat{\psi}$. 在该问题中, 看上去没有缺失数据,我们这里人为地构造缺失数据 $\boldsymbol{z}=(\boldsymbol{z}_1,\cdots,\boldsymbol{z}_n)^{\mathrm{T}}$, 其中 $\boldsymbol{z}_j=(z_{1j},\cdots,z_{gj})^{\mathrm{T}}$ 是一 g 维向量: 如果 y_j 来自混合分布的第 i 个分布, 则 $z_{ij}=1$, 否则 $z_{ij}=0$. 由此可知 $\boldsymbol{z}_1,\cdots,\boldsymbol{z}_n$ 是独立同分布地来自多点分布 $\mathrm{Mult}_g(1,\pi)$. 则我们可进一步地考虑如下完全数据 $\boldsymbol{x}=(\boldsymbol{y},\boldsymbol{z})$ 的对数似然函数

$$\ln L(\boldsymbol{\psi}|\boldsymbol{x})=\sum_{i=1}^{g}\sum_{j=1}^{n}z_{ij}\left[\ln\pi_i+\ln f_i(y_j|\theta_i)\right].$$

下面进行 E 步, 也就是求 $L(\boldsymbol{\psi}|\boldsymbol{x})$ 的条件期望

$$E(\ln L(\boldsymbol{\psi}|\boldsymbol{x})|\boldsymbol{y},\boldsymbol{\psi}_t).$$

注意到由 Bayes 公式我们可得到

$$E(Z_{ij}|\boldsymbol{y},\boldsymbol{\psi}_t)=P\{Z_{ij}=1|\boldsymbol{y},\boldsymbol{\psi}_t\}=\tau_i(y_j|\boldsymbol{\psi}_t),$$

其中

$$\begin{aligned}\tau_i(y_j|\boldsymbol{\psi}_t)&=\frac{\pi_{ti}f_i(y_j|\theta_{ti})}{f(y_j|\boldsymbol{\psi}_t)}\\&=\frac{\pi_{ti}f_i(y_j|\theta_{ti})}{\sum\limits_{h=1}^{g}\pi_{th}f_h(y_j|\theta_{th})}.\end{aligned}$$

则条件期望可写为

$$Q(\boldsymbol{\psi}|\boldsymbol{\psi}_t)=\sum_{i=1}^{g}\sum_{j=1}^{n}\tau_i(y_j|\boldsymbol{\psi}_t)[\ln\pi_i+\ln f_i(y_j|\theta_i)].$$

下面进行 M 步. 不难得到

$$\pi_{t+1,i}=\frac{\sum\limits_{j=1}^{n}\tau_i(y_j|\boldsymbol{\psi}_t)}{n}.$$

而 $\boldsymbol{\psi}$ 中的剩余部分 $\boldsymbol{\xi}$ 的第 $(t+1)$ 个估计则是通过对下式的最大化求得的:

$$\xi_{t+1}=\arg\max\sum_{i=1}^{g}\sum_{j=1}^{n}\tau_i(y_j|\boldsymbol{\psi}_t)\ln f_i(y_j|\theta_i).$$ □

二、GEM 算法

虽然 EM 算法已得到了广泛的应用, 但在某些情况下, 其 M 步的最大值是难以计算的. 有时我们可以用一个简单的方法找一个 $\theta^{(i+1)}$, 使得

$$Q(\theta^{(i+1)}|\boldsymbol{y},\theta^{(i)})>Q(\theta^{(i)}|\boldsymbol{y},\theta^{(i)}),\tag{2.3.18}$$

由 (2.3.14) 和 (2.3.18) 式求取 θ 的 MLE 的方法称为**广义的 EM 算法**, 记作 **GEM 算法**.

三、Monte Carlo EM 算法

上一小节仅考虑了 M 步的计算难度. 实际上, 对于某些问题, 其 E 步的计算也是比较困难的. 回忆一下 (2.3.14) 式, 它就是求取完全数据的对数似然函数在 $(Y, \theta = \theta^{(i)})$ 下的条件期望, 而前面的随机模拟告诉我们, 期望可用样本平均值来估计, 于是, 就有了本小节的 Monte Carlo (蒙特卡罗) EM 算法: 其 M 步仍然如 (2.3.15) 式, 只是其 E 步由下面两步组成:

E1 步: 由 Z 的条件分布 $f(z|\boldsymbol{y}, \theta^{(i)})$ 抽取 m 个随机数 $z_1, \cdots, z_m$;

E2 步: $Q(\theta|\boldsymbol{y}, \theta^{(i)}) = \dfrac{1}{m}\displaystyle\sum_{k=1}^{m} \ln f(\theta|\boldsymbol{y}, z_k)$.

2.4 无偏估计与一致最小方差无偏估计

从上一节我们可以看出, 对于同一个问题, 所用方法不同, 得到的估计也可能不同, 那我们应如何选择呢? 这就涉及选择准则问题. 本节将介绍统计中经常使用的无偏性准则和一致最小方差无偏准则.

2.4.1 无偏估计

定义 2.4.1 (无偏估计) 如果 $T(\boldsymbol{X})$ 是未知参数 θ 的函数 $g(\theta)$ 的一个估计量, 且满足

$$E_\theta(T(\boldsymbol{X})) = g(\theta), \quad \forall \theta \in \Theta,$$

则称 T 是 $g(\theta)$ 的无偏估计, 也称 $g(\theta)$ 是可估的 (estimable), 其中 E_θ 表示期望是在分布 f_θ 下进行的.

对于正态总体, 我们不难验证, 样本均值 $\overline{X}$ 及样本方差 S_n^2 分别是总体均值与方差的无偏估计 (对于非正态总体, 这一结论也是正确的), 而总体方差的

矩估计及 MLE——S_n^{*2} 则不是无偏的, 这是我们采用 S_n^2 作为样本方差定义的一个原因. 但是, 我们也注意到, 虽然 S_n^{*2} 不是无偏的, 但随着样本容量 n 的加大, 它越来越接近无偏.

定义 2.4.2 (渐近无偏估计) 如果 $T(\boldsymbol{X})$ 是 $g(\theta)$ 的一个有偏估计量, 且满足

$$\lim_{n\to\infty} E_\theta(T(X_1,\cdots,X_n)) = g(\theta), \quad \forall\theta\in\Theta,$$

则称 T 是 $g(\theta)$ 的渐近无偏估计.

关于无偏估计, 有如下几个注解:

(1) 如果 $T(\boldsymbol{X})$ 是 $g(\theta)$ 的有偏估计, 则称 $E_\theta(T(\boldsymbol{X})) - g(\theta)$ 为其偏差 (bias).

(2) 无偏估计是从多次重复的角度而引出的一个概念, 从期望的定义不难看出, 尽管一次估计, $T(\boldsymbol{x})$ 的值不一定恰好等于参数真值 $g(\theta)$, 但当大量重复使用时, 其多次估计的平均值即等于参数值 $g(\theta)$.

(3) 一个参数的无偏估计可能不是唯一的, 也可能不存在, 也可能不合理.

大偏差通常被视为估计的一种不足, 于是, 有人提出了缩小偏差的方法. 下面的刀切法就是由 Quenouille (克努耶) 于 1949 年 (*JRSS B*, 11, 18—44) 和 1956 年 (*Biometrika*, 43, 353—360) 提出的, 而正式命名则由 Tukey (图基) 于 1958 年 (*Ann. Math. Statist.*, 29, 614) 给出.

例 2.4.1 (刀切法 (jackknife)) 设 $T(\boldsymbol{X})$ 是基于样本 $\boldsymbol{X} = (X_1,\cdots, X_n)^{\mathrm{T}}$ 的关于参数 $g(\theta)$ 的估计量, 且满足 $E_\theta(T(\boldsymbol{X})) = g(\theta) + O\left(\dfrac{1}{n}\right)$. 若以 $\boldsymbol{X}_{(-i)}$ 表示从样本中删去 X_i 后的向量, 则 $T(\boldsymbol{X})$ 的刀切统计量定义为

$$T_J(\boldsymbol{X}) = nT(\boldsymbol{X}) - \frac{n-1}{n}\sum_{i=1}^{n} T(\boldsymbol{X}_{(-i)}). \tag{2.4.1}$$

可以证明: 由 (2.4.1) 式定义的刀切统计量具有如下性质:

$$E_\theta(T_J(\boldsymbol{X})) = g(\theta) + O\left(\frac{1}{n^2}\right),$$

并且其方差不会增大. 关于刀切法的详细介绍, 请有兴趣的读者参考 Efron (1982). 另外, 还有一个与刀切法类似的方法 —— 自助法 (Bootstrap), 也是统计中非常有用的一种方法, 具体的可见 Efron, Tibshirani (1993) 和 Shao, Tu (1995).

但是, 我们必须注意到, 追求偏差压缩可能不是一个好办法, 由于有人证明: 对于一个 $g(\theta)$ 的有偏估计 S, 当其偏差趋于 0 时, 其方差 $\mathrm{Var}(S) \to \infty$

(见 Lehmann, Casella (1998)).

例 2.4.2 对于 Poisson 分布 $P(\lambda)$, $\lambda>0$ 是未知参数. 现设有一个来自此分布的样本 X, 令 $T(X)=(-1)^X$. 则由于

$$E(T(X))=\sum_{k=0}^{\infty}(-1)^k\frac{\lambda^k}{k!}\mathrm{e}^{-\lambda}=\mathrm{e}^{-2\lambda},$$

故 $T(X)$ 是 $\mathrm{e}^{-2\lambda}$ 的一个 UE. 但是当 X 为奇数时, 这一估计并不合理.

例 2.4.3 对于 Poisson 分布 $P(\lambda)$, 设 $X_1\sim P(\lambda)$, 试求基于 X_1 的参数 $1/\lambda$ 的 UE.

解 此时 $1/\lambda$ 是不可估的. 事实上, 如果存在一个统计量 $T(X_1)$ 是它的 UE, 则有

$$E(T(X_1))=\sum_{k=0}^{\infty}\frac{\lambda^k}{k!}T(k)\mathrm{e}^{-\lambda}=\frac{1}{\lambda},$$

即

$$\sum_{k=0}^{\infty}\frac{\lambda^k}{k!}T(k)=\frac{\mathrm{e}^{\lambda}}{\lambda}=\frac{1}{\lambda}\sum_{k=0}^{\infty}\frac{\lambda^k}{k!}.$$

由多项式相等可知, 上述等式永远不会成立, 于是, 参数 $1/\lambda$ 是不可估的. □

前面我们讲, 充分统计量具有不变性, 那无偏估计具有这种不变性吗? 下面的例子将回答这个问题.

例 2.4.4 对于正态总体, 样本标准差 S_n 不是 σ 的 UE.

解 由定理 1.4.4 可知, 此时 $(n-1)S_n^2/\sigma^2\sim\chi^2(n-1)$, 故有

$$\begin{aligned}E\left(\frac{\sqrt{n-1}S_n}{\sigma}\right)&=\int_0^{\infty}\frac{\sqrt{x}}{2^{(n-1)/2}\Gamma((n-1)/2)}\mathrm{e}^{-x/2}x^{\frac{n-1}{2}-1}\mathrm{d}x=\cdots\\&=\frac{\sqrt{2}\Gamma(n/2)}{\Gamma((n-1)/2)},\end{aligned}$$

故

$$E(S_n)=\sigma\sqrt{\frac{2}{n-1}}\frac{\Gamma(n/2)}{\Gamma((n-1)/2)},\tag{2.4.2}$$

所以, 样本标准差不是 σ 的 UE. □

上例告诉我们, 如果 T 是 θ 的 UE, 则除了 g 是线性函数之外, $g(T)$ 并不一定是 $g(\theta)$ 的 UE.

2.4.2 一致最小均方误差准则

对于均匀分布 $U(0,\theta)$, 我们在上一节讨论了其参数 θ 的矩估计与 MLE 的差别. 虽然矩估计是无偏的, MLE 是有偏的, 但二者的偏差并不大, 且矩估计的方差明显大于 MLE 的方差, 故从实际应用的角度看, MLE 应 "优" 于矩估计, 其比较准则就是本节要讲的均方误差准则.

定义 2.4.3 设 $X_1,\cdots,X_n$ 是来自分布族 $\mathcal{F}=\{f(x,\theta):\theta\in\Theta\}$ 中某一分布的样本, $g(\theta)$ 是一参数函数, 以 $\mathcal{E}(g)$ 表示用来估计 $g(\theta)$ 的某些估计量的集合, 如果存在一个 $T^*\in\mathcal{E}(g)$, 使得对任一 $T\in\mathcal{E}(g)$ 均有

$$E_\theta(T^*-g(\theta))^2\leqslant E_\theta(T-g(\theta))^2,\quad \forall\theta\in\Theta,\tag{2.4.3}$$

则称 T^* 为 $g(\theta)$ 的在 $\mathcal{E}(g)$ 中的一致最小均方误差估计, 也称满足 (2.4.3) 式的统计量 T^* 在均方意义下优于 T.

之所以称满足 (2.4.3) 式的 T^* 为最小均方误差估计, 是由于估计量 $T\in\mathcal{E}(g)$ 的均方误差 (mean square error, 简记为 MSE) 的定义为

$$\mathrm{MSE}(T)=E_\theta[T-g(\theta)]^2.$$

由 MSE 的定义可得,

$$\mathrm{MSE}(T)=[E_\theta(T)-g(\theta)]^2+E_\theta(T-E_\theta(T))^2=\mathrm{Bias}(T)^2+\mathrm{Var}(T).$$

由此可见, 一个估计量 T 的 MSE 由偏差的平方和方差两部分构成. 当 T 是 $g(\theta)$ 的 UE 时, 其 MSE 就是它的方差. 若希望最小化 MSE, 一种直观的做法是考虑在无偏估计中寻找方差最小的估计量, 这即为下一小节讨论的准则. 然而, 在有些情形下有偏估计的 MSE 可能比最优的无偏估计的 MSE 还会小.

例 2.4.5 考虑正态总体 $N(\mu,\sigma^2)$ 中关于 σ^2 的形如 cS_n^2 的一致最小均方误差估计.

解 在前面我们讲过样本方差 S_n^2 是 σ^2 的一个 UE, 且 $\mathrm{Var}(S_n^2)=\dfrac{2\sigma^4}{n-1}=\mathrm{MSE}(S_n^2)$. 下面我们在形如 cS_n^2 的估计类中找一个 MSE 最小的估计量. 事实上, 由于

$$\begin{aligned}\mathrm{MSE}(cS_n^2)&=E(cS_n^2-\sigma^2)^2=E[c(S_n^2-\sigma^2)-\sigma^2(1-c)]^2\\&=\sigma^4\left[\frac{2c^2}{n-1}+(1-c)^2\right].\end{aligned}$$

若令 $f(c)=\dfrac{2c^2}{n-1}+(1-c)^2$, 则知它在 $c=\dfrac{n-1}{n+1}$ 处达到最小值 $\dfrac{2}{n+1}$. 于是,

若取

$$\hat{\sigma}^2 = \frac{1}{n+1}\sum_{i=1}^{n}(X_i - \overline{X})^2, \tag{2.4.4}$$

则知 $\hat{\sigma}^2$ 不是 σ^2 的 UE, 但

$$\frac{2\sigma^4}{n+1} = \text{MSE}(\hat{\sigma}^2) < \text{MSE}(S_n^2) = \frac{2\sigma^4}{n-1}. \qquad \square$$

此例说明, 无偏准则与均方误差准则是从两个不同角度考察一个估计量好坏的. 但当二者发生矛盾时, 更应重视均方误差准则.

有时, 也可以考虑用平均绝对误差 (mean absolute error, 简记为 MAE) 准则来衡量估计量的优良性, 即 $\text{MAE}(T) = E_\theta|T - g(\theta)|$. 该准则比 MSE 更直观, 即直接衡量估计量和真值之间的差异. 不过由于绝对值不易计算, 而且 MSE 可以分解为偏差平方和方差, 更易计算和解释, 因此实际中常用 MSE 而不是 MAE.

我们应注意到, 这里所说的一致并不是指在估计类 $\mathcal{E}(g)$ 中一致, 而是指式 (2.4.3) 关于 $\theta \in \Theta$ 一致. 因此, 有时一致最小均方误差估计并不存在. 此时, 为了找到一个一致最小均方误差估计, 通常都是通过缩小估计类来求得.

2.4.3 一致最小方差无偏估计

定义 2.4.4 (一致最小方差无偏估计) 对于参数分布族 $\mathcal{F} = \{f(x,\theta) : \theta \in \Theta\}$, $g(\theta)$ 是一可估函数, 又设 T^* 是 $g(\theta)$ 的一个 UE. 若对于 $g(\theta)$ 的任一 UE T, 均有

$$\text{Var}_\theta(T^*) \leqslant \text{Var}_\theta(T), \quad \forall \theta \in \Theta, \tag{2.4.5}$$

则称 T^* 是 $g(\theta)$ 的一致最小方差无偏估计, 简记为 UMVUE.

从 UMVUE 的定义不难看出, 它是一个在无偏估计类中方差最小的估计. 但我们注意到, 虽然 UMVUE 是一个很好的估计, 但对于某些分布族或参数, 其 UMVUE 不一定存在.

为了方便求取 UMVUE, 我们给出如下一个定理.

定理 2.4.1 (Rao-Blackwell)[①] 设 $T(\boldsymbol{X})$ 是参数分布族 $\mathcal{F} = \{f(x,\theta) : \theta \in \Theta\}$ 的一个充分统计量, $S(\boldsymbol{X})$ 是参数 $g(\theta)$ 的一个 UE, 则

$$h(T) = E[S(\boldsymbol{X})|T(\boldsymbol{X})] \tag{2.4.6}$$

① Rao: 拉奥, Blackwell: 布莱克韦尔.

是 $g(\theta)$ 的一个 UE, 且

$$\mathrm{Var}_\theta(h(T)) \leqslant \mathrm{Var}_\theta(S(\boldsymbol{X})), \quad \forall \theta \in \Theta, \tag{2.4.7}$$

其中等号成立的充要条件是 $P\{S(\boldsymbol{X}) = h(T)\} = 1$.

证明 因为 T 是充分统计量, 故由充分统计量的定义知, 在给定 T 下, 样本 $\boldsymbol{X} = (X_1, \cdots, X_n)$ 的条件分布与参数 θ 无关. 因此, 由 (2.4.6) 式定义的 $h(T)$ 是一统计量. 另外, 由于

$$E_\theta(h(T)) = E_\theta[E(S(\boldsymbol{X})|T(\boldsymbol{X}))] = E_\theta(S(\boldsymbol{X})) = g(\theta), \quad \forall \theta \in \Theta,$$

故 $h(T)$ 也是 $g(\theta)$ 的一个 UE.

又因为

$$\begin{aligned}
\mathrm{Var}_\theta(S(\boldsymbol{X})) &= E_\theta[S(\boldsymbol{X}) - g(\theta)]^2 \\
&= E_\theta[S(\boldsymbol{X}) - h(T) + h(T) - g(\theta)]^2 \\
&= E_\theta[S(\boldsymbol{X}) - h(T)]^2 + \mathrm{Var}_\theta(h(T)) + \\
&\quad\ 2E_\theta[(S(\boldsymbol{X}) - h(T))(h(T) - g(\theta))],
\end{aligned}$$

而

$$\begin{aligned}
&E_\theta[(S(\boldsymbol{X}) - h(T))(h(T) - g(\theta))] \\
&= E_\theta\{E_\theta[(S(\boldsymbol{X}) - h(T))(h(T) - g(\theta))|T]\} \\
&= E_\theta[(h(T) - g(\theta)) \cdot E_\theta(S(\boldsymbol{X}) - h(T))|T] \\
&= E_\theta\{(h(T) - g(\theta)) \cdot E_\theta[(S(\boldsymbol{X}) - h(T))|T]\} \\
&= E_\theta\{(h(T) - g(\theta)) \cdot [(E_\theta S(\boldsymbol{X})|T) - h(T)]\} = 0,
\end{aligned}$$

故

$$\mathrm{Var}_\theta(S(\boldsymbol{X})) = E_\theta(S(\boldsymbol{X}) - h(T))^2 + \mathrm{Var}_\theta(h(T)) \geqslant \mathrm{Var}_\theta(h(T)), \quad \forall \theta \in \Theta,$$

且等号成立当且仅当 $E_\theta(S(\boldsymbol{X}) - h(T))^2 = 0$, 即 $P\{S(\boldsymbol{X}) = h(T)\} = 1$. □

从定理 2.4.1 可以看出, 当我们找到充分统计量后, 任一个 UE 都可以得到改进, 并且, 为找到 UMVUE, 我们仅需在基于充分统计量的无偏估计类中去找即可. 但这一定理并没有告诉我们如何才能得到 UMVUE. 下一定理将回答这一问题. 为此, 引入如下两个无偏估计类:

$$U = \{T : E_\theta(T) = g(\theta),\ E_\theta(T^2) < \infty,\ \forall \theta \in \Theta\}, \tag{2.4.8}$$

$$U_0 = \{T : E_\theta(T) = 0,\ E_\theta(T^2) < \infty,\ \forall \theta \in \Theta\}, \tag{2.4.9}$$

它们分别表示 $g(\theta)$ 与 0 的具有二阶矩的无偏估计类.

定理 2.4.2 对于参数分布族 $\mathcal{F} = \{f(x,\theta) : \theta \in \Theta\}$, 设 $g(\theta)$ 可估. 则估计量 $T_0 \in U$ 是 $g(\theta)$ 的一个 UMVUE 的充要条件是

$$E_\theta(\nu T_0) = 0, \quad \forall \theta \in \Theta, \forall \nu \in U_0. \tag{2.4.10}$$

证明 先证必要性: 反证法.

设 $T_0 \in U$ 是 $g(\theta)$ 的一个 UMVUE, 但条件 (2.4.10) 不成立, 即存在 $\nu_0 \in U_0$ 和 $\theta_0 \in \Theta$, 使得 $E_{\theta_0}(\nu_0 T_0) \neq 0$.

因为 $\nu_0 \in U_0$, 故对于任意的 λ, 有 $T_\lambda = T_0 - \lambda\nu_0 \in U$, 而

$$E_{\theta_0}(T_\lambda^2) = E_{\theta_0}(T_0 - \lambda\nu_0)^2 = E_{\theta_0}(T_0^2) + \lambda^2 E_{\theta_0}(\nu_0^2) - 2\lambda E_{\theta_0}(T_0\nu_0).$$

由于 $E_{\theta_0}(\nu_0 T_0) \neq 0$, 则一定能找到 $\lambda_0 (= E_{\theta_0}(\nu_0 T_0)/E_{\theta_0}(\nu_0^2))$, 使得

$$E_{\theta_0}(T_{\lambda_0}^2) < E_{\theta_0}(T_0^2),$$

即 $\mathrm{Var}_{\theta_0}(T_{\lambda_0}) < \mathrm{Var}_{\theta_0}(T_0)$, 与 T_0 是一个 UMVUE 矛盾.

下证充分性.

设 T_0 满足 (2.4.10) 式, 则对于任一 $T \in U$, 由于 $T - T_0 \in U_0$, 则由 (2.4.10) 式知

$$E_\theta[(T - T_0)T_0] = 0, \ \forall \theta \in \Theta,$$

即

$$E_\theta(T_0^2) = E_\theta(T_0 T), \quad \forall \theta \in \Theta,$$

于是由 Cauchy-Schwarz① 不等式知

$$E_\theta(T_0^2) \leqslant (E_\theta(T_0^2))^{1/2}(E_\theta(T^2))^{1/2}, \quad \forall \theta \in \Theta,$$

即

$$E_\theta(T_0^2) \leqslant E_\theta(T^2), \quad \forall \theta \in \Theta.$$

又由于 T_0, T 均是 $g(\theta)$ 的 UE, 且 T 是任意的, 故由上式可知, T_0 是 $g(\theta)$ 的 UMVUE. □

① Schwarz: 施瓦茨.

若 UMVUE 存在, 它唯一吗? 下一定理回答这一问题.

定理 2.4.3 如果 $g(\theta)$ 的无偏估计类 U 非空, 则其 UMVUE 最多有一个.

证明 如果 $T \neq T_0$ 是 $g(\theta)$ 的两个 UMVUE, 则必有

$$E_\theta(T) = E_\theta(T_0) = g(\theta), \quad \mathrm{Var}_\theta(T_0) = \mathrm{Var}_\theta(T), \quad \forall \theta \in \Theta.$$

于是, $T - T_0 \in U_0$. 因为 T 是一个 UMVUE, 故由定理 2.4.2 知

$$E_\theta[(T-T_0)T]=0,\quad \forall\theta\in\Theta.$$

又由于 T_0 也是一个 UMVUE, 故由定理 2.4.2 知

$$E_\theta[(T-T_0)T_0]=0,\quad \forall\theta\in\Theta.$$

综合以上两式, 有

$$E_\theta(T-T_0)^2=E_\theta[(T-T_0)(T-T_0)]=0,\quad \forall\theta\in\Theta,$$

故 $P_\theta\{T=T_0\}=1, \forall\theta\in\Theta$. □

从定理 2.4.3 的证明知道, UMVUE 在以概率 1 相等的意义下是唯一的.

推论 2.4.1 如果 T_1 和 T_2 分别是 $g_1(\theta)$ 和 $g_2(\theta)$ 的 UMVUE, 则对于任给的常数 a, b, aT_1+bT_2 是 $ag_1(\theta)+bg_2(\theta)$ 的 UMVUE.

我们先看一个 UMVUE 不存在的例子, 之后再看如何利用上述定理来求 UMVUE.

例 2.4.6 设 $X_1,\cdots,X_n$ 是来自一离散型分布的 IID 样本, 其分布在 $\theta-1,\theta,\theta+1$ 上的概率均为 1/3, θ 取整数, 则所有 θ 的非常数函数都没有 UMVUE. 连续型分布也适用, 如均匀分布 $U(\theta-1/2,\theta+1/2)$.

关于此问题的证明请见 Lehmann, Casella (1998).

例 2.4.7 设 $X_1,\cdots,X_n$ 为来自正态总体 $N(\mu,\sigma^2)$ 的 IID 样本, 试求 μ,σ^2 的 UMVUE.

解 此时样本的联合 PDF 为

$$f(\boldsymbol{x};\mu,\sigma^2)=(2\pi\sigma^2)^{-n/2}\exp\left[-\frac{1}{2\sigma^2}\sum_{i=1}^n(x_i-\mu)^2\right],$$

则任给 $\nu\in U_0$, 有

$$\int\nu(\boldsymbol{x})\exp\left[-\frac{1}{2\sigma^2}\sum_{i=1}^n(x_i-\mu)^2\right]\mathrm{d}\boldsymbol{x}=0,\quad \forall\mu,\sigma^2. \tag{$*$}$$

上式两边关于 μ 求导, 综合 $(*)$ 式后, 得到

$$\int\nu(\boldsymbol{x})\left(\sum_{i=1}^n x_i\right)\exp\left[-\frac{1}{2\sigma^2}\sum_{i=1}^n(x_i-\mu)^2\right]\mathrm{d}\boldsymbol{x}=0,\quad \forall\mu,\sigma^2. \tag{*1}$$

若取 $T(\boldsymbol{X})=\sum\limits_{i=1}^n X_i/n=\overline{X}$, 则上式即为

$$\int\nu(\boldsymbol{x})T(\boldsymbol{x})f(\boldsymbol{x};\mu,\sigma^2)\mathrm{d}\boldsymbol{x}=0,\quad \forall\mu,\sigma^2.$$

又由于 $T(\boldsymbol{X})$ 是 μ 的 UE, 故由定理 2.4.2 知, $T(\boldsymbol{X})=\overline{X}$ 是 μ 的 UMVUE.

在 (*1) 式两边再关于 μ 求导, 综合 (*) 式后, 有

$$\int \nu(\boldsymbol{x})T^2(\boldsymbol{x})f(\boldsymbol{x};\mu,\sigma^2)\mathrm{d}\boldsymbol{x}=0,\quad \forall\mu,\sigma^2. \tag{*2}$$

另外, 在 (*) 式两边关于 σ^2 求导, 有

$$\int \nu(\boldsymbol{x})\left[\sum_{i=1}^{n}(x_i-\mu)^2\right]f(\boldsymbol{x};\mu,\sigma^2)\mathrm{d}\boldsymbol{x}=0,\quad \forall\mu,\sigma^2. \tag{*3}$$

综合 (*1), (*2) 和 (*3) 式, 得

$$\int \nu(\boldsymbol{x})\left[\sum_{i=1}^{n}(x_i-\bar{x})^2\right]f(\boldsymbol{x};\mu,\sigma^2)\mathrm{d}\boldsymbol{x}=0,\quad \forall\mu,\sigma^2. \tag{*4}$$

又由于 $S_n^2=\dfrac{1}{n-1}\sum\limits_{i=1}^{n}(X_i-\overline{X})^2$ 是 σ^2 的 UE, 则由 (*4) 式和定理 2.4.2 知, 样本方差 S_n^2 是总体方差 σ^2 的 UMVUE. □

从上例可以看出, 由于修正的样本方差 S_n^{*2} 不是 σ^2 的 UE, 故它肯定不是 σ^2 的 UMVUE.

例 2.4.8 设 $X_1,\cdots,X_n$ 为来自指数分布族 $Exp(\lambda)$ 的 IID 样本, 试求总体均值 $1/\lambda$ 的 UMVUE.

解 从定理 2.4.1 可知, 对于某分布族, 当其充分统计量存在时, 我们只需要在基于充分统计量的无偏估计类中求 UMVUE 即可. 对于本例, 由因子分解定理容易验证 $T=\sum\limits_{i=1}^{n}X_i$ 是其充分统计量 (也可见例 1.5.8). 于是, 我们将只在充分统计量的无偏估计类中求取 $1/\lambda$ 的 UMVUE.

由定理 1.4.14 可知, $T=\sum\limits_{i=1}^{n}X_i\sim\Gamma(n,\lambda)$, 因此, T 的 PDF 为

$$f_T(x,\lambda)=\frac{1}{(n-1)!}\lambda^n x^{n-1}\mathrm{e}^{-\lambda x},\quad x>0,$$

且易证 T/n 是 $1/\lambda$ 的 UE.

$\forall\nu(T)\in U_0$, 即 $\nu(T)$ 是 T 的函数且为 0 的无偏估计, 即

$$0=E(\nu(T))=\frac{1}{(n-1)!}\int_0^{\infty}\nu(x)\lambda^n x^{n-1}\mathrm{e}^{-\lambda x}\mathrm{d}x,\quad \forall\lambda>0,$$

也即

$$0=\int_0^{\infty}\nu(x)x^{n-1}\mathrm{e}^{-\lambda x}\mathrm{d}x,$$

上式两边关于 λ 求导, 有

$$\int_0^{\infty}x\nu(x)x^{n-1}\mathrm{e}^{-\lambda x}\mathrm{d}x=0,\quad \forall\lambda>0,$$

于是, 由定理 2.4.2 知, $T=\overline{X}$ 是 $1/\lambda$ 的 UMVUE. □

例 2.4.9 设 $X_1,\cdots,X_n$ 为来自 $U(0,\theta)$ 的 IID 样本, 试求 θ 的 UMVUE.

解 由例 1.5.6 可知, $T=X_{(n)}$ 是 θ 的充分统计量, 且由例 1.3.12 知, $X_{(n)}$ 的 PDF 为

$$f_T(t,\theta)=nt^{n-1}/\theta^n,\quad 0<t<\theta.$$

由此容易验证 $\dfrac{n+1}{n}T$ 是 θ 的一个 UE, 下面验证它也是 θ 的 UMVUE. 为此, 任给 0 的一个 UE $\nu(T)$, 即

$$\int_0^{\theta}\frac{\nu(t)nt^{n-1}}{\theta^n}\mathrm{d}t=0,\quad \forall\theta>0,$$

两边关于 θ 求导, 得

$$\nu(\theta)=0,\quad \forall\theta>0,$$

即此时 0 的无偏估计肯定为 0, 于是由定理 2.4.2 可知, $\dfrac{n+1}{n}X_{(n)}$ 是 θ 的 UMVUE. 同样, 因为 $E(X_1)=\dfrac{\theta}{2}$, 所以可知总体均值 $\dfrac{\theta}{2}$ 的 UMVUE 为 $\dfrac{n+1}{2n}X_{(n)}$. □

比较一下例 2.4.8 与例 2.4.9 的结果知道, 样本均值不一定是总体均值的 UMVUE. 另外, 在例 2.4.9 中, 零的 UE 就是零, 什么时候这个结论成立?

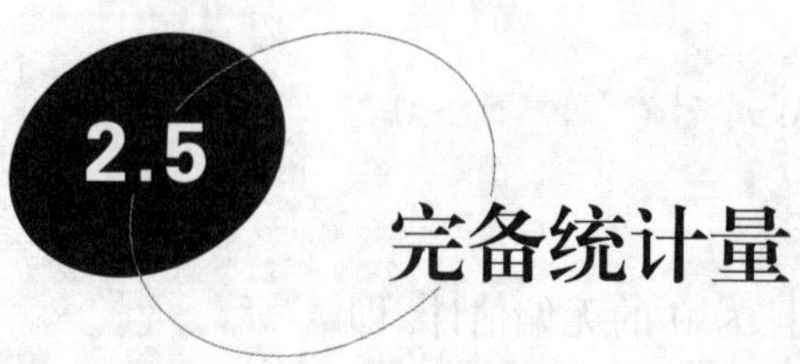

2.5 完备统计量

对于一个统计量 $S(\boldsymbol{X})$, 其定义域为 $\mathcal{X}$, 而其期望 $E_\theta(S(\boldsymbol{X}))$ 的定义域是 Θ, 这就是说, 这里的期望 E_θ 相当于一个从 $\mathcal{X}$ 到 Θ 的变换. 对于一个变换而

言, 一个自然问题是: 这个变换是一对一的吗?

我们在前面也说过, 如果充分统计量存在, 则我们可以仅在充分统计量的无偏估计类中去寻找参数的 UMVUE. 如果我们知道基于充分统计量的无偏估计类仅有一个元素, 则它肯定就是 UMVUE. 那何时这个估计类仅有一个元素呢?

为回答上述问题, 我们就要引进完备统计量 (complete statistics) 的概念. 它是 Lehmann (莱曼) 和 Scheffe (谢费) 于 1950 年提出的. 有的书上也称之为完全统计量.

2.5.1 完备性的定义

定义 2.5.1 (完备统计量) 对于参数分布族 $\mathcal{F}=\{f(x,\theta):\theta\in\Theta\}$, 设 $T(\boldsymbol{X})$ 为一统计量, 若对任何满足条件

$$E_\theta[g(T(\boldsymbol{X}))]=0,\quad \forall\theta\in\Theta \tag{2.5.1}$$

的统计量 $g(T)$, 都有

$$P_\theta\{g(T)=0\}=1,\quad \forall\theta\in\Theta, \tag{2.5.2}$$

则称统计量 $T(\boldsymbol{X})$ 是完备统计量.

有时完备性的概念是针对分布族而言的, 即下面的定义.

定义 2.5.2 (完备分布族) 对于参数分布族 $\mathcal{F}=\{f(x,\theta):\theta\in\Theta\}$, 如果对于任一函数 $\psi(x)$, 由

$$E_\theta(\psi(X))=0,\quad \forall\theta\in\Theta,$$

总可推出 $P_\theta\{\psi(X)=0\}=1$, 则称此分布族 $\mathcal{F}$ 是完备的.

由上述两个定义可以看出, 完备统计量就意味着此统计量的抽样分布族是完备的.

关于完备统计量, 我们不加证明地引入如下两个结论 (证明可参见 Shao (2003)):

(1) 如果 T 是完备的, $S=\psi(T)$, 且 ψ 可测, 则 S 也是完备的;

(2) 充分完备统计量是极小充分统计量, 但反之不成立.

例 2.5.1 考虑二项分布族 $\{B(n,p):\ 0<p<1\}$ 的完备性.

解 设函数 $\psi(x)$ 满足

$$E_p(\psi(X))=\sum_{x=0}^{n}\psi(x)\mathrm{C}_n^x p^x(1-p)^{n-x}=0,\quad \forall 0<p<1.$$

令 $\theta=p/(1-p)$, 则 $\theta>0$, 且上式可以写成

$$\sum_{x=0}^{n}\psi(x)\mathrm{C}_n^x\theta^x=0,\quad \forall\theta>0.$$

由于上式左边是 θ 的一个 n 次多项式, 故有 $\psi(x)=0,\ x=0,1,\cdots,n$, 故二项分布族是完备的. □

例 2.5.2 证明: 正态分布族 $N(0,\sigma^2)$ 是不完备的.

证明 我们注意到, 正态分布的 PDF 是偶函数, 故对于任何一个奇函数, 比如 $\psi(x)=x$, 均有

$$E_\sigma(\psi(X))=0,\quad \forall\sigma^2>0,$$

但是 $P_\sigma\{X=0\}=0$. 这说明此正态分布族是不完备的. □

关于正态总体 $N(0,\sigma^2)$, 我们在前面讲过, 统计量 $T=\sum\limits_{i=1}^{n}X_i^2$ 是 σ^2 的充分统计量, 虽然此分布族是不完备的, 但它并不影响充分统计量 T 的完备性. 事实上, 由于

$$\frac{T}{\sigma^2}\sim\chi^2(n)=\Gamma\left(\frac{n}{2},\frac{1}{2}\right),$$

即 $T\sim\Gamma\left(\dfrac{n}{2},\dfrac{1}{2\sigma^2}\right)$, 于是, T 的 PDF 为

$$f(t,\sigma^2)=\frac{1}{(2\sigma^2)^{n/2}\Gamma(n/2)}t^{n/2-1}\mathrm{e}^{-t/(2\sigma^2)},\quad t>0.$$

如果 $\psi(t)$ 满足 $E_\sigma(\psi(T))=0,\ \forall\sigma^2>0$, 即

$$\int_0^\infty\psi(t)t^{n/2-1}\mathrm{e}^{-t/(2\sigma^2)}\mathrm{d}t=0,\quad \forall\sigma^2>0.$$

上式左边是函数 $\psi(t)t^{n/2-1}$ 的 Laplace 变换, 故由 Laplace 变换的唯一性知

$$P_\sigma\{\psi(T)T^{n/2-1}=0\}=1,$$

故由定义可知, 正态分布族 $N(0,\sigma^2)$ 的充分统计量 $T=\sum\limits_{i=1}^{n}X_i^2$ 是完备的.

例 2.5.3 对于均匀分布族 $U(0,\theta)$, 说明其充分统计量 $T=X_{(n)}$ 的完备性.

解 由于统计量 T 的 PDF 为

$$f(t,\theta)=\begin{cases}\dfrac{nt^{n-1}}{\theta^n}, & 0<t<\theta,\\ 0, & \text{其他},\end{cases}$$

又设 $\psi(T)$ 满足 $E_\theta(\psi(T))=0, \forall\theta>0$, 即

$$\int_0^\theta \psi(t)f(t,\theta)\mathrm{d}t=0, \quad \forall\theta>0,$$

即

$$\int_0^\theta \psi(t)t^{n-1}\mathrm{d}t=0, \quad \forall\theta>0,$$

两边关于 θ 求导, 有

$$\psi(\theta)\theta^{n-1}=0, \quad \forall\theta>0,$$

即

$$\psi(\theta)=0, \quad \forall\theta>0,$$

所以, 均匀分布族 $U(0,\theta)$ 的充分统计量 $T=X_{(n)}$ 是完备的. □

2.5.2 完备统计量的应用

为了回答本节刚开始提出的问题, 我们看如下定理.

定理 2.5.1 设 $X_1,\cdots,X_n$ 是来自参数分布族 $\{f(x,\theta):\theta\in\Theta\}$ 的 IID 样本, T 是 θ 的充分完备统计量. 如果 θ 可估, 且 $S(\boldsymbol{X})$ 是 θ 的一个 UE, 则 $S_0(T)=E[S(\boldsymbol{X})|T]$ 是 θ 的唯一的 UMVUE.

证明 设 S_1,S_2 是 θ 的任意两个 UE, 则由定理 2.4.1 可知, $E(S_1|T)$, $E(S_2|T)$ 均是 θ 的 UE, 即

$$E_\theta[E(S_1|T)]=E_\theta[E(S_2|T)]=\theta, \quad \forall\theta\in\Theta, \tag{$*$}$$

且

$$\mathrm{Var}_\theta(E(S_1|T))\leqslant\mathrm{Var}_\theta(S_1), \quad \forall\theta\in\Theta,$$
$$\mathrm{Var}_\theta(E(S_2|T))\leqslant\mathrm{Var}_\theta(S_2), \quad \forall\theta\in\Theta.$$

另由 $(*)$ 式可知, $E(S_1|T)-E(S_2|T)$ 是 0 的无偏估计, 即

$$E_\theta[E(S_1|T)-E(S_2|T)]=0, \quad \forall\theta\in\Theta,$$

又由于 T 是完备统计量, 故由定义知

$$P_\theta\{E(S_1|T)=E(S_2|T)\}=1,\quad \forall\theta\in\Theta,$$

这说明在概率 1 的意义下, $E(S_1|T)$ 与 $E(S_2|T)$ 相等, 又由于 S_1 与 S_2 的任意性, 故 $S_0=E(S|T)$ 是唯一的 UMVUE. □

例 2.5.4 考虑 Bernoulli 总体 $b(1,p)$ 中参数 p 的 UMVUE.

解 对于此问题, 由例 1.5.2 可知, 统计量 $T=\sum\limits_{i=1}^{n}X_i$ 是充分的, 而由例 2.5.1 可知, 二项分布族是完备的, 而 $T\sim B(n,p)$, 故知统计量 T 是充分完备的. 又由于 $\overline{X}=T/n$ 是 p 的 UE, 且是充分完备统计量 T 的函数, 故由定理 2.5.1 知, $\overline{X}$ 是 p 的 UMVUE. □

例 2.5.5 对于 Poisson 分布 $P(\lambda)$, 求参数

$$P_\lambda(k)=\frac{\lambda^k}{k!}\mathrm{e}^{-\lambda},\quad k=0,1,2,\cdots$$

的 UMVUE.

解 由例 1.5.4 可知, 统计量 $T=\sum\limits_{i=1}^{n}X_i$ 是充分的, 另外, 我们也可以证明 (在下一小节) 此统计量也是完备的. 于是, 由定理 2.5.1 知, 为求 $P_\lambda(k)$ 的 UMVUE, 仅需找一个依赖于充分完备统计量 T 的 UE 即可.

事实上, 由 Poisson 分布的可加性知, $T\sim P(n\lambda)$, 且容易验证统计量

$$\psi_k(\boldsymbol{X})=\begin{cases}1, & X_1=k,\\ 0, & X_1\neq k\end{cases}$$

是 $P_\lambda(k)$ 的一个无偏估计. 于是, 由定理 2.5.1 知, $P_\lambda(k)$ 的 UMVUE 为

$$E[\psi_k(\boldsymbol{X})|T].$$

为求上述的 UMVUE, 我们注意到

$$\begin{aligned}E[\psi_k(\boldsymbol{X})|T=t]=P\{X_1=k|T=t\}&=\frac{P\{X_1=k,T=t\}}{P\{T=t\}}\\&=\frac{P\{X_1=k,X_2+\cdots+X_n=t-k\}}{P\{T=t\}},\end{aligned}$$

且 $X_1\sim P(\lambda)$ 与 $X_2+\cdots+X_n\sim P((n-1)\lambda)$ 独立, 则代入上式后, 有

$$E[\psi_k(\boldsymbol{X})|T=t]=\mathrm{C}_t^k\left(\frac{1}{n}\right)^k\left(1-\frac{1}{n}\right)^{t-k},\quad k=0,1,\cdots.$$

于是, $P_\lambda(k)$ 的 UMVUE 为

$$\mathrm{C}_T^k\left(\frac{1}{n}\right)^k\left(1-\frac{1}{n}\right)^{T-k}, \quad k=0,1,\cdots,$$

其中 $T=\sum_{i=1}^n X_i$. □

例 2.5.6 设 $X_1,\cdots,X_n$ 为来自 $\Gamma(\alpha,\lambda)$ 的 IID 样本, 且 α 已知, 试求 $\lambda(>0)$ 的 UMVUE.

解 由例 1.5.8 知, $T=\sum_{i=1}^n X_i$ 是 λ 的充分统计量. 又因为 $T\sim\Gamma(n\alpha,\lambda)$, 故由 Γ 分布族的完备性 (下一小节将证明) 知, 它也是完备的. 于是, 由定理 2.5.1 知, 为求 λ 的 UMVUE, 仅需找一个依赖于 T 的 UE 即可.

事实上, 由于

$$E_\lambda\left(\frac{1}{T}\right)=\int_0^\infty \frac{1}{t}\frac{\lambda^{n\alpha}}{\Gamma(n\alpha)}t^{n\alpha-1}\mathrm{e}^{-\lambda t}\mathrm{d}t=\frac{\lambda}{n\alpha-1},$$

则知 $(n\alpha-1)\Big/\sum_{i=1}^n X_i=(n\alpha-1)/(n\overline{X})$ 是 λ 的 UMVUE. □

2.5.3 指数型分布族的充分完备性

从上一小节可以看出, 充分完备统计量在求参数的 UMVUE 时非常有用, 而统计量的充分性可容易由因子分解定理验证, 但完备性的验证就要困难多了. 由于许多我们常用的分布族均属于指数型分布族, 故本节将考虑指数型分布族的充分完备性问题.

定理 2.5.2 设 $\{f(x,\boldsymbol{\eta}):\boldsymbol{\eta}\in\Xi\}$ 是 k 个参数的标准指数型分布族, 即

$$f(x,\boldsymbol{\eta})=c(\boldsymbol{\eta})\exp\left[\sum_{j=1}^k \eta_j T_j(x)\right]h(x), \tag{2.5.3}$$

其中 $\boldsymbol{\eta}=(\eta_1,\cdots,\eta_k)^{\mathrm{T}}\in\Xi$, 这里

$$\Xi=\left\{(\eta_1,\cdots,\eta_k):0<\int_{\mathcal{X}}\exp\left\{\sum_{j=1}^k \eta_j T_j(x)\right\}h(x)\mathrm{d}x<\infty\right\} \tag{2.5.4}$$

为自然参数空间, 则

(1) 统计量 $\boldsymbol{T}(\boldsymbol{X})=(T_1,\cdots,T_k)$ 是充分的;

(2) 如果 Ξ 包含一个开集 (此时, 称此分布族为满秩的), 则 $\boldsymbol{T}(\boldsymbol{X})=(T_1,\cdots,T_k)$ 是完备的.

证明参见陈希孺 (1981).

例 2.5.7 考虑 Poisson 分布族 $P(\lambda)$ 中参数 λ 的 UMVUE.

解 由 Poisson 分布的可加性知, 统计量 $T=\sum_{i=1}^{n}X_i\sim P(n\lambda)$, 且其 CDF 为

$$P\{T=t\}=\frac{(n\lambda)^t}{t!}\mathrm{e}^{-n\lambda}=\mathrm{e}^{-n\lambda}\exp[t\ln(n\lambda)]/t!,\quad t=0,1,\cdots.$$

若令 $\eta=\ln(n\lambda)$, 则知其自然参数空间为 $\varXi=\mathbf{R}$, 它有内点, 故由定理 2.5.2 知, 统计量 $T=\sum_{i=1}^{n}X_i$ 是充分完备的. 另外, 由于 $\overline{X}=T/n$ 是 λ 的 UE, 故它是 λ 的 UMVUE. □

例 2.5.8 求 Gamma 分布族 $\varGamma(\alpha,\lambda)$ 的充分完备统计量.

解 设 $X_1,\cdots,X_n$ 为来自 $\varGamma(\alpha,\lambda)$ 的 IID 样本, 其联合 PDF 为

$$f(\boldsymbol{x};\alpha,\lambda)=\frac{\lambda^\alpha}{\Gamma(\alpha)}x^{\alpha-1}\mathrm{e}^{-\lambda x}=\frac{\lambda^\alpha}{\Gamma(\alpha)}\exp\left[(\alpha-1)\sum_{i=1}^{n}\ln x_i-\lambda\sum_{i=1}^{n}x_i\right],$$

于是, 由定理 2.5.2 可知, 统计量 $\left(\sum_{i=1}^{n}X_i,\sum_{i=1}^{n}\ln X_i\right)$ 是 (α,λ) 的充分完备统计量. □

例 2.5.9 考虑正态总体 $N(\mu,\sigma^2)$ 中参数的 UMVUE.

解 容易验证正态分布族是指数型分布族, 且 $\left(\sum_{i=1}^{n}X_i,\sum_{i=1}^{n}X_i^2\right)$ 是 (μ,σ^2) 的充分完备统计量. 由于样本均值 $\overline{X}$, 样本方差 S_n^2 分别是 μ,σ^2 的 UE, 故它们是 UMVUE. □

2.5.4 次序统计量的完备性

关于 UMVUE 的求取, 还有另一种很常用的方法, 即 U 统计量, 它是基于次序统计量的充分完备性而得到所需要参数的 UMVUE 的. 为此, 我们在本小节不加证明地给出次序统计量完备性的定理.

定理 2.5.3 (次序统计量的完备性) 设 $X_1,\cdots,X_n$ 是来自分布族 $\mathcal{F}$ 的分布函数为 F 的 IID 样本, 如果

(1) $\mathcal{F}$ 是凸的;

(2) $\forall a < b$, 记 $S = [a,b)$, 由 $F(b) - F(a) > 0$ 可导出 $P\{X_1 < x | X_1 \in S\} \in \mathcal{F}$,
则该样本的次序统计量 $X_{(1)}, \cdots, X_{(n)}$ 关于分布族 $\mathcal{F}$ 是完备的.

证明参见 David (1981).

结合定理 1.5.2 和定理 2.5.3, 我们知道, 在许多情况下, 次序统计量均是充分完备的. 并且可以看到, 前面所求取的 UMVUE 都可以由次序统计量的充分完备性得到.

在结束本节前, 我们看一个 UMVUE 不好的例子.

例 2.5.10 设 $X_1, \cdots, X_n$ 为来自 Poisson 分布 $P(\lambda)$ 的 IID 样本, 求参数 $g(\lambda) = \mathrm{e}^{-a\lambda}$ 的 UMVUE, 其中 a 为已知常数.

解 设 $S(T)$ 为 $g(\lambda)$ 的 UE, 由于此时的充分完备量为 $T = \sum_{i=1}^{n} X_i \sim P(n\lambda)$, 则它应满足

$$\sum_{t=0}^{\infty} \frac{S(t)(n\lambda)^t}{t!} = \mathrm{e}^{(n-a)\lambda} = \sum_{t=0}^{\infty} \frac{(n-a)^t(\lambda)^t}{t!},$$

于是,

$$S(T) = \left(1 - \frac{a}{n}\right)^{\mathrm{T}}$$

是 $g(\lambda)$ 的 UMVUE. 但是当 $a > n$ 时这个 UMVUE 并不合理 (此例子类似于例 2.4.2 关于 UE 不合理的例子). □

2.6 信息不等式及有效估计

在前面我们给出了几种求取 UMVUE 的方法, 既然我们得到的 UMVUE 的方差是最小的, 那我们能否给出这个最小方差的一般表达式吗? 关于这个问题的解决, Fréchet (弗雷歇) 于 1943 年最早引入信息不等式 (*Rev. Int. Statist.*, 11, 182—205), 后来 Darmois (1945), Rao (1945) 和 Cramér[①] (1946) 对此进行了推广和创新, 于是, 本节的信息不等式也称为 Cramér-Rao 不等式, 简记为

① Cramér: 克拉默.

C-R 不等式.

2.6.1 正则分布族与 Fisher 信息量

本节讨论的内容均是针对满足一定条件的分布族而言的, 这即是本小节的正则分布族.

定义 2.6.1 (正则分布族) 如果单参数分布族 $\mathcal{F}=\{f(x,\theta):\theta\in\Theta\}$ 具有如下五个条件:

(1) 参数空间 Θ 是直线上的开区间 (有限、无限或半无限);

(2) 导数 $\dfrac{\partial f(x,\theta)}{\partial\theta}$ 存在 $(\forall\theta\in\Theta)$;

(3) 支撑集与 θ 无关;

(4) 其 PDF $f(x,\theta)$ 的积分与微分运算可以互换, 即

$$\frac{\mathrm{d}}{\mathrm{d}\theta}\int_{-\infty}^{\infty}f(x,\theta)\mathrm{d}x=\int_{-\infty}^{\infty}\frac{\partial}{\partial\theta}f(x,\theta)\mathrm{d}x;$$

(5)

$$I(\theta)=E_\theta\left(\frac{\partial}{\partial\theta}\ln f(X,\theta)\right)^2 \tag{2.6.1}$$

存在, 且 $I(\theta)>0$.

则称此分布族为 C-R 正则分布族, 其中条件 (1)—(5) 也称为正则条件, $I(\theta)$ 称为该分布族的 Fisher 信息量.

例 2.6.1 验证 Poisson 分布族是 C-R 正则分布族.

解 容易验证正则条件 (1)—(4) 满足, 下证条件 (5) 成立. 事实上, 因为

$$\ln f(x,\lambda)=\ln\left(\frac{\lambda^x}{x!}\mathrm{e}^{-\lambda}\right)=x\ln\lambda-\ln x!-\lambda,$$

于是

$$\frac{\partial\ln f(x,\lambda)}{\partial\lambda}=\frac{x}{\lambda}-1,$$

$$I(\lambda)=E\left(\frac{\partial\ln f(X,\lambda)}{\partial\lambda}\right)^2=E\left(\frac{X}{\lambda}-1\right)^2=\frac{1}{\lambda}>0,$$

故 Poisson 分布族满足正则条件. □

例 2.6.2 验证正态分布族 $\{N(\mu,1):\mu\in\mathbf{R}\}$ 是正则的.

解 容易验证条件 (1)—(4) 满足, 又因为

$$f(x,\mu)=\frac{1}{\sqrt{2\pi}}\exp\left[-\frac{(x-\mu)^2}{2}\right],$$

$$\ln f(x,\mu)=-\frac{(x-\mu)^2}{2}-\ln(2\pi)/2,$$

$$\frac{\partial\ln f(x,\mu)}{\partial\mu}=x-\mu,$$

所以,

$$I(\mu)=E_\mu\left(\frac{\partial\ln f(X,\mu)}{\partial\mu}\right)^2=E_\mu(X-\mu)^2=1>0,$$

故正则条件 (5) 也满足. □

可以验证, 我们常用的单参数指数型分布族是正则的. 当然, 常用的分布族中也有不是正则的, 如均匀分布族 $\{U(0,\theta):\theta>0\}$.

另外, 我们注意到, 定义 2.6.1 是以连续型分布为例进行定义的, 如果是离散型的, 也有类似的定义, 只是把积分换成求和、把 PDF 换成 CDF 即可.

若在 (2.6.1) 式中考虑 IID 样本的联合 PDF, 则可以证明

$$E_\theta\left(\frac{\partial}{\partial\theta}\ln f(\boldsymbol{X},\theta)\right)^2=nI(\theta). \tag{2.6.2}$$

值得注意的是, Fisher 信息量 $I(\theta)$ 依赖于我们所选择的参数. 事实上, 设 $\theta=h(\xi)$, 其中 h 可微, 则 X 所包含的关于 ξ 的信息量就是

$$I^*(\xi)=I(h(\xi))[h'(\xi)]^2. \tag{2.6.3}$$

为理解 Fisher 信息量的意义, 我们先考虑一个估计量的方差下界. 设 S 是 $g(\theta)$ 的一个估计, $\psi(X,\theta)$ 是任一具有有限二阶矩的函数, 则容易证明如下的**协方差不等式**:

$$\mathrm{Var}(S)\geqslant\frac{[\mathrm{Cov}(S,\psi)]^2}{\mathrm{Var}(\psi)}. \tag{2.6.4}$$

虽然上一不等式给出了估计量 S 的方差下界, 但对于实际应用没有任何意义, 由于此不等式右边包含 S. 但若 $\mathrm{Cov}(S,\psi)$ 只与 $E_\theta(S)=g(\theta)$ 有关, 则 (2.6.4) 式的确提供了无偏估计 S 的方差的一个下界. 于是, 我们有如下结论.

定理 2.6.1 (Blyth[①] 引理) $\mathrm{Cov}(S,\psi)$ 只通过 $g(\theta)=E_\theta(S)$ 依赖于 S 的充要条件是: $\forall\theta$, 有

$$\mathrm{Cov}(U,\psi)=0,\quad \forall U\in U_0, \tag{2.6.5}$$

① Blyth: 布莱斯.

其中 U_0 为零的无偏估计类 (见 (2.4.9) 式).

证明 "$\mathrm{Cov}(S,\psi)$ 只通过 $g(\theta)=E_\theta(S)$ 依赖于 S" 等价于对任何两个满足条件 $E_\theta(S_1)=E_\theta(S_2)$ 的估计 S_1,S_2, 必有 $\mathrm{Cov}(S_1,\psi)=\mathrm{Cov}(S_2,\psi)$.

而对于任两个无偏估计 S_1,S_2,

$$0=\mathrm{Cov}(S_1,\psi)-\mathrm{Cov}(S_2,\psi)=\mathrm{Cov}(S_1-S_2,\psi)\Longleftrightarrow \mathrm{Cov}(U,\psi)=0,\ \forall U\in U_0.$$

□

下面我们看一个满足 (2.6.5) 式条件的例子, 即寻找 $\psi(x,\theta)$.

设总体 X 的 PDF 为 $f(x,\theta)$, 且对一切 x, $f(x,\theta)>0$. 又设 $\theta,\theta+\delta$ 为两个参数值, 且 $f(x,\theta)\neq f(x,\theta+\delta)$, 则函数

$$\psi(x,\theta)=\frac{f(x,\theta+\delta)-f(x,\theta)}{f(x,\theta)} \tag{2.6.6}$$

满足定理 2.6.1 的条件. 这是由于

$$E_\theta(\psi)=\int[f(x,\theta+\delta)-f(x,\theta)]\mathrm{d}x=1-1=0,$$

而 $\forall U\in U_0$, 有

$$\mathrm{Cov}(U,\psi)=E_\theta(U\psi)=E_\theta\left[U\left(\frac{f(x,\theta+\delta)}{f(x,\theta)}-1\right)\right]=E_{\theta+\delta}(U)-E_\theta(U)=0.$$

这就是说, 对于此分布族 $f(x,\theta)$, $\mathrm{Cov}(S,\psi)$ 只通过 $g(\theta)=E_\theta(S)$ 依赖于 S, 又由于

$$\mathrm{Cov}(S,\psi)=E_\theta(S\psi)=g(\theta+\delta)-g(\theta),$$

故 (2.6.4) 式的协方差不等式成为

$$\mathrm{Var}(S)\geqslant\frac{[g(\theta+\delta)-g(\theta)]^2}{E_\theta[\psi^2(x,\theta)]}=\frac{[g(\theta+\delta)-g(\theta)]^2}{E_\theta\left[\dfrac{f(x,\theta+\delta)}{f(x,\theta)}-1\right]^2}. \tag{2.6.7}$$

从上面的证明过程可以看出, 不等式 (2.6.7) 对一切满足 $f(x,\theta+\delta)\neq f(x,\theta)$ 的 δ 都成立, 于是, 不等式 (2.6.7) 式的右端可以用其关于 δ 的极大值代入. 这就是 Hammersley-Chapman-Robbins① 不等式.

① Hammersley: 哈默斯利; Chapman: 查普曼; Robbins: 罗宾斯.

如果 (2.6.6) 式的 ψ 用下面的函数

$$\frac{f(x,\theta+\delta)-f(x,\theta)}{\delta}\cdot\frac{1}{f(x,\theta)} \tag{2.6.8}$$

代替, 则不等式 (2.6.7) 式仍保持不变. 现令 $\delta\to 0$, 且假定 $f(x,\theta)$ 关于 θ 可导, 于是, 有

$$\frac{f(x,\theta+\delta)-f(x,\theta)}{\delta}\cdot\frac{1}{f(x,\theta)}\to\frac{\partial f(x,\theta)/\partial\theta}{f(x,\theta)}=\frac{\partial\ln f(x,\theta)}{\partial\theta}.$$

受此极限的启发, 我们可以用

$$\psi(x,\theta)=\frac{\partial\ln f(x,\theta)}{\partial\theta}=\frac{\partial f(x,\theta)/\partial\theta}{f(x,\theta)}\tag{2.6.9}$$

作为 (2.6.6) 式的 ψ, ψ 代表 PDF $f(x,\theta)$ 在 x 处的相对改变率, 其平方均值

$$I(\theta)=E_\theta\left[\frac{\partial\ln f(X,\theta)}{\partial\theta}\right]^2$$

即为 (2.6.1) 式的 Fisher 信息量. 并且, 若把 (2.6.8) 式的 ψ 代入 (2.6.7) 式中的不等式右端, 且令 $\delta\to0$, 则可以得到后面的信息不等式.

Efron, Johnston 于 1990 年 (*Ann. Statist.*, 18, 38—62) 指出, Fisher 信息量与生存分析中非常有用的危险率函数 (hazard function) 之间有如下关系:

$$I(\theta)=\int_{-\infty}^{\infty}\left[\frac{\partial}{\partial\theta}\ln(h_\theta(x))\right]^2f(x,\theta)\mathrm{d}x,$$

其中危险率函数 $h_\theta(x)$ 定义为

$$h_\theta(x)=\lim_{\delta\to0}\frac{P\{x\leqslant X\leqslant x+\delta|X\geqslant x\}}{\delta}=\frac{f(x,\theta)}{1-F_\theta(x)}.$$

若 X 是一寿命随机变量, 则上述危险率函数表示在活到 x 的情况下, 在 x 处生存的概率密度.

2.6.2 信息不等式

本节将讨论正则分布族参数的无偏估计的方差的下界, 即著名的信息不等式 (许多书上也称之为 C-R 不等式).

定理 2.6.2 (信息不等式) 设分布族 $\mathcal{F}=\{f(x,\theta):\theta\in\Theta\}$ 是正则的, 可估函数 $g(\theta)$ 在 Θ 上可微. 又设 $X_1,\cdots,X_n$ 是 n 个来自此分布族的 IID 样本, $T(\boldsymbol{X})$ 是 $g(\theta)$ 的一个 UE, 且满足积分与微分号可互换的条件, 即

$$\frac{\mathrm{d}}{\mathrm{d}\theta}\int T(\boldsymbol{x})f(\boldsymbol{x},\theta)\mathrm{d}\boldsymbol{x}=\int T(\boldsymbol{x})\frac{\partial}{\partial\theta}f(\boldsymbol{x},\theta)\mathrm{d}\boldsymbol{x},$$

则有

$$\mathrm{Var}_\theta(T(\boldsymbol{X}))\geqslant\frac{(g'(\theta))^2}{nI(\theta)},\quad\forall\theta\in\Theta,\tag{2.6.10}$$

其中 $I(\theta)$ 为 $\mathcal{F}$ 的 Fisher 信息量. 如果上式等号成立, 则存在 $c(\theta)\neq 0$, 使得

$$\frac{\partial \ln f(\boldsymbol{X},\theta)}{\partial\theta}=c(\theta)(T(\boldsymbol{X})-g(\theta)) \tag{2.6.11}$$

以概率 1 成立.

证明 若 $I(\theta)=\infty$ 或 $\mathrm{Var}_\theta(T)=\infty$, 则 (2.6.10) 均显然成立. 故下面假设 $I(\theta)<\infty$, $\mathrm{Var}_\theta(T)<\infty$.

因为

$$\int\frac{\partial \ln f(x,\theta)}{\partial\theta}f(x,\theta)\mathrm{d}x=\int\frac{\partial f(x,\theta)}{\partial\theta}\mathrm{d}x=\frac{\mathrm{d}}{\mathrm{d}\theta}\int f(x,\theta)\mathrm{d}x=0, \tag{*1}$$

又因为样本是独立同分布的, 且样本分布 $f(\boldsymbol{x},\theta)=\prod\limits_{i=1}^{n}f(x_i,\theta)$, 故由 (*1) 式知

$$\int\frac{\partial \ln f(\boldsymbol{x},\theta)}{\partial\theta}f(\boldsymbol{x},\theta)\mathrm{d}\boldsymbol{x}=0,\quad \forall\theta\in\Theta,$$

于是, 对于任意的 $g(\theta)$, 有

$$\int g(\theta)\frac{\partial \ln f(\boldsymbol{x},\theta)}{\partial\theta}f(\boldsymbol{x},\theta)\mathrm{d}\boldsymbol{x}=0,\quad \forall\theta\in\Theta. \tag{*2}$$

又因为

$$\begin{aligned}
g'(\theta)&=\frac{\partial}{\partial\theta}g(\theta)=\frac{\partial}{\partial\theta}E_\theta(T(\boldsymbol{X}))\\
&=\frac{\partial}{\partial\theta}\int T(\boldsymbol{x})f(\boldsymbol{x},\theta)\mathrm{d}\boldsymbol{x}\\
&=\int\frac{\partial}{\partial\theta}T(\boldsymbol{x})f(\boldsymbol{x},\theta)\mathrm{d}\boldsymbol{x}\\
&=\int T(\boldsymbol{x})\frac{\partial \ln f(\boldsymbol{x},\theta)}{\partial\theta}f(\boldsymbol{x},\theta)\mathrm{d}\boldsymbol{x}\\
&\xlongequal{(*2)}\int(T(\boldsymbol{x})-g(\theta))\frac{\partial \ln f(\boldsymbol{x},\theta)}{\partial\theta}f(\boldsymbol{x},\theta)\mathrm{d}\boldsymbol{x},\quad\forall\theta\in\Theta.
\end{aligned}$$

于是, 由 Cauchy-Schwarz 不等式知, $\forall\theta\in\Theta$, 有

$$\begin{aligned}
[g'(\theta)]^2&=\left[\int(T(\boldsymbol{x})-g(\theta))\frac{\partial \ln f(\boldsymbol{x},\theta)}{\partial\theta}f(\boldsymbol{x},\theta)\mathrm{d}\boldsymbol{x}\right]^2\\
&\leqslant\int(T(\boldsymbol{x})-g(\theta))^2f(\boldsymbol{x},\theta)\mathrm{d}\boldsymbol{x}\cdot\int\left(\frac{\partial \ln f(\boldsymbol{x},\theta)}{\partial\theta}\right)^2f(\boldsymbol{x},\theta)\mathrm{d}\boldsymbol{x}\\
&=\mathrm{Var}_\theta(T)\cdot nI(\theta),
\end{aligned}$$

且由 Cauchy-Schwarz 不等式知, 上述等号成立的条件为: 存在 $c(\theta) \neq 0$, 使得

$$\frac{\partial \ln f(\boldsymbol{X},\theta)}{\partial \theta} = c(\theta)(T(\boldsymbol{X}) - g(\theta))$$

以概率 1 成立. □

关于本定理, 我们有如下几点注解:

注 2.6.1 我们称不等式 (2.6.10) 为信息不等式, 也称 C-R 不等式.

注 2.6.2 在上一定理的证明过程中, 我们始终假设样本是独立同分布的. 如果样本不是独立的, 上述结论仍成立, 只是要把 (2.6.10) 式中的 $nI(\theta)$ 改为 $E_\theta\left(\dfrac{\partial \ln f(\boldsymbol{X},\theta)}{\partial \theta}\right)^2$.

注 2.6.3 从 (2.6.10) 式可以看出, 信息不等式与 Fisher 信息量有着密切的关系. 从直观上看, 一个带有较小方差的估计表明这个估计值有更大机会出现在 $g(\theta)$ 附近. 为了考察 $I(\theta)$ 的含义, 我们假设信息不等式的下界可以达到, 且 $g(\theta)=\theta$, 则此时 UE 的最小方差为 $\dfrac{1}{nI(\theta)}$. 这说明, $nI(\theta)$ 越大, 参数 θ 可以越精确地估计, 其中 n 是样本容量, 这也说明, 若以估计量的方差的倒数作为估计量精度的指标, 则精度与 n 成正比, 而 $I(\theta)$ 则反映总体分布的性质. $I(\theta)$ 越大, 说明总体本身提供的信息量越多.

注 2.6.4 从定理的证明不难看出, 对于正则分布族, 我们有如下结论:

$$E_\theta\left[\frac{\partial}{\partial \theta}\ln f(\boldsymbol{X},\theta)\right] = 0,$$

$$I(\theta) = \mathrm{Var}_\theta\left[\frac{\partial}{\partial \theta}\ln f(\boldsymbol{X},\theta)\right] = -E_\theta\left[\frac{\partial^2}{\partial \theta^2}\ln f(\boldsymbol{X},\theta)\right]. \tag{2.6.12}$$

注 2.6.5 信息不等式也可以从直角三角形的边长关系得到. 设 $\boldsymbol{t},\boldsymbol{q}$ 为任意两向量, 定义 $\langle \boldsymbol{t},\boldsymbol{q}\rangle = \boldsymbol{t}^{\mathrm{T}}\boldsymbol{q}$, $\langle \boldsymbol{t},\boldsymbol{t}\rangle = |\boldsymbol{t}|^2$.

由图 2.1 中的三角形可以得到

$$|\boldsymbol{t}| > |\boldsymbol{t}|\cos(\boldsymbol{t},\boldsymbol{q}) = |\boldsymbol{t}|\cdot\frac{\langle \boldsymbol{t},\boldsymbol{q}\rangle}{|\boldsymbol{t}||\boldsymbol{q}|} = \frac{\langle \boldsymbol{t},\boldsymbol{q}\rangle}{|\boldsymbol{q}|}.$$

若对于两个随机变量 X,Y, 定义 $\langle X,Y\rangle = \mathrm{Cov}(X,Y)$, 则上一不等式即为 (2.6.4) 式的协方差不等式, 由此即可推得信息不等式.

定理 2.6.2 仅考虑了单参数的情形, 而多参数在实际中也很常见, 如正态总体 $N(\mu,\sigma^2)$. 下面, 我们不加证明地给出多参数情形下的信息不等式.

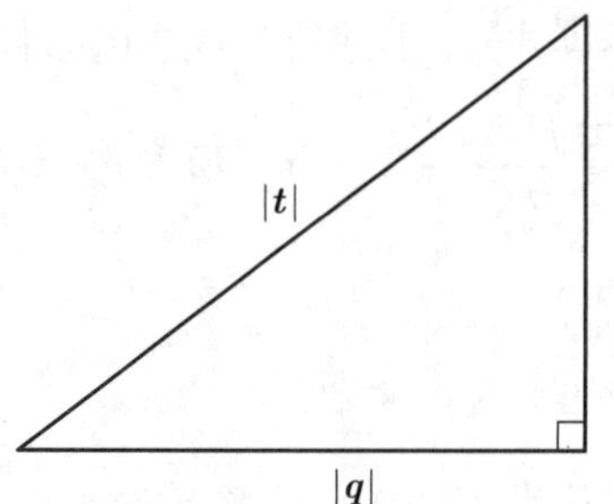

▶ 图 2.1 信息不等式的几何解释

定理 2.6.3 设分布族 $\mathcal{F}=\{f(\boldsymbol{x},\boldsymbol{\theta}):\boldsymbol{\theta}\in\Theta\subset\mathbf{R}^k\}$, $X_1,\cdots,X_n$ 为来自此分布族的 IID 样本, $\boldsymbol{T}(\boldsymbol{X})=(T_1(\boldsymbol{X}),\cdots,T_r(\boldsymbol{X}))^{\mathrm{T}}$ 是 $\boldsymbol{g}(\boldsymbol{\theta})=(g_1(\boldsymbol{\theta}),\cdots,g_r(\boldsymbol{\theta}))^{\mathrm{T}}$ 的一个 UE, 且满足如下条件:

(1) $\dfrac{\partial}{\partial\theta_i}\displaystyle\int f(\boldsymbol{x},\boldsymbol{\theta})\mathrm{d}\boldsymbol{x}=\int\frac{\partial}{\partial\theta_i}f(\boldsymbol{x},\boldsymbol{\theta})\mathrm{d}\boldsymbol{x}$, $\forall\boldsymbol{\theta}\in\Theta$, $i=1,\cdots,k$,

$\dfrac{\partial^2}{\partial\theta_i\partial\theta_j}\displaystyle\int f(\boldsymbol{x},\boldsymbol{\theta})\mathrm{d}\boldsymbol{x}=\int\frac{\partial^2}{\partial\theta_i\partial\theta_j}f(\boldsymbol{x},\boldsymbol{\theta})\mathrm{d}\boldsymbol{x}$, $\forall\boldsymbol{\theta}\in\Theta$, $i,j=1,\cdots,k$;

(2) $\dfrac{\partial g_i(\boldsymbol{\theta})}{\partial\theta_j}$ 存在, 且 $\dfrac{\partial g_i(\boldsymbol{\theta})}{\partial\theta_i}=\dfrac{\partial}{\partial\theta_j}\displaystyle\int T_i(\boldsymbol{x})f(\boldsymbol{x},\boldsymbol{\theta})\mathrm{d}\boldsymbol{x}=\int T_i(\boldsymbol{x})\frac{\partial f(\boldsymbol{x},\boldsymbol{\theta})}{\partial\theta_j}\mathrm{d}\boldsymbol{x}$, $\forall\boldsymbol{\theta}\in\Theta$, $i,j=1,\cdots,k$.

记

$$I(\boldsymbol{\theta})=-E_{\boldsymbol{\theta}}\left(\frac{\partial^2\ln f(\boldsymbol{X},\boldsymbol{\theta})}{\partial\theta_i\partial\theta_j}\right)_{k\times k},$$

$$\boldsymbol{\Sigma}_{\boldsymbol{\theta}}(\boldsymbol{T})=(\mathrm{Cov}(T_i,T_j))_{r\times r},\boldsymbol{\Delta}=\left(\frac{\partial g_i(\boldsymbol{\theta})}{\partial\theta_j}\right)_{r\times k},$$

则有

$$\boldsymbol{\Sigma}_{\theta}(\boldsymbol{T})\geqslant\frac{1}{n}\boldsymbol{\Delta}I^{-1}(\boldsymbol{\theta})\boldsymbol{\Delta}^{\mathrm{T}},\quad\forall\boldsymbol{\theta}\in\Theta.\tag{2.6.13}$$

为了方便, 我们常称信息不等式右端的值为相应参数 UE 的方差的 C-R 下界.

下面看几个例子.

例 2.6.3 设 $X_1,\cdots,X_n$ 为来自 Bernoulli 分布族 $b(1,p)$ 的 IID 样本, $p\in(0,1)$. 试求 p 的 UE 的方差的 C-R 下界.

解 容易验证此分布族是正则的, 且其 Fisher 信息量为

$$I(p)=E_p\left(\frac{\partial\ln f(X,p)}{\partial p}\right)^2=\sum_{k=0}^{1}\left(\frac{\partial\ln f(k,p)}{\partial p}\right)^2f(k,p),$$

其中 $f(k,p)=P\{X=k\}=p^k(1-p)^{1-k}$. 于是

$$I(p)=\left[\frac{\partial\ln(1-p)}{\partial p}\right]^2(1-p)+\left(\frac{\partial\ln p}{\partial p}\right)^2 p=\frac{1}{p(1-p)},$$

这样由信息不等式知, p 的 UE 的方差的 C-R 下界为 $\dfrac{1}{nI(p)}=\dfrac{p(1-p)}{n}$.

另外, 由于 $\sum\limits_{i=1}^n X_i\sim B(n,p)$, 故 $\mathrm{Var}(\overline{X})=\dfrac{p(1-p)}{n}$ 达到了 C-R 下界, 故可知 $\overline{X}$ 是 p 的 UMVUE, 这与我们前面讲的例 2.5.4 的结论一致. □

例 2.6.4 设 $X_1,\cdots,X_n$ 为来自 Poisson 分布族 $P(\lambda)$ 的 IID 样本, 考虑 λ 的 UMVUE.

解 由例 2.6.1 可知, $P(\lambda)$ 是正则的, 且其 Fisher 信息量为 $I(\lambda)=\dfrac{1}{\lambda}$, 于是 λ 的 UE 的方差的 C-R 下界为 $\dfrac{\lambda}{n}$. 又由于 $\sum\limits_{i=1}^n X_i\sim P(n\lambda)$, 则知 $\mathrm{Var}\overline{X}=\dfrac{\lambda}{n}$, 达到了 C-R 下界, 故知样本均值 $\overline{X}$ 是 λ 的 UMVUE. □

例 2.6.5 设 $X_1,\cdots,X_n$ 是来自指数分布族 $Exp(\lambda)$ 的 IID 样本, 考虑 $1/\lambda$ 的 UMVUE.

解 容易验证此分布族是正则的, 且由于

$$f(x,\lambda)=\lambda\mathrm{e}^{-\lambda x},\quad \ln f(x,\lambda)=\ln\lambda-\lambda x,\quad \frac{\partial\ln f(x,\lambda)}{\partial\lambda}=\frac{1}{\lambda}-x,$$

则

$$I(\lambda)=E_\lambda\left(\frac{\partial\ln f(X,\lambda)}{\partial\lambda}\right)^2=E_\lambda\left(\frac{1}{\lambda}-X\right)^2=\frac{1}{\lambda^2}.$$

于是, $1/\lambda$ 的 UE 的方差的 C-R 下界为

$$\frac{(g'(\lambda))^2}{nI(\lambda)}=\frac{1}{n\lambda^2}.$$

因为 $X_i\sim Exp(\lambda)=\varGamma(1,\lambda)$, 而 $\varGamma$ 分布关于形状参数具有可加性, 所以, $\sum\limits_{i=1}^n X_i\sim\varGamma(n,\lambda)$. 于是, $\mathrm{Var}\left(\sum\limits_{i=1}^n X_i\right)=\dfrac{n}{\lambda^2}$, 即 $\mathrm{Var}(\overline{X})=\dfrac{1}{n\lambda^2}$ 达到了 C-R 下界, 故知 $\overline{X}$ 是 $1/\lambda$ 的 UMVUE, 这与例 2.4.8 的结果一样. □

例 2.6.6 设 $X_1,\cdots,X_n$ 是来自 $N(\mu,\sigma^2)$ 的 IID 样本, 试考虑 μ 和 σ^2 的 UE 的方差的下界.

解 容易验证此时的正态分布族是正则的, 且因为

$$f(x;\mu,\sigma^2)=\frac{1}{\sqrt{2\pi}\sigma}\exp\left[-\frac{(x-\mu)^2}{2\sigma^2}\right],$$

$$\ln f(x;\mu,\sigma^2)=-\frac{(x-\mu)^2}{2\sigma^2}-\frac{1}{2}\ln\sigma^2-\frac{1}{2}\ln(2\pi),$$

则

$$\frac{\partial\ln f(x;\mu,\sigma^2)}{\partial\mu}=\frac{x-\mu}{\sigma^2},\qquad \frac{\partial^2\ln f(x;\mu,\sigma^2)}{\partial\mu^2}=-\frac{1}{\sigma^2},$$

$$\frac{\partial\ln f(x;\mu,\sigma^2)}{\partial\sigma^2}=\frac{(x-\mu)^2}{2\sigma^4}-\frac{1}{2\sigma^2},\quad \frac{\partial^2\ln f(x;\mu,\sigma^2)}{\partial(\sigma^2)^2}=-\frac{(x-\mu)^2}{\sigma^6}+\frac{1}{2\sigma^4},$$

$$\frac{\partial^2\ln f(x;\mu,\sigma^2)}{\partial\mu\partial\sigma^2}=-\frac{x-\mu}{\sigma^4},$$

于是, 此时的 Fisher 信息矩阵为

$$\boldsymbol{I}(\mu,\sigma^2)=-E_{\mu,\sigma^2}\begin{pmatrix}-\dfrac{1}{\sigma^2} & -\dfrac{X-\mu}{\sigma^4}\\ -\dfrac{X-\mu}{\sigma^4} & \dfrac{1}{2\sigma^4}-\dfrac{(X-\mu)^2}{\sigma^6}\end{pmatrix}=\begin{pmatrix}\dfrac{1}{\sigma^2} & 0\\ 0 & \dfrac{1}{2\sigma^4}\end{pmatrix}.$$

由于

$$I(\mu)=1/\sigma^2,\quad I(\sigma^2)=1/2\sigma^4,$$

则 μ 和 σ^2 的 UE 的方差的 C-R 下界分别为 σ^2/n, $2\sigma^4/n$.

因为 $\mathrm{Var}(\overline{X})=\sigma^2/n$ 达到了 C-R 下界, 故 $\overline{X}$ 是 μ 的 UMVUE.

另外, 由例 2.4.7 知, 样本方差 S_n^2 是 σ^2 的 UMVUE, 但是 $\mathrm{Var}(S_n^2)=\dfrac{2\sigma^4}{n-1}>\dfrac{2\sigma^4}{n}$, 故知 σ^2 的 UMVUE 并没有达到 C-R 下界. □

上一个例子说明我们不能用一个 UE 的方差是否达到 C-R 下界来判断它是否是 UMVUE, 并且也说明, 定理 2.6.2 与定理 2.6.3 给出的 C-R 下界并不是最大的一个, 还有必要进行改进. 另外, 也有必要对达到与没有达到 C-R 下界的 UE 进行一定的区别.

下面通过一个例子看一看 C-R 下界与最小方差究竟有多大的区别.

例 2.6.7 设 $X_1,\cdots,X_n$ 是来自正态总体 $N(0,\sigma^2)$ 的 IID 样本, 其中 $\sigma>0$ 为未知参数. 试求 σ^2 及 σ 的 UMVUE.

解 对于此分布族, 其 PDF 为 $f(x)=\dfrac{1}{\sqrt{2\pi\sigma^2}}\mathrm{e}^{-x^2/2\sigma^2}$, 故

$$\ln f(x)=-\ln(2\pi\sigma^2)/2-x^2/(2\sigma^2),$$

$$\frac{\partial \ln f(x)}{\partial \sigma^2}=-\frac{1}{2\sigma^2}+\frac{x^2}{2\sigma^4},\quad \frac{\partial^2 \ln f(x)}{\partial (\sigma^2)^2}=\frac{1}{2\sigma^4}-\frac{x^2}{\sigma^6},$$

于是, 其 Fisher 信息量为

$$I(\sigma^2)=-E\left(\frac{1}{2\sigma^4}-\frac{X^2}{\sigma^6}\right)=\frac{1}{2\sigma^4}.$$

对于参数 σ^2, 其 C-R 下界为 $2\sigma^4/n$. 对于它的一个估计量 $T(X)=\sum_{i=1}^n X_i^2/n$, 因为 $E(T(X))=\sigma^2$, $\mathrm{Var}(T(X))=2\sigma^4/n$, 故知它是一个 UE 且达到了 C-R 下界, 于是它是 σ^2 的 UMVUE.

对于参数 σ, 由于 $g(x)=\sqrt{x}$, 故它的无偏估计的方差的 C-R 下界为 $\dfrac{(1/(2\sigma))^2}{n/(2\sigma^4)}=\dfrac{\sigma^2}{2n}$.

因为 $\sum_{i=1}^n X_i^2/\sigma^2\sim\chi^2(n)$, 故可以求得

$$E\left(\sqrt{\sum_{i=1}^n X_i^2}/\sigma\right)=\frac{\sqrt{2}\Gamma[(n+1)/2]}{\Gamma(n/2)}=c_n,$$

于是知 $S(X)=c_n^{-1}\sqrt{\sum_{i=1}^n X_i^2}$ 是 σ 的 UE, 由于它又是充分完备统计量 $\sum_{i=1}^n X_i^2$ 的函数, 故知它是 σ 的 UMVUE. 另外, 其方差为

$$\mathrm{Var}(S(X))=E(S^2(X))-\sigma^2=c_n^{-2}E\left(\sum_{i=1}^n X_i^2\right)-\sigma^2=(nc_n^{-2}-1)\sigma^2,$$

它与 C-R 下界是不同的. 对于给定的 n, 二者的比较见表 2.2.

n	1	2	5	10
$a=nc_n^{-2}-1$	0.570 6	0.273 2	0.140 5	0.051 2
$b=1/2n$	0.5	0.25	0.1	0.05
b/a	0.876 0	0.915 1	0.711 7	0.976 6

◀ 表 2.2 C-R 下界与最小方差的比较

从表 2.2 可以看出, 二者的差距随着 n 的增大而减小, 事实上, 利用 Stirling 公式可以证明 $2n(nc_n^{-2}-1)\longrightarrow 1$.

2.6.3 有效估计

定义 2.6.2 (有效估计及效率) 设 $T(\boldsymbol{X})$ 是 $g(\theta)$ 的一个 UE, 则比值

$$e_n=\frac{(g'(\theta))^2/nI(\theta)}{\mathrm{Var}_\theta(T(\boldsymbol{X}))}\tag{2.6.14}$$

为 $T(\boldsymbol{X})$ 的效率. 如果 $e_n=1$, 则称 $T(\boldsymbol{X})$ 为 $g(\theta)$ 的有效估计. 若 $\lim\limits_{n\to\infty} e_n=1$, 则称 $T(\boldsymbol{X})$ 为 $g(\theta)$ 的渐近有效估计.

从有效估计的定义可以看出, 有效估计的应用很有限制, 如分布族应为正则的、待估参数的形式等. 下面我们看一个例子.

例 2.6.8 考虑均匀分布族 $U(0,\theta)$ 中参数 θ 的估计问题, 其中 $\theta>0$.

解 此时总体的 PDF 为

$$f(x,\theta)=\begin{cases}\dfrac{1}{\theta}, & 0<x<\theta,\\ 0, & \text{其他}.\end{cases}$$

我们注意到, 对于固定的 $x>0$, 由于 $f(x,\theta)$ 作为 θ 的函数在 $\theta=x$ 处不连续, 故它关于 θ 的导数不存在. 于是, 此均匀分布族不是正则的, 前面讲的 C-R 下界也不成立. 但如果我们不顾条件, 而要利用定理 2.6.2 的结论, 则会导致错误. 事实上, 由于

$$\frac{\partial \ln f(x,\theta)}{\partial\theta}=-\frac{1}{\theta},\quad \forall\theta>0,$$

故 $I(\theta)=\dfrac{1}{\theta^2}$, 从而 C-R 下界为 θ^2/n.

但是, 从例 2.4.9 可知, θ 的 UMVUE 为 $\dfrac{n+1}{n}X_{(n)}$. 计算可知,

$$\operatorname{Var}\left(\frac{n+1}{n}X_{(n)}\right)=\frac{\theta^2}{n(n+2)}<\frac{\theta^2}{n}\text{——C-R 下界}.$$

□

2.6.4 Bhattacharyya[①] 下界

① Bhattacharyya: 巴塔查里亚.

从前两节可以看出, 有的 UMVUE 能达到 C-R 下界, 有的则不可以, 这就说明 C-R 下界可能过低了些, 于是, 就有了本节的 Bhattacharyya 下界. 下面的定理 2.6.4 仅是针对单参数的情形, 即 $k=1$.

定理 2.6.4 对于单参数分布族 $\mathcal{F}=\{f(x,\theta):\theta\in\Theta\}$, $g(\theta)$ 为定义在 Θ 上的有限实值函数, 且 $g(\theta)$ 的 $k(k=1,2,\cdots,m)$ 阶导数在 Θ 上处处存在. 若下列条件成立:

(1) Θ 是 $\mathbf{R}$ 中的开子集;

(2) $\partial\ln f(x,\theta)/\partial\theta$ 对所有的 $\theta\in\Theta$ 均存在;

(3) 其支撑集 $A=\{x:f(x,\theta)>0\}$ 与 θ 无关;

(4) $\int_{\mathcal{X}} \frac{\partial^i f(x,\theta)}{\partial\theta^i}\mathrm{d}x = 0,\ i=1,\cdots,m,\theta\in\Theta$;

(5) $\int_{\mathcal{X}} \frac{1}{f(x,\theta)}\left(\frac{\partial^i f(x,\theta)}{\partial\theta^i}\right)^2 \mathrm{d}x < \infty,\ i=1,\cdots,m,\theta\in\Theta$;

(6) $\int_{\mathcal{X}} T(x)\left(\frac{\partial^i f(x,\theta)}{\partial\theta^i}\right)\mathrm{d}x = \frac{\partial^i}{\partial\theta^i}\int_{\mathcal{X}} T(x)f(x,\theta)\mathrm{d}x = g^{(i)}(\theta),\ i=1,\cdots,$
$m,\theta\in\Theta$, $T(x)$ 是 $g(\theta)$ 的 UE, 其方差有限.

记

$$V_{ij}(\theta) = E_\theta\left[\frac{\partial^i \ln f(X,\theta)}{\partial\theta^i}\frac{\partial^j \ln f(X,\theta)}{\partial\theta^j}\right],\quad i,j=1,\cdots,m,$$

$$\boldsymbol{V}(\theta) = (V_{ij}(\theta))_{m\times m},\ \boldsymbol{g}(\theta) = (g'(\theta), g''(\theta),\cdots,g^{(m)}(\theta))^{\mathrm{T}},\quad \theta\in\Theta.$$

则当在 $\theta\in\Theta$ 处 $\boldsymbol{V}(\theta)$ 的行列式不为 0 时, 必有

$$\mathrm{Var}_\theta(T(X)) \geqslant \boldsymbol{g}^{\mathrm{T}}(\theta)\boldsymbol{V}^{-1}(\theta)\boldsymbol{g}(\theta). \tag{2.6.15}$$

(2.6.15) 式称为 Bhattacharyya 不等式. 显然, C-R 不等式为其 $m=1$ 时的特例. 此定理的证明请参见陈希孺 (1981).

对于不同的 m, (2.6.15) 式形成一系列的下界, 且可以证明, 随着 m 的增大, 这些下界是非降的. 而这个下界序列是否收敛到 UMVUE 的方差呢? 在一定条件下答案是肯定的. 考虑单参数分布族情形, 并假设概率密度函数 f 满足

$$\frac{\partial \ln f}{\partial\theta} = \boldsymbol{V}^{-1}(\theta)(t-\theta),$$

其中 t 是 θ 的充分完备统计量, 且 $\boldsymbol{V}(\theta) = C_0 + C_1\theta + C_2\theta^2$, C_0, C_1, C_2 是已知常数. 不难验证, 常见的单参数分布, 如二项分布、负二项分布、Possion 分布、单参数正态分布 $N(\theta,1)$ 以及指数分布等均满足此条件. 在此分布族以及定理 2.6.4 的假设下, Blight, Rao (1974) 证明了如下结论: 令 $T=T(t)$ 是 $g(\theta)$ 的 UMVUE (方差有限), 则

$$\mathrm{Var}(T) = \sum_{i=1}^{\infty}\frac{[g^{(i)}(\theta)]^2}{V_{ii}}.$$

又注意到, 在上述分布族的假设下, 不难验证矩阵 $\boldsymbol{V}(\theta)$ 是对角矩阵, 因此由定理 2.6.4 以及上式, 我们可知: 当 $m\to\infty$ 时, Bhattacharyya 下界收敛到 $g(\theta)$ 的 UMVUE 的方差. 我们来看一个简单的例子.

例 2.6.9 $X_1,\cdots,X_n$ 是来自指数分布总体 $\theta^{-1}\exp(-x/\theta)(x>0)$ 的 IID 样本, 其中 θ 为未知参数. 考虑估计生存函数 $P\{X>a\} = \exp(-a/\theta)$ (在工业统计中也称为可靠度函数).

解 可以验证 (习题二第 47 题), $g(\theta)=\exp(-a/\theta)$ 的 UMVUE 为

$$T=[1-a/(n\overline{X})]I\{a\leqslant n\overline{X}\}.$$

显然这个估计的方差是很不容易求得的. 而上面的结论告诉我们, 可以用 Bhattacharyya 下界序列逼近这个方差, 也就是 (习题二第 47 题)

$$\operatorname{Var}(T)=\sum_{i=1}^{\infty}\frac{\theta^{2i}(n-1)!}{i!(n+i-1)!}[g^{(i)}(\theta)]^2.$$

记 $\lambda=a/\theta$, 化简可得

$$\operatorname{Var}(T)=\frac{\lambda^2\mathrm{e}^{-2\lambda}}{n}\left[\frac{1}{n}+\frac{(\lambda-2)^2}{2(n+1)}+\frac{(\lambda^2-6\lambda+6)^2}{6(n+1)(n+2)}+\right.$$
$$\left.\frac{(\lambda^3-12\lambda^2+36\lambda-24)^2}{24(n+1)(n+2)(n+3)}+\cdots\right].$$

表 2.3 中列出了 $\lambda=\dfrac{1}{2},1,2,4$, $n=4,8,16$ 情形下的前四个 Bhattacharyya 下界 (B_1,B_2,B_3,B_4). 不难看出 Bhattacharyya 下界序列有明显的收敛趋势, 且即使当 n 相对较大时, C-R 下界 (B_1) 仍不够精确, 而采用更高阶逼近的 Bhattacharyya 下界的改善是很明显的.

▶ 表 2.3 生存函数的 UMVUE 的 Bhattacharyya 下界

λ	$n=4$				$n=8$				$n=16$			
	B_1	B_2	B_3	B_4	B_1	B_2	B_3	B_4	B_1	B_2	B_3	B_4
$\frac{1}{2}$	22.99	28.17	29.51	29.87	11.50	12.93	13.16	13.18	5.75	6.13	6.16	6.17
1	33.83	37.22	37.41	37.41	16.92	17.86	17.89	17.89	8.46	8.71	8.71	8.71
2	18.32	18.32	18.72	18.96	9.16	9.16	9.23	9.25	4.58	4.58	4.59	4.59
4	1.34	1.88	1.91	1.93	0.67	0.82	0.83	0.83	0.34	0.38	0.38	0.38

□

2.7 相合估计

前几节讲的内容, 均是针对固定样本容量 n 而讨论估计的性质. 实际上, 估计的大样本性质也是人们非常关心的一个问题, 本节将从大样本角度考虑

上面几个估计的优良. 由于点估计的大样本理论非常丰富, 而本书主要讲述基本统计方法, 故本节将只考虑相合估计 (consistent estimate) 和相合渐近正态 (consistent asymptotically normal, 简记为 CAN) 估计的基本概念.

2.7.1 相合估计

定义 2.7.1 设统计量 T_n 是总体参数 $g(\theta)$ 的估计量.

(1) 如果当 $n\to\infty$ 时, T_n 依概率收敛于 $g(\theta)$, 即 $\forall\theta\in\Theta$ 及 $\varepsilon>0$, 有

$$\lim_{n\to\infty} P\{|T_n-g(\theta)|\geqslant\varepsilon\}=0, \tag{2.7.1}$$

则称 T_n 是 $g(\theta)$ 的 (弱) 相合估计.

(2) 如果当 $n\to\infty$ 时, T_n 以概率 1 收敛于 $g(\theta)$, 即 $\forall\theta\in\Theta$, 有

$$P\{\lim_{n\to\infty} T_n=g(\theta)\}=1, \tag{2.7.2}$$

则称 T_n 是 $g(\theta)$ 的强相合估计.

(3) 如果当 $n\to\infty$ 时, T_n 依 r 阶矩收敛于 $g(\theta)$, 即 $\forall\theta\in\Theta$, 有

$$\lim_{n\to\infty} E_\theta|T_n-g(\theta)|^r=0, \tag{2.7.3}$$

则称 T_n 是 $g(\theta)$ 的 r 阶矩相合估计. 当 $r=2$ 时, 称为均方相合估计.

由概率论知识知道, 强相合 $\Rightarrow$ 弱相合, r 阶矩相合 $\Rightarrow$ 弱相合, 反之不成立, 且强相合与 r 阶矩相合之间没有包含关系.

$\Rightarrow$ 表示 "可推出". 例如, 强相合可推出弱相合.

例 2.7.1 设 $X_1,\cdots,X_n$ 是来自 $b(1,p)$ 的 IID 样本, 则由大数定律知

$$\frac{1}{n}\sum_{i=1}^n X_i \xrightarrow{P} p, \quad \forall 0<p<1,$$

于是, $\overline{X}$ 是 p 的相合估计.

事实上, 只要样本 $X_1,\cdots,X_n$ 是 IID 的, 且其期望 $E(X_1)=\mu$ 存在, 则由 Khinchin (辛钦) 大数定律知, 样本均值 $\overline{X}$ 就是总体均值 μ 的相合估计, 而与其具体分布无关.

由概率论知识, 容易得到如下一些结论.

相合估计是对估计量 T_n 的基本要求. 当样本量趋于无穷时, 某估计量仍不能依概率收敛于真值, 则该估计一定不是一个好的估计. 因此, 我们不用考虑一个不相合的估计量.

定理 2.7.1 设 $X_1,\cdots,X_n$ 是来自分布族 $\{f(x,\theta):\theta\in\Theta\}$ 的 IID 样本, 且 $E|X_1|^p<\infty$ (p 为正整数), 则样本的 $k(1\leqslant k\leqslant p)$ 阶原点矩是总体 k 阶原

点矩的相合估计, 即

$$a_k = \frac{1}{n}\sum_{i=1}^{n} X_i^k \xrightarrow{P} \mu_k = E(X^k).$$

定理 2.7.2 如果 T_n 是 $g(\theta)$ 的相合估计, c_n, d_n 是两个常数列, 且 $\lim\limits_{n\to\infty} c_n = 0$, $\lim\limits_{n\to\infty} d_n = 1$, 则 $d_nT_n + c_n$ 也是 $g(\theta)$ 的相合估计.

在定理 2.7.1 中, 当 $E|X_1|^p < \infty$ 时, 可知 $E(X_i^k)$ 都存在, 则由 Khinchin 大数定律易知其结论成立. 定理 2.7.2 的证明只需应用依概率收敛的性质即可得. 下面给出两个易于判断某个估计量是否是参数 $g(\theta)$ 的相合估计的结论.

定理 2.7.3 如果 T_n 是 $g(\theta)$ 的渐近无偏估计, 且满足

$$\lim_{n\to\infty} \mathrm{Var}_\theta(T_n) = 0, \quad \forall\theta \in \Theta,$$

则 T_n 既是 $g(\theta)$ 的相合估计, 也是均方相合估计.

证明 由 $\lim\limits_{n\to\infty} E(T_n) = g(\theta)$ 可知, 当 n 充分大时有 $|E(T_n)-g(\theta)| < \dfrac{\varepsilon}{2}$. 则当 $|T_n-E(T_n)| < \dfrac{\varepsilon}{2}$ 时, 有 $|T_n-g(\theta)| \leqslant |T_n-E(T_n)|+|E(T_n)-g(\theta)| < \varepsilon$. 可知, 随机事件 $\left\{|T_n - E(T_n)| < \dfrac{\varepsilon}{2}\right\} \subset \{|T_n - g(\theta)| < \varepsilon\}$, 即 $\left\{|T_n - E(T_n)| \geqslant \dfrac{\varepsilon}{2}\right\} \supset \{|T_n - g(\theta)| \geqslant \varepsilon\}$. 因此由 Chebyshev (切比雪夫) 不等式可知, 当 $n \to \infty$ 时,

$$P\{|T_n - g(\theta)| \geqslant \varepsilon\} \leqslant P\left\{|T_n - E(T_n)| \geqslant \frac{\varepsilon}{2}\right\} \leqslant \frac{4}{\varepsilon^2}\mathrm{Var}(T_n) \to 0.$$

这说明 T_n 是 $g(\theta)$ 的相合估计. 此外, 当 $n \to \infty$ 时, $E(T_n) \to g(\theta)$, $\mathrm{Var}(T_n) \to 0$, 则

$$E(T_n - g(\theta))^2 = E(T_n - E(T_n))^2 + (E(T_n) - g(\theta))^2 \to 0.$$

这说明 T_n 是 $g(\theta)$ 的均方相合估计. □

定理 2.7.4 如果 T_n 是 θ 的相合估计, $g(x)$ 在点 $x = \theta$ 处连续, 则 $g(T_n)$ 也是 $g(\theta)$ 的相合估计.

概率论中的 Slutsky (斯卢茨基) 定理说明, 若 $X_n \xrightarrow{P} X$, 且 $f(\cdot)$ 为连续函数, 则 $f(X_n) \xrightarrow{P} f(X)$. 因此, 定理 2.7.4 的结论由 Slutsky 定理易得, 其中 X 退化为单点分布.

注 2.7.1 定理 2.7.4 的内容可以推广至下面的结论: 若 $T_{n1}, \cdots, T_{nk}$ 分别是 $\theta_1, \cdots, \theta_k$ 的相合估计, $\eta = g(\theta_1, \cdots, \theta_k)$ 是 $\theta_1, \cdots, \theta_k$ 的连续函数, 则 $\hat{\eta}_n = g(T_{n1}, \cdots, T_{nk})$ 是 η 的相合估计.

由注 2.7.1 可知, 若每个估计量都是不同参数的相合估计, 则估计量的函数也是参数的函数的相合估计. 该结论有利于快速给出参数的函数的相合估计. 例如变异系数, 又称离散系数 (coefficient of variation), 是概率分布离散程度的一个归一化量度, 其定义为标准差与平均值之比 σ/μ. 由于 $\overline{X}$ 和 S_n 分别为 μ 和 σ 的相合估计, 则 $\overline{X}/S_n$ 为变异系数的相合估计. 类似地, $\overline{X}/S_n^*$ 也是变异系数的相合估计. 这说明相合估计不唯一.

由定理 2.7.1 可知, 样本均值 $\overline{X}=\dfrac{1}{n}\sum\limits_{i=1}^{n}X_i$ 和 $\dfrac{1}{n}\sum\limits_{i=1}^{n}X_i^2$ 分别是总体均值和二阶原点矩的相合估计, 即这两个统计量都是相应参数的矩估计. 进一步地, 根据 (2.2.3) 式的矩估计, 若解得

$$\hat{\theta}_k=g_k(a_1,\cdots,a_m),\ i=1,\cdots,m,$$

其中函数 g_k 都是连续函数, 则由于 a_k 是 $E(X^k)$ 的相合估计, 由注 2.7.1 可知 $\hat{\theta}_k$ 都是 θ_k 的相合估计. 这说明多数矩估计也是相应参数的相合估计. 关于矩估计的相合性的详细讨论, 参见 Serfling (1980).

此外, 由定理 2.7.2 和定理 2.7.4 可知, 样本方差

$$S_n^2=\frac{1}{n-1}\sum_{i=1}^{n}(X_i-\overline{X})^2=\frac{n}{n-1}\left(\frac{1}{n}\sum_{i=1}^{n}X_i^2-\overline{X}^2\right)\xrightarrow{P}\sigma^2,$$

即 S_n^2 是总体方差 σ^2 的相合估计. 从而, 样本标准差 S_n 是 σ 的相合估计. 类似地, 可证明 $S_n^{*2}=\dfrac{1}{n}\sum\limits_{i=1}^{n}(X_i-\overline{X})^2$ 也是 σ^2 的相合估计, 从而 S_n^* 也是 σ 的相合估计. 对于正态总体 $N(\mu,\sigma^2)$, $\overline{X}$ 和 S_n^{*2} 分别为 μ 和 σ^2 的 MLE, 因此, 这两个参数的 MLE 都是相合估计. 2.7.3 小节将给出 MLE 相合性的一般结论.

进一步地, 考虑强相合估计. 为了得到强相合估计的相关结论, 下面的 Kolmogorov 强大数定律是一个重要的工具.

定理 2.7.5 (Kolmogorov 强大数定律) 设 $\{\xi_k\}$ 是独立随机变量序列, 且 $\sum\limits_{k=1}^{\infty}\dfrac{\mathrm{Var}(\xi_k)}{k}<\infty$, 则成立

$$P\left\{\lim_{n\to\infty}\frac{1}{n}\sum_{k=1}^{n}(\xi_k-E(\xi_k))=0\right\}=1.$$

由定理 2.7.5, Kolmogorov 进一步证明了当 $X_1,X_2,\cdots$ 是独立同分布的随机变量序列时,

$$\frac{1}{n}(X_1+\cdots+X_n)\longrightarrow a,\ \text{a.s.}$$

成立的充要条件是 $E(X_i)=a<\infty$. 因此, 当总体均值 μ 存在时, 样本均值 $\overline{X}$ 是 μ 的强相合估计. 从而, 当总体 k 阶原点矩 μ_k 存在时, 样本 k 阶原点矩 $a_k=\dfrac{1}{n}\sum\limits_{i=1}^{n}X_i^k$ 是 μ_k 的强相合估计. 此外, 若 $\hat{\theta}_{n1},\cdots,\hat{\theta}_{nk}$ 分别是 $\theta_1,\cdots,\theta_k$ 的强相合估计, $\eta=g(\theta_1,\cdots,\theta_k)$ 是 $\theta_1,\cdots,\theta_k$ 的连续函数, 则 $\hat{\eta}_n=g(\hat{\theta}_{n1},\cdots,\hat{\theta}_{nk})$ 是 η 的强相合估计. 此时, 由于矩估计 $\hat{\theta}_k=h_k(a_1,\cdots,a_m)$, 即为样本矩 $a_1,\cdots,a_m$ 的函数, 则当 $h_k(a_1,\cdots,a_m)$ 是 $a_1,\cdots,a_m$ 的连续函数时, $\hat{\theta}_k$ 是参数 θ_k 的强相合估计. 这说明, 在很多情形下, 矩估计是相应参数的相合估计和强相合估计.

2.7.2 样本分位数的相合性

由于分位数在数理统计中起着非常重要的作用, 而我们在第 1 章中讲述了样本 p 分位数的概念, 下面看一看其大样本性质如何. 为此, 我们先引进总体 p 分位数的概念.

定义 2.7.2 (总体 p 分位数) 设总体 X 的分布函数为 $F(x)$, 对于给定的 $p\in(0,1)$, 称满足

$$\xi_p=\inf\{x:F(x)\geqslant p\} \tag{2.7.4}$$

的 ξ_p 为该总体的 p 分位数. 特别地, $\xi_{0.5}$ 称为该总体的中位数.

① Bahadur: 巴哈杜尔.

定理 2.7.6 (样本分位数的 Bahadur① 表示) 以 $F_n(x)$ 表示经验分布函数, ξ_p 表示总体的 p 分位数, $f(x)$ 表示总体的 PDF. 如果 $f(\xi_p)>0$ 且 $f(x)$ 在 ξ_p 点连续, 则当 $n\to\infty$ 时, 有

$$\sqrt{n}\left(m_{n,p}-\xi_p+\frac{F_n(\xi_p)-p}{f(\xi_p)}\right)\xrightarrow{P}0, \tag{2.7.5}$$

其中 $m_{n,p}$ 为 (1.3.9) 式中的样本 p 分位数.

证明参见陈希孺等 (1989).

2.7.3 最大似然估计的相合性

本小节将讨论 MLE 的相合性, 为此假设 $X_1,\cdots,X_n$ 为来自 $f(x,\theta)$ 的 IID 样本, 为简单起见, 我们只考虑单参数的情况, 设参数空间 Θ 是一个开区

间, 对数似然函数为 $l(\theta,x)=\sum_{i=1}^{n}\ln f(x_i,\theta)$.

定理 2.7.7 若 $\ln f(x,\theta)$ 在 Θ 上可微, 并设 $f(x,\theta)$ 是可识别的, 即对任意的 $\theta\neq\theta'$, $\{x,f(x,\theta)\neq f(x,\theta')\}$ 不是零测集, 则似然方程在 $n\to\infty$ 时以概率 1 有解, 且此解关于 θ 是相合的.

证明 因为 $f(x,\theta)$ 是可识别的, 故对任意的 $\theta'\neq\theta$, 由 Jensen 不等式有

$$E_\theta\left(\ln\frac{f(X,\theta')}{f(X,\theta)}\right)<\ln E_\theta\left(\frac{f(X,\theta')}{f(X,\theta)}\right)=\ln\int f(x,\theta')\mathrm{d}x=0.$$

记参数真值为 θ_0, 对于充分小的 $\delta>0$, 因为 Θ 是开区间, 故 $(\theta_0-\delta,\theta_0+\delta)\subset\Theta$, 且由上式知

$$E_{\theta_0}\left(\ln\frac{f(X,\theta_0-\delta)}{f(X,\theta_0)}\right)<0,\quad E_{\theta_0}\left(\ln\frac{f(X,\theta_0+\delta)}{f(X,\theta_0)}\right)<0.$$

因为 $l(\theta,\boldsymbol{x})=\sum_{i=1}^{n}\ln f(x_i,\theta)$, 故由大数定律有, 当 $n\to\infty$ 时

$$\frac{1}{n}(l(\theta_0-\delta,\boldsymbol{x})-l(\theta_0,\boldsymbol{x}))=\frac{1}{n}\sum_{i=1}^{n}\ln\frac{f(x_i,\theta_0-\delta)}{f(x_i,\theta_0)}\xrightarrow{\text{a.s.}}E_{\theta_0}\left(\ln\frac{f(X,\theta_0-\delta)}{f(X,\theta_0)}\right)<0,$$

$$\frac{1}{n}(l(\theta_0+\delta,\boldsymbol{x})-l(\theta_0,\boldsymbol{x}))=\frac{1}{n}\sum_{i=1}^{n}\ln\frac{f(x_i,\theta_0+\delta)}{f(x_i,\theta_0)}\xrightarrow{\text{a.s.}}E_{\theta_0}\left(\ln\frac{f(X,\theta_0+\delta)}{f(X,\theta_0)}\right)<0.$$

由于 $l(\theta,\boldsymbol{x})$ 在 $(\theta_0-\delta,\theta_0+\delta)$ 连续, 故当 n 充分大时, 它必有一局部最大值, 记其为 $\hat\theta$. 又由于 $l(\theta,\boldsymbol{x})$ 可导, 于是在最大值点处有 $\left.\dfrac{\partial l}{\partial\theta}\right|_{\hat\theta}=0$, 从而当 n 充分大时, 似然方程必有解. 又由 δ 的任意性及 $|\theta_0-\hat\theta|<\delta$, 故可知此最大值解是相合的. □

上一定理给出了似然方程有解且其解是相合的条件. 当然, 从证明可以看出, 这个解有可能是局部极大值. 当然也存在不相合的最大似然估计的情况, 相应的例子请见 Lehmann, Casella (1998) 及下面的例子.

例 2.7.2 设 $X_1,\cdots,X_n$ 是来自 Bernoulli 分布族

$$P\{X=1\}=1-P\{X=0\}=\begin{cases}\theta, & \theta\text{ 为有理数},\\ 1-\theta, & \theta\text{ 为无理数}\end{cases}$$

的 IID 样本, 其中 $0<\theta<1$. 试讨论 θ 的 MLE 的相合性.

解 记 $T_n=\sum_{i=1}^{n}X_i$, 则其似然函数为

$$L(\theta, x) = \begin{cases} \theta^{T_n}(1-\theta)^{n-T_n}, & \theta \text{ 为有理数}, \\ \theta^{n-T_n}(1-\theta)^{T_n}, & \theta \text{ 为无理数}. \end{cases}$$

由此可以求出 θ 的 MLE 为 $\hat{\theta} = T_n/n$. 但是由大数定律知

$$\frac{T_n}{n} \xrightarrow{P} \begin{cases} \theta, & \theta \text{ 为有理数}, \\ 1-\theta, & \theta \text{ 为无理数}, \end{cases}$$

由此可知它的 MLE 并不是相合的. □

2.7.4 相合渐近正态估计

定义 2.7.3 (相合渐近正态估计) 设 T_n 是参数 $g(\theta)$ 的相合估计量, 若存在与样本容量 n 有关的定义于参数空间 Θ 上的函数 $\mu(\theta), \sigma_n(\theta)$, 且 $\sigma_n(\theta) > 0$, 使得当 $n \to \infty$ 时有

$$\frac{T_n - \mu_n(\theta)}{\sigma_n(\theta)} \xrightarrow{d} N(0,1), \tag{2.7.6}$$

则称 T_n 为 $g(\theta)$ 的 CAN 估计, 也称 T_n 渐近正态, 记为 $T_n \sim AN(\mu_n, \sigma_n^2)$.

关于统计量 T_n 的渐近正态性, 由概率论知识知道, 其渐近的均值与方差显然不是唯一的. 我们有下面的两个结论:

(1) 如果 $T_n \sim AN(\mu_n, \sigma_n^2)$, 则 $T_n \sim AN(\mu_n', \sigma_n'^2)$ 的充要条件是

$$\frac{\sigma_n'}{\sigma_n} \to 1, \quad \frac{\mu_n' - \mu_n}{\sigma_n} \to 0.$$

(2) 如果 $T_n \sim AN(\mu_n, \sigma_n^2)$, 则 $a_n T_n + b_n \sim AN(\mu_n, \sigma_n^2)$ 的充要条件是

$$a_n \to 1, \quad \frac{\mu_n(a_n - 1) + b_n}{\sigma_n} \to 0.$$

利用概率论知识, 可以证明样本均值、样本方差、样本标准差都是渐近正态的. 详细的证明请见茆诗松, 王静龙, 濮晓龙 (2006). 下面我们将不加证明地给出样本分位数、矩估计和最大似然估计的相合渐近正态性.

一、样本分位数的相合渐近正态性

定理 2.7.8 设 ξ_p 表示总体的 p 分位数, $f(x)$ 表示总体的 PDF. 如果 $f(\xi_p) > 0$ 且 $f(x)$ 在 ξ_p 点连续, 则当 $n \to \infty$ 时, 有

$$\sqrt{n}(m_{n,p} - \xi_p) \xrightarrow{d} N(0, p(1-p)/f(\xi_p)). \tag{2.7.7}$$

此定理的证明请参见 Serfling (1980).

二、矩估计的相合渐近正态性

设 $X_1, \cdots, X_n$ 为来自某参数分布族 $\{f(x,\theta): \theta \in \Theta\}$ 的 IID 样本, 且待估参数 $g(\theta)$ 可以表示为总体 k 阶原点矩 μ_k 的函数, 即

$$g(\theta) = G(\mu_1, \cdots, \mu_k).$$

若用样本 k 阶原点矩估计总体 k 阶原点矩, 则记得到的关于 $g(\theta)$ 的估计为

$$\hat{g}(\boldsymbol{X}) = G(a_1, \cdots, a_k).$$

再设总体的 $2k$ 阶原点矩存在且函数 G 关于各变量均一阶连续可微, 令

$$\boldsymbol{B} = (b_{ij})_{k\times k} = (\mu_{i+j} - \mu_i\mu_j)_{k\times k}, \quad d_i = \frac{\partial G}{\partial \mu_i},\ i = 1, \cdots, k,$$

并且 $\boldsymbol{d} = (d_1, \cdots, d_k)^{\mathrm{T}}$, $\sigma^2 = \boldsymbol{d}^{\mathrm{T}}\boldsymbol{B}\boldsymbol{d}$. 则在上述假设之下, 我们有如下的结论.

定理 2.7.9 在上面条件下, 当 $n \to \infty$ 时, 有

$$\sqrt{n}(\hat{g}(\boldsymbol{X}) - G(\mu_1, \cdots, \mu_k)) \xrightarrow{d} N(0, \sigma^2). \tag{2.7.8}$$

三、最大似然估计的相合渐近正态性

为了简单明了, 下面我们仅给出了总体参数为一维的情形.

定理 2.7.10 设参数空间 Θ 是开区间, 总体 PDF $f(x,\theta)$ 满足

(1) 在参数真值 θ_0 的邻域内, $\partial^i \ln f/\partial\theta^i$, $i = 1, 2, 3$ 存在;

(2) 在参数真值 θ_0 的邻域内, $|\partial^3 \ln f/\partial\theta^3| \leqslant H(x)$, 且 $E(H(X)) < \infty$;

(3) 在参数真值 θ_0 处,

$$E_{\theta_0}\left[\frac{f'(X,\theta_0)}{f(X,\theta_0)}\right] = 0, \quad E_{\theta_0}\left[\frac{f''(X,\theta_0)}{f(X,\theta_0)}\right] = 0, \quad I(\theta_0) = E_{\theta_0}\left[\frac{f'(X,\theta_0)}{f(X,\theta_0)}\right]^2 > 0.$$

记 $\hat{\theta}_n$ 为当 $n \to \infty$ 时似然方程的相合解, 则

$$\sqrt{n}(\hat{\theta}_n - \theta_0) \xrightarrow{d} N(0, I^{-1}(\theta_0)). \tag{2.7.9}$$

证明 由定理 2.7.7 知, 当 $n \to \infty$ 时, 似然方程以概率 1 有解, 记其解为 $\hat{\theta}_n$, 并且 $\hat{\theta}_n \xrightarrow{P} \theta_0$. 将 $\partial l/\partial\theta$ 在 θ_0 处 Taylor (泰勒) 展开, 有

$$\frac{\partial l}{\partial\theta} = \left.\frac{\partial l}{\partial\theta}\right|_{\theta_0} + \left.\frac{\partial^2 l}{\partial\theta^2}\right|_{\theta_0}(\theta - \theta_0) + \left.\frac{\partial^3 l}{\partial\theta^3}\right|_{\theta_1}\frac{(\theta-\theta_0)^2}{2},$$

其中 θ_1 介于 θ 与 θ_0 之间. 在上式中取 θ 的值为 $\hat{\theta}_n$, 由于 $\hat{\theta}_n$ 是 θ_0 的相合估计, 故可知 $\theta_1 \xrightarrow{P} \theta_0$, 于是

$$0 = \left.\frac{\partial l}{\partial\theta}\right|_{\hat{\theta}_n} = \left.\frac{\partial l}{\partial\theta}\right|_{\theta_0} + (\hat{\theta}_n - \theta_0)\left[\left.\frac{\partial^2 l}{\partial\theta^2}\right|_{\theta_0} + O_p(\hat{\theta}_n - \theta_0)\right],$$

上式的第三项是由条件 (2) 及上述的相合性得到的. 由此式可以得到

$$\sqrt{n}(\hat{\theta}_n - \theta_0) = \frac{-\sqrt{n}\frac{1}{n}\left.\frac{\partial l}{\partial \theta}\right|_{\theta_0}}{\frac{1}{n}\left[\left.\frac{\partial^2 l}{\partial \theta^2}\right|_{\theta_0} + O_p(\hat{\theta}_n - \theta_0)\right]}. \tag{$*$}$$

我们注意到

$$\left.\frac{\partial l}{\partial \theta}\right|_{\theta_0} = \sum_{i=1}^{n} \frac{f'(x_i, \theta_0)}{f(x_i, \theta_0)}, \quad \left.\frac{\partial^2 l}{\partial \theta^2}\right|_{\theta_0} = \sum_{i=1}^{n} \left[\frac{f''(x_i, \theta_0)}{f(x_i, \theta_0)} - \left(\frac{f'(x_i, \theta_0)}{f(x_i, \theta_0)}\right)^2\right].$$

因为 $E_{\theta_0}\left[\frac{f'(X,\theta_0)}{f(X,\theta_0)}\right] = 0$, $\mathrm{Var}_{\theta_0}\left[\frac{f'(X,\theta_0)}{f(X,\theta_0)}\right] = I(\theta_0)$, 所以, 由中心极限定理有

$$\frac{1}{\sqrt{n}}\left.\frac{\partial l}{\partial \theta}\right|_{\theta_0} \xrightarrow{d} N(0, I(\theta_0)). \tag{*1}$$

由条件 (3) 及大数定律知

$$\frac{1}{n}\left.\frac{\partial^2 l}{\partial \theta^2}\right|_{\theta_0} \xrightarrow{P} -I(\theta_0). \tag{*2}$$

结合 ($*$), (*1), (*2) 和 Slutsky 定理, 有 (2.7.9) 式. □

注 2.7.2 我们注意到, 对于不满足上述定理条件的分布族, 其 MLE 的极限分布也有不是正态分布的, 如均匀分布族 $U(0,\theta)$, 由定义可知其 MLE 是 $X_{(n)}$, 而由次序统计量的分布不难知道, 它的极限分布不是正态的, 而是一种极值分布.

注 2.7.3 记号 $O_p(1)$ 和 $o_p(1)$ 的含义:

(1) 对于随机变量列 $\{X_n\}$, 以 $\{F_n\}$ 记其分布函数列. 如果它满足: 对于任给的 $\varepsilon > 0$, 存在 M_ε 和 N_ε, 使得

$$F_n(M_\varepsilon) - F_n(-M_\varepsilon) > 1 - \varepsilon, \quad \forall n > N_\varepsilon,$$

则称之为依概率有界, 且记为 $X_n = O_p(1)$;

(2) 记号 $U_n = O_p(V_n)$ 表示 $\{U_n/V_n\} = O_p(1)$;

(3) 记号 $U_n = o_p(V_n)$ 表示 $U_n/V_n \xrightarrow{P} 0$.

从 (2.7.9) 式可以看出, 在某些条件下, MLE 的极限方差达到了 C-R 下界, 故它是渐近有效的, 所以有人也称 MLE 为有效似然估计.

虽然 MLE 具有很多的优良性质, 但我们仍要注意它存在如下几点不足:

(1) MLE 可能不是 "最好" 的, 如不是 UMVUE 或均方误差最小的;

对于来自 $U(0,p)$ 的 IID 样本, 知 $\hat{p}=X_{(n)}$ 是 p 的唯一的 MLE. 但由于 $P\{X_{(n)}<p\}=1$, 故它总是低估 p. 事实上, 由充分完备统计量的性质知, p 的 UMVUE 是 $\dfrac{(n+1)X_{(n)}}{n}$, $\dfrac{(n+2)X_{(n)}}{n+1}$ 是在形如 $cX_{(n)}$ 的估计中均方误差最小的一个.

(2) MLE 可能不唯一 (前面已经讲过).

(3) MLE 依赖于总体的分布函数, 若不知样本的分布, 则无法求得其感兴趣参数的 MLE. 于是, 现在研究很热的一个方向即是经验似然 (empirical likelihood, A. B. Owen (欧文) 于 1988 年提出的.)

2.7.5 Delta 方法

给定样本 $X_1,\cdots,X_n \overset{\text{IID}}{\sim} F(x,\theta)$. 假设统计量 $T_n=T_n(X_1,\cdots,X_n)$ 是参数 θ 的一个估计. 现考虑参数 $\phi(\theta)$ 的估计, 其中 ϕ 是一个已知的函数. 一个很自然的想法是用统计量 $\phi(T_n)$ 来估计 $\phi(\theta)$. 由 2.7.1 小节可知, 如果序列 T_n 是 θ 的相合估计, 且 ϕ 在 θ 处连续, 则 $\phi(T_n)$ 也是 $\phi(\theta)$ 的相合估计. 进一步地, 若 $\sqrt{n}(T_n-\theta)$ 弱收敛到一个极限分布, 我们考虑 $\sqrt{n}(g(T_n)-g(\theta))$ 的极限分布. 对于一元的情形, 有以下的结论.

定理 2.7.11 (Delta 方法) 若 $\sqrt{n}[T_n-\theta]\xrightarrow{d}N(0,\sigma^2)$, 其中 θ,σ^2 均为有限的常数, 则 $\sqrt{n}[g(T_n)-g(\theta)]\xrightarrow{d}N(0,\sigma^2[g'(\theta)]^2)$, 其中 g 满足 $g'(\theta)$ 存在且取值不为零.

证明 由于 $\sqrt{n}[T_n-\theta]\xrightarrow{d}N(0,\sigma^2)$, 则 $T_n\xrightarrow{P}\theta$. $g(T_n)$ 在 $T_n=\theta$ 附近的 Taylor 展式为

$$g(T_n)=g(\theta)+g'(\theta)(T_n-\theta)+o(T_n-\theta),$$

其中, 当 $T_n\xrightarrow{P}\theta$ 时 $o(T_n-\theta)$ 趋于零. 因此,

$$\sqrt{n}[g(T_n)-g(\theta)]\xrightarrow{d}g'(\theta)\sqrt{n}(T_n-\theta).$$

则由 Slutsky 定理可知, 此定理得证. □

例 2.7.3 设 $X_1,X_2,\cdots,X_n\overset{\text{IID}}{\sim}Exp(\lambda)$, 由矩估计方法可知 $\hat{\lambda}=\dfrac{1}{\overline{X}}$, 其中 $\overline{X}$ 为样本均值. 由中心极限定理可知, $\sqrt{n}(\overline{X}-\lambda^{-1})\xrightarrow{d}N(0,\lambda^{-2})$. 由 Delta 方法可知, $\sqrt{n}(\hat{\lambda}-\lambda)\xrightarrow{d}N(0,\lambda^2)$. □

由例 2.7.3 可知, 根据中心极限定理等工具, 往往易得 T_n 的渐近正态性, 即可得其极限分布. 若知道 T_n 的极限分布, 则由 Delta 方法可得 $\phi(\theta)$ 的极限

分布. 因此, Delta 方法可用于研究估计量 $\phi(\theta)$ 的渐近正态性. Delta 方法也可以推广至多元的情形, 不过其极限分布较为复杂, 这里不再详细介绍.

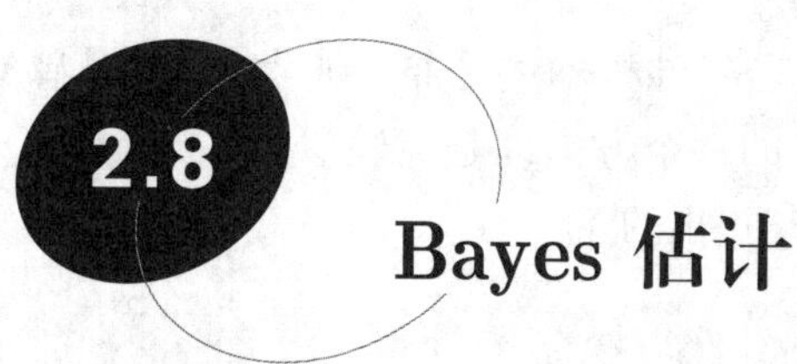

2.8 Bayes 估计

本节只是简单地对 Bayes 估计作一介绍, 使大家了解除了经典的估计方法之外, 还有 Bayes 估计.

我们在概率论中学过如下的 Bayes 公式:

$$P(H_k|A) = \frac{P(H_k)P(A|H_k)}{\sum_i P(H_i)P(A|H_i)}, \quad k = 1, 2, \cdots,$$

其中 $\cup H_i = \Omega$ 是必然事件的一个划分. 当时我们称 $P(H_k)$ 为先验 (prior) 概率, 而 $P(H_k|A)$ 称为后验 (posterior) 概率. 从形式上看, 它只是条件概率的简单应用, 但它却包含了归纳推理的思想, 后来的学者把它发展成一种关于统计推断的系统理论与方法, 统称为 Bayes 统计, 后来发展成了 Bayes 学派. 当然, Bayes 学派在统计界引起了热烈的争论. 有关 Bayes 方面的内容, 请有兴趣的读者参见 Berger (1985).

Bayes 统计的基本观点可以用下面三个假设来归纳:

假设 I 设随机变量 X 有一个 PDF $f(x,\theta)$, 其中 θ 是一个参数, 由于对不同的 θ 值, $f(x,\theta)$ 对应着不同的 PDF, 所以, 从 Bayes 观点看, 它是在给定 θ 值后的一个条件 PDF. 因此把 $f(x,\theta)$ 记为 $f(x|\theta)$ 更恰当些, 而 $f(x|\theta)$ 中关于 θ 的信息即为总体信息.

假设 II 当给定 θ 后, 从总体 $f(x|\theta)$ 中随机地抽取一组样本 $X_1, \cdots, X_n$, 该样本中含有大量的关于 θ 的信息, 这就是样本信息. 于是, 样本分布 $f(\boldsymbol{x}|\theta) = \prod_{i=1}^{n} f(x_i|\theta)$ 即综合了总体与样本信息.

假设 III 我们对参数 θ 已经积累了一些资料, 经过分析整理和加工后, 可以获得一些关于 θ 的有用信息, 这种信息称为 θ 的先验信息, 由于 θ 不是永远固定在一个值上, 故从 Bayes 观点看, 未知参数 θ 也是一个随机变量. 关于

θ 的分布可以从先验信息中归纳出来, 故其分布称为先验分布, 用 $\pi(\theta)$ 表示其 PDF.

这样, 综合前面几点, 我们有样本 $X_1, \cdots, X_n$ 及 θ 的联合 PDF 为

$$f(\boldsymbol{x}, \theta) = f(\boldsymbol{x}|\theta)\pi(\theta). \tag{2.8.1}$$

而我们的目的在于利用上面的联合分布, 即三方信息来估计 θ. 当有了样本后, 我们可以得到 θ 的条件分布如下:

$$\pi(\theta|\boldsymbol{x}) = \frac{f(\boldsymbol{x}, \theta)}{f(\boldsymbol{x})} = \frac{f(\boldsymbol{x}|\theta)\pi(\theta)}{\displaystyle\int f(\boldsymbol{x}|\theta)\pi(\theta)\mathrm{d}\theta}, \tag{2.8.2}$$

我们称之为 θ 的后验 PDF, 而 $f(\boldsymbol{x}) = \displaystyle\int f(\boldsymbol{x}|\theta)\pi(\theta)\mathrm{d}\theta$ 是 $X_1, \cdots, X_n$ 的边际分布或样本的无条件分布.

从上式可以看出, 参数 θ 的后验分布归纳了 θ 的先验信息、总体中关于 θ 的信息和样本提供的信息, 于是, θ 的估计就应从其后验分布入手. 常用的估计方法为

(1) 取后验分布 $\pi(\theta|\boldsymbol{x})$ 的最大值, 即众数作为 θ 的估计, 称之为众数型的 Bayes 估计;

(2) 取后验分布 $\pi(\theta|\boldsymbol{x})$ 的中位数作为 θ 的估计, 称之为中位数型的 Bayes 估计;

(3) 取后验分布 $\pi(\theta|\boldsymbol{x})$ 的期望作为 θ 的估计, 称之为期望型的 Bayes 估计.

在上述三种常用的估计中, 第三种, 即期望型的 Bayes 估计最常用. 以后我们将采用后验期望作为 θ 的 Bayes 估计:

$$\hat{\theta}_B = E(\theta|\boldsymbol{X}) = \int \theta\pi(\theta|\boldsymbol{x})\mathrm{d}\theta. \tag{2.8.3}$$

例 2.8.1 设某产品的次品率为 θ, 请估计 θ.

解 为估计 θ, 现随机地有放回抽取 n 件产品进行检验, 发现有 X 件次品, 则次品 X 的条件分布为

$$P\{X = x|\theta\} = \mathrm{C}_n^x\theta^x(1-\theta)^{n-x}, \quad x = 0, 1, \cdots, n.$$

如从经典统计来看, 次品数 X 是 θ 的充分统计量, 且其 MLE 为

$$\hat{\theta}_{ML} = \frac{X}{n} = \frac{\text{样本中次品数}}{\text{样本容量}}.$$

前面我们已经讲过, MLE 具有许多优良性质, 也是估计中经常利用的. 对于本例, 假设我们有如表 2.4 的数据, 则得到的 MLE $\hat{\theta}_{ML}$ 也在表中给出.

▶ 表 2.4
MLE 与 Bayes 估计的比较

序号	n	X	$\hat{\theta}_{ML}$	$\hat{\theta}_B$
1	5	5	1	0.875
2	20	20	1	0.955
3	5	0	0	0.143
4	20	0	0	0.045

从表 2.4 可以看出, 针对不同样本容量, 其 MLE 可能是相同的, 如抽取的 20 个样本都是次品, 其次品率的 MLE 为 1; 而当抽取的 5 个样本也都是次品时, 其次品率的 MLE 仍为 1. 显然, 这两种情况所包含的信息是不同的, 但 MLE 所给出的估计值却相同. 对于第 3、4 种情况, 其 MLE 也有类似的特点. 但是, 本表最后一列所给出的 Bayes 估计则与我们的直观想象相吻合. 为了得到次品率 θ 的 Bayes 估计, 我们就有必要选择其先验分布, 之后再利用前面的方法求取其估计值. 可以说, 在应用 Bayes 方法时, 确定未知参数的先验分布是关键. 一般来说, 先验分布的确定可以如下进行:

第一步 选一个适应面较广的分布族作先验分布族, 以便在数据处理上方便一些;

第二步 根据先验信息在第一步选取的分布族中选取一个分布作为先验分布, 使它与先验信息符合较好;

第三步 若很难从前面两步选取先验分布, 则可用无信息先验, 即 $\pi(\theta)=1$, 或用均匀分布作为先验分布.

在本例中, 我们选取 β 分布族

$$\pi(\theta)=\frac{\Gamma(\alpha+\beta)}{\Gamma(\alpha)\Gamma(\beta)}\theta^{\alpha-1}(1-\theta)^{\beta-1},\quad 0\leqslant\theta\leqslant 1,\ \alpha>0,\beta>0$$

作为 θ 的先验分布族. 我们之所以选取上述 β 分布族作为次品率 θ 的先验分布族, 其理由为

(1) 因为 $\theta\in[0,1]$, 故有必要选用一个在区间 $[0,1]$ 上取值的分布族;

(2) β 分布中有两个未知参数, 故它的适应面较大;

(3) 当样本的条件分布为 $B(n,\theta)$ 时, 可以证明, 若取参数 θ 的先验分布为 β 分布, 则其后验分布仍为 β 分布 (我们称这样的先验为共轭先验);

(4) 使用 β 分布族作为先验分布族已有许多成功的例子.

当取定 β 分布族作为先验分布族后, 就要选取合适的 α,β 以取定先验分布. 对于先验分布中参数的估计方法常如下进行:

(1) 假设能从先验信息中较为准确地算出 p 的先验均值 $\bar{\theta}$ 和先验方差 S_θ^2, 则我们利用矩估计法估计 α,β, 即令

$$\begin{cases}\dfrac{\alpha}{\alpha+\beta}=\bar{\theta},\\[2mm] \dfrac{\alpha\beta}{(\alpha+\beta)^2(\alpha+\beta+1)}=S_\theta^2,\end{cases}$$

由此可求得

$$\begin{cases}\alpha = \dfrac{(1-\bar{\theta})\bar{\theta}^2}{S_\theta^2} - \bar{\theta}, \\ \beta = \dfrac{\alpha(1-\bar{\theta})}{\bar{\theta}}.\end{cases}$$

(2) 假设能从先验信息中找到 θ 的两个下侧分位数, 如 10% 与 50% 的分位数 $\theta_{0.1}, \theta_{0.5}$, 则可以通过解方程组

$$\int_0^{\theta_{0.1}} \pi(\theta)\mathrm{d}\theta = 0.1, \quad \int_0^{\theta_{0.5}} \pi(\theta)\mathrm{d}\theta = 0.5$$

求得 α, β 的值.

(3) 如果先验信息很丰富的话, 可以用这些先验信息去拟合它的一个分布出来, 之后用这个分布作为它的先验分布.

对于本例, 我们有

$$\begin{aligned} f(x,\theta) &= P\{X=x|\theta\}\pi(\theta) \\ &= \frac{\Gamma(\alpha+\beta)}{\Gamma(\alpha)\Gamma(\beta)}\mathrm{C}_n^x \theta^{\alpha+x-1}(1-\theta)^{\beta+n-x-1}, \quad x=0,1,\cdots,n, 0<\theta<1, \end{aligned}$$

于是样本边际分布为

$$f(x) = \int_0^1 f(x,\theta)\mathrm{d}\theta = \frac{\Gamma(\alpha+\beta)}{\Gamma(\alpha)\Gamma(\beta)} \frac{\Gamma(\alpha+x)\Gamma(\beta+n-x)}{\Gamma(\alpha+\beta+n)}\mathrm{C}_n^x, \quad x=0,1,\cdots,n.$$

后验分布为

$$\pi(\theta|x) = \frac{f(x,\theta)}{f(x)} = \frac{\Gamma(\alpha+\beta+n)}{\Gamma(\alpha+x)\Gamma(\beta+n-x)}\theta^{\alpha+x-1}(1-\theta)^{\beta+n-x-1}, \quad 0<x<1,$$

它仍然是 β 分布 $\beta(\alpha+x, \beta+n-x)$, 则次品率 θ 的期望型 Bayes 估计为

$$\hat{\theta}_B = \int_0^1 \theta\pi(\theta|x)\mathrm{d}\theta = \frac{\alpha+x}{\alpha+\beta+n},$$

它明显不同于前面讲的 MLE $\hat{\theta}_{ML}$. 事实上,

$$\hat{\theta}_B = \frac{\alpha+\beta}{\alpha+\beta+n}\frac{\alpha}{\alpha+\beta} + \frac{n}{\alpha+\beta+n}\frac{x}{n} = \lambda\bar{\theta} + (1-\lambda)\hat{\theta}_{ML},$$

其中 $\lambda = \dfrac{\alpha+\beta}{\alpha+\beta+n}, \bar{\theta} = \dfrac{\alpha}{\alpha+\beta}$ 是先验期望. 这表明 Bayes 估计 $\hat{\theta}_B$ 是先验期望与 MLE 的加权平均, 而先验分布中的参数与 n 则体现了权函数的大小.

对于本例, 由于我们对过去的信息一无所知, 故可采用无信息先验, 即采用 $(0,1)$ 上的均匀分布, 即 $\alpha=\beta=1$ 的 β 分布. 这样, 得到 θ 的 Bayes 估计为

$$\hat{\theta}_B = \frac{X+1}{n+2},$$

这即是我们在前面表中列出的估计值. 比较一下此表中的 Bayes 估计与 MLE, 可以看出 Bayes 估计的合理性. □

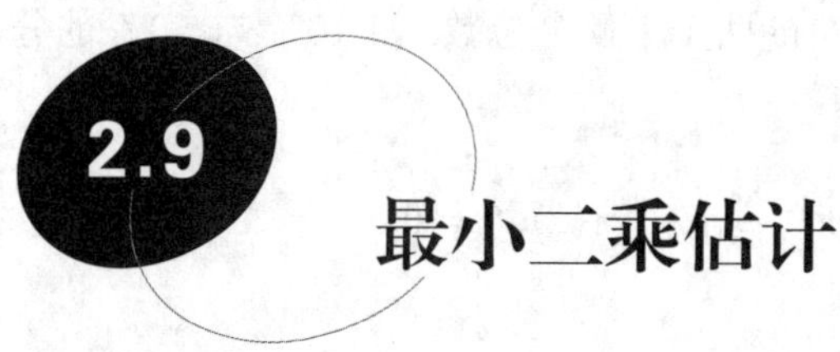

2.9 最小二乘估计

虽然 MLE 是一个很好的点估计, 但由 MLE 的定义不难看出, 它过分地依赖于总体分布. 然而在许多实际问题中, 我们可能并不知道总体分布如何.

只知道总体为多元的情形 $(X_1, \cdots, X_p, Y)$. 此时, 我们的分析重点不一定是该总体的参数估计, 而是关注不同变量之间是否存在某些关系. 例如, Y 是感兴趣的响应, 而 $X_1, \cdots, X_p$ 是可能会影响 Y 的变量. 我们称 $X_1, \cdots, X_p$ 为协变量或自变量, Y 是响应变量或因变量. 为了研究 Y 和 $X_1, \cdots, X_p$ 之间的关系, 我们可收集到一组数据 $(x_{1i}, x_{2i}, \cdots, x_{pi}, y_i)$, $i = 1, \cdots, n$, 其中 x_{ki} 表示第 k 个变量 X_k 的第 i 次取值. 对于该数据, 最简单的想法是对 Y 和 $X_1, \cdots, X_p$ 之间建立线性关系. 这里需要解决如下几个问题:

(1) 如何估计相应的线性模型.

(2) 判断模型拟合这批数据的程度.

(3) 判断这些变量的重要程度并鉴别出不重要的变量.

解决这三个问题是线性回归分析的核心内容. 本节主要讨论第一个问题, 最详细的内容将在后续的回归分析课程中讨论.

估计线性模型的经典方法是最小二乘方法. 在本节中, 我们将介绍最小二乘估计 (least squares estimate, 简记为 LSE)、最优线性无偏估计 (best linear unbiased estimate, 简记为 BLUE) 和加权最小二乘估计 (weighted LSE).

2.9.1 最小二乘估计

最小二乘估计最早出现于 17 世纪, 是统计中出现最早的方法之一. 它主要是针对如下的 Gauss-Markov① 模型:

① Gauss: 高斯; Markov: 马尔可夫.

$$\begin{cases} \boldsymbol{y} = \boldsymbol{X}\boldsymbol{\beta} + \boldsymbol{\varepsilon}, \\ E(\boldsymbol{\varepsilon}) = \boldsymbol{0},\ \mathrm{Var}(\boldsymbol{\varepsilon}) = \sigma^2 \boldsymbol{I}_n. \end{cases}$$

其中 $\boldsymbol{y}$ 为 n 维观测向量, $\boldsymbol{X}$ 为 $n \times (p+1)$ 的设计矩阵, $\boldsymbol{\beta}$ 为 $(p+1)$ 维未知参数, σ^2 未知, 即

$$\boldsymbol{y} = \begin{pmatrix} y_1 \\ y_2 \\ \vdots \\ y_n \end{pmatrix}, \quad \boldsymbol{X} = \begin{pmatrix} 1 & x_{11} & \cdots & x_{1p} \\ 1 & x_{21} & \cdots & x_{2p} \\ \vdots & \vdots & & \vdots \\ 1 & x_{n1} & \cdots & x_{np} \end{pmatrix}, \quad \boldsymbol{\beta} = \begin{pmatrix} \beta_0 \\ \beta_1 \\ \vdots \\ \beta_p \end{pmatrix}.$$

定义 2.9.1 (最小二乘估计) 对于上面的 Gauss-Markov 模型, 如果

$$(\boldsymbol{y} - \boldsymbol{X}\hat{\boldsymbol{\beta}})^{\mathrm{T}}(\boldsymbol{y} - \boldsymbol{X}\hat{\boldsymbol{\beta}}) = \min_{\boldsymbol{\beta}}(\boldsymbol{y} - \boldsymbol{X}\boldsymbol{\beta})^{\mathrm{T}}(\boldsymbol{y} - \boldsymbol{X}\boldsymbol{\beta}), \tag{2.9.1}$$

则称 $\hat{\boldsymbol{\beta}}$ 为 $\boldsymbol{\beta}$ 的最小二乘估计.

若记 $Q(\boldsymbol{\beta}) = (\boldsymbol{y} - \boldsymbol{X}\boldsymbol{\beta})^{\mathrm{T}}(\boldsymbol{y} - \boldsymbol{X}\boldsymbol{\beta})$, 则知, 求 LSE 等价于求 $Q(\boldsymbol{\beta})$ 的最小值. 利用求最值的方法, 我们知道求 LSE, 即相当于求解 $\partial Q(\boldsymbol{\beta})/\partial \boldsymbol{\beta} = \boldsymbol{0}$ 的驻点, 即解下面的方程:

$$\frac{\partial Q(\boldsymbol{\beta})}{\partial \boldsymbol{\beta}} = -2\boldsymbol{X}^{\mathrm{T}}\boldsymbol{y} + 2\boldsymbol{X}^{\mathrm{T}}\boldsymbol{X}\boldsymbol{\beta} = \boldsymbol{0},$$

此方程称为正规方程 (normal equation), 也即

$$\boldsymbol{X}^{\mathrm{T}}\boldsymbol{X}\boldsymbol{\beta} = \boldsymbol{X}^{\mathrm{T}}\boldsymbol{y}. \tag{2.9.2}$$

如果设计矩阵 $\boldsymbol{X}$ 是列满秩的, 则上述的正规方程的解唯一, 且为

$$\hat{\boldsymbol{\beta}}_{LS} = (\boldsymbol{X}^{\mathrm{T}}\boldsymbol{X})^{-1}\boldsymbol{X}^{\mathrm{T}}\boldsymbol{y}, \tag{2.9.3}$$

这即是 $\boldsymbol{\beta}$ 的 LSE.

注 2.9.1 当 $\boldsymbol{X}$ 不是列满秩的时, 上式中的逆不存在, 但可以用广义逆代替.

从 (2.9.3) 式可以看出, LSE 是观测向量 $\boldsymbol{y}$ 的线性函数, 这一点在以后的证明过程中非常有用.

定理 2.9.1 对于前面的 Gauss-Markov 模型, 如果设计矩阵 $\boldsymbol{X}$ 是列满秩的, 且以 $\hat{\boldsymbol{\beta}}$ 记由 (2.9.3) 给出的 $\boldsymbol{\beta}$ 的 LSE, 则

(1) $\hat{\boldsymbol{\beta}}$ 是 $\boldsymbol{\beta}$ 的 UE (若 $\boldsymbol{X}$ 不是列满秩的, 此结论仍然正确);

(2) $\mathrm{Var}(\hat{\boldsymbol{\beta}}) = \sigma^2(\boldsymbol{X}^{\mathrm{T}}\boldsymbol{X})^{-1}$.

此定理的证明非常容易, 留作课后习题.

下面看一个最简单的线性模型的最小二乘估计.

例 2.9.1 考虑线性模型

$$y_i = \beta_0 + \beta_1 x_i + \varepsilon_i, \quad i = 1, 2, \cdots, n$$

的 LSE, 其中 $\varepsilon_i \overset{\text{IID}}{\sim} (0, \sigma^2)$.

解 对于此问题, 根据最小二乘的思想, 我们要求 $\hat{\beta}_0, \hat{\beta}_1$ 满足

$$(\hat{\beta}_0, \hat{\beta}_1) = \arg\min_{\beta_0, \beta_1} \sum_{i=1}^{n} (y_i - \beta_0 - \beta_1 x_i)^2.$$

利用求最值的方法, 容易求得其 LSE 为

$$\begin{cases} \hat{\beta}_0 = \bar{y} - \hat{\beta}_1 \bar{x}, \\ \hat{\beta}_1 = S_{xy}/S_x, \end{cases} \tag{2.9.4}$$

其中 $\bar{x} = \sum_{i=1}^{n} x_i/n$, $\bar{y} = \sum_{i=1}^{n} y_i/n$, $S_x = \sum_{i=1}^{n} (x_i - \bar{x})^2$, $S_{xy} = \sum_{i=1}^{n} (x_i - \bar{x})(y_i - \bar{y})$. 并且,

$$\operatorname{Var}(\hat{\beta}_0) = \sigma^2 (1/n + \sum_{i=1}^{n} x_i^2 / S_x), \quad \operatorname{Var}(\hat{\beta}_1) = \sigma^2 / S_x, \quad \operatorname{Cov}(\hat{\beta}_0, \hat{\beta}_1) = -\sigma^2 \bar{x} / S_x.$$

我们注意到, 如果 $\bar{x} = 0$, 则 $\operatorname{Cov}(\hat{\beta}_0, \hat{\beta}_1) = 0$, 这就是说, 如果把设计点变换后, 其均值为 0, 则得到的截距与斜率的 LSE 是不相关的. □

2.9.2 最优线性无偏估计

由 (2.9.3) 式得到的 LSE, 不仅是无偏的, 而且还有一些优良的统计性质, 如最优线性无偏估计 (BLUE) 等, 这即是本节的结论.

定义 2.9.2 (最优线性无偏估计) 对于前面的 Gauss-Markov 模型, 如果 $\boldsymbol{\beta}$ 的一个线性 UE $\tilde{\boldsymbol{\beta}} = \boldsymbol{C}\boldsymbol{y}$ 满足

$$\operatorname{Var}(\tilde{\boldsymbol{\beta}}) \leqslant \operatorname{Var}(\boldsymbol{A}\boldsymbol{y}),$$

则称 $\tilde{\boldsymbol{\beta}}$ 是 $\boldsymbol{\beta}$ 的最优线性无偏估计, 其中 $\boldsymbol{C}, \boldsymbol{A}$ 是 $p \times n$ 矩阵, 且满足 $E(\boldsymbol{C}\boldsymbol{y}) = E(\boldsymbol{A}\boldsymbol{y}) = \boldsymbol{\beta}$.

定理 2.9.2 对于前面的 Gauss-Markov 模型, 如果 $\boldsymbol{X}$ 是列满秩的, 则 (2.9.3) 式的 LSE 是 $\boldsymbol{\beta}$ 的 BLUE.

证明 $\hat{\boldsymbol{\beta}}$ 的线性无偏性是显然的, 下证其方差在线性无偏估计中是最小的. 事实上, 设 $\boldsymbol{T}=\boldsymbol{Ay}$ 是 $\boldsymbol{\beta}$ 的一个线性 UE, 即 $E(\boldsymbol{Ay})=\boldsymbol{AX\beta}=\boldsymbol{\beta}, \forall\boldsymbol{\beta}$, 有 $\boldsymbol{AX}=\boldsymbol{I}_p$. 另外, 其方差为

$$\begin{aligned}\mathrm{Var}(\boldsymbol{Ay})&=E[(\boldsymbol{Ay}-\hat{\boldsymbol{\beta}}+\hat{\boldsymbol{\beta}}-\boldsymbol{\beta})(\boldsymbol{Ay}-\hat{\boldsymbol{\beta}}+\hat{\boldsymbol{\beta}}-\boldsymbol{\beta})^{\mathrm{T}}]\\&=\mathrm{Var}(\boldsymbol{Ay}-\hat{\boldsymbol{\beta}})+\mathrm{Var}\,\hat{\boldsymbol{\beta}}-2\mathrm{Cov}(\boldsymbol{Ay}-\hat{\boldsymbol{\beta}},\ \hat{\boldsymbol{\beta}}-\boldsymbol{\beta}).\end{aligned}$$

注意到 $E(\boldsymbol{Ay}-\hat{\boldsymbol{\beta}})=\boldsymbol{0}$, 故

$$\begin{aligned}\mathrm{Cov}(\boldsymbol{Ay}-\hat{\boldsymbol{\beta}},\hat{\boldsymbol{\beta}}-\boldsymbol{\beta})&=\mathrm{Cov}[(\boldsymbol{A}-(\boldsymbol{X}^{\mathrm{T}}\boldsymbol{X})^{-1}\boldsymbol{X}^{\mathrm{T}})\boldsymbol{y},(\boldsymbol{X}^{\mathrm{T}}\boldsymbol{X})^{-1}\boldsymbol{X}^{\mathrm{T}}\boldsymbol{y}]\\&=(\boldsymbol{A}-(\boldsymbol{X}^{\mathrm{T}}\boldsymbol{X})^{-1}\boldsymbol{X}^{\mathrm{T}})\mathrm{Var}(\boldsymbol{y})((\boldsymbol{X}^{\mathrm{T}}\boldsymbol{X})^{-1}\boldsymbol{X}^{\mathrm{T}})^{\mathrm{T}}\\&=\sigma^2(\boldsymbol{AX}-(\boldsymbol{X}^{\mathrm{T}}\boldsymbol{X})^{-1}\boldsymbol{X}^{\mathrm{T}}\boldsymbol{X})(\boldsymbol{X}^{\mathrm{T}}\boldsymbol{X})^{-1}=\boldsymbol{0},\end{aligned}$$

于是有 $\mathrm{Var}(\boldsymbol{Ay})\geqslant\mathrm{Var}(\hat{\boldsymbol{\beta}})$, 并且从证明过程可以看出, 其等号成立的充要条件是 $\mathrm{Var}(\boldsymbol{Ay}-\hat{\boldsymbol{\beta}})=\boldsymbol{0}$, 即 $\boldsymbol{Ay}=\hat{\boldsymbol{\beta}}$, a.s.. □

由上述定理的证明可以看出, $\boldsymbol{\beta}$ 的 LSE 是唯一的 BLUE. 如果我们感兴趣的是 $\boldsymbol{\beta}$ 的线性组合 $\boldsymbol{a}^{\mathrm{T}}\boldsymbol{\beta}$, 则有下面的定理.

定理 2.9.3 对于前面的 Gauss-Markov 模型, 如果 $\boldsymbol{X}$ 是列满秩的, 则 $\forall\boldsymbol{a}\in\mathbf{R}^p$, $\boldsymbol{a}^{\mathrm{T}}\hat{\boldsymbol{\beta}}$ 是 $\boldsymbol{a}^{\mathrm{T}}\boldsymbol{\beta}$ 的唯一的 BLUE.

其证明与定理 2.9.2 的证明类似, 留作习题.

注 2.9.2 由定理 2.9.3 知, $\hat{\boldsymbol{\beta}}$ 的任一分量均是其对应参数的 BLUE.

注 2.9.3 我们注意到, 在 Gauss-Markov 模型中, 还有一个参数 σ^2 仍需估计. 实际上, 如记

$$\mathrm{SSE}=(\boldsymbol{y}-\boldsymbol{X}\hat{\boldsymbol{\beta}})^{\mathrm{T}}(\boldsymbol{y}-\boldsymbol{X}\hat{\boldsymbol{\beta}}),$$

它被称为残差平方和, 并且 $\mathrm{SSE}=Q(\hat{\boldsymbol{\beta}})$. 如果 $\boldsymbol{X}$ 是列满秩的, 则可以证明

$$\hat{\sigma}^2=\mathrm{SSE}/(n-p) \tag{2.9.5}$$

是 σ^2 的 UE. 另外, 由于它是基于 $\boldsymbol{\beta}$ 的 LSE 得到的, 故称之为 σ^2 的 LSE.

在上述的讨论中, 我们始终没有假设数据的分布形式. 如果已知它是正态的, 则可以证明上述 LSE 是 UMVUE.

定理 2.9.4 对于前面的 Gauss-Markov 模型, 如果 $\boldsymbol{X}$ 是列满秩的, 且 $\boldsymbol{\varepsilon}\sim N(\boldsymbol{0},\sigma^2\boldsymbol{I}_p)$, 则 (2.9.3) 式中的 $\hat{\boldsymbol{\beta}}$ 及 (2.9.5) 式中的 $\hat{\sigma}^2$ 分别是 $\boldsymbol{\beta}$ 和 σ^2 的 UMVUE. 另外, $\forall\boldsymbol{a}^{\mathrm{T}}\in\mathbf{R}^p$, $\boldsymbol{a}^{\mathrm{T}}\hat{\boldsymbol{\beta}}$ 也是 $\boldsymbol{a}^{\mathrm{T}}\boldsymbol{\beta}$ 的 UMVUE.

证明 对于此定理的证明, 我们概述如下: (1) 先利用指数型分布族的性

质说明 $(\boldsymbol{y}^{\mathrm{T}}\boldsymbol{y}, \boldsymbol{X}^{\mathrm{T}}\boldsymbol{y})$ 是充分完备统计量; (2) 利用前面的结论知, (2.9.3) 式中的 $\hat{\boldsymbol{\beta}}$ 及 (2.9.5) 式中的 $\hat{\sigma}^2$ 均是上述充分完备统计量的函数且是无偏的, 故知它们分别是 $\boldsymbol{\beta}$ 和 σ^2 的 UMVUE. □

2.9.3 加权最小二乘估计

在上一小节的讨论中, 我们始终假设各观测间的方差是相等的, 但在许多实际问题中, 每次观测误差的精度可能是不一样的, 于是本节将讨论这一问题的 LSE.

此时, 我们有如下的广义 Gauss-Markov 模型:

$$\begin{cases} \boldsymbol{y} = \boldsymbol{X}\boldsymbol{\beta} + \varepsilon, \\ E(\boldsymbol{\varepsilon}) = \boldsymbol{0}, \ \mathrm{Var}(\boldsymbol{\varepsilon}) = \sigma^2\boldsymbol{\Sigma}, \end{cases}$$

其中 $\boldsymbol{\Sigma} > 0$ 为已知正定矩阵.

对于此模型, 我们仍然可以利用 (2.9.3) 式来作为 $\boldsymbol{\beta}$ 的估计, 并且也是无偏的, 但它不是 BLUE, 这是由于在证明 BLUE 过程中要用到观测的方差.

对于此广义的 Gauss-Markov 模型, 由于 $\boldsymbol{\Sigma} > 0$, 故存在 n 阶对称矩阵 $\boldsymbol{B}$, 使 $\boldsymbol{\Sigma} = \boldsymbol{B}^2$. 作变换 $\boldsymbol{z} = \boldsymbol{B}^{-1}\boldsymbol{y}$, $\tilde{\boldsymbol{X}} = \boldsymbol{B}^{-1}\boldsymbol{X}$, 则有如下的 Gauss-Markov 模型:

$$\begin{cases} \boldsymbol{z} = \tilde{\boldsymbol{X}}\boldsymbol{\beta} + \varepsilon, \\ E(\boldsymbol{\varepsilon}) = \boldsymbol{0}, \ \mathrm{Var}(\boldsymbol{\varepsilon}) = \sigma^2\boldsymbol{I}_n. \end{cases}$$

这样, 由此模型得到 $\boldsymbol{\beta}$ 的 LSE 如下:

$$\tilde{\boldsymbol{\beta}} = (\tilde{\boldsymbol{X}}^{\mathrm{T}}\tilde{\boldsymbol{X}})^{-1}\tilde{\boldsymbol{X}}^{\mathrm{T}}\boldsymbol{z} = (\boldsymbol{X}^{\mathrm{T}}\boldsymbol{\Sigma}^{-1}\boldsymbol{X})^{-1}\boldsymbol{X}^{\mathrm{T}}\boldsymbol{\Sigma}^{-1}\boldsymbol{y}, \tag{2.9.6}$$

我们称之为 $\boldsymbol{\beta}$ 的加权的或广义的最小二乘估计, 并且由定理 2.9.3 知, 它也是 BLUE.

在有的书上, (2.9.3) 式的 LSE 也称为普通的 LSE(ordinary LSE, 简记为 OLSE), 以示与 GLSE 的区别. 另外, 最小二乘方法在线性模型上有着广泛的应用, 并得到了充分的研究, 取得了丰硕的成果, 有兴趣的可参见王松桂 (1987).

2.9.4 线性模型的诊断

虽然最小二乘估计是线性回归中最常用的一种估计方法, 并且在前面也讲述了它的某些优良性质, 但是在某些情况下它却与实际有着很大的区别. 本节将通过一个例子说明数据对 LSE 的影响是非常大的.

例 2.9.2 (Anscombe 数据) 表 2.5 中的数据是 Anscombe 于 1973 年给出的人为数据 (请见 *Ann. Statist.*, 27, 17—21.)

请利用表 2.5 中的数据分别建立 $x^{(1)}$ 关于 $y^{(1)}, y^{(2)}, y^{(3)}$ 及 $x^{(2)}$ 关于 $y^{(4)}$ 间的线性模型.

解 分别对上述四组变量作如下的一元线性回归:

$$y_i = \beta_0 + \beta_1 x_i + \varepsilon_i, \quad i = 1, 2, \cdots, 11.$$

经过简单计算后知, 上述四个模型的参数的 LSE 估计均为

$$\hat{\beta}_0 = 3.0, \quad \hat{\beta}_1 = 0.5, \quad \hat{\varepsilon}^2 = 1.531, \quad R^2 = 0.667,$$

序号	$x^{(1)}$	$y^{(1)}$	$y^{(2)}$	$y^{(3)}$	$x^{(2)}$	$y^{(4)}$
1	10.00	8.04	9.14	7.46	8.00	6.58
2	8.00	6.95	8.14	6.77	8.00	5.76
3	13.00	7.58	8.74	12.70	8.00	7.71
4	9.00	8.81	8.77	7.11	8.00	7.71
5	11.00	8.33	9.26	7.81	8.00	8.47
6	14.00	9.96	8.10	8.84	8.00	7.04
7	6.00	7.24	6.13	6.08	8.00	5.25
8	4.00	4.26	3.10	5.39	19.00	12.05
9	12.00	10.08	9.13	8.15	8.00	5.56
10	7.00	4.82	7.26	6.42	8.00	7.91
11	5.00	5.68	4.74	5.73	8.00	6.89

◀ 表 2.5 Anscombe 数据

其中 R^2 是复相关系数, 是用来衡量模型拟合好坏的一个指标, 其具体定义请见有关回归分析的参考书. 从这些指标来看, 我们用回归直线 $y = 3 + 0.5x$ 来拟合这四组数据的效果是完全相同的. 但是, 从这四组数据的散点图 (图 2.2) 可以看出, 这四组数据的情况相差非常大. □

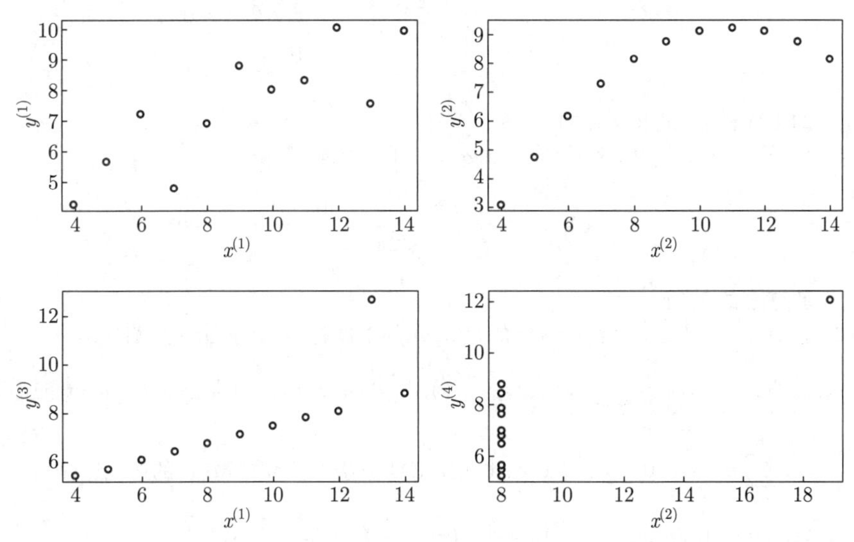

◀ 图 2.2 Anscombe 数据的散点图

拓展阅读

例 2.9.2 说明, 在我们对数据进行经典回归分析时, 一定要事先对数据作必要的回归诊断 (regression diagnostics), 否则会导致错误的结论. 有关回归诊断的内容, 请参见韦博成, 鲁国斌, 史建清 (1991).

习题二

1. 设总体 X 的概率分布为

$$P\{X=x\}=p(1-p)^{x-1},\quad x=1,2,\cdots,$$

$X_1,\cdots,X_n$ 为来自此总体的 IID 样本, 试求 p 的矩估计和 MLE.

2. 设 $X_1,\cdots,X_n$ 为来自总体分布

$$f(x,\alpha)=\begin{cases}(\alpha+1)x^{\alpha}, & 0<x<1,\\ 0, & \text{其他}\end{cases}$$

的 IID 样本, 试求 α 的矩估计和 MLE.

3. 设 $X_1,\cdots,X_n$ 为来自总体 X 的 IID 样本, n 个正常数 α_i 满足 $\sum\limits_{i=1}^{n}\alpha_i=1$. 试证在 $E(X)$ 的所有形如 $\sum\limits_{i=1}^{n}\alpha_iX_i$ 的 UE 中, 以 $\overline{X}$ 为最优 (最优的标准为方差最小).

4. 设 $X_1,\cdots,X_n$ 为来自双指数分布

$$f(x;\theta,\lambda)=\begin{cases}\dfrac{1}{\lambda}\mathrm{e}^{-(x-\theta)/\lambda}, & x\geqslant\theta,\lambda>0,\\ 0, & \text{其他}\end{cases}$$

的 IID 样本, 试求 θ,λ 的 MLE.

5. 设 $X_1,\cdots,X_n$ 为来自总体 $N(\mu,\sigma^2)$ 的 IID 样本, 求满足

$$P\{X>a\}=\int_a^{\infty}\frac{1}{\sqrt{2\pi}\sigma}\mathrm{e}^{-\frac{(x-\mu)^2}{2\sigma^2}}\mathrm{d}x=0.05$$

的点 a 的 MLE.

6. 设 $X_1,\cdots,X_n$ 为来自均匀分布 $U(a,b)$ 的 IID 样本, 试求 a^2 的 MLE.

7. 设 $X_1,\cdots,X_n\overset{\text{IID}}{\sim}\sum\limits_{k=1}^{K}\pi_k\phi_k(x,\mu_k,\sigma_k^2)$, 其中 $\phi_k(x,\mu_k,\sigma_k^2)$ 是参数为 μ_k,σ_k^2 的正态分布, $\sum\limits_{k=1}^{K}\pi_k=1$, $0<\pi_k<1$. 给出应用 EM 算法求各参数 MLE 的迭代过程.

8. 设 $X\sim B(n,p)$, $0<p<1$, 证明 $g(p)=\dfrac{1}{p}$ 的无偏估计不存在.

9. 设某种产品的寿命 X 服从指数分布 $Exp(\lambda)$, t_0 为给定常数, $X_1,\cdots,X_n$ 是独立观测到的 n 件产品的寿命. 求产品在 t_0 前失效的概率 $P\{X\leqslant t_0\}=1-\mathrm{e}^{-\lambda t_0}=g(\lambda)$ 的 UMVUE.

10. 设 $X_1,\cdots,X_n$ 为来自均匀分布 $U(0,\theta)$ 的 IID 样本, 其中 $\theta>0$ 为未知参数.

(1) 试证明 $\hat{\theta}_1=\dfrac{n+1}{n}X_{(n)}$, $\hat{\theta}_2=(n+1)X_{(1)}$ 均是 θ 的 UE;

(2) 上述两个估计中哪个方差最小?

(3) 试证明 $\hat{\theta}_1$ 是 θ 的 UMVUE.

11. 设 $X_1,\cdots,X_n$ 为来自 $N(0,\sigma^2)$ 的 IID 样本, 试求 σ^2 的充分完备统计量, σ 和 $3\sigma^4$ 的 UMVUE, 并证明 $\dfrac{1}{n}\sum\limits_{i=1}^{n}X_i^2$ 是 σ^2 的有效估计和相合估计.

12. 设 $a_1,\cdots,a_n$ 是 n 个实数, 定义函数 $h(a)=\sum\limits_{i=1}^{n}|a_i-a|$.

(1) 证明: 当 a 为 $a_1,\cdots,a_n$ 的样本中位数时, $h(a)$ 达到最小值;

(2) 设 $X_1,\cdots,X_n$ 为来自具有 PDF 为 $\mathrm{e}^{-|x-\theta|}/2$ 的总体 (此分布称为 Laplace 分布) 的 IID 样本, 求参数 θ 的矩估计与 MLE.

13. (1) 证明:

$$f(x,a,\sigma)=(\sqrt{2\pi}\sigma^3)^{-1}(x-a)^2\exp\left[\frac{-(x-a)^2}{2\sigma^2}\right],\quad x\in\mathbf{R}$$

作为 x 的函数是一 PDF, 其中 $a\in\mathbf{R}$, $\sigma>0$ 为参数;

(2) 设 $X_1,\cdots,X_n$ 为来自此上述总体的 IID 样本, 求 a,σ^2 的矩估计;

(3) 给出 a,σ^2 的 MLE 所满足的方程, 并给出一种迭代求解方法.

14. 设 X 为来自 Poisson 分布 $P(\lambda)$ 的一个样本, 参数 λ 的先验 PDF 为 $\pi(\lambda)=\mathrm{e}^{-\lambda}$, $\lambda>0$ (当 $\lambda\leqslant 0$ 时, $\pi(\lambda)=0$). 试求 λ 的 Bayes 估计.

15. 设 $X_1,\cdots,X_n$ 为来自均匀分布 $U(0,\theta)$ 的 IID 样本. 证明:

(1) $\hat{\theta}_1=X_{(n)}+X_{(1)}$ 是 θ 的一个 UE;

(2) $X_{(n)}$ 是 θ 的相合估计;

(3) 对适当选择的常数 c_n, $\hat{\theta}_2=c_nX_{(1)}$ 是 θ 的 UE, 但这个估计的方差比另外两个 UE: $\hat{\theta}_3=2\overline{X}$ 和 $\hat{\theta}_4=\dfrac{n+1}{n}X_{(n)}$ 都大 (除非 $n=1$).

16. 设 $X_1,\cdots,X_n$ 为来自 PDF 为

$$f(x,\theta)=\begin{cases}2\sqrt{\theta/\pi}\exp(-\theta x^2), & x>0,\\ 0, & x\leqslant 0\end{cases}$$

的总体的 IID 样本, 证明: 对适当选取的常数 c, $\hat{\theta}=c\sum\limits_{i=1}^{n}X_i^2/n$ 是 $1/\theta$ 的 UMVUE.

17. (1) 若 $\hat{\theta}_1,\hat{\theta}_2$ 是 θ 的 UMVUE, 则 $(\hat{\theta}_1+\hat{\theta}_2)/2$ 也是;

(2) 如果 $\hat{\theta}$ 是 θ 的 UMVUE, 而 $a\neq 0$ 和 b 都是已知常数, 则 $a\hat{\theta}+b$ 是 $a\theta+b$ 的 UMVUE.

18. 设 $X_1,\cdots,X_n$ 为来自 PDF 为

$$f(x,\theta)=\begin{cases}\mathrm{e}^{-(x-\theta)}, & x>\theta,\\ 0, & \text{其他}\end{cases}$$

的总体的 IID 样本.

(1) 求 θ 的矩估计 $\hat{\theta}_M$;

(2) 求 θ 的 MLE $\hat{\theta}_{ML}$;

(3) $\hat{\theta}_M$ 是否是 θ 的相合估计? 为什么?

19. 设 $X_1, \cdots, X_n$ 为来自总体

$$X \sim \begin{pmatrix} -1 & 0 & 2 \\ 2\theta & \theta & 1-3\theta \end{pmatrix}$$

的 IID 样本, 其中 $0 < \theta < 1/3$. 试求参数 θ 的 MLE.

20. 在买面包作早点的男、女消费者中, 男性购买者的比例 p 未知, 但知道 $\dfrac{1}{3} \leqslant p \leqslant \dfrac{1}{2}$. 设在 70 个购买者中发现 12 个是男性, 58 个是女性, 试求 p 的 MLE. 如果对 p 没有限制, 试求 p 的 MLE.

21. 设 $X_1, \cdots, X_n$ 为来自 PDF 为 $f(x,\theta) = \dfrac{1}{\sigma}\exp[-(x-\mu)/\sigma]$, $x \geqslant \mu$ 的 IID 样本, 其中 $\mu \in \mathbf{R}$, $\sigma^2 > 0$ 为未知参数.

(1) 求 μ, σ^2 的 MLE;

(2) 对给定的 $t > \mu$, 求 $P\{X_1 \geqslant t\}$ 的 MLE.

*22. 设 $X_1, \cdots, X_n$ 为来自 PDF 为 $f(x,\theta) = \dfrac{1}{\pi[1+(x-\theta)^2]}$ 的 Cauchy 分布的 IID 样本, 试证:

(1) 如果 $n = 1$, 则 θ 的 MLE 为 X_1;

(2) 如果 $n = 2$, 则存在 θ 的两个关于 $\overline{X}$ 对称的 MLE, 但似然方程有多个根.

*23. 设随机变量 X 以均等机会按 $N(0,1)$ 分布和 $N(\mu, \sigma^2)$ 分布取值, 其中 $\mu \in \mathbf{R}$, $\sigma^2 > 0$ 均未知. 此时 X 的 PDF 为上述两个正态分布的平均:

$$f(x;\mu,\sigma^2) = \frac{1}{2}\frac{1}{\sqrt{2\pi}}\mathrm{e}^{-x^2/2} + \frac{1}{2}\frac{1}{\sqrt{2\pi}\sigma}\mathrm{e}^{-(x-\mu)^2/2\sigma^2}.$$

设 $X_1, \cdots, X_n$ 为来自此混合分布总体的 IID 样本, 试证明 μ, σ^2 不存在 MLE.

24. 设 $X_1, \cdots, X_n$ 为来自正态总体 $N(\mu, \sigma^2)$ 的 IID 样本, 求常数 c 使 $c\sum\limits_{i=1}^{n}|X_i - \overline{X}|$ 是 σ 的 UE.

25. 设 X_1, X_2 为来自 PDF 为

$$f(x,\theta) = \begin{cases} 3x^2/\theta^3, & 0 < x < \theta, \\ 0, & \text{其他} \end{cases}$$

的总体的 IID 样本, 其中 $\theta > 0$ 为参数.

(1) 证明: $T_1 = \dfrac{2}{3}(X_1 + X_2)$ 和 $T_2 = \dfrac{7}{6}\max\{X_1, X_2\}$ 是 θ 的 UE;

(2) 计算 T_1, T_2 的方差, 并指出何者更有效;

(3) 证明: 在均方误差意义下, 在形为 $T_c = c\max\{X_1, X_2\}$ 的估计中, $T_{\frac{8}{7}}$ 最有效.

26. 设 $X_1, \cdots, X_n$ 为来自 PDF 为

$$f(x,\theta) = \begin{cases} \theta^2 x\mathrm{e}^{-\theta x}, & x \geqslant 0, \\ 0, & x < 0 \end{cases}$$

的总体的 IID 样本, 其中 $\theta > 0$.

(1) 求 θ 的 MLE $\hat{\theta}_{ML}$;

(2) 求 θ 的 UMVUE;

(3) $\hat{\theta}_{ML}$ 是 θ 的相合估计吗? 为什么?

27. 设 $X_1, \cdots, X_n$ $(n \geqslant 2)$ 为来自均匀分布 $U(\theta-0.5, \theta+0.5)$ 的 IID 样本, $-\infty < \theta < \infty$ 为未知参数.

(1) 求 θ 的矩估计 $\hat{\theta}_M$;

(2) $\hat{\theta}_M$ 和 $\hat{\theta}_1 = (X_{(1)} + X_{(n)})/2$ 是 θ 的 UE 吗? 为什么?

(3) $\hat{\theta}_M$ 和 $\hat{\theta}_1$ 哪个方差较小? 为什么?

28. 设 $X_1, \cdots, X_n$ 为来自均匀分布 $U(\theta_1 - \theta_2, \theta_1 + \theta_2)$ 的 IID 样本, 其中 $\theta_1 \in \mathbf{R}, \theta_2 > 0$ 为未知参数.

(1) 试求 θ_1, θ_2 的矩估计;

(2) 试求 θ_1, θ_2 的 UMVUE;

(3) 试求 $\dfrac{\theta_1}{\theta_2}$ 的 UMVUE.

29. 验证 (1.5.1) 式给出的统计量 d 是 σ 的渐近 UE, 并求其渐近效率.

30. 设 $X_1, \cdots, X_n$ 为来自 Pareto (帕雷托) 分布

$$f(x, \theta) = \begin{cases} \dfrac{\theta}{(1+x)^{\theta+1}}, & 0 < x < \infty, \\ 0, & x \leqslant 0 \end{cases}$$

的 IID 样本, 其中 $\theta > 1$ 为未知参数, 试求 $1/\theta$ 的 UE.

31. 设 $X_1, \cdots, X_n$ 为来自正态总体 $N(\mu, \sigma^2)$ 的 IID 样本, 试求常数 d_n, 使得 $d_n R_n$ 为 σ 的 UE, 其中 $R_n = X_{(n)} - X_{(1)}$ 为极差.

32. 设 $X_1, \cdots, X_n$ 为来自对数正态总体

$$f(x; \mu, \sigma^2) = (2\pi\sigma^2)^{-1/2} x^{-1} \exp\left[-\frac{1}{2\sigma^2}(\ln x - \mu)^2\right], \quad x > 0$$

的 IID 样本, 其中 $\mu \in \mathbf{R}, \sigma > 0$ 为未知参数, 试求 μ, σ^2 的矩估计.

33. 设 $\beta = a\theta + b$, $\hat{\theta}$ 是 θ 的有效估计, 试证明 $\hat{\beta} = a\hat{\theta} + b$ 是 β 的有效估计.

34. 设 $X_1, \cdots, X_n$ 为来自均匀分布 $U(\theta_1, \theta_2)$ 的 IID 样本, 其中 θ_1, θ_2 未知.

(1) 证明: $T(\boldsymbol{X}) = (X_{(1)}, X_{(n)})$ 是参数 (θ_1, θ_2) 的充分统计量;

(2) 如果 $T(\boldsymbol{X})$ 也是完备的 (其证明可见陈希孺 (1981)), 求 $(\theta_1 + \theta_2)/2$ 的 UMVUE.

35. 设 $X_1, \cdots, X_n$ 为来自均匀分布 $U(-\theta/2, \theta/2)$ 的 IID 样本, 其中 $\theta > 0$ 为参数. 试证明 $(X_{(1)}, X_{(n)})$ 是 θ 的充分统计量. 它是完备的吗? 为什么?

36. 设随机变量 X 服从负二项分布 $NB(r, p)$, 其中 $p \in (0, 1)$ 为未知参数, r 为已知参数.

(1) 试求 p^t 的 UMVUE, 其中 $t < r$;

(2) 试求 $\mathrm{Var}(X)$ 的 UMVUE;

(3) 试求 $\ln p$ 的 UMVUE.

37. 设 $X_1, \cdots, X_n$ 为来自 Poisson 分布 $P(\lambda)$ 的 IID 样本, 试求:

(1) λ^k 的 UMVUE;

(2) $P\{X_1 = k\}$ 的 UMVUE, 其中 k 为大于 0 的整数.

38. 对于线性模型

$$y_i = \beta_0 + \beta_1 x_i + \varepsilon_i, \quad i = 1, \cdots, n,$$

其中 $\varepsilon_1,\cdots,\varepsilon_n$ 独立同分布, 且 $E(\varepsilon_i)=0$, $\mathrm{Var}(\varepsilon_i)=\sigma^2$. 证明: β_0,β_1 的 LSE 不相关的充要条件是 $\bar{x}=\sum\limits_{i=1}^{n}x_i/n=0$.

39. 设 $X_1,\cdots,X_n$ 为来自 $\Gamma(\alpha,\lambda)$ 的 IID 样本, 其中 α,λ 均未知, 试求 α/λ 的 UMVUE.

40. 设 $X_1,\cdots,X_n$ 为来自均匀分布 $U(0,\theta)$ 的 IID 样本, 其中 $\theta>0$. 记 θ 的 MLE 和 UMVUE 分别为 $\hat{\theta}_m=X_{(n)}$ 和 $\hat{\theta}_u=\dfrac{n+1}{n}\hat{\theta}_m$. 若记 $T=\dfrac{n+2}{n+1}\hat{\theta}_m$, 证明

$$\mathrm{MSE}(T)<\min\{\mathrm{MSE}(\hat{\theta}_m),\mathrm{MSE}(\hat{\theta}_u)\}.$$

41. 设 X 服从 Poisson 分布 $P(\theta)$, 令统计量 $T(X)=\begin{cases}1, & X=0,\\ 0, & \text{其他}.\end{cases}$

(1) 计算估计 $E(T)$ 的 C-R 下界, 并证明它严格小于 T 的方差;

(2) 证明: T 是其期望的 UMVUE.

42. 设 $X_1,\cdots,X_n$ 为来自 PDF 为 $f(x,\theta)=\theta x^{\theta-1}$, $0<x<1$ 的总体的 IID 样本, 其中 $\theta>0$ 为未知参数, 试求 $1/\theta$ 的有效估计.

43. 在正则条件下, 请证明: Fisher 信息量 $I(\theta)=-E_\theta\left(\dfrac{\partial^2\ln f(X,\theta)}{\partial\theta^2}\right)$.

*44. (无正则假设下的 C-R 下界) 假设 $\{f(x,\theta),\theta\in\Theta\}$ 为一个正则的参数分布族, 其中参数空间 Θ 是实空间 $\mathbf{R}$ 的一个子集, 且支撑集与 θ 无关. 设 $X_1,\cdots,X_n$ 为一组来自此分布族的 IID 样本. 记

$$I^*(\theta)=\inf\left\{E_\theta\left(\frac{f(\boldsymbol{X},\theta+h)-f(\boldsymbol{X},\theta)}{hf(\boldsymbol{X},\theta)}\right)^2: h\neq 0, \theta+h\in\Theta\right\}.$$

若 $T(\boldsymbol{X})$ 是参数 θ 的一个无偏估计.

(1) 证明: $\mathrm{Var}_\theta(T(\boldsymbol{X}))\geqslant\dfrac{1}{I^*(\theta)}$, 其中不等式右端称为 Chapman-Robbins 下界;

(2) 当 $f(x,\theta)=\dfrac{1}{2}\exp(-|x-\theta|)$ 时, 计算 Chapman-Robbins 下界, 并说明 (1) 中的不等式严格成立.

45. 证明: 对于标准的单参数指数型分布族, 定理 2.6.2 的条件成立.

*46. 如果样本分布族为单参数指数型分布族:

$$C(\theta)\exp[Q(\theta)T(x)]h(x),$$

则当且仅当 $g(\theta)=E_\theta[aT(X)+b]$ 时, $g(\theta)$ 的一个无偏估计 $aT(X)+b$ 的方差达到 C-R 下界, 其中 a,b 为常数.

47. 验证例 2.6.9 中的 UMVUE 以及方差.

48. 设 $X_1,\cdots,X_n$ 为来自逆 Gauss 分布

$$f(x;\mu,\lambda)=\left(\frac{\lambda}{2\pi x^3}\right)^{1/2}\mathrm{e}^{-\frac{\lambda(x-\mu)^2}{2\mu^2 x}},\quad 0<x<\infty$$

的 IID 样本, 试证明统计量 $\overline{X}=\dfrac{1}{n}\sum\limits_{i=1}^{n}X_i$ 和 $T=\dfrac{n}{\sum\limits_{i=1}^{n}\dfrac{1}{X_i}-\dfrac{1}{\overline{X}}}$ 是充分且完备的统

计量.

49. 设 $X_1, \cdots, X_n$ 为来自 logistic (逻辑斯谛) 分布

$$f(x;\mu,\sigma)=\frac{\mathrm{e}^{-(x-\mu)/\sigma}}{\sigma[1+\mathrm{e}^{-(x-\mu)/\sigma}]^2}$$

的 IID 样本.

(1) 当 σ 已知, $\mu\in\mathbf{R}$ 时, 试求 μ 的 MLE;

(2) 当 μ 已知, $\sigma>0$ 时, 试求 σ 的 MLE.

50. 设 $X_1, \cdots, X_n$ 为来自正态分布 $N(\mu,\sigma^2)$ 的 IID 样本, 其中 $\mu\in\mathbf{R}$ 为未知参数, $\sigma^2>0$ 为已知参数.

(1) 试求 μ^3, μ^4 的 UMVUE;

(2) 试求概率 $P\{X_1\leqslant t\}$ 以及 $\dfrac{\mathrm{d}}{\mathrm{d}t}P\{X_1\leqslant t\}$ 的 UMVUE, 其中 $t\in\mathbf{R}$ 为给定的常数.

51. 设 X 是来自 PDF 为

$$f(x,\theta)=\left(\frac{\theta}{2}\right)^{|x|}(1-\theta)^{1-|x|},\quad x=-1,0,1,\ 0\leqslant\theta\leqslant 1$$

的一个观测.

(1) 试求 θ 的 MLE;

(2) 定义一个估计量 $T(X)$ 为

$$T(X)=\begin{cases}2, & x=1,\\ 0, & \text{其他}.\end{cases}$$

试证: $T(X)$ 是 θ 的一个无偏估计量.

52. 设 $X_1, \cdots, X_n$ 为分别来自下列 PDF 的 IID 样本, 问是否存在 θ 的一个函数 $g(\theta)$, 对它存在一个方差达到 C-R 下界的无偏估计量? 若存在, 则求之; 若不存在, 试说明为什么.

(1) $f(x,\theta)=\theta x^{\theta-1}, 0<x<1, \theta>0$;

(2) $f(x,\theta)=\dfrac{\ln(\theta)}{\theta-1}\theta^x, 0<x<1, \theta>1$.

3

第 3 章
区间估计

上一章我们讲述了若干点估计方法, 由于点估计只是用一个点去估计未知参数, 故在多数情况下会有误差. 于是, 人们在实际生活中多用区间估计. 可以说, 区间估计是介于估计与检验之间的内容, 且区间估计与检验紧密相连, 故有的书上也把区间估计看成是检验的一种. 本书为了对应点估计, 将在本章专门讲述区间估计. 为了简单讲述理论上的推导, 本章着重介绍基于枢轴量 (pivotal variable) 的区间估计法、单样本与两样本正态总体的置信区间和信念推断法. 至于衡量置信区间的优良性准则, 如一致最精确 (uniformly most accurate, 简记为 UMA) 置信区间、无偏 (unbiased) 置信区间和一致最精确无偏 (UMAU) 置信区间等内容, 将不会在本书加以介绍, 请有兴趣的读者参见陈希孺 (1981), 陈希孺, 倪国策 (2009) 或茆诗松, 王静龙, 濮晓龙 (2006).

3.1 区间估计中的几个基本概念

我们现在讲述的区间估计理论最早是由 Neyman 在 20 世纪 30 年代建立起来的. 在讲述方法之前, 本节先介绍几个基本概念.

定义 3.1.1 (区间估计) 设 $X_1, \cdots, X_n$ 为来自参数分布族 $\mathcal{F} = \{f(x, \theta): \theta \in \Theta\}$ 的样本, θ 为一维未知参数. 如果 $\hat{\theta}_L(\boldsymbol{X}), \hat{\theta}_U(\boldsymbol{X})$ 为两个统计量, 且 $\hat{\theta}_L(\boldsymbol{X}) \leqslant \hat{\theta}_U(\boldsymbol{X})$, 则称随机区间 $[\hat{\theta}_L(\boldsymbol{X}), \hat{\theta}_U(\boldsymbol{X})]$ 为 θ 的一个区间估计 (interval estimate).

从上述定义可以看出, 给出一个未知参数的区间估计并不难, 只要给出两个有大小关系的统计量即可. 既然是估计, 就应有一个好坏的衡量标准. 当参数真值为 θ 时, 我们自然希望随机区间 $[\hat{\theta}_L(\boldsymbol{X}), \hat{\theta}_U(\boldsymbol{X})]$ 包含 θ 的概率 $P_\theta\{\hat{\theta}_L(\boldsymbol{X}) \leqslant \theta \leqslant \hat{\theta}_U(\boldsymbol{X})\}$ 越大越好. 这个概率就称为置信水平 (confidence level) 或置信度. 由于这个置信水平依赖于参数真值, 故我们自然希望对于参数空间 Θ 中的每一个 θ, 其置信水平都很大.

定义 3.1.2 (置信系数) 设随机区间 $[\hat{\theta}_L(\boldsymbol{X}), \hat{\theta}_U(\boldsymbol{X})]$ 为 θ 的一个区间估计, 则称

$$\inf_{\theta \in \Theta} P_\theta\{\hat{\theta}_L(\boldsymbol{X}) \leqslant \theta \leqslant \hat{\theta}_U(\boldsymbol{X})\} \tag{3.1.1}$$

为该区间估计的置信系数.

注 3.1.1 如果置信水平不依赖于未知参数, 则置信系数就是置信水平.

注 3.1.2 区间估计有时要用开区间或半开半闭区间, 但从置信水平的角度看, 这几种区间估计没有本质的区别.

注 3.1.3 在计算某区间估计的置信水平时, 我们应知道 $\hat{\theta}_L(\boldsymbol{X}), \hat{\theta}_U(\boldsymbol{X})$ 的联合分布. 若不知道其联合分布, 则很难求得其置信系数. 这就是构造置信区间的技巧之所在.

例 3.1.1 设 $X_1, \cdots, X_n$ 为来自 $N(\mu, \sigma^2)$ 的 IID 样本, 其中 μ, σ^2 未知. 考虑 μ 的区间估计.

解 前面我们讲过的点估计中, 多数是用样本均值估计总体均值. 对于本问题, 我们知道, 样本均值是 μ 的一个很好的点估计 (矩估计、MLE、UMVUE 等). 关于 μ 的区间估计, 一个自然的想法是基于样本均值, 即我们可以用

$$[\overline{X} - kS_n/\sqrt{n}, \quad \overline{X} + kS_n/\sqrt{n}]$$

来作为 μ 的区间估计, 其中 k 是一常数, S_n 为样本标准差. 则它的置信水平为

$$\begin{aligned}\alpha_k &= P\{\overline{X} - kS_n/\sqrt{n} \leqslant \mu \leqslant \overline{X} + kS_n/\sqrt{n}\} \\ &= P\left\{\left|\frac{\sqrt{n}(\overline{X} - \mu)}{S_n}\right| \leqslant k\right\} = P\{|T_n| \leqslant k\},\end{aligned}$$

其中

$$T_n = \frac{\sqrt{n}(\overline{X} - \mu)}{S_n} \sim t(n-1).$$ □

从上例可以看出, 区间估计的置信水平 α_k 仅依赖于样本容量 n 与 k, 且随着 k 的增大而增大. 若此区间的长度为 ∞, 则其置信水平自然会为 1, 达到最大. 但是这个区间对于 θ 的估计并没有什么用处. 于是, 评价一个区间估计好坏的另一个准则就是其区间估计的长短或称为精确度 (当然, 关于区间估计精确度的定义还有其他方法, 区间长度只是其中一个). 但是从定义可以看出, 我们无法使一个区间估计的上述两个准则都达到最优. 现在我们常用的准则是: 先保证置信水平达到一定水平后, 再尽可能地提高其精度.

定义 3.1.3 (置信区间) 设 $[\hat{\theta}_L(\boldsymbol{X}), \hat{\theta}_U(\boldsymbol{X})]$ 是参数 θ 的一个区间估计, 如果对给定的 $\alpha \in (0,1)$, 有

$$P_\theta\{\hat{\theta}_L(\boldsymbol{X}) \leqslant \theta \leqslant \hat{\theta}_U(\boldsymbol{X})\} \geqslant 1 - \alpha, \quad \forall \theta \in \Theta, \tag{3.1.2}$$

则称 $[\hat{\theta}_L(\boldsymbol{X}), \hat{\theta}_U(\boldsymbol{X})]$ 为 θ 的置信水平为 $1-\alpha$ 的置信区间 (confident interval),

$\hat{\theta}_L(\boldsymbol{X}),\hat{\theta}_U(\boldsymbol{X})$ 分别称为置信水平为 $1-\alpha$ 的置信区间的置信下限与置信上限或双侧置信下 (上) 限.

从置信区间的定义可以看出, 它可以保证真值落在此区间的概率至少为 $1-\alpha$, 这与前面讲的区间估计有着很大的不同, 故以后我们所说的区间估计均是指上面定义的置信区间.

注 3.1.4 虽然上面定义的置信区间的置信水平不小于 $1-\alpha$, 但在实际中我们均是求取满足

$$P_\theta\{\hat{\theta}_L(\boldsymbol{X})\leqslant\theta\leqslant\hat{\theta}_U(\boldsymbol{X})\}=1-\alpha,\quad\forall\theta\in\Theta \tag{3.1.3}$$

的置信区间, 有的书上称这种置信区间为同等置信区间, 但在不至于引起混淆的时候, 我们也简称它为置信区间.

在某些实际问题, 人们感兴趣的指标可能是望大 (越大越好的指标就称为望大指标) 或望小 (越小越好的指标就称为望小指标) 的, 如产品的寿命就是望大指标, 布匹上的疵点数就是望小指标. 对于望大 (小) 指标, 人们关心的是在一定置信水平下的置信下 (上) 限. 这即是下面的定义.

定义 3.1.4 (单侧置信限) 设 $\hat{\theta}_L(\boldsymbol{X})$ 与 $\hat{\theta}_U(\boldsymbol{X})$ 是两个统计量, 若对于给定的 $\alpha\in(0,1)$, 有

$$P_\theta\{\hat{\theta}_L(\boldsymbol{X})\leqslant\theta\}\geqslant1-\alpha,\quad\forall\theta\in\Theta, \tag{3.1.4}$$

$$P_\theta\{\hat{\theta}_U(\boldsymbol{X})\geqslant\theta\}\geqslant1-\alpha,\quad\forall\theta\in\Theta, \tag{3.1.5}$$

则分别称 $\hat{\theta}_L(\boldsymbol{X})$ 与 $\hat{\theta}_U(\boldsymbol{X})$ 为 θ 的置信水平为 $1-\alpha$ 的单侧置信下限与上限.

注 3.1.5 一般在实际应用中, 我们在 (3.1.4) 式与 (3.1.5) 式的右端取等号, 这样的置信限也称为同等置信限.

单侧置信限与双侧置信限的关系如下:

定理 3.1.1 设 $\hat{\theta}_L(\boldsymbol{X})$ 与 $\hat{\theta}_U(\boldsymbol{X})$ 分别是参数 θ 的置信水平为 $1-\alpha_1$ 和 $1-\alpha_2$ 的单侧 (同等) 置信下限与上限, 且对于样本 $X_1,\cdots,X_n$, 均有 $\hat{\theta}_L(\boldsymbol{X})\leqslant\hat{\theta}_U(\boldsymbol{X})$. 则 $[\hat{\theta}_L(\boldsymbol{X}),\hat{\theta}_U(\boldsymbol{X})]$ 是 θ 的置信水平为 $1-(\alpha_1+\alpha_2)$ 的 (同等) 置信区间.

证明 因为 $\{\hat{\theta}_L(\boldsymbol{X})\leqslant\theta\leqslant\hat{\theta}_U(\boldsymbol{X})\}$, $\{\theta\leqslant\hat{\theta}_L(\boldsymbol{X})\}$ 与 $\{\theta\geqslant\hat{\theta}_U(\boldsymbol{X})\}$ 是三个互不相容且其并为全事件的三个事件, 又因为

$$P_\theta\{\theta<\hat{\theta}_L(\boldsymbol{X})\}=1-P_\theta\{\theta\geqslant\hat{\theta}_L(\boldsymbol{X})\}=\alpha_1,$$

$$P_\theta\{\hat{\theta}_U(\boldsymbol{X})<\theta\}=1-P_\theta\{\theta\leqslant\hat{\theta}_U(\boldsymbol{X})\}=\alpha_2,$$

所以

$$P_\theta\{\hat{\theta}_L(\boldsymbol{X}) \leqslant \theta \leqslant \hat{\theta}_U(\boldsymbol{X})\} = 1 - \alpha_1 - \alpha_2. \qquad \square$$

上面我们仅考虑了单参数的置信区间, 而多参数在许多实际问题中也经常遇到. 下面我们给出多参数的置信域的概念.

定义 3.1.5 (置信域) 设 $X_1, \cdots, X_n$ 是来自参数分布族 $\mathcal{F} = \{f(\boldsymbol{x}, \boldsymbol{\theta}) : \boldsymbol{\theta} \in \Theta \subset \mathbf{R}^k\}$ 的样本, $\boldsymbol{\theta} = (\theta_1, \cdots, \theta_k)^{\mathrm{T}}$. 如果统计量 $S(\boldsymbol{X})$ 满足

(1) 对任一样本观测值 $\boldsymbol{x}$, $S(\boldsymbol{x})$ 是 Θ 的一个子集;

(2) 对给定的 $\alpha \in (0,1)$, $P_{\boldsymbol{\theta}}\{\boldsymbol{\theta} \in S(\boldsymbol{X})\} \geqslant 1 - \alpha, \forall \boldsymbol{\theta} \in \Theta$,

则称 $S(\boldsymbol{X})$ 是 $\boldsymbol{\theta}$ 的置信水平为 $1-\alpha$ 的置信域 (confident region), 而概率 $P_{\boldsymbol{\theta}}\{\boldsymbol{\theta} \in S(\boldsymbol{X})\}$ 在 Θ 上的下确界就称为置信系数.

在实际应用中, 置信域的形状是各式各样的, 但一些规则的几何图形, 如长方体、球、椭球等应用最多.

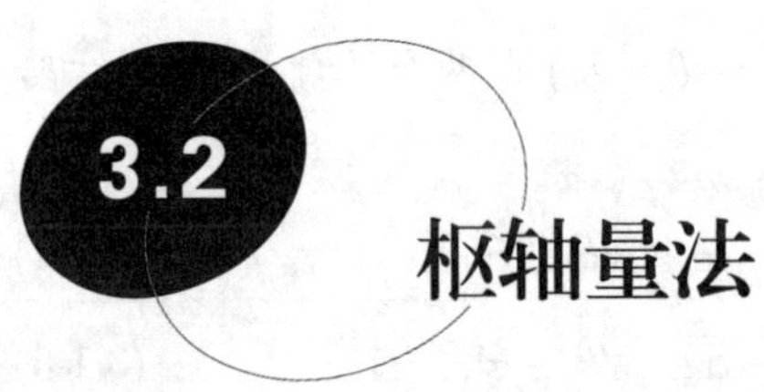

3.2 枢轴量法

求取参数的置信区间的方法有许多, 但其中最常用的是枢轴量法, 尤其是对于连续型分布族. 本节将主要介绍枢轴量法, 至于其他方法可参见茆诗松, 王静龙, 濮晓龙 (2006).

为以后的方便, 我们始终以 $\Phi(x), \phi(x)$ 分别表示标准正态分布 $N(0,1)$ 的 CDF 和 PDF, 且用满足方程

$$\Phi(u_\alpha) = 1 - \alpha \tag{3.2.1}$$

的 u_α 表示标准正态分布的上侧 α 分位数, 见图 3.1.

虽然定义 2.7.2 已给出分位数的一般定义, 但是我们注意到, 那里的定义和 (3.2.1) 式的定义稍有不同. 事实上, 若总体分布 $F(x)$ 是连续且严格单调的, 则总体 $F(x)$ 的上侧 α 分位数 ξ_α 满足

$$F(\xi_\alpha) = 1 - \alpha. \tag{3.2.2}$$

为了以后叙述的方便, 本书后面章节均采用上侧分位数的概念. 在不致引

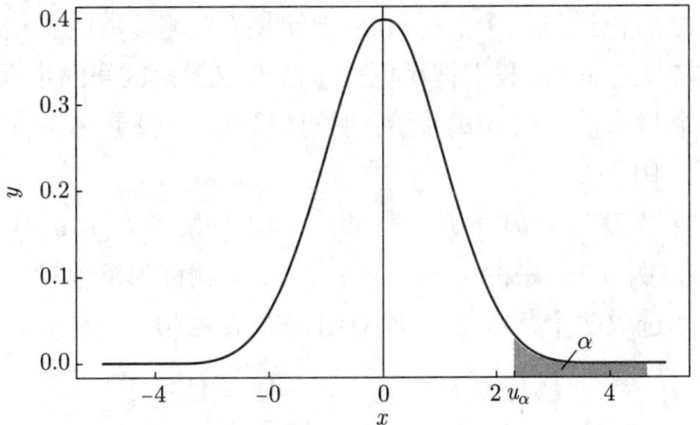

◀ 图 3.1
标准正态分布的上侧 α 分位数 u_α

起混淆的情况下, 我们也称上侧分位数为分位数, 并且以 $\chi^2_\alpha(n), t_\alpha(n), F_\alpha(m,n)$ 分别表示 $\chi^2(n), t(n), F(m,n)$ 分布的上侧 α 分位数. 关于这些常用分布的分位数, 在一般的数理统计书中均有表可查, 但应用时请注意是采用定义 2.7.2 式定义的分位数, 还是如本节所定义的上侧分位数.

3.2.1 小样本情况

为了引入用枢轴量法求取参数的置信区间, 我们先看一个简单的例子.

例 3.2.1 设 $X_1, \cdots, X_n$ 为来自正态总体 $N(\mu, \sigma^2)$ 的 IID 样本, 其中 σ^2 已知, μ 未知. 求 μ 的置信水平为 $1-\alpha$ 的置信区间.

解 由上一章内容知, $\overline{X}$ 是 μ 的一个很好的点估计, 且知道

$$\frac{\sqrt{n}(\overline{X}-\mu)}{\sigma} \sim N(0,1). \tag{3.2.3}$$

对于本例, 由 (3.2.3) 式可知

$$P\left\{-u_{\alpha/2} \leqslant \frac{\sqrt{n}(\overline{X}-\mu)}{\sigma} \leqslant u_{\alpha/2}\right\} = \Phi(u_{\alpha/2}) - \Phi(-u_{\alpha/2}) = 1-\alpha,$$

即

$$P\left\{\overline{X} - \frac{\sigma}{\sqrt{n}}u_{\alpha/2} \leqslant \mu \leqslant \overline{X} + \frac{\sigma}{\sqrt{n}}u_{\alpha/2}\right\} = 1-\alpha,$$

这说明

$$\left[\overline{X} - \frac{\sigma}{\sqrt{n}}u_{\alpha/2}, \quad \overline{X} + \frac{\sigma}{\sqrt{n}}u_{\alpha/2}\right]$$

即是 μ 的置信水平为 $1-\alpha$ 的置信区间. □

从上个例子可以看出, 我们在求取某参数的置信区间时, 一般是先给一个

好的点估计, 之后再通过这个点估计的分布求感兴趣参数的置信区间. 这就是枢轴量的基本想法. 下面, 我们把用枢轴量法求取置信区间的步骤总结如下:

(1) 找一个与待估参数 $g(\theta)$ 无关的统计量 T. 一般是它的一个很好的点估计 (如例 3.2.1 中的 $\overline{X}$);

(2) 设法找出 T 和 $g(\theta)$ 的某函数 $S(T, g(\theta))$, 使得 $S(T, g(\theta))$ 的分布 $F(x)$ 与 θ 无关 (如在例 3.2.1 中的 $\sqrt{n}(\overline{X}-\mu)/\sigma$), S 就称为枢轴量;

(3) 适当地选取两个常数 c, d, 使对给定的 $\alpha \in (0,1)$, 有

$$P_\theta\{c \leqslant S(T, g(\theta)) \leqslant d\} = 1-\alpha, \tag{3.2.4}$$

即 $F(d)-F(c)=1-\alpha$ (一般取 $d=F_{\alpha/2},\ c=F_{1-\alpha/2}$);

(4) 如果能把 (3.2.4) 式中的不等式 $c \leqslant S(T, g(\theta)) \leqslant d$ 等价地改写成 $\hat{\theta}_L(\boldsymbol{X}) \leqslant g(\theta) \leqslant \hat{\theta}_U(\boldsymbol{X})$, 其中 $\hat{\theta}_L(\boldsymbol{X}), \hat{\theta}_U(\boldsymbol{X})$ 只与 c, d 和 T 有关, 而与 θ 无关. 则 $[\hat{\theta}_L(X), \hat{\theta}_U(X)]$ 就是 $g(\theta)$ 的置信水平为 $1-\alpha$ 的置信区间.

注 3.2.1 在上述枢轴量方法中, 最关键的是第二步寻找枢轴量.

例 3.2.2 设 $X_1, \cdots, X_n$ 为来自正态总体 $N(\mu, \sigma^2)$ 的 IID 样本, μ, σ^2 均未知, 试求 μ 的置信水平为 $1-\alpha$ 的置信区间.

解 依枢轴量法的四个步骤, 我们的做法如下:

(1) 由于 $\overline{X}$ 是 μ 的一个好的点估计, 故我们在第一步中取 $T=\overline{X}$.

(2) 由于 σ 未知, 故我们不能取 $\sqrt{n}(\overline{X}-\mu)/\sigma$ 作为枢轴量 (虽然它的分布与参数 μ 无关, 但是它与另一未知的讨厌参数 σ 有关, 故第四步行不通). 此时, 既然 σ 未知, 就用样本标准差估计之, 于是, 我们可以取 $S=\sqrt{n}(\overline{X}-\mu)/S_n$.

(3) 因为 $\sqrt{n}(\overline{X}-\mu)/S_n \sim t(n-1)$, 故取 $c=t_{1-\alpha/2}(n-1)=-t_{\alpha/2}(n-1), d=t_{\alpha/2}(n-1)$.

(4) 因为

$$\begin{aligned} & -t_{\alpha/2}(n-1) \leqslant \frac{\sqrt{n}(\overline{X}-\mu)}{S_n} \leqslant t_{\alpha/2}(n-1) \\ \Longleftrightarrow\ & \overline{X}-\frac{S_n}{\sqrt{n}} t_{\alpha/2}(n-1) \leqslant \mu \leqslant \overline{X}+\frac{S_n}{\sqrt{n}} t_{\alpha/2}(n-1), \end{aligned}$$

故

$$\left[\overline{X}-\frac{S_n}{\sqrt{n}} t_{\alpha/2}(n-1),\quad \overline{X}+\frac{S_n}{\sqrt{n}} t_{\alpha/2}(n-1)\right]$$

即为 μ 的置信水平为 $1-\alpha$ 的置信区间. □

对于本例, 假设我们在如下的实际问题: 为估计一物体质量 μ, 我们把它放在一架天平上称了 5 次, 记录到的结果 (单位: g) 如下:

$$5.52 \quad 5.48 \quad 5.64 \quad 5.51 \quad 5.43$$

假设此天平没有系统误差, 且测量误差服从正态分布 $N(0,\sigma^2)$. 则我们可以利用例 3.2.2 的结果求 μ 的置信区间.

此时, $\overline{X}=5.516$, $S_n=0.078$, 且查表知 $t_{0.025}(4)=2.776$. 于是, μ 的置信水平为 0.95 的置信区间为 $[5.419, 5.613]$.

我们知道 $[5.419, 5.613]$ 是一个具体的区间, 而 μ 是一个虽未知但其值却是确定的数. 于是, 区间 $[5.419, 5.613]$ 或者包含 μ, 或者不包含 μ, 二者必居其一. 那置信水平 0.95 如何解释呢? 事实上, 置信水平的确切含义是: 如果我们把上述试验重复 100 次, 则将得到 100 个这样的置信水平为 0.95 的置信区间. 于是, 我们有理由相信在这 100 个区间中, 至少有 95 次确实包含所要估计的参数的真值. 而一旦得到具体的区间, 我们就不能再说它有 $(1-\alpha)\times 100\%$ 的可能性包含要估计的参数真值了.

例 3.2.3 设 $X_1,\cdots,X_n$ 为来自正态总体 $N(\mu,\sigma^2)$ 的 IID 样本, 试求 σ^2 的置信水平为 $1-\alpha$ 的置信区间.

解 对于此问题, 由前面知识知道, 样本方差 S_n^2 是 σ^2 的一个很好的点估计, 且由定理 1.4.4 知,

$$\frac{(n-1)S_n^2}{\sigma^2} \sim \chi^2(n-1),$$

于是, 我们可取此问题的枢轴量为 $(n-1)S_n^2/\sigma^2$. 由此可以得到 σ^2 的置信水平为 $1-\alpha$ 的置信区间为

$$\left[\frac{(n-1)S_n^2}{\chi^2_{\alpha/2}(n-1)}, \frac{(n-1)S_n^2}{\chi^2_{1-\alpha/2}(n-1)}\right]. \qquad \square$$

例 3.2.4 设 $X_1,\cdots,X_n$ 为来自均匀分布总体 $U(0,\theta)$ 的 IID 样本, 试求 θ 的置信水平为 $1-\alpha$ 的置信区间.

解 对于此总体, 我们在前面讲过, $T=X_{(n)}$ 是 θ 的充分统计量, 也是 θ 的 MLE. 且容易求得 $X_{(n)}/\theta$ 的 PDF 为

$$f(t,\theta)=nt^{n-1}, \quad 0<t<1,$$

与 θ 无关, 于是我们就取 $X_{(n)}/\theta$ 作为此问题的枢轴量. 对于给定的置信水平 $1-\alpha$, 我们可选取 c,d 满足

$$P_\theta\left\{c \leqslant \frac{X_{(n)}}{\theta} \leqslant d\right\} = d^n - c^n = 1-\alpha,$$

由此得到 θ 的置信水平为 $1-\alpha$ 的置信区间为 $\left[\dfrac{X_{(n)}}{d}, \dfrac{X_{(n)}}{c}\right]$.

此区间长度为 $X_{(n)}\left(\dfrac{1}{c}-\dfrac{1}{d}\right)$, 可以证明, 当 $d=1, c=\sqrt[n]{\alpha}$ 时, 其长度达到最小. 这样, $[X_{(n)}, X_{(n)}/\sqrt[n]{\alpha}]$ 就是 θ 的置信水平为 $1-\alpha$ 的最短置信区间.□

例 3.2.5 设某产品的寿命 X 服从指数分布 $Exp(\lambda)$, 试求其平均寿命 $1/\lambda$ 的置信水平为 $1-\alpha$ 的置信限.

解 对于此问题, 其总体的 PDF 为

$$f(x,\lambda)=\lambda \mathrm{e}^{-\lambda x}, \quad x>0.$$

由于寿命是望大指标, 故我们仅需求取其置信下限. 由例 1.5.8 知, $T=\sum\limits_{i=1}^{n} X_i$ 是 λ 的充分统计量, 且由例 2.4.8 知, T/n 也是 $1/\lambda$ 的 UMVUE. 另外, 由 $\varGamma$ 分布的可加性知, $T\sim \varGamma(n,\lambda)$, 故知

$$2\lambda T\sim \varGamma(n,1/2)=\chi^2(2n),$$

故我们取 $2\lambda T$ 为此问题的枢轴量, 且知

$$P\{2\lambda T\leqslant \chi^2_{\alpha}(2n)\}=1-\alpha,$$

于是, 此产品平均寿命 $1/\lambda$ 的置信水平为 $1-\alpha$ 的置信下限为

$$\frac{2T}{\chi^2_{\alpha}(2n)}=\frac{2n\overline{X}}{\chi^2_{\alpha}(2n)}.$$

□

例 3.2.6 设 $X_1,\cdots,X_n$ 为来自正态总体 $N(\mu,\sigma^2)$ 的 IID 样本, μ 已知. 试求 σ^2 的置信水平为 $1-\alpha$ 的置信区间.

解 由于此时 $\sum\limits_{i=1}^{n}(X_i-\mu)^2$ 是 σ^2 的充分统计量, 且 $\sum\limits_{i=1}^{n}(X_i-\mu)^2/\sigma^2\sim \chi^2(n)$, 故它就是本问题的枢轴量. 另外, 由于

$$P\left\{\chi^2_{1-\alpha/2}(n)\leqslant \frac{\sum\limits_{i=1}^{n}(X_i-\mu)^2}{\sigma^2}\leqslant \chi^2_{\alpha/2}(n)\right\}=1-\alpha,$$

故求得 σ^2 的置信水平为 $1-\alpha$ 的置信区间为

$$\left[\frac{\sum\limits_{i=1}^{n}(X_i-\mu)^2}{\chi^2_{\alpha/2}(n)}, \frac{\sum\limits_{i=1}^{n}(X_i-\mu)^2}{\chi^2_{1-\alpha/2}(n)}\right].$$

□

通过上面的例子可以看到, 枢轴量在求上述置信区间的过程中起着 "轴心"

的作用. 但是, 我们在前面考虑的例子均是针对连续型总体的, 这是由于枢轴量法对于离散型随机变量并不容易操作, 其原因在于, 对于给定的 α, 一般不存在确切的分位数. 下面, 我们将讨论二项分布和 Poisson 分布的置信区间的求取方法.

3.2.2 大样本情况

本小节将从极限分布的角度, 用两个例子来说明如何近似求取离散型总体参数的置信区间.

例 3.2.7 设 $X_1,\cdots,X_n$ 为来自 Bernoulli 总体 $b(1,p)$ 的 IID 样本, 试求 p 的置信水平为 $1-\alpha$ 的置信区间.

解 对于此问题, 由于 $\sum\limits_{i=1}^{n}X_i$ 是充分统计量, 故枢轴量应与它有关. 又因为 $\sum\limits_{i=1}^{n}X_i\sim B(n,p)$, 故不可能由此构造一个满足枢轴量法条件的 (2) 与 (4). 但由中心极限定理可知当 $n\to\infty$ 时,

$$\frac{\sum\limits_{i=1}^{n}X_i-np}{\sqrt{npq}}\xrightarrow{d}N(0,1),$$

其中 $q=1-p$, 即当 n 充分大时, 我们有

$$P\left\{\frac{T_n-np}{\sqrt{npq}}<x\right\}\approx\Phi(x),$$

且与 p 无关, 其中 $T_n=\sum\limits_{i=1}^{n}X_i$. 也就是说, 当 n 充分大时,

$$P\left\{-u_{\alpha/2}\leqslant\frac{T_n-np}{\sqrt{npq}}\leqslant u_{\alpha/2}\right\}\approx1-\alpha. \tag{$*$}$$

又因为

$$-u_{\alpha/2}\leqslant\frac{T_n-np}{\sqrt{npq}}\leqslant u_{\alpha/2}\Longleftrightarrow n(\overline{X}-p)^2\leqslant p(1-p)u_{\alpha/2}^2,$$

而上式右端的关于 p 的二次三项式: $n(\overline{X}-p)^2-p(1-p)u_{\alpha/2}^2$ 的判别式

$$\Delta=(-2n\overline{X}-u_{\alpha/2}^2)^2-4(n+u_{\alpha/2}^2)n\overline{X}^2=4nu_{\alpha/2}^2\overline{X}(1-\overline{X})+u_{\alpha/2}^4>0,$$

且其平方项系数大于零, 故可以求得 $n(\overline{X}-p)^2-p(1-p)u_{\alpha/2}^2=0$ 的两个根为

$$p=\frac{n}{n+u_{\alpha/2}^2}\left[\overline{X}+\frac{u_{\alpha/2}^2}{2n}\mp u_{\alpha/2}\sqrt{\frac{\overline{X}(1-\overline{X})}{n}+\frac{u_{\alpha/2}^2}{4n^2}}\right],$$

分别以 $\hat{p}_L<\hat{p}_U$ 记之. 则当 $p\in(\hat{p}_L,\hat{p}_U)$ 时, 上述二次三项式小于零. 于是由 $(*)$ 式知,

$$P\{\hat{p}_L\leqslant p\leqslant\hat{p}_U\}\approx 1-\alpha,$$

即说明 $[\hat{p}_L,\hat{p}_U]$ 是 p 的置信水平近似为 $1-\alpha$ 的置信区间.

当 n 充分大时, $n/(n+u_{\alpha/2}^2)\to 1$, $u_{\alpha/2}^2/(2n)\to 0$, $u_{\alpha/2}^2/(4n^2)\to 0$, 则

$$[\hat{p}_L,\hat{p}_U]\approx\left[\overline{X}-u_{\alpha/2}\sqrt{\frac{\overline{X}(1-\overline{X})}{n}},\overline{X}+u_{\alpha/2}\sqrt{\frac{\overline{X}(1-\overline{X})}{n}}\right],\tag{3.2.5}$$

因此当 n 充分大时, 上式可作为参数 p 的近似置信水平为 $1-\alpha$ 的置信区间.□

在实际中, 若希望置信区间足够小, 即使得参数得以尽可能准确的估计, 则对样本量 n 有要求. 我们可以用区间长度来衡量置信区间大小. 由 (3.2.5) 式可知, 参数 p 的近似置信水平 $1-\alpha$ 的置信区间长度为 $2u_{\alpha/2}\sqrt{\overline{X}(1-\overline{X})/n}$. 记 $d_0=u_{\alpha/2}\sqrt{\overline{X}(1-\overline{X})/n}$ 为置信区间的半径. 由于 $\overline{X}\in(0,1)$, 则 $\overline{X}(1-\overline{X})\leqslant 0.25$, $d_0\leqslant u_{\alpha/2}/(2\sqrt{n})$. 因此若给定半径 d_0, 则样本量 $n\geqslant[u_{\alpha/2}/(2d_0)]^2$. 若已知 p 的大概范围, 例如 $p\leqslant 0.2$, 则近似地有 $\bar{x}\leqslant 0.2$, 则 $\bar{x}(1-\bar{x})\leqslant 0.16$, 可使样本量进一步减少.

例 3.2.8 设 $X_1,\cdots,X_n$ 为来自 Poisson 分布 $P(\lambda)$ 的 IID 样本, 试求 λ 的置信水平为 $1-\alpha$ 的置信区间.

解 此时 λ 的充分统计量为 $T_n=\sum_{i=1}^n X_i$, 且 $T_n\sim P(n\lambda)$. 由中心极限定理知当 $n\to\infty$ 时

$$\frac{T_n-n\lambda}{\sqrt{n\lambda}}\xrightarrow{d}N(0,1),$$

即当 n 充分大时, 有

$$P\left\{-u_{\alpha/2}\leqslant\frac{T_n-n\lambda}{\sqrt{n\lambda}}\leqslant u_{\alpha/2}\right\}\approx 1-\alpha.$$

因此, 用类似于上例中的方法, 设 $\hat{\lambda}_L,\hat{\lambda}_U$ 为二次方程

$$(T_n-n\lambda)^2=n\lambda u_{\alpha/2}^2$$

的根, 即

$$\lambda_{L,U} = \overline{X} + u^2_{\alpha/2}/2n \mp u_{\alpha/2}\sqrt{\frac{u^2_{\alpha/2}}{4n^2} + \frac{\overline{X}}{n}}.$$

于是, λ 的置信水平为 $1-\alpha$ 的置信区间为 $[\hat{\lambda}_L, \hat{\lambda}_U]$. □

由于正态总体的实用性, 故我们在结束本节之前, 把关于单个正态总体参数的置信水平为 $1-\alpha$ 的置信区间总结如表 3.1 所示.

参数情况	μ 的置信区间	σ^2 的置信区间
σ^2 已知	$\left[\overline{X} - u_{\alpha/2}\frac{\sigma}{\sqrt{n}}, \overline{X} + u_{\alpha/2}\frac{\sigma}{\sqrt{n}}\right]$	
σ^2 未知	$\left[\overline{X} - t_{\alpha/2}(n-1)\frac{S_n}{\sqrt{n}}, \overline{X} + t_{\alpha/2}(n-1)\frac{S_n}{\sqrt{n}}\right]$	
μ 已知		$\left[\frac{\sum_{i=1}^n (X_i-\mu)^2}{\chi^2_{\alpha/2}(n)}, \frac{\sum_{i=1}^n (X_i-\mu)^2}{\chi^2_{1-\alpha/2}(n)}\right]$
μ 未知		$\left[\frac{(n-1)S_n^2}{\chi^2_{\alpha/2}(n-1)}, \frac{(n-1)S_n^2}{\chi^2_{1-\alpha/2}(n-1)}\right]$

◀ 表 3.1 单样本正态总体参数的置信区间

两个正态总体的置信区间

在上一节中, 我们讲述了构造连续型总体参数的置信区间方法——枢轴量法, 并且针对单样本正态总体, 给出了其参数的置信区间. 两样本问题也经常出现在许多实际问题中, 故本节将考虑两样本正态总体参数的置信区间问题.

设 $X_1, \cdots, X_m$ 和 $Y_1, \cdots, Y_n$ 分别为来自正态总体 $N(\mu_1, \sigma_1^2)$ 和 $N(\mu_2, \sigma_2^2)$ 的样本, 且全样本是独立的, 其中 $\mu_1, \mu_2, \sigma_1^2, \sigma_2^2$ 为参数.

3.3.1 Behrens-Fisher 问题

我们感兴趣的是求 $\delta = \mu_2 - \mu_1$ 的置信区间. 这个问题是由 Behrens (贝伦斯) 于 1929 年提出的, 由于 Fisher 也讨论过这个问题, 故人们习惯称这个问题为 Behrens-Fisher 问题. 求取 δ 的置信区间的问题之所以成为一个很有名的问题, 是由于当我们对 σ_1^2, σ_2^2 一无所知时, 不知如何求取, 虽然, 当 $\sigma_1^2=\sigma_2^2=\sigma^2$ 未知时, 此问题已得到了很好的解决.

设样本均值为 $\overline{X}=\sum\limits_{i=1}^{m} X_i/m$, $\overline{Y}=\sum\limits_{i=1}^{m} Y_i/n$, 样本方差为 $S_{1m}^2=\sum\limits_{i=1}^{m}(X_i-\overline{X})^2/(m-1)$, $S_{2n}^2=\sum\limits_{i=1}^{n}(Y_i-\overline{Y})^2/(n-1)$. 下面分几种情况讨论 δ 的置信区间.

(1) 当 $\sigma_1^2=\sigma_2^2=\sigma^2$ 未知时

因为统计量

$$T=\sqrt{\frac{mn(m+n-2)}{m+n}}\frac{\overline{Y}-\overline{X}-\delta}{\sqrt{(m-1)S_{1m}^2+(n-1)S_{2n}^2}}\sim t(m+n-2), \quad (3.3.1)$$

故可以取它作为枢轴量. 于是, 由此可求得 δ 的置信水平为 $1-\alpha$ 的置信区间为

$$\left[\overline{Y}-\overline{X}\mp t_{\alpha/2}(m+n-2)\sqrt{\frac{m+n}{mn(m+n-2)}}\sqrt{(m-1)S_{1m}^2+(n-1)S_{2n}^2}\right].$$

(2) 当 $\theta=\sigma_2^2/\sigma_1^2$ 已知时

因为统计量

$$T=\sqrt{\frac{mn(m+n-2)}{m\theta+n}}\frac{\overline{Y}-\overline{X}-\delta}{\sqrt{(m-1)S_{1m}^2+(n-1)S_{2n}^2/\theta}}\sim t(m+n-2), \quad (3.3.2)$$

于是, δ 的置信水平为 $1-\alpha$ 的置信区间为

$$\left[\overline{Y}-\overline{X}\mp t_{\alpha/2}(m+n-2)\sqrt{\frac{m\theta+n}{mn(m+n-2)}}\sqrt{(m-1)S_{1m}^2+(n-1)S_{2n}^2/\theta}\right].$$

(3) 当 $m=n$ 时

因为 $Z_i=Y_i-X_i\sim N(\delta,\sigma_1^2+\sigma_2^2)$, $i=1,\cdots,n$, 且相互独立, 于是知 $\overline{Z}\sim N(\delta,(\sigma_1^2+\sigma_2^2)/n)$, $\sum\limits_{i=1}^{n}(Z_i-\overline{Z})^2/(\sigma_1^2+\sigma_2^2)\sim\chi^2(n-1)$. 故有

$$\frac{\sqrt{n(n-1)}(\overline{Z}-\delta)}{\sqrt{\sum\limits_{i=1}^{n}(Z_i-\overline{Z})^2}}\sim t(n-1), \quad (3.3.3)$$

由此可得 δ 的置信水平为 $1-\alpha$ 的置信区间为

$$\left[\overline{Z}\mp t_{\alpha/2}(n-1)\frac{\sqrt{\sum\limits_{i=1}^{n}(Z_i-\overline{Z})^2}}{\sqrt{n(n-1)}}\right].$$

(4) 当 m,n 都充分大时

因为 $S_{1m}^2 \xrightarrow{P} \sigma_1^2$, $S_{2n}^2 \xrightarrow{P} \sigma_2^2$, 且 $\overline{Y}-\overline{X} \sim N(0,\sigma_1^2/m+\sigma_2^2/n)$, 故由 Slutsky 定理知

$$\tilde{T} = \frac{\overline{Y}-\overline{X}-\delta}{\sqrt{S_{1m}^2/m+S_{2n}^2/n}} \xrightarrow{d} N(0,1), \tag{3.3.4}$$

于是, δ 的置信水平为 $1-\alpha$ 的置信区间为

$$\left[\overline{Y}-\overline{X} \mp u_{\alpha/2}\sqrt{S_{1m}^2/m+S_{2n}^2/n}\right].$$

(5) 一般情况

当 m,n 不是很大时, (3.3.4) 式左边的随机变量既不是 t 分布, 也不是正态分布. Welch (韦尔奇) 于 1938 年通过研究认为 $\widetilde{T}$ 的分布近似地与自由度为 r 的 t 分布相同, 其自由度的选取可如下考虑: 定义

$$T = \frac{\overline{Y}-\overline{X}-\delta}{\sqrt{\sigma_1^2/m+\sigma_2^2/n}}, \quad S_{mn}^{*2} = \frac{S_{1m}^2}{m}+\frac{S_{2n}^2}{n}, \quad Z = \frac{S_{mn}^{*2}}{\sigma_1^2/m+\sigma_2^2/n},$$

显然 $T \sim N(0,1)$, Z 接近 χ^2 分布, 并且 (3.3.4) 式的 $\widetilde{T}$ 可以改写成 $\widetilde{T} = T/\sqrt{Z}$, 于是, 可以认为 $\widetilde{T}$ 近似地服从一个 t 分布. 如果 $\widetilde{T}$ 的自由度为 r, 则可以认为 rZ 近似地服从 $\chi^2(r)$ 分布, 即 $\mathrm{Var}(Z) \approx 2/r$. 又由 Z 的定义可得

$$\mathrm{Var}(Z) = \frac{\dfrac{2\sigma_1^4}{m^2(m-1)}+\dfrac{2\sigma_2^4}{n^2(n-1)}}{(\sigma_1^2/m+\sigma_2^2/n)^2},$$

故可得

$$r \doteq \frac{(\sigma_1^2/m+\sigma_2^2/n)^2}{\dfrac{\sigma_1^4}{m^2(m-1)}+\dfrac{\sigma_2^4}{n^2(n-1)}},$$

但由于 σ_i^2 是未知的, 故我们可用样本方差估计它, 这样就得到了 r 的近似值为

$$r \doteq \frac{S_{mn}^{*4}}{\dfrac{S_{1m}^4}{m^2(m-1)}+\dfrac{S_{2n}^4}{n^2(n-1)}}. \tag{3.3.5}$$

由此可得 δ 的置信水平近似为 $1-\alpha$ 的置信区间为

$$\left[\overline{Y}-\overline{X} \mp t_{\alpha/2}(r)S_{mn}^*\right].$$

例 3.3.1 某厂利用两条自动化流水线装番茄酱罐头. 现分别从两条流水线上随机地抽取一组样本容量为 6 和 7 的样本, 分别称质量 (单位: g) 后, 得到

$$\bar{x} = 10.6, \quad \bar{y} = 10.1, \quad s_{1m}^2 = 0.0125, \quad s_{2n}^2 = 0.01.$$

假设两条流水线上所装番茄酱的质量都服从正态分布, 其均值分别为 μ_1, μ_2, 而方差不等. 求 $\mu_1-\mu_2$ 的置信水平为 0.9 的置信区间.

解 对于此问题, 我们只能利用 (5) 的一般情形近似计算之. 因为

$$s_{mn}^{*2}=\frac{0.0125}{6}+\frac{0.01}{7}=0.003\,512, \quad s_{mn}^{*}=0.059\,26,$$
$$r=0.003\,512^2\Bigg/\left(\frac{0.012\,5^2}{5\times 6^2}+\frac{0.01^2}{6\times 7^2}\right)=10.209\approx 10.$$

又因为 $t_{\alpha/2}(10)=1.812$, 于是 $\mu_1-\mu_2$ 的置信水平为 0.9 的置信区间为 $[0.5\mp 0.059\,26\times 1.812]=[0.393, 0.607]$. □

3.3.2 方差比 σ_1^2/σ_2^2 的置信区间

因为 $(m-1)S_{1m}^2/\sigma_1^2\sim\chi^2(m-1)$, $(n-1)S_{2n}^2/\sigma_2^2\sim\chi^2(n-1)$, 且二者是独立的, 于是

$$F=\frac{S_{1m}^2/\sigma_1^2}{S_{2n}^2/\sigma_2^2}\sim F(m-1, n-1)$$

可以作为枢轴量, 并且

$$P\left\{F_{1-\alpha/2}(m-1, n-1)\leqslant\frac{S_{1m}^2/\sigma_1^2}{S_{2n}^2/\sigma_2^2}\leqslant F_{\alpha/2}(m-1, n-1)\right\}=1-\alpha,$$

这样, 就得到了 σ_1^2/σ_2^2 的置信区间为

$$\left[\frac{S_{1m}^2/S_{2n}^2}{F_{\alpha/2}(m-1, n-1)}, \quad \frac{S_{1m}^2/S_{2n}^2}{F_{1-\alpha/2}(m-1, n-1)}\right].$$

我们把两样本正态总体参数的置信区间总结如表 3.2 所示.

讨厌参数	待估参数	置信区间
$\sigma_1^2=\sigma_2^2=\sigma^2$ 未知	$\mu_2-\mu_1$	$\left[\overline{Y}-\overline{X}\mp t_{\alpha/2}(m+n-2)\sqrt{\frac{m+n}{mn(m+n-2)}(Q_1^2+Q_2^2)}\right]$
$\sigma_2^2/\sigma_1^2=\theta$ 已知	$\mu_2-\mu_1$	$\left[\overline{Y}-\overline{X}\mp t_{\alpha/2}(m+n-2)\sqrt{\frac{m\theta+n}{mn(m+n-2)}(Q_1^2+Q_2^2/\theta)}\right]$
$m=n$ 时	$\mu_2-\mu_1$	$\left[\overline{Z}\mp t_{\alpha/2}(n-1)\frac{\sqrt{\sum_{i=1}^{n}(Z_i-\overline{Z})^2}}{\sqrt{n(n-1)}}\right]$
m, n 充分大	$\mu_2-\mu_1$	$[\overline{Y}-\overline{X}\mp u_{\alpha/2}S_{mn}^{*}]$
一般情况	$\mu_2-\mu_1$	$[\overline{Y}-\overline{X}\mp t_{\alpha/2}(r)S_{mn}^{*}]$
μ_1, μ_2 未知	σ_1^2/σ_2^2	$\left[\frac{S_{1m}^2/S_{2n}^2}{F_{\alpha/2}(m-1, n-1)}, \frac{S_{1m}^2/S_{2n}^2}{F_{1-\alpha/2}(m-1, n-1)}\right]$

▶ 表 3.2
两样本正态总体参数的置信区间

其中 $Q_1^2=\sum\limits_{i=1}^{m}(X_i-\overline{X})^2$, $Q_2^2=\sum\limits_{i=1}^{n}(Y_i-\overline{Y})^2$, $Z_i=Y_i-X_i$, $S_{mn}^{*2}=\dfrac{S_{1m}^2}{m}+\dfrac{S_{2n}^2}{n}$.

3.4 信念推断方法

3.4.1 信念分布

我们先回忆一下最大似然思想: 设 $X\sim f(x,\theta)$, 当有了样本观测值 x 后, 如果对不同的 θ_1,θ_2, $f(x,\theta_1)>f(x,\theta_2)$, 则我们认为 x 来自总体 $f(x,\theta_1)$ 的可能性要比来自 $f(x,\theta_2)$ 的可能性大, 也就是用 θ_1 估计 θ 比用 θ_2 估计 θ 来得可靠些. 这就是说, 当有了样本后, 用最有可能出现的 θ 作为 θ 的估计. 之后, 于 20 世纪 30 年代, Fisher 把上述似然思想推广而提出了信念分布 (fiducial distribution).

先看一个例子. 设有一个样本 $X\sim N(\theta,1)$, θ 是未知参数. 对于这个样本, 有 $X-\theta\sim N(0,1)$, 即 $\forall t$, 有

$$P\{X-\theta<t\}=\varPhi(t), \tag{3.4.1}$$

此式也可写成

$$P\{\theta>X-t\}=\varPhi(t) \quad 或 \quad P\{\theta<u\}=1-\varPhi(X-u). \tag{3.4.2}$$

虽然从 (3.4.1) 式到 (3.4.2) 式, 只是写法的不同, 但 Fisher 却认为有着本质的不同. Fisher 理解 (3.4.2) 如下: 有了样本后, 把 θ 看成一个随机变量, 而上式则给出了 θ 的分布, 这就是 θ 的信念分布.

为什么可以把 θ 看成随机变量呢? 按 Fisher 的思想, 在进行抽样得到样本 X 之前, θ 是一个未知数, 我们对它一无所知, 可以说, 它什么值都可能取, 但并不知道它取什么值的可能性有多大. 但是在抽样得到 X 后, 虽然 θ 仍然有可能取各种值, 但是对取这些值的可能性我们就有了一定的了解, 这就是信念分布所提供的信息. 因此, 在这种情况下, 样本 X 的作用, 或样本 X 所提供的信息, 就表现在它破除了我们对 θ 的完全无知, 而以一个概率分布的形式总结了对 θ 的新认识.

我们注意到, 这种信念分布与 Bayes 方法的先验分布是不一样的, 也可以说有着本质的不同.

例 3.4.1 设样本 $X_1, \cdots, X_n$ 来自正态总体 $N(\mu, 1)$, μ 是未知参数. 试用信念分布求取 μ 的置信区间.

解 由于 $\overline{X}$ 是 μ 的充分统计量, 故我们用 $\overline{X}$ 来考虑此问题. 因为 $\overline{X} \sim N(\mu, 1/n)$, 故可记为

$$\overline{X} = \mu + \frac{1}{n}\varepsilon, \text{ 其中 } \varepsilon \sim N(0,1). \tag{3.4.3}$$

改写上述模型如下:

$$\mu = \overline{X} - \frac{1}{n}\varepsilon, \tag{3.4.4}$$

由此得到了 μ 的信念分布: $\mu \sim N(\overline{X}, 1/n)$, 由此分布就得到了 μ 的区间估计:

$$P\left\{\overline{X} - \frac{1}{\sqrt{n}}u_{\alpha/2} \leqslant \mu \leqslant \overline{X} + \frac{1}{\sqrt{n}}u_{\alpha/2}\right\} = 1 - \alpha.$$

此时, Fisher 称 $1-\alpha$ 为信念系数, $\left[\overline{X} - \frac{1}{\sqrt{n}}u_{\alpha/2},\ \overline{X} + \frac{1}{\sqrt{n}}u_{\alpha/2}\right]$ 称为 μ 的信念水平为 $1-\alpha$ 的区间估计. □

例 3.4.1 中由信念分布得到的区间估计与我们前面得到的置信区间是一致的, 但有时二者是不同的.

例 3.4.2 用信念分布考虑 Behrens-Fisher 问题.

解 注意到, 我们有如下的分布:

$$T_1 = \frac{\sqrt{m}(\overline{X} - \mu_1)}{S_{1m}} \sim t(m-1), \quad T_2 = \frac{\sqrt{n}(\overline{Y} - \mu_2)}{S_{2n}} \sim t(n-1),$$

且 T_1 与 T_2 是独立的, 于是有

$$\mu_1 = \overline{X} - \frac{S_{1m}T_1}{\sqrt{m}}, \quad \mu_2 = \overline{Y} - \frac{S_{2n}T_2}{\sqrt{n}},$$

即

$$\mu_2 - \mu_1 = \overline{Y} - \overline{X} + \left(\frac{S_{1m}T_1}{\sqrt{m}} - \frac{S_{2n}T_2}{\sqrt{n}}\right),$$

其中 $\frac{S_{1m}T_1}{\sqrt{m}} - \frac{S_{2n}T_2}{\sqrt{n}}$ 是两个相互独立的 t 分布的线性组合, 我们把它改写如下:

$$\frac{S_{1m}T_1}{\sqrt{m}} - \frac{S_{2n}T_2}{\sqrt{n}} = r(T_1\cos\theta - T_2\sin\theta),$$

其中 $r=S_{mn}^*=\sqrt{\dfrac{S_{1m}^2}{m}+\dfrac{S_{2n}^2}{n}},\quad \cos\theta=\dfrac{S_{1m}}{r\sqrt{m}},\quad 0<\theta<\pi/2.$

定义 $W=T_1\cos\theta-T_2\sin\theta$, 于是,

$$\mu_2-\mu_1=\overline{Y}-\overline{X}+rW, \tag{$*$}$$

其中 W 的分布仅与 θ 和 t 分布的自由度 $m-1$ 和 $n-1$ 有关. 可以证明, W 的分布关于原点对称, 并且 Fisher 和 Yates (耶茨) 已经编制了其分位数表. 若以 $w_{\alpha/2}(\theta,m-1,n-1)$ 记其上侧 $\alpha/2$ 分位数, 则由 $(*)$ 式知 δ 的信念水平为 $1-\alpha$ 的区间估计为

$$[\overline{Y}-\overline{X}-rw_{\alpha/2}(\theta,m-1,n-1),\quad \overline{Y}-\overline{X}+rw_{\alpha/2}(\theta,m-1,n-1)]. \quad \square$$

由此例可以看出, 从信念分布的角度出发, 可以较圆满地解决 Behrens-Fisher 问题. 这也是它受到重视的一个原因. 但由于在寻求信念分布时, 利用不同方法导出的信念分布有可能不一样, 故也引起了大家的质疑, 这也是它无法完全被大家接受的一个原因.

3.4.2 函数模型方法

关于信念分布的推导, 有好几种方法, 而其中用建立类似于 (3.4.4) 式的函数模型方法是较为简单的一种, 下面简单地介绍一下函数模型方法.

定义 3.4.1 函数模型有三个要素: 取值于可测空间 $(\mathcal{X},\mathcal{B}_{\mathcal{X}})$ 上的统计量 X、参数 $\theta\in\Theta$、误差变量 ε, 且 ε 的分布 P 与 θ 无关. 如果在这三个量之间存在一个函数关系 $X=\theta\circ\varepsilon:(\theta,\varepsilon)\to X$, 使得 $\forall X\in\mathcal{X}$, 存在 $\theta\in\Theta,\varepsilon\sim P$, 使得 $X=\theta\circ\varepsilon$. 则称 $X=\theta\circ\varepsilon,\varepsilon\sim P$ 为函数模型, 记为 $X=\theta\circ\varepsilon$.

例 3.4.3 设样本 $X_1,\cdots,X_n$ 来自 $U(0,\theta)$, 其中 $\theta>0$ 未知, 试求 θ 的区间估计.

解 由于 $X_{(n)}$ 是 θ 的充分统计量, 故我们将基于它考虑问题. 因为 $X_{(n)}$ 的 PDF 为 $p(y,\theta)=ny^{n-1}/\theta^n$, $0\leqslant y\leqslant\theta$, 令 $\varepsilon=X_{(n)}/\theta$, 则 ε 的 PDF 为 $p(t)=nt^{n-1}$, $0\leqslant t\leqslant 1$, 与 θ 无关. 另由 ε 的定义有如下的模型:

$$X_{(n)}=\theta\varepsilon,$$

于是, 当有了样本后, θ 的信念分布可由 $\theta=X_{(n)}/\varepsilon$ 求得, 其 PDF 为 $nX_{(n)}^n/\theta^{n+1}$, $\theta\geqslant X_{(n)}$.

由于 θ 的信念分布的 PDF 是 θ 的严格单减函数, 故从区间长度尽可能短

的角度出发, 我们取形如 $[X_{(n)},\hat{\theta}_u]$ 的区间作为 θ 的区间估计, 从而由

$$P\{X_{(n)}\leqslant\theta\leqslant\hat{\theta}_u\}=\int_{X_{(n)}}^{\hat{\theta}_u}nX_{(n)}^n/\theta^{n+1}\mathrm{d}\theta=1-\alpha,$$

求得 $\hat{\theta}_u=X_{(n)}/\sqrt[n]{\alpha}$. 于是 θ 的信念水平为 $1-\alpha$ 的区间估计为 $[X_{(n)},X_{(n)}/\sqrt[n]{\alpha}]$.

□

习题三

1. 假设在 105 次独立射击中有 60 次命中目标, 试求命中率 p 的置信水平为 95% 的置信区间.
2. 设 $X_1,\cdots,X_n$ 为来自 Poisson 分布 $P(\lambda)$ 的 IID 样本, 试求 λ 的置信水平近似为 $1-\alpha$ 的大样本置信区间.
3. 某通信公司随机抽查了 1 万个手机微信的字符长度, 得到其平均值为 $\bar{x}=9$, 样本标准差为 $s=18$. 在置信水平 95% 下, 求该公司用户手机微信均值 μ 的置信区间.
4. 现在南开大学随机调查了 1000 名学生, 发现其中 651 名同学有平板电脑. 试求该校有平板电脑同学比例 p 的置信水平为 0.95 的置信区间.
5. 随机抽取某大学 60 位教授的住房面积, 得知他们的平均住房面积为 115.4 m^2, 标准差是 15.8 m^2. 又随机地调查了该大学 60 位副教授的住房面积, 得知他们的平均住房面积为 89.3 m^2, 标准差为 21.3 m^2. 试在置信水平 0.95 下,
   (1) 求该大学教授平均住房面积的置信区间;
   (2) 求该大学副教授平均住房面积的置信区间;
   (3) 当认为两个总体的方差等于样本方差时, 求该校教授、副教授住房面积差的置信区间.
6. 16 世纪中叶到 20 世纪有 12 个重大科学突破, 情况汇总如下:

科学发现	科学家	发现年份	年龄
日心说	哥白尼	1543	70
望远镜及天文学的基本定律	伽利略	1609	45
动力学、万有引力、微积分	牛顿	1665	22
电的实质	富兰克林	1746	40
燃烧即氧化	拉瓦锡	1774	31
地球的演变	莱伊尔	1830	33
进化论	达尔文	1858	49
光的电磁场特性	麦克斯韦	1864	33
放射性	居里夫妇	1898	39, 31
量子力学	普朗克	1901	43
狭义相对论	爱因斯坦	1905	26
量子力学的数学基础	薛定谔	1926	39

设提出重大科学发现时科学家的年龄服从 $N(\mu,\sigma^2)$ 分布 (μ,σ 未知), 构造 μ 的置信水平为 0.95 的置信区间.

7. 设 $X_1,\cdots,X_n$ 是来自分布为 $F(x)$ 的总体的 IID 样本, 对于固定的 $x\in\mathbf{R}$, 试求总体分布 $F(x)$ 的置信水平近似为 $1-\alpha$ 的大样本置信区间.
8. 院领导想考察两位老师给学生的期末考试成绩是否有显著性的区别. 假设本学期共有 50 位学生选修老师甲的课程, 且其期末平均成绩为 84.5 分, 标准差为 14.5 分; 而选修老师乙所讲授课程的学生人数为 115, 期末平均成绩为 88.3 分, 标准差为 6.8 分. 若假设学生成绩服从正态分布, 则请给出甲、乙两位老师所教课程的平均成绩的置信水平为 0.95 的置信区间以及两位老师所教课程平均成绩差的置信水平为 0.95 的置信区间.
9. 设有来自对数正态分布 $LN(\mu,0.8^2)$ 的 IID 样本为

$$4.95\quad 1.73\quad 10.07\quad 9.78\quad 14.15\quad 1.52\quad 11.7\quad 6.62\quad 10.38$$

试求:

(1) 总体期望 $\beta=E(X)$;

(2) μ 的置信水平为 0.95 的置信区间;

(3) β 的置信水平为 0.95 的置信区间.

10. 为制定高中学生的体育锻炼标准, 某区教育局在该区高中随机抽选了 30 名男生, 测验 100 m 跑成绩, 结果平均成绩为 13.5 s, 标准差为 0.1 s. 假定高中男生 100 m 跑成绩服从正态分布, 试求全区高中男生 100 m 跑成绩的置信水平为 0.95 的置信区间.
11. 为估计每个家庭月平均收入, 现抽取一定容量的简单随机样本, 假设样本标准差为 350 元. 问为以 95% 的概率使区间的长度为 360 元, 需要抽取多少个家庭?
12. 设 $X_1,\cdots,X_n$ 为来自正态总体 $N(\mu,\sigma_0^2)$ 的 IID 样本, 其中 σ_0 为已知常数. 设介于 0 与 1 间的三个常数 α_1,α_2,α 满足: $\alpha_1+\alpha_2=\alpha$. 又设 μ 的置信水平为 $1-\alpha$ 的置信区间为

$$\left[\overline{X}-u_{\alpha_1}\frac{\sigma_0}{\sqrt{n}},\ \overline{X}+u_{\alpha_2}\frac{\sigma_0}{\sqrt{n}}\right].$$

试证明: 当 $\alpha_1=\alpha_2$ 时, 上述置信区间的长度最小.

13. 设 $X_1,\cdots,X_n$ 和 $Y_1,\cdots,Y_m$ 分别是来自参数为 λ_1 和 λ_2 的指数分布的 IID 样本, 且全样本独立, 试求 λ_2/λ_1 的置信水平为 $1-\alpha$ 的置信区间.
14. 对方差 σ^2 为已知的正态总体, 问需要抽取容量 n 为多大的子样, 才能使总体均值 μ 的置信水平为 $1-\alpha$ 的置信区间的长度不大于 L?
15. 设 $X_i=\dfrac{\theta}{2}t_i^2+\varepsilon_i, i=1,\cdots,n$, 其中 ε_i 为来自 $N(0,\sigma^2)$ 的 IID 样本, 试求基于 θ 的 UMVUE 的置信水平为 $1-\alpha$ 的置信区间.
16. 设 $X_1,\cdots,X_n$ 为分别来自下列概率密度函数的 IID 样本, 试分别求出 θ 的置信水平为 $1-\alpha$ 的置信区间:

(1) $f(x,\theta)=1, \theta-\dfrac{1}{2}<x<\theta+\dfrac{1}{2}$;

(2) $f(x,\theta)=2x/\theta^2, 0<x<\theta,\theta>0$;

(3) $f(x,\theta)=\theta/x^2, 0<\theta<x$.

17. 设 $X_1,\cdots,X_n$ 为来自均匀分布 $U(\theta_1,\theta_2)$ 的 IID 样本.

(1) 试构造 $\theta_2-\theta_1$ 的置信水平为 $1-\alpha$ 的置信区间;

(2) 试构造 $\dfrac{\theta_1+\theta_2}{2}$ 的置信水平为 $1-\alpha$ 的置信区间.

18. 若 $L(X)$ 和 $U(X)$ 满足 $P_\theta\{L(X) \leqslant \theta\} = 1 - \alpha_1$ 和 $P_\theta\{U(X) \geqslant \theta\} = 1 - \alpha_2$, 且对于所有的 X, $L(X) \leqslant U(X)$, 试证明:

$$P_\theta\{L(X) \leqslant \theta \leqslant U(X)\} = 1 - \alpha_1 - \alpha_2.$$

19. 设 $X_1, \cdots, X_n$ 为来自 PDF 的形式为 $\sigma^{-1} f((x-\theta)/\sigma)$ 的一组 IID 样本, 试列出至少三种不同的枢轴量.

20. 设 $X_1, \cdots, X_n$ 为来自 PDF 为

$$f(x,\theta) = \begin{cases} \mathrm{e}^{-(x-\theta)}, & x \geqslant \theta, \\ 0, & x < \theta \end{cases}$$

的 IID 样本, 试基于最小次序统计量 $X_{(1)} = \min\{x_1, \cdots, x_n\}$ 构造 θ 的置信水平为 $1-\alpha$ 的置信区间.

4

第 4 章 假设检验——显著性检验

假设检验 (hypothesis testing) 最早是由 K. Pearson 于 1900 年提出的, 之后由 Fisher 进行了细化, 并最终由 Neyman 和 E. Pearson 提出了较完整的假设检验理论. 另外, 于 20 世纪 50 年代, A. Wald (瓦尔德) 发展了统计决策理论.

参数假设检验基本包括显著性检验 (significance test) 和最大功效检验 (most powerful test) 两部分. 本章先介绍显著性检验, 最大功效检验将在下一章讲述. 另外, 关于 K. Pearson 早期提出的 χ^2 拟合优度检验 (goodness-of-fit test) 也将在后面介绍.

4.1 Fisher的显著性检验思想和基本概念

下面, 我们先看一看 Fisher 的显著性检验思想.

4.1.1 Fisher 显著性检验思想

例 4.1.1 (女士品茶试验) *一种饮料由牛奶与茶按一定比例混合而成, 可以先倒茶后倒牛奶 (记为 TM), 也可以反过来 (记为 MT). 某女士声称她可以鉴别是 TM 还是 MT. 为此 Fisher 设计了如下试验来检验她的说法是否可信. 准备 8 杯饮料, TM 与 MT 各一半, 把它们随机地排在一起, 让她品尝, 并告诉她 TM 与 MT 各 4 杯, 然后让她指出哪四杯是 TM. 假设她全说对了, 你相信她有这个能力吗?*

解 对此问题, Fisher 先引进一个假设:

$$H: \text{该女士并无鉴别能力}. \tag{4.1.1}$$

当 H 正确时, 她只能随机地指出四杯是 TM, 而从 8 杯中选 4 杯共有 $\mathrm{C}_8^4 = 70$ 种选法, 其中仅有一种判断是正确的. 于是, 当 H 正确时, 这个女士选对四杯的概率为 1/70. 此时, 我们必须承认, 下述两个情况必发生其一:

(1) H 不成立, 即该女士有一定的鉴别能力;

(2) 发生了一件概率只有 $\dfrac{1}{70}$ 的事件.

显然, 由于第二件事件发生比较稀奇, 因而我们有相当的理由认为第一种情况发生了, 或者说, 该女士 4 杯全选对这一事件是一个不利于假设 H 的显著性证据. 这样的一个推理过程就叫做显著性检验.

如果该女士只说对了三杯, 则表面上看, 4 杯说对了 3 杯, 成绩已经不错, 但我们可以计算一下, 纯粹出于碰巧而得到这个以至更好成绩的机会有多大, 即当 H 成立时, 从 70 种不同的挑法中, 挑对 3 杯以上的概率为 $17/70 = 0.243$. 显然发生一个概率为 0.243 的事件并不稀奇. 因此, 试验结果没有提供不利于 H 的显著性证据. □

那我们凭什么说概率为 1/70 的事件的发生几乎不可能, 而概率为 17/70 的事件发生的可能性就大了呢? 并且概率小到多小才认为是不可能呢? 之所以提出这个问题, 是由于此值的大小与最终的判断结果有着直接的关系. 于是, 为了得到一个大家都认可的判决, 人们就必须事先指定一个阈值 (threshold) α, 比如可取 $0.01, 0.05, 0.1$ 等. 只有当计算所得的概率小于 α 时, 才认为是小概率事件, 即结果是显著的, 也就是说提供了不利于 H 的显著性证据. 如在上面的品茶试验中, 若取 $\alpha = 0.01$, 则即使 4 杯全说对, 那我们也不能认为结果显著, 这是因为 $1/70 > 0.01$. 而若取 $\alpha = 0.05$, 则说对 4 杯就可以认为是显著了. 所以, Fisher 认为, 在作检验之前, 一定要先给定好 α, 而不能在做完试验后再指定 α. 否则就是公说公有理, 婆说婆有理了. 在后面, 我们称这样的 α 为显著性水平 (significance level), 它越小, 获得显著性结果越难, 即越难拒绝 H. Fisher 称这样的检验为**显著性检验**.

虽然 Fisher 提出的显著性检验在实际中得到了广泛的应用, 但是对于同一个问题, 可以有很多不同的检验方法. 于是, 自然就有一个择优的问题, Neyman 和 E. Pearson 提出了最大功效检验, 从而弥补了显著性检验的这一不足.

有关 Fisher 显著性检验的内容将在本章其他几节中加以介绍. 下面我们先看几个有关假设检验的基本概念.

4.1.2 基本概念

假设检验在我们的实际生活中有很多应用, 尤其是在现在的商品经济社会中. 在讲述基本概念前, 我们再看一个例子.

例 4.1.2 *某工厂在把产品卖给商店之前, 与商店约定: 如果此批产品的次品率小于某个给定值, 如 0.05, 则商店接收这批产品, 否则拒收. 同时, 双方同意从此批产品中随机地抽取 n 件产品以估计其次品率 p. 现以 X 记抽取 n 件产品中的次品数, 则商店如何根据 X 的大小来决定是否接收这批产品.*

对于此问题, 若我们假设 $X \sim B(n,p)$, 则上述问题就可以归结成如下的统计问题: 设有来自总体 $B(n,p)$ 的样本 X, 如何根据 X 的观测值对命题

$$H\colon p \leqslant 0.05$$

作出 "对" 或 "不对" 的判断.

在统计中, 我们把这种需要根据样本去推断其 "正确" 与否的命题, 就称为一个假设或统计假设. 当然, 假设可以是关于参数的, 也可以是关于分布的.

通过样本对一个假设作出 "对" 或 "不对" 的具体判断规则就称为该假设的一个检验. 检验的结果若为 "不对", 则否定该命题, 就称为拒绝 (reject) 该假设; 否则, 就称为接受 (accept) 此假设. 我们注意到, 这里的 "接受" 或 "拒绝" 一个假设的行为, 只是反映了当事者在给定样本之下对该命题所采取的一种态度、一种自愿行为, 而不是从逻辑上或理论上 "证明" 该命题正确与否. 于是, 有人把 "接受" 一个假设称为 "不能拒绝" 此假设. 这是由于我们所应用的样本是随机的, 故所采取的决策可能是错误的.

对于例 4.1.1, 我们可以把假设检验问题总结如下:

设有样本 X, 取值于样本空间 χ, 且知道样本来自某一个参数分布族 $\{F(x,\theta)\colon \theta \in \Theta\}$, 其中 Θ 为参数空间. 设 $\Theta_0 \subset \Theta$, 且 $\Theta_0 \neq \varnothing$, 则命题 $H_0\colon \theta \in \Theta_0$ 称为一个零假设或原假设 (null hypothesis). 若记 $\Theta_1 = \Theta - \Theta_0$, 则命题 $H_1\colon \theta \in \Theta_1$ 称为 H_0 的备择假设 (alternative hypothesis) 或对立假设. 于是, 我们感兴趣的假设就是

$$H_0\colon \theta \in \Theta_0 \longleftrightarrow H_1\colon \theta \in \Theta_1, \tag{4.1.2}$$

称此假设的检验问题为假设检验问题.

我们注意到上面的 (4.1.2) 与 Fisher 的显著性检验并无非常大的不同, 只是这里多了一个备择假设. 然而, 也正是有了这个备择假设, 才产生了 Neyman 和 E. Pearson 的最大功效检验. 另外, 在实际应用中, 对零假设的选取要特别注意. 比如在例 4.1.1 的女士品茶试验中, 若不取 (4.1.1) 式的假设作为零假设, 而取

$$H\colon \text{该女士有鉴别能力}$$

作为零假设, 由于我们无法对 "有鉴别能力" 进行模型处理, 故就无法进行上面的统计分析, 也就得不到任何结论了.

实际上, 对于例 4.1.1, 我们可以把零假设写成如下形式:

$$H_0\colon P\{X=i\} = \frac{\mathrm{C}_4^i \mathrm{C}_4^{4-i}}{\mathrm{C}_8^4},$$

其中 X 表示该女士猜对的杯数, 此时的零假设表示 X 服从超几何分布, 它没有一个参数.

对于例 4.1.2, 参数空间 $\Theta=(0,1)$, $\Theta_0=(0,0.05]$, 就与例 4.1.1 有所不同, 由于假设完全可由参数表示出来.

对于假设 (4.1.2), 如果 Θ_0 只有一个点, 则称之为简单 (simple) 假设, 否则就称为复杂 (composite) 假设或复合假设. 同样, 对于备择假设也有简单与复杂之别. 当 H_0 为简单假设时, 其形式可写成 $H_0\colon \theta=\theta_0$. 此时的备择假设有两种可能:

$$H_1'\colon \theta\neq\theta_0,\quad H_1''\colon \theta<\theta_0 \text{ 或 } \theta>\theta_0.$$

称 $H_0 \longleftrightarrow H_1'$ 为双侧假设, $H_0 \longleftrightarrow H_1''$ 为单侧假设.

另外, 对于假设 (4.1.2) 的检验就是指这样的一个法则或策略: 当有了具体的样本后, 由该法则或策略就可决定是接受 H_0 还是拒绝 H_0, 即检验就等价于把样本空间 $\mathcal{X}$ 划分成两个互不相交的部分 W 和 $\overline{W}$, 当样本属于 $\overline{W}$ 时, 接受 H_0; 否则拒绝 H_0. 于是, 我们称 W 为该检验的拒绝域, 而 $\overline{W}$ 为接受域.

对于例 4.1.2, 其零假设与备择假设均是复杂的, 且此检验的拒绝域为 $\{X>c\}$, 其中常数 c 由买卖双方协商决定, 当然与前面讲的 α 有关.

显然, 由于样本是随机的, 故当应用某种检验方法采取决策时, 可能作出正确的决策: 即当 $\theta\in\Theta_0$ 时, 接受了 H_0; 而当 $\theta\in\Theta_1$ 时, 拒绝了 H_0. 但也可能犯下面的两种错误: 当 $\theta\in\Theta_0$ 时, 样本却落入了拒绝域 W, 于是采取了拒绝 H_0 的错误决策, 称这样的错误为第一类错误 (type Ⅰ error); 当 $\theta\in\Theta_1$ 时, 样本却落入了接受域 $\overline{W}$, 于是采取了接受 H_0 的错误决策, 称这样的错误为第二类错误 (type Ⅱ error). 汇总如下:

决策	H_0 为真	H_1 为真
接受 H_0	正确	第二类错误
拒绝 H_0	第一类错误	正确

为了方便记忆, 分别称第一、二类错误为拒真与纳伪.

由于上述两种错误决策受随机样本的影响, 故它们也具有随机性, 于是, 我们定义犯第一、二类错误的概率如下:

犯第一类错误的概率: $\alpha=P_\theta\{\boldsymbol{X}\in W\}$, $\theta\in\Theta_0$, 也记为 $P\{\boldsymbol{X}\in W|H_0\}$,

犯第二类错误的概率: $\beta=P_\theta\{\boldsymbol{X}\in \overline{W}\}$, $\theta\in\Theta_1$, 也记为 $P\{\boldsymbol{X}\in \overline{W}|H_1\}$.

既然一个检验都有如上两类错误, 能否找到一个检验, 使其犯两类错误的概率都尽可能地小呢? 实际上, 做不到这一点. 为了说明其原因, 先引进如下的势函数 (power function) 或功效函数的概念.

定义 4.1.1 (势函数) 对于假设 (4.1.2) 的一个检验方法 ψ, 其拒绝域记为 W, 则称

$$\beta_\psi(\theta)=P_\theta\{\boldsymbol{X}\in W\},\quad \forall\,\theta\in\Theta \tag{4.1.3}$$

为此检验的势函数.

从上一定义可以看出, 当 $\theta \in \Theta_0$ 时, 此检验犯第一类错误的概率等于其势函数 $\beta_\psi(\theta)$; 而当 $\theta \in \Theta_1$ 时, 检验犯第二类错误的概率等于 $1-\beta_\psi(\theta)$.

下面我们通过一个例子说明无法使一个检验犯第一、二类错误的概率都尽可能地小.

例 4.1.3 如何判断厂家欺骗顾客: 如果买到净含量是 500 g 的袋糖, 其实际质量为 400 g, 能告厂家欺诈吗?

解 若以 μ 表示厂家生产此种袋糖的平均质量, 则要检验的假设为

$$H_0\colon \mu = 500 \longleftrightarrow H_1\colon \mu < 500.$$

顾客为了打官司, 就要搜集证据, 假设他又买了 n 袋糖, 称得其质量为 $X_1, \cdots, X_n$, 显然如果 $\overline{X} = \sum\limits_{i=1}^{n} X_i/n$ 远小于 500, 这场官司就有胜的把握, 即当 $\overline{X} - 500 < c$ 时, 可以拒绝 H_0, 于是, 取拒绝域为 $\{X\colon \overline{X} - 500 < c\}$ 是合理的. 至于如何确定常数 c, 就要依赖于犯错误的概率的选取.

若假设总体服从 $N(\mu, \sigma_0^2)$, 且 σ_0 已知, 则此时的检验统计量为 $T(X) = \sum\limits_{i=1}^{n} X_i/n$, 拒绝域为 $W = \{X\colon \overline{X} < 500 + c\}$, 于是, 由定义 4.1.1 知, 这个检验的势函数为 $\beta(\mu) = P_\mu\{\overline{X} < 500 + c\}$. 这样犯第一、二类错误的概率分别为

$$\alpha = P_{\mu=500}\{\overline{X} < 500 + c\} = P_{\mu=500}\left\{\frac{\overline{X} - 500}{\sigma_0/\sqrt{n}} < \frac{c}{\sigma_0/\sqrt{n}}\right\} = \varPhi(\sqrt{n}c/\sigma_0), \tag{*1}$$

$$\beta = P_\mu\{\overline{X} > 500 + c\} = P_\mu\left\{\frac{\overline{X} - \mu}{\sigma_0/\sqrt{n}} > \frac{500+c-\mu}{\sigma_0/\sqrt{n}}\right\} = 1 - \varPhi\left(\frac{500+c-\mu}{\sigma_0/\sqrt{n}}\right). \tag{*2}$$

比较一下 (*1) 与 (*2) 可知, 犯这两个错误的概率均依赖于常数 c, 并且对于固定的样本容量, 我们找不到一个 c, 使得二者均尽可能小. □

从上例可以看出:

(1) 对于固定的样本容量, 找不到一个检验方法, 使得犯第一、二类错误的概率均达到最小;

(2) 犯第二类错误的概率不易求出, 由于它依赖于备择假设中的参数.

既然不可能同时控制一个检验犯第一、二类错误的概率, 那么通常的做法是仅限制犯第一类错误的概率, 即有如下的定义.

定义 4.1.2 (显著性水平) 对于检验 ψ 和事先给定的 $\alpha \in (0,1)$, 如果它满足

$$P_\theta\{\boldsymbol{X} \in W\} \leqslant \alpha, \quad \forall\, \theta \in \Theta_0, \tag{4.1.4}$$

则称 α 是检验 ψ 的显著性水平或水平, 也称 ψ 为显著性水平 α 的检验.

一般地, 取 $\alpha = 0.01, 0.05, 0.1$ 这三个值, 其原因在于方便实际应用者查表. 在女士品茶试验中, 当时所讲的阈值就是这里的显著性水平.

另外, 当只控制一个检验犯第一类错误的概率时, 就称这样的检验为**显著性检验**. 一般情况下, 求取某假设的显著性检验的步骤如下:

(1) 根据实际问题, 建立统计假设 $H_0 \longleftrightarrow H_1$;

(2) 选取一个合适的统计量 $T(\boldsymbol{X})$, 使当 H_0 成立时, T 的分布已知, 且与参数 θ 无关 (称此分布为统计量 T 的零分布);

(3) 根据 H_0 及 H_1 的特点, 确定拒绝域 W 的区间形式;

(4) 对于给定的显著性水平 α, 确定拒绝域 W;

(5) 由样本观测值 $\boldsymbol{x}$, 计算统计量 $T(\boldsymbol{X})$ 的值 $T(\boldsymbol{x})$, 由 $T(\boldsymbol{x})$ 是否属于 W, 作出最终判断.

本章后面的内容都将遵循如上步骤求取相应假设的显著性检验.

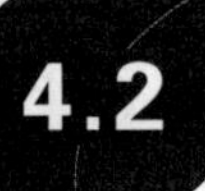

4.2 单样本正态总体参数的显著性检验

正态总体是实际中经常遇到的情况, 故本节及下一节将仅考虑单个及两个正态总体参数的显著性检验问题. 在本节, 始终假设 $X_1, \cdots, X_n$ 为来自正态总体 $N(\mu, \sigma^2)$ 的 IID 样本, 且我们感兴趣的是关于 μ 及 σ^2 的检验问题. 在讲述方法之前, 先看一个例子.

例 4.2.1 某糖厂生产某种袋装糖, 如果装袋机工作正常, 则每袋的标准质量为 100 g. 根据以往经验, 当生产正常时, 其各袋质量的标准差为 $\sigma = 1.15$ g. 为了检测此台袋装机是否工作正常, 现从中随机地抽取 9 袋糖, 测其质量 (单位: g) 如下:

99.3　98.7　100.5　101.2　98.3　99.7　99.5　102.1　100.5

请问此台包装机工作是否正常 ($\alpha = 0.05$)?

解 对于此问题, 当工作正常时, 可以认为每袋糖的质量 X_i 服从正态分布 $N(\mu, \sigma^2)$, 且 X_i 间是独立的, 其中 μ 是包装机现有状态下的每袋糖的平均质量, 而 $\sigma = 1.15$ g. 如果 $\mu = 100$ g, 就可以认为此包装机工作正常, 否则就不正常. 因此, 此时的假设为

$$H_0\colon \mu = 100 \longleftrightarrow H_1\colon \mu \neq 100,$$

根据上节的定义, 这是一个双侧假设. □

为了对此假设问题进行检验, 先考虑如下一般情况下的检验问题.

4.2.1 单样本正态总体均值的检验

设 $X_1, \cdots, X_n$ 为来自 $N(\mu, \sigma^2)$ 的 IID 样本, 我们感兴趣的是关于其均值 μ 的如下假设:

$$H_0\colon \mu = \mu_0 \longleftrightarrow H_1\colon \mu \neq \mu_0, \tag{4.2.1}$$

$$H_0\colon \mu = \mu_0 \longleftrightarrow H_1\colon \mu < \mu_0, \tag{4.2.2}$$

$$H_0\colon \mu = \mu_0 \longleftrightarrow H_1\colon \mu > \mu_0, \tag{4.2.3}$$

$$H_0\colon \mu \leqslant \mu_0 \longleftrightarrow H_1\colon \mu > \mu_0, \tag{4.2.4}$$

$$H_0\colon \mu \geqslant \mu_0 \longleftrightarrow H_1\colon \mu < \mu_0, \tag{4.2.5}$$

其中 μ_0 是已知的常数. 上述假设有单侧的、双侧的、简单的及复杂的, 另外, σ^2 的已知与否对上述假设检验问题是有影响的 (主要体现在对统计量零分布的确定). 于是, 就 σ^2 已知与未知两种情况来考虑上述五种假设的检验问题.

一、$\boldsymbol{\sigma^2 = \sigma_0^2}$ 已知

对于假设 (4.2.1), 我们感兴趣的参数是总体均值 μ 的大小, 而在第二章讲过, 对于正态总体而言, 样本均值 $\overline{X}$ 是 μ 的一个很好的点估计. 于是, 当假设 (4.2.1) 的 H_0 成立, 即 $\mu = \mu_0$ 时, $\overline{X}$ 应与 μ_0 相差不多. 而当 H_1 成立时, $\overline{X}$ 与 μ_0 应相差较大. 这样, 可以用 $|\overline{X} - \mu_0|$ 的大小来反映假设 (4.2.1), 并且当 $|\overline{X} - \mu_0| > c$ 时, 有理由拒绝 H_0, 即认为 H_1 成立.

因为 $\mathrm{Var}(\overline{X} - \mu_0) = \sigma_0^2/n$, 为了标准化, 可以取此假设的检验统计量为

$$U(\boldsymbol{X}) = \frac{\sqrt{n}(\overline{X} - \mu_0)}{\sigma_0}. \tag{4.2.6}$$

根据上述分析, 此检验的拒绝域为

$$W = \{\boldsymbol{x} \colon |U(\boldsymbol{x})| > c\}.$$

再根据显著性检验的特点, 上述拒绝域中的常数 c 由其事先给定的显著性水平 α 确定, 即要求此检验犯第一类错误的概率不大于 α, 也就是说, 其常数 c 满足

$$P_{H_0}\{|U| > c\} \leqslant \alpha.$$

由于当 H_0 成立时, $U(\boldsymbol{X}) \sim N(0,1)$, 故上述拒绝域中的常数 c 可取为 $c = u_{\alpha/2}$, 又因为此常数是拒绝与接受零假设的分水岭, 因此称之为检验的临界值 (critical value).

总之, 此时关于假设 (4.2.1) 的显著性检验总结如下:

(1) 检验统计量: $U(\boldsymbol{X}) = \dfrac{\sqrt{n}(\overline{X} - \mu_0)}{\sigma_0}$;

(2) 检验的拒绝域: $\{\boldsymbol{x} \colon |U(\boldsymbol{x})| > u_{\alpha/2}\}$.

通过上面分析可知, 此检验即为假设 (4.2.1) 的显著性水平为 α 的显著性检验, 由于此时检验统计量 U 的零分布是标准正态分布, 且是双侧的, 故称之为双侧 u 检验.

对于例 4.2.1, 可以利用上述检验来处理之. 此时, $\mu_0 = 100$, $\sigma_0 = 1.15$, 因为

$$|U| = \left|\frac{\sqrt{9}(99.98 - 100)}{1.15}\right| = |-0.052| < 1.96 = u_{0.05/2},$$

故在显著性水平 0.05 下, 没有充分的理由拒绝 H_0, 也就是说, 不能认为此台包装机工作不正常.

对于假设 (4.2.2), 由于它与假设 (4.2.1) 的区别在于备择假设的不同, 故仍可采用关于假设 (4.2.1) 的检验统计量, 但此时根据其备择假设的特点, 取其拒绝域为

$$W = \{\boldsymbol{x} \colon U(\boldsymbol{x}) < c\}.$$

由于在 H_0 下, 统计量 $U(\boldsymbol{X}) \sim N(0,1)$, 故在控制第一类错误的概率不大于 α 下, 拒绝域中的常数 c 可取为 $c = -u_\alpha$.

于是, 关于假设 (4.2.2) 的显著性水平为 α 的显著性检验为

(1) 检验统计量: $U(\boldsymbol{X}) = \dfrac{\sqrt{n}(\overline{X} - \mu_0)}{\sigma_0}$;

(2) 检验的拒绝域: $\{\boldsymbol{x} : U(\boldsymbol{x}) < -u_\alpha\}$.

我们称之为单侧 u 检验.

对于假设 (4.2.3), 用类似于假设 (4.2.2) 的方法, 可以得到其显著性水平为 α 的显著性检验为

(1) 检验统计量: $U(\boldsymbol{X})=\dfrac{\sqrt{n}(\overline{X}-\mu_0)}{\sigma_0}$;

(2) 检验的拒绝域: $\{\boldsymbol{x}: U(\boldsymbol{x})>u_\alpha\}$.

也称之为单侧 u 检验.

对于假设 (4.2.4), 由于此时我们感兴趣的仍然是均值参数 μ, 故仍可以用上述的检验统计量 (4.2.6), 虽然此时它的零分布并不是标准正态分布 $N(0,1)$. 根据备择假设的特点, 此检验的拒绝域可取为

$$W=\{\boldsymbol{X}: U(\boldsymbol{X})>c\}.$$

为了控制此检验犯第一类错误的概率不大于给定的 α, 要求临界值 c 满足

$$\alpha(\mu)=P_{H_0}\{U(\boldsymbol{X})>c\}\leqslant\alpha.$$

事实上, $c=u_\alpha$ 即满足上式的要求. 实际上, 当 $H_0: \mu\leqslant\mu_0$ 成立时, 样本均值 $\overline{X}\sim N(\mu,\sigma_0^2/n)$, 故

$$\begin{aligned}
\alpha(\mu)&=P_{H_0}\{U(\boldsymbol{X})>u_\alpha\}\\
&=P_{H_0}\left\{\frac{\sqrt{n}(\overline{X}-\mu+\mu-\mu_0)}{\sigma_0}>u_\alpha\right\}\\
&=P_{H_0}\left\{\frac{\sqrt{n}(\overline{X}-\mu)}{\sigma_0}>u_\alpha-\frac{\sqrt{n}(\mu-\mu_0)}{\sigma_0}\right\}\\
&=1-\Phi\left(u_\alpha-\frac{\sqrt{n}(\mu-\mu_0)}{\sigma_0}\right)\quad(\text{注意到此时 }\mu\leqslant\mu_0)\\
&\leqslant 1-\Phi(u_\alpha)=\alpha.
\end{aligned}$$

综上所述, 假设 (4.2.4) 的显著性水平为 α 的显著性检验与假设 (4.2.3) 的显著性水平为 α 的显著性检验相同.

对于假设 (4.2.5), 用类似于假设 (4.2.4) 方法, 可以说明, 它的显著性水平为 α 的显著性检验与假设 (4.2.2) 的显著性水平为 α 的显著性检验相同.

例 4.2.2 假设某种型号三极管的放大倍数服从正态分布, 其期望值不小于 100 hFE. 为了检验其生产情况是否正常, 现从中随机地抽取 30 只三极管, 测得其放大倍数的平均值为 95 hFE. 请问最近生产的三极管的放大倍数是不是降低了 (假设总体方差 $\sigma^2=50$, $\alpha=0.05$)?

解 对于此问题, 感兴趣的假设为 (4.2.5), 且 $\mu_0=100$, $\sigma_0^2=50$, $n=30$, $\overline{X}=95$. 对于 $\alpha=0.05$, 有

$$U = \frac{\sqrt{30}(95-100)}{\sqrt{50}} = -3.873 < -1.645 = -u_{0.05},$$

故有理由拒绝零假设, 即认为最近生产的三极管的放大倍数降低了. □

二、σ^2 未知

在上一段的内容中, 始终假设正态总体的方差是已知的, 但在许多实际问题, 总体方差可能是未知的. 于是, 本段将考虑当总体方差未知时, 关于上述五个假设的显著性检验问题.

对于假设 (4.2.1), 由于样本均值 $\overline{X}$ 依然是总体均值的一个好的点估计, 故当 H_0 成立时, $\overline{X}$ 与 μ_0 应比较接近, 而当 H_1 成立时, 二者应相差较大. 但是, 此时样本均值 $\overline{X}$ 的零分布 $N(\mu_0, \sigma^2/n)$ 并非完全已知. 另外, 注意到, 样本方差 S_n^2 是总体方差 σ^2 的一个好的点估计, 且当 H_0 成立时, 有

$$T(\boldsymbol{X}) = \frac{\sqrt{n}(\overline{X}-\mu_0)}{S_n} \sim t(n-1), \tag{4.2.7}$$

于是, 可采用它作为检验统计量.

这样, 用类似于上一段的方法, 可以得到此时假设 (4.2.1) 的显著性水平为 α 的显著性检验如下:

(1) 检验统计量: $T(\boldsymbol{X}) = \dfrac{\sqrt{n}(\overline{X}-\mu_0)}{S_n}$;

(2) 检验的拒绝域: $\{\boldsymbol{x} : |T(\boldsymbol{x})| > t_{\alpha/2}(n-1)\}$.

由于此时检验统计量 T 的零分布是 t 分布, 且是双侧的, 故称之为双侧 t 检验.

对于其余四个假设, 均可用类似于上一段的方法得到其显著性水平为 α 的显著性检验, 只是这里所用的检验统计量为 (4.2.7) 式的 $T(\boldsymbol{X})$, 且相应的临界值为 $t(n-1)$ 分布的相应分位数.

综上所述, 我们把关于单样本正态总体均值的显著性水平为 α 的显著性检验总结在表 4.1 中.

▶ 表 4.1 单样本正态总体均值的显著性检验

方差	假设	检验统计量	拒绝域	名字
$\sigma^2=\sigma_0^2$	$H_0: \mu=\mu_0 \longleftrightarrow H_1: \mu \neq \mu_0$	$U = \dfrac{\sqrt{n}\,(\overline{X}-\mu_0)}{\sigma_0}$	$\{\lvert U\rvert > u_{\alpha/2}\}$	双侧 u 检验
	$H_0: \mu=\mu_0 \longleftrightarrow H_1: \mu < \mu_0$		$\{U < -u_\alpha\}$	单侧 u 检验
	$H_0: \mu=\mu_0 \longleftrightarrow H_1: \mu > \mu_0$		$\{U > u_\alpha\}$	单侧 u 检验
	$H_0: \mu \leqslant \mu_0 \longleftrightarrow H_1: \mu > \mu_0$		$\{U > u_\alpha\}$	单侧 u 检验
	$H_0: \mu \geqslant \mu_0 \longleftrightarrow H_1: \mu < \mu_0$		$\{U < -u_\alpha\}$	单侧 u 检验

续表

方差	假设	检验统计量	拒绝域	名字
σ^2 未知	$H_0: \mu=\mu_0 \longleftrightarrow H_1: \mu \neq \mu_0$	$T=\dfrac{\sqrt{n}\left(\overline{X}-\mu_0\right)}{S_n}$	$\{\|T\|>t_{\alpha/2}(n-1)\}$	双侧 t 检验
	$H_0: \mu=\mu_0 \longleftrightarrow H_1: \mu<\mu_0$		$\{T<-t_\alpha(n-1)\}$	单侧 t 检验
	$H_0: \mu=\mu_0 \longleftrightarrow H_1: \mu>\mu_0$		$\{T>t_\alpha(n-1)\}$	单侧 t 检验
	$H_0: \mu \leqslant \mu_0 \longleftrightarrow H_1: \mu>\mu_0$		$\{T>t_\alpha(n-1)\}$	单侧 t 检验
	$H_0: \mu \geqslant \mu_0 \longleftrightarrow H_1: \mu<\mu_0$		$\{T<-t_\alpha(n-1)\}$	单侧 t 检验

对于例 4.2.1, 可以利用方差未知时的显著性检验重复做一次, 看结果如何. 当然, 在实际应用中, 一定要尽量把已知信息用足. 若总体方差已知, 则一定使用方差已知时的检验, 这样检验会有更大的功效.

4.2.2 单样本正态总体方差的检验

在上一小节的内容中, 有一部分内容是假设总体方差已知. 由于在许多实际问题, 这个已知的方差是利用历史数据估计而来的, 故有必要对其进行统计检验. 本小节就将介绍单样本正态总体方差的假设检验问题.

假设 $X_1,\cdots,X_n$ 为来自正态总体 $N(\mu,\sigma^2)$ 的 IID 样本, 我们感兴趣的假设为

$$H_0: \sigma^2=\sigma_0^2 \longleftrightarrow H_1: \sigma^2 \neq \sigma_0^2, \tag{4.2.8}$$

$$H_0: \sigma^2=\sigma_0^2 \longleftrightarrow H_1: \sigma^2 < \sigma_0^2, \tag{4.2.9}$$

$$H_0: \sigma^2=\sigma_0^2 \longleftrightarrow H_1: \sigma^2 > \sigma_0^2, \tag{4.2.10}$$

$$H_0: \sigma^2 \leqslant \sigma_0^2 \longleftrightarrow H_1: \sigma^2 > \sigma_0^2, \tag{4.2.11}$$

$$H_0: \sigma^2 \geqslant \sigma_0^2 \longleftrightarrow H_1: \sigma^2 < \sigma_0^2. \tag{4.2.12}$$

类似于均值的检验, 分均值已知与未知两种情况来考虑上述问题的显著性检验.

一、$\mu=\mu_0$ 已知

关于假设 (4.2.8), 由于此时 σ^2 的一个很好的点估计为 $\sum\limits_{i=1}^{n}(X_i-\mu_0)^2/n$, 且当 H_0 成立时, $\sum\limits_{i=1}^{n}(X_i-\mu_0)^2/\sigma^2 \sim \chi^2(n)$, 于是, 可以选取检验统计量为

$$\chi^2 = \frac{\sum_{i=1}^{n}(X_i - \mu_0)^2}{\sigma_0^2}, \tag{4.2.13}$$

另外, 由此时零假设与备择假设的特点可知, 其拒绝域为

$$W = \{\chi^2 < c_1\} \bigcup \{\chi^2 > c_2\},$$

其中 $c_1 < c_2$ 为两个待定的常数, 且由检验的显著性水平 α 来确定, 即它们满足

$$P_{H_0}\{\boldsymbol{X} \in W\} \leqslant \alpha,$$

亦即

$$P_{H_0}\{\chi^2 < c_1\} + P_{H_0}\{\chi^2 > c_2\} \leqslant \alpha. \tag{4.2.14}$$

虽然在 H_0 下, $\chi^2 \sim \chi^2(n)$, 但并不能由 (4.2.14) 式确定两个未知常数. 于是, 一个常用的方法是如下选取 c_1, c_2:

$$P_{H_0}\{\chi^2 < c_1\} \leqslant \alpha/2,\ P_{H_0}\{\chi^2 > c_2\} \leqslant \alpha/2. \tag{4.2.15}$$

这样, 由 χ^2 的零分布及 (4.2.15) 式, 得到满足 (4.2.14) 式的临界值 c_1, c_2 如下:

$$c_1 = \chi^2_{1-\alpha/2}(n), \quad c_2 = \chi^2_{\alpha/2}(n).$$

于是, 得到假设 (4.2.8) 的显著性水平为 α 的一个显著性检验为

(1) 检验统计量 $\chi^2 = \dfrac{\sum\limits_{i=1}^{n}(X_i - \mu_0)^2}{\sigma_0^2}$;

(2) 检验的拒绝域: $W = \{\chi^2 < \chi^2_{1-\alpha/2}(n)\} \bigcup \{\chi^2 > \chi^2_{\alpha/2}(n)\}$.

关于假设 (4.2.9), 我们可以利用类似于 (4.2.8) 的方法, 求得其显著性水平为 α 的显著性检验为

(1) 检验统计量 $\chi^2 = \dfrac{\sum\limits_{i=1}^{n}(X_i - \mu_0)^2}{\sigma_0^2}$;

(2) 检验的拒绝域: $W = \{\chi^2 < \chi^2_{1-\alpha}(n)\}$.

关于假设 (4.2.10), 我们也可以利用类似于 (4.2.8) 的方法, 求得显著性水平为 α 的显著性检验为

(1) 检验统计量 $\chi^2 = \dfrac{\sum\limits_{i=1}^{n}(X_i - \mu_0)^2}{\sigma_0^2}$;

(2) 检验的拒绝域: $W = \{\chi^2 > \chi^2_{\alpha}(n)\}$.

关于假设 (4.2.11), 虽然此时的零假设为复杂的, 但我们感兴趣的仍然是总体方差的大小, 故仍采用 (4.2.13) 式的 χ^2 统计量作为此假设问题的检验统计量, 且根据此时备择假设的特点, 其拒绝域为

$$W=\{\chi^2>c\},$$

其中常数 c 由控制犯第一类错误的概率得到, 即

$$P_{H_0}\{\chi^2>c\}\leqslant\alpha.$$

但注意到, 在 H_0 下, (4.2.13) 式的 χ^2 统计量的分布并不是 $\chi^2(n)$. 然而, 有

$$\begin{aligned}\alpha&\geqslant P_{H_0}\left\{\chi^2>c\right\}\\&=P_{H_0}\left\{\frac{\sum\limits_{i=1}^{n}(X_i-\mu_0)^2}{\sigma_0^2}>c\right\}\\&=P_{H_0}\left\{\frac{\sum\limits_{i=1}^{n}(X_i-\mu_0)^2}{\sigma^2}>\frac{c\sigma_0^2}{\sigma^2}\right\},\end{aligned}\tag{4.2.16}$$

由于在 H_0 成立时, $\sigma^2\leqslant\sigma_0^2$, 故只要取 c 满足

$$\alpha\geqslant P_{H_0}\left\{\frac{\sum\limits_{i=1}^{n}(X_i-\mu_0)^2}{\sigma^2}>c\right\}.\tag{4.2.17}$$

因为

$$P_{H_0}\left\{\frac{\sum\limits_{i=1}^{n}(X_i-\mu_0)^2}{\sigma^2}>c\right\}\geqslant P_{H_0}\left\{\frac{\sum\limits_{i=1}^{n}(X_i-\mu_0)^2}{\sigma^2}>\frac{c\sigma_0^2}{\sigma^2}\right\},$$

所以它一定满足 (4.2.16) 式.

由于在 H_0 成立时, (4.2.17) 式中的 $\dfrac{\sum\limits_{i=1}^{n}(X_i-\mu_0)^2}{\sigma^2}\sim\chi^2(n)$, 故可以取 $c=\chi^2_\alpha(n)$. 于是可知, 关于假设 (4.2.10) 的显著性水平为 α 的显著性检验也是假设 (4.2.11) 的显著性水平为 α 的显著性检验.

关于假设 (4.2.12), 我们同样可以利用关于假设 (4.2.9) 的显著性水平为 α 的显著性检验作此假设的显著性检验.

二、μ 未知

此时, 我们可以用类似于导出 μ 已知时的检验方法得到五个假设的显著性水平为 α 的显著性检验. 只是注意到, 此时所用的检验统计量为

$$\chi^2=\frac{\sum_{i=1}^{n}(X_i-\overline{X})^2}{\sigma_0^2}, \tag{4.2.18}$$

各假设的临界值与 μ 已知时非常类似, 只需把那里的自由度 n 换成现在的自由度 $n-1$ 即可. 总之, 我们把上述两种情况下关于单样本正态总体方差的显著性检验总结见表 4.2.

均值	假设	检验统计量	拒绝域
$\mu=\mu_0$	$H_0\colon \sigma_0=\sigma_0^2 \longleftrightarrow H_1\colon \sigma_0\neq\sigma_0^2$	$\chi^2=\frac{\sum_{i=1}^{n}(X_i-\mu_0)^2}{\sigma_0^2}$	$\{\chi^2<\chi^2_{1-\alpha/2}(n)\}\cup\{\chi^2>\chi^2_{\alpha/2}(n)\}$
	$H_0\colon \sigma_0=\sigma_0^2 \longleftrightarrow H_1\colon \sigma_0<\sigma_0^2$		$\{\chi^2<\chi^2_{1-\alpha}(n)\}$
	$H_0\colon \sigma_0=\sigma_0^2 \longleftrightarrow H_1\colon \sigma_0>\sigma_0^2$		$\{\chi^2>\chi^2_{\alpha}(n)\}$
	$H_0\colon \sigma_0\leqslant\sigma_0^2 \longleftrightarrow H_1\colon \sigma_0>\sigma_0^2$		$\{\chi^2>\chi^2_{\alpha}(n)\}$
	$H_0\colon \sigma_0\geqslant\sigma_0^2 \longleftrightarrow H_1\colon \sigma_0<\sigma_0^2$		$\{\chi^2<\chi^2_{1-\alpha}(n)\}$
μ 未知	$H_0\colon \sigma_0=\sigma_0^2 \longleftrightarrow H_1\colon \sigma_0\neq\sigma_0^2$	$\chi^2=\frac{\sum_{i=1}^{n}(X_i-\overline{X})^2}{\sigma_0^2}$	$\{\chi^2<\chi^2_{1-\alpha/2}(n-1)\}\cup\{\chi^2>\chi^2_{\alpha/2}(n-1)\}$
	$H_0\colon \sigma_0=\sigma_0^2 \longleftrightarrow H_1\colon \sigma_0<\sigma_0^2$		$\{\chi^2<\chi^2_{1-\alpha}(n-1)\}$
	$H_0\colon \sigma_0=\sigma_0^2 \longleftrightarrow H_1\colon \sigma_0>\sigma_0^2$		$\{\chi^2>\chi^2_{\alpha}(n-1)\}$
	$H_0\colon \sigma_0\leqslant\sigma_0^2 \longleftrightarrow H_1\colon \sigma_0>\sigma_0^2$		$\{\chi^2>\chi^2_{\alpha}(n-1)\}$
	$H_0\colon \sigma_0\geqslant\sigma_0^2 \longleftrightarrow H_1\colon \sigma_0<\sigma_0^2$		$\{\chi^2<\chi^2_{1-\alpha}(n-1)\}$

▶ 表 4.2 单样本正态总体方差的显著性检验

例 4.2.3 某工厂生产某种零件, 要求其长度的标准差不得超过 0.4 cm. 现在某日生产的一批零件中随机地抽取了 30 件, 测量其长度 (单位: cm) 如下:

零件长度 X_i/cm	5.1	5.3	5.6	6.2	6.5	6.8	7.0
频数 n_i	1	3	7	9	6	3	1

试问这批零件的长度的标准差较以往有显著的减小吗 (取 $\alpha=0.05$, 且假设零件的长度服从正态分布 $N(\mu,\sigma^2)$)?

解 对于此问题, 由题义知, 需要检验假设为

$$H_0\colon \sigma^2\leqslant 0.4^2 \longleftrightarrow H_1\colon \sigma^2>0.4^2.$$

由于此时不知总体均值的大小，故由表 4.2 知，

$$\chi^2 = \frac{\sum_{i=1}^{n}(X_i - \overline{X})^2}{\sigma_0^2} = \frac{7.987}{0.4^2} = 49.919,$$

又因为 $49.919 > 42.557 = \chi^2_{0.05}(29)$，故我们有理由拒绝 H_0，即认为在显著性水平 0.05 下，这批零件长度的标准差有显著的增大. □

注 4.2.1 从表 4.1 可以看出，当 $\sigma^2 = \sigma_0^2$ 已知时，关于假设

$$H_0 : \mu = \mu_0 \longleftrightarrow H_1 : \mu \neq \mu_0$$

的检验统计量为

$$U = \frac{\sqrt{n}(\overline{X} - \mu_0)}{\sigma_0},$$

而其拒绝域为

$$\begin{aligned} & W = \{|U| > u_{\alpha/2}\} \\ \iff & P_{H_0}\left\{\left|\frac{\sqrt{n}(\overline{X} - \mu_0)}{\sigma_0}\right| > u_{\alpha/2}\right\} = \alpha \\ \iff & P_{H_0}\left\{\overline{X} - u_{\alpha/2}\frac{\sigma_0}{\sqrt{n}} \leqslant \mu_0 \leqslant \overline{X} + u_{\alpha/2}\frac{\sigma_0}{\sqrt{n}}\right\} = 1 - \alpha. \end{aligned}$$

上式中的最后一个式子说明，μ 的置信水平为 $1-\alpha$ 的置信区间为

$$\left[\overline{X} - u_{\alpha/2}\frac{\sigma_0}{\sqrt{n}}, \quad \overline{X} + u_{\alpha/2}\frac{\sigma_0}{\sqrt{n}}\right].$$

由此可知，置信水平为 $1-\alpha$ 的置信区间与双侧 u 检验有着异曲同工之妙. 也就是说，我们可以这样理解置信区间：当 μ_0 落在 μ 的置信水平为 $1-\alpha$ 的置信区间时，在显著性水平 α 下，没有理由拒绝 $H_0 : \mu = \mu_0$. 同理，对于单侧置信限，我们也可以用类似于单侧 u 检验去理解它.

注 4.2.2 从表 4.1 及表 4.2 可以看出，我们没有必要考虑五种假设的检验问题，由于其中有两组单侧检验完全是相同的，于是，在下一节的两样本正态总体的检验中，我们仅考虑三个假设.

4.3 两样本正态总体参数的显著性检验

两样本问题在实际中具有广泛的应用, 下面我们先看一个例子.

例 4.3.1 为研究正常成年男女血液中红细胞平均数之差别, 现在某地随机地抽取正常成年男子 156 人, 正常成年女子 74 人, 测得男性红细胞平均数为 465.13 万/mm^3, 标准差为 54.8 万/mm^3, 女性红细胞平均数为 422.16 万/mm^3, 标准差为 49.2 万/mm^3. 请问此地区正常成年人的红细胞数与性别有关吗 ($\alpha = 0.01$)?

例 4.3.1 就是一个两样本问题, 为了解答此问题, 我们先考虑一般情形下的假设检验问题.

设 $X_1, \cdots, X_m$ 为来自正态总体 $N(\mu_1, \sigma_1^2)$ 的 IID 样本, $Y_1, \cdots, Y_n$ 为来自正态总体 $N(\mu_2, \sigma_2^2)$ 的 IID 样本, 且两样本是独立的.

4.3.1 两样本正态总体均值的显著性检验

此时, 我们感兴趣的假设为

$$H_0\colon \mu_1 = \mu_2 \longleftrightarrow H_1\colon \mu_1 \neq \mu_2, \tag{4.3.1}$$

$$H_0\colon \mu_1 \leqslant \mu_2 \longleftrightarrow H_1\colon \mu_1 > \mu_2, \tag{4.3.2}$$

$$H_0\colon \mu_1 \geqslant \mu_2 \longleftrightarrow H_1\colon \mu_1 < \mu_2. \tag{4.3.3}$$

上述三对假设, 考虑的均是两样本正态总体均值. 另外, 在区间估计一章, 考虑过两样本正态总体均值的置信区间问题, 由于它们都涉及两个正态总体, 故统称为两样本问题. 如果 σ_1^2, σ_2^2 未知, 则称其均值差的估计与检验问题为 Behrens-Fisher 问题. 关于上述三个假设, 我们仅考虑几个特殊情形.

一、σ_1^2, σ_2^2 均已知

对于假设 (4.3.1), 由于 $\overline{X}, \overline{Y}$ 分别是 μ_1, μ_2 的一个很好的点估计, 故有理由用两样本均值差 $\overline{X} - \overline{Y}$ 来反映 μ_1 与 μ_2 的区别. 考虑到假设的特点, 我们知道, 当 $|\overline{X} - \overline{Y}| \geqslant c$ 时, 有理由拒绝 H_0, 其中常数 c 由此检验犯第一类错误的概率 α 来决定.

由于当 H_0 成立时, 统计量

$$U=\frac{\overline{X}-\overline{Y}}{\sqrt{\frac{\sigma_1^2}{m}+\frac{\sigma_2^2}{n}}}\sim N(0,1), \tag{4.3.4}$$

且其拒绝域形如

$$W=\{|U|>c\},$$

故为控制其犯第一类错误的概率不大于 α, 于是常数 c 应满足

$$P_{H_0}\{|U|>c\}\leqslant\alpha,$$

这样, 由 (4.3.4) 知, 选取临界值 $c=u_{\alpha/2}$.

综合上述分析, 此时假设 (4.3.1) 的显著性水平为 α 的显著性检验为

(1) 检验统计量: $U=\dfrac{\overline{X}-\overline{Y}}{\sqrt{\frac{\sigma_1^2}{m}+\frac{\sigma_2^2}{n}}}$;

(2) 拒绝域: $\{|U|>u_{\alpha/2}\}$.

我们称之为两样本的双侧 u 检验.

对于假设 (4.3.2), 我们可以利用上面的方法得到其显著性水平为 α 的显著性检验为

(1) 检验统计量: $U=\dfrac{\overline{X}-\overline{Y}}{\sqrt{\frac{\sigma_1^2}{m}+\frac{\sigma_2^2}{n}}}$;

(2) 拒绝域: $\{U>u_{\alpha}\}$.

我们称之为两样本的单侧 u 检验.

可以证明, 此检验的显著性水平的确为 α. 事实上, 在 H_0 成立时, 有

$$\begin{aligned}
P_{H_0}\{U>u_\alpha\}&=P_{H_0}\left\{\frac{\overline{X}-\overline{Y}}{\sqrt{\frac{\sigma_1^2}{m}+\frac{\sigma_2^2}{n}}}>u_\alpha\right\}\\
&=P_{H_0}\left\{\frac{\overline{X}-\overline{Y}-(\mu_1-\mu_2)}{\sqrt{\frac{\sigma_1^2}{m}+\frac{\sigma_2^2}{n}}}>u_\alpha-\frac{\mu_1-\mu_2}{\sqrt{\frac{\sigma_1^2}{m}+\frac{\sigma_2^2}{n}}}\right\}\\
&\leqslant P_{H_0}\left\{\frac{\overline{X}-\overline{Y}-(\mu_1-\mu_2)}{\sqrt{\frac{\sigma_1^2}{m}+\frac{\sigma_2^2}{n}}}>u_\alpha\right\}\\
&=\alpha.\quad \text{(因为其中的随机变量服从标准正态分布)}
\end{aligned}$$

对于假设 (4.3.3), 利用类似于假设 (4.3.2) 的方法得到其显著性水平为 α 的显著性检验为

(1) 检验统计量: $U=\dfrac{\overline{X}-\overline{Y}}{\sqrt{\dfrac{\sigma_1^2}{m}+\dfrac{\sigma_2^2}{n}}}$;

(2) 拒绝域: $\{U<-u_\alpha\}$.

我们也称之为两样本的单侧 u 检验.

二、$\sigma_1^2=\sigma_2^2=\sigma^2$ 未知

对于假设 (4.3.1), 可以用 $\overline{X}-\overline{Y}$ 来估计 $\mu_1-\mu_2$, 但是, 注意到, 当 H_0 成立时, $\overline{X}-\overline{Y}\sim N(0,(m+n)\sigma^2/mn)$, 而其中 σ^2 未知. 由第二章内容可知, 此时可以利用总的样本方差

$$S_{mn}^{*2}=\frac{\sum_{i=1}^{m}(X_i-\overline{X})^2+\sum_{i=1}^{n}(Y_i-\overline{Y})^2}{m+n-2} \tag{4.3.5}$$

来估计 σ^2, 且在 H_0 成立时, $(m+n-2)S_{mn}^{*2}/\sigma^2\sim\chi^2(m+n-2)$. 于是, 一个自然的检验统计量为

$$T=\frac{(\overline{X}-\overline{Y})\left[\sigma\sqrt{(m+n)/(mn)}\right]}{\sqrt{(m+n-2)S_{mn}^{*2}/[\sigma^2(m+n-2)]}}=\sqrt{\frac{mn}{m+n}}\frac{\overline{X}-\overline{Y}}{S_{mn}^{*}}, \tag{4.3.6}$$

且当 H_0 成立时, $T\sim t(m+n-2)$.

另外, 为满足其显著性水平为 α, 可取拒绝域为

$$W=\{|T|>t_{\alpha/2}(m+n-2)\}. \tag{4.3.7}$$

综上所述, 此时双侧假设 (4.3.1) 的显著性水平 α 的显著性检验统计量由 (4.3.6) 式给出, 而其拒绝域由 (4.3.7) 式给出. 我们称此检验法为两样本的双侧 t 检验.

对于假设 (4.3.2), 仍可以利用检验统计量 (4.3.6), 且其拒绝域为

$$\{T>t_\alpha(m+n-2)\}.$$

另外, 称此检验法为两样本的单侧 t 检验.

对于假设 (4.3.3), 同样可以利用 (4.3.6) 给出的检验统计量, 且其拒绝域为

$$\{T<-t_\alpha(m+n-2)\}.$$

它也被称为两样本的单侧 t 检验.

对于例 4.3.1 中的数据, 若假设两总体的方差相等且未知, 则可以利用本段方法进行显著性检验. 实际上, 此时我们感兴趣的是要检验 (4.3.1) 的双侧假

设. 由已知条件知: $s_{1m}^2=54.8$, $s_{2n}^2=49.2$, 于是, 因为

$$T=\frac{\overline{X}-\overline{Y}}{\sqrt{(m-1)S_{1m}^2+(n-1)S_{2n}^2}}\sqrt{\frac{mn(m+n-2)}{m+n}}$$

$$=5.7>2.6=t_{0.01/2}(228),$$

其中 $t_{0.01/2}(228)$ 可用正态分布的 0.005 分位数近似得到, 故有理由拒绝 H_0, 即认为该地区正常成年男女间的红细胞平均数有显著的差别.

三、一般情况

关于一般情况下两样本正态总体均值的显著性检验问题, 我们在这里仅不加证明地给出其显著性水平近似为 α 的显著性检验. 请有兴趣的读者参见陈希孺 (1981) 和茆诗松, 王静龙 (1990).

(1) m,n 都充分大

对于假设 (4.3.1), (4.3.2), (4.3.3), 我们采用的统计量均为

$$U=\frac{\overline{X}-\overline{Y}}{\sqrt{\dfrac{S_{1m}^2}{m}+\dfrac{S_{2n}^2}{n}}},\tag{4.3.8}$$

而它们的拒绝域分别为

$$\{|U|>u_{\alpha/2}\},\quad \{U>u_\alpha\},\quad \{U<-u_\alpha\}.\tag{4.3.9}$$

(2) m,n 都不是很大

对于上述三个假设, 此时采用的统计量仍为 (4.3.8), 只是由于样本比较小, 故无法利用大样本近似. 正如我们在讲置信区间时一样 (见 3.3.1 节 Behrens-Fisher 问题中的一般情况), 当 $\mu_1=\mu_2$ 时, (4.3.8) 式的统计量近似服从自由度为 r 的 t 分布, 其中

$$r=\frac{S_{mn}^4}{\dfrac{S_{1m}^4}{m^2(m-1)}+\dfrac{S_{2n}^4}{n^2(n-1)}},\tag{4.3.10}$$

它与 (3.3.5) 式一样, 其中 $S_{mn}^2=\dfrac{S_{1m}^2}{m}+\dfrac{S_{2n}^2}{n}$.

另外, 对于假设 (4.3.1), (4.3.2), (4.3.3) 的拒绝域, 分别为

$$\{|T|>t_{\alpha/2}(r)\},\quad \{T>t_\alpha(r)\},\quad \{T<-t_\alpha(r)\}.\tag{4.3.11}$$

综上所述, 两样本正态总体均值的显著性检验总结见表 4.3.

▶ 表 4.3
两样本正态总体均值的显著性检验

<table>
<tr><th colspan="2">方差</th><th>假设</th><th>检验统计量</th><th>拒绝域</th></tr>
<tr><td colspan="2" rowspan="3">σ_1^2,σ_2^2 已知</td><td>$H_0\colon \mu_1=\mu_2 \longleftrightarrow H_1\colon \mu_1\neq\mu_2$</td><td rowspan="3">$U=\dfrac{\overline{X}-\overline{Y}}{\sqrt{\sigma_1^2/m+\sigma_2^2/n}}$</td><td>$\{\lvert U\rvert>u_{\alpha/2}\}$</td></tr>
<tr><td>$H_0\colon \mu_1\leqslant\mu_2 \longleftrightarrow H_1\colon \mu_1>\mu_2$</td><td>$\{U>u_\alpha\}$</td></tr>
<tr><td>$H_0\colon \mu_1\geqslant\mu_2 \longleftrightarrow H_1\colon \mu_1<\mu_2$</td><td>$\{U<-u_\alpha\}$</td></tr>
<tr><td colspan="2" rowspan="3">$\sigma_1^2=\sigma_2^2$ 未知</td><td>$H_0\colon \mu_1=\mu_2 \longleftrightarrow H_1\colon \mu_1\neq\mu_2$</td><td rowspan="3">$T=\sqrt{\dfrac{mn}{m+n}}\dfrac{\overline{X}-\overline{Y}}{S_{mn}^*}$</td><td>$\{\lvert T\rvert>t_{\alpha/2}(m+n-2)\}$</td></tr>
<tr><td>$H_0\colon \mu_1\leqslant\mu_2 \longleftrightarrow H_1\colon \mu_1>\mu_2$</td><td>$\{T>t_\alpha(m+n-2)\}$</td></tr>
<tr><td>$H_0\colon \mu_1\geqslant\mu_2 \longleftrightarrow H_1\colon \mu_1<\mu_2$</td><td>$\{T<-t_\alpha(m+n-2)\}$</td></tr>
<tr><td rowspan="6">σ_1^2, σ_2^2 未知</td><td rowspan="3">m,n 都充分大</td><td>$H_0\colon \mu_1=\mu_2 \longleftrightarrow H_1\colon \mu_1\neq\mu_2$</td><td rowspan="3">$U=\dfrac{\overline{X}-\overline{Y}}{\sqrt{S_{1m}^2/m+S_{2n}^2/n}}$</td><td>$\{\lvert U\rvert>u_{\alpha/2}\}$</td></tr>
<tr><td>$H_0\colon \mu_1\leqslant\mu_2 \longleftrightarrow H_1\colon \mu_1>\mu_2$</td><td>$\{U>u_\alpha\}$</td></tr>
<tr><td>$H_0\colon \mu_1\geqslant\mu_2 \longleftrightarrow H_1\colon \mu_1<\mu_2$</td><td>$\{U<-u_\alpha\}$</td></tr>
<tr><td rowspan="3">m,n 都不是很大</td><td>$H_0\colon \mu_1=\mu_2 \longleftrightarrow H_1\colon \mu_1\neq\mu_2$</td><td rowspan="3">$T=\dfrac{\overline{X}-\overline{Y}}{\sqrt{S_{1m}^2/m+S_{2n}^2/n}}$</td><td>$\{\lvert T\rvert>t_{\alpha/2}(r)\}$</td></tr>
<tr><td>$H_0\colon \mu_1\leqslant\mu_2 \longleftrightarrow H_1\colon \mu_1>\mu_2$</td><td>$\{T>t_\alpha(r)\}$</td></tr>
<tr><td>$H_0\colon \mu_1\geqslant\mu_2 \longleftrightarrow H_1\colon \mu_1<\mu_2$</td><td>$\{T<-t_\alpha(r)\}$</td></tr>
</table>

其中 $S_{mn}^*=\sqrt{\dfrac{\sum\limits_{i=1}^m(X_i-\overline{X})^2+\sum\limits_{i=1}^n(Y_i-\overline{Y})^2}{m+n-2}}$, $r=\dfrac{S_{mn}^4}{\dfrac{S_{1m}^4}{m^2(m-1)}+\dfrac{S_{2n}^4}{n^2(n-1)}}$, $S_{mn}^2=\dfrac{S_{1m}^2}{m}+\dfrac{S_{2n}^2}{n}$.

例 4.3.2 为了比较两种矿石的含铁量 (单位: %), 现分别从甲、乙两矿的矿石中随机地抽取 $m=10$ 及 $n=5$ 个样本, 测得其含铁量数据如下:

甲: $\bar{x}=16.01$, $s_{1m}^2=10.8$;

乙: $\bar{y}=18.98$, $s_{2n}^2=0.27$.

试在显著性水平 $\alpha=0.01$ 下检验甲矿矿石的含铁量不低于乙矿矿石的含铁量.

解 对于此问题, 我们有理由假设甲、乙两矿的含铁量分别服从正态分布, $X\sim N(\mu_1,\sigma_1^2)$, $Y\sim N(\mu_2,\sigma_2^2)$, 则要检验的假设为

$$H_0\colon \mu_1\geqslant\mu_2 \longleftrightarrow H_1\colon \mu_1<\mu_2.$$

而从样本方差可知, 假设 $\sigma_1^2=\sigma_2^2$ 是不合适的, 且此时 m,n 均不大, 于是, 仅能利用上面一般情况下的第二种方法解决本问题.

由数据可计算得 $T=-2.79$, 而 t 分布的自由度为 $r=9.88$. 我们可以用自由度为 10 的 t 分布分位数计算之, 也可以用如下的线性插值:

$$t_{0.01}(9.88)=t_{0.01}(9)+(9.88-9)(t_{0.01}(10)-t_{0.01}(9))=2.77,$$

因为 $T=-2.79<-2.77$, 故有理由拒绝 H_0, 即认为在显著性水平 $\alpha=0.01$ 下, 甲矿矿石含铁量低于乙矿矿石. □

4.3.2 两样本正态总体方差的显著性检验

从上一节内容可以看出, 两样本均值的检验方法与总体方差的大小有关. 本节将考虑两样本方差的检验问题. 此时, 我们感兴趣的假设为下面三个:

$$H_0\colon \sigma_1^2=\sigma_2^2 \longleftrightarrow H_1\colon \sigma_1^2\neq\sigma_2^2, \tag{4.3.12}$$

$$H_0\colon \sigma_1^2\leqslant\sigma_2^2 \longleftrightarrow H_1\colon \sigma_1^2>\sigma_2^2, \tag{4.3.13}$$

$$H_0\colon \sigma_1^2\geqslant\sigma_2^2 \longleftrightarrow H_1\colon \sigma_1^2<\sigma_2^2. \tag{4.3.14}$$

下面, 我们将分均值已知与未知两种情况考虑上述三种假设的显著性检验.

一、μ_1,μ_2 均已知

对于假设 (4.3.12), 由于此时 σ_1^2 与 σ_2^2 的合理估计分别为

$$S_{1m}'^2=\frac{1}{m}\sum_{i=1}^{m}(X_i-\mu_1)^2,\quad S_{2n}'^2=\frac{1}{n}\sum_{i=1}^{n}(Y_i-\mu_2)^2,$$

故一个合理的检验统计量为

$$F=\frac{S_{1m}'^2}{S_{2n}'^2}=\frac{\sum\limits_{i=1}^{m}(X_i-\mu_1)^2/m}{\sum\limits_{i=1}^{n}(Y_i-\mu_2)^2/n}, \tag{4.3.15}$$

并且由备择假设的特点知道, 此时的拒绝域为

$$\{F<c_1\}\bigcup\{F>c_2\}\quad (c_1\leqslant c_2),$$

为控制其犯第一类错误的概率不大于 α, 要求 c_1,c_2 满足

$$P_{H_0}\{F<c_1\}+P_{H_0}\{F>c_2\}\leqslant\alpha.$$

为了均衡上下两侧, 通常要求 c_1,c_2 满足

$$P_{H_0}\{F<c_1\}\leqslant\frac{\alpha}{2},\quad P_{H_0}\{F>c_2\}\leqslant\frac{\alpha}{2}. \tag{4.3.16}$$

因为在 H_0 成立时, (4.3.15) 式的检验统计量 $F\sim F(m,n)$, 故可以取 c_1, c_2 如下:

$$c_1=F_{1-\alpha/2}(m,n),\quad c_2=F_{\alpha/2}(m,n). \tag{4.3.17}$$

于是, 我们得到假设 (4.3.12) 的显著性水平为 α 的显著性检验为

(1) 检验统计量: $F=\dfrac{\sum\limits_{i=1}^{m}(X_i-\mu_1)^2/m}{\sum\limits_{i=1}^{n}(Y_i-\mu_2)^2/n}$;

(2) 拒绝域: $\{F<F_{1-\alpha/2}(m,n)\}\bigcup\{F>F_{\alpha/2}(m,n)\}$.

我们称之为双侧 F 检验.

对于假设 (4.3.13), 可以证明, 其显著性水平为 α 的显著性检验为

(1) 检验统计量: $F=\dfrac{\sum\limits_{i=1}^{m}(X_i-\mu_1)^2/m}{\sum\limits_{i=1}^{n}(Y_i-\mu_2)^2/n}$;

(2) 拒绝域: $\{F>F_{\alpha}(m,n)\}$.

我们称之为单侧 F 检验.

对于假设 (4.3.14), 其显著性水平为 α 的显著性检验为

(1) 检验统计量: $F=\dfrac{\sum\limits_{i=1}^{m}(X_i-\mu_1)^2/m}{\sum\limits_{i=1}^{n}(Y_i-\mu_2)^2/n}$;

(2) 拒绝域: $\{F<F_{1-\alpha}(m,n)\}$.

我们也称之为单侧 F 检验.

二、μ_1,μ_2 均未知

对于上面的三个假设, 我们采用的统计量为

$$F=\frac{S_{1m}^2}{S_{2n}^2}=\frac{\sum\limits_{i=1}^{m}(X_i-\overline{X})^2/(m-1)}{\sum\limits_{i=1}^{n}(Y_i-\overline{Y})^2/(n-1)}, \tag{4.3.18}$$

其拒绝域只需把上一段中的自由度换成 $(m-1,n-1)$ 即可.

于是, 我们把两样本正态总体方差的显著性检验总结见表 4.4.

例 4.3.3 有甲、乙两台机床加工不同产品, 从此两台机床加工的产品中随机地抽取若干件, 测得其产品直径 (单位: mm) 如下:

甲: 30.5 29.8 29.7 20.4 20.1 20.0 19.0 19.9

乙: 16.7 17.8 17.5 16.8 16.4 17.6 16.2

假设甲、乙两台机床加工产品的直径分别服从正态分布 $N(\mu_1,\sigma_1^2)$, $N(\mu_2,\sigma_2^2)$.

问: 这两台机床加工的精度有无显著性差异 ($\alpha = 0.05$)?

解 对于此问题, 此时的假设为 (4.3.12) 式的双侧假设, 且均值未知. 因为

$$F = \frac{\sum_{i=1}^{m}(X_i - \overline{X})^2/(m-1)}{\sum_{i=1}^{n}(Y_i - \overline{Y})^2/(n-1)} = 69.13 > 5.7 = F_{0.025}(7,6),$$

故有理由认为这两台机床加工的精度有显著的区别. □

讨厌参数	假设	检验统计量	拒绝域
μ_1, μ_2 已知	$H_0: \sigma_1^2 = \sigma_2^2 \longleftrightarrow H_1: \sigma_1^2 \neq \sigma_2^2$	$F = \frac{\sum_{i=1}^{m}(X_i - \mu_1)^2/m}{\sum_{i=1}^{n}(Y_i - \mu_2)^2/n}$	$\{F < F_{1-\alpha/2}(m,n)\} \cup \{F > F_{\alpha/2}(m,n)\}$
	$H_0: \sigma_1^2 \leqslant \sigma_2^2 \longleftrightarrow H_1: \sigma_1^2 > \sigma_2^2$		$\{F > F_{\alpha}(m,n)\}$
	$H_0: \sigma_1^2 \geqslant \sigma_2^2 \longleftrightarrow H_1: \sigma_1^2 < \sigma_2^2$		$\{F < F_{1-\alpha}(m,n)\}$
μ_1, μ_2 未知	$H_0: \sigma_1^2 = \sigma_2^2 \longleftrightarrow H_1: \sigma_1^2 \neq \sigma_2^2$	$F = \frac{\sum_{i=1}^{m}(X_i - \overline{X})^2/(m-1)}{\sum_{i=1}^{n}(Y_i - \overline{Y})^2/(n-1)}$	$\{F < F_{1-\alpha/2}(m-1,n-1)\} \cup \{F > F_{\alpha/2}(m-1,n-1)\}$
	$H_0: \sigma_1^2 \leqslant \sigma_2^2 \longleftrightarrow H_1: \sigma_1^2 > \sigma_2^2$		$\{F > F_{\alpha}(m-1,n-1)\}$
	$H_0: \sigma_1^2 \geqslant \sigma_2^2 \longleftrightarrow H_1: \sigma_1^2 < \sigma_2^2$		$\{F < F_{1-\alpha}(m-1,n-1)\}$

◀ 表 4.4
两样本正态总体方差的显著性检验

例 4.3.4 甲、乙两厂生产同一产品, 其质量指标服从正态分布, 且标准规格为 $\mu = 120$. 现从甲、乙两厂中随机地抽出 5 件产品, 测其指标值为

甲: 119.0 120.0 119.2 119.7 119.6

乙: 110.5 106.3 122.2 113.8 117.2

请问: 根据这些数据, 判断这两厂的产品是否符合标准规格 120 ($\alpha = 0.05$)?

解 对于此问题, 要检验的假设是

$$H_0: \mu = 120 \longleftrightarrow H_1: \mu \neq 120,$$

且方差未知. 由数据知

甲: $\overline{x} = 119.5,\ s = 0.4,$

$|T| = |\sqrt{n}(\overline{X} - 120)/S| = 2.795 > 2.776 = t_{0.025}(4),$

乙: $\overline{y} = 114,\ s = 6.105,$

$|T| = |\sqrt{n}(\overline{Y} - 120)/S| = 2.198 < 2.776 = t_{0.025}(4),$

故在显著性水平 0.05 下, 有理由认为甲厂产品与规格不相符, 而没有发现乙厂有不符合规格的有力证据. □

然而, 从例 4.3.4 的数据知道, 甲厂 5 件产品与规格 120 相差都不大, 而乙厂 5 件产品与规格 120 相差都较大, 这好像与上面的检验结果正好相反, 那应如何解释它呢? 事实上, 可以从如下几个方面看待此问题:

(1) 从样本标准差上看, 甲厂的 0.4 远低于乙厂的 6.105, 这表明甲厂产品要比乙厂产品稳定得多.

(2) 由于甲厂产品的误差很小, 故与标准规格 120 的微小差别都可以被检测出来. 虽然 119.5 比 120 只小 0.5, 但已经是标准差的一倍多了, 故这种差别已经不是随机误差, 而有可能是系统误差. 当然, 至于这样一个微小差别的实际重要性如何就要另当别论了. 所以说统计上的显著性差异, 不一定有现实意义.

(3) 从乙厂抽出的数据远低于 120, 使得有理由怀疑该厂产品的平均规格达不到规定的 120. 但是, 由于该厂产品质量波动太大, 故所测得的数据尚不能有把握认为其平均规格确与 120 有差距. 要进一步分析, 就需要有更多的数据.

4.4 单参数指数型分布族的显著性检验

前两节我们主要讲述了关于正态总体参数的显著性检验问题, 而没有涉及其他分布参数的检验, 尤其是例 4.1.2 的假设如何检验的问题. 本节我们将考虑单参数指数型分布族中的参数的显著性检验问题, 其 PDF 函数为

$$f(x,\theta)=c(\theta)\exp(Q(\theta)T(x))h(x), \tag{4.4.1}$$

其中 $c(\theta)>0$, $h(x)>0$.

4.4.1 单参数指数型分布族的性质

定理 4.4.1 对于来自由 (4.4.1) 表示的单参数指数型分布族的 IID 样本 $X_1,\cdots,X_n$, 如果 $Q(\theta)$ 是 θ 的严格增函数, 且 $\psi(T(\boldsymbol{X}))$ 是统计量 $T(\boldsymbol{X})$ 的非

降函数, 则 $E_\theta[\psi(T)]$ 也是 θ 的非降函数.

证明 由于我们可以仅在其支撑集上讨论, 故不妨设 $f(x,\theta)>0$. $\forall\ \theta_1<\theta_2$, 记

$$A=\{\boldsymbol{x}:f(\boldsymbol{x},\theta_1)<f(\boldsymbol{x},\theta_2)\}=\left\{\boldsymbol{x}:\frac{f(\boldsymbol{x},\theta_2)}{f(\boldsymbol{x},\theta_1)}>1\right\},$$

$$B=\{\boldsymbol{x}:f(\boldsymbol{x},\theta_1)>f(\boldsymbol{x},\theta_2)\}=\left\{\boldsymbol{x}:\frac{f(\boldsymbol{x},\theta_2)}{f(\boldsymbol{x},\theta_1)}<1\right\}.$$

由

$$\frac{f(\boldsymbol{x},\theta_2)}{f(\boldsymbol{x},\theta_1)}=\frac{c(\theta_2)}{c(\theta_1)}\exp[(Q(\theta_2)-Q(\theta_1))T(\boldsymbol{x})],$$

Q 的严格单增性和 $c(\theta)>0$, 知 $\dfrac{f(\boldsymbol{x},\theta_2)}{f(\boldsymbol{x},\theta_1)}$ 是 T 的严格增函数. 于是, $\forall\ \boldsymbol{x}_1\in A$, $\forall\ \boldsymbol{x}_2\in B$, 都有 $T(\boldsymbol{x}_1)>T(\boldsymbol{x}_2)$.

又由于 $\psi(T)$ 是 T 的非降函数, 故

$$a=\inf_{\boldsymbol{x}\in A}\psi(T(\boldsymbol{x}))\geqslant\sup_{\boldsymbol{x}\in B}\psi(T(\boldsymbol{x}))=b,$$

于是,

$$\begin{aligned}
&E_{\theta_2}(\psi(T))-E_{\theta_1}(\psi(T))\\
=&\int\psi(T(\boldsymbol{x}))[f(\boldsymbol{x},\theta_2)-f(\boldsymbol{x},\theta_1)]\mathrm{d}\boldsymbol{x}\\
=&\int_A\psi(T(\boldsymbol{x}))[f(\boldsymbol{x},\theta_2)-f(\boldsymbol{x},\theta_1)]\mathrm{d}\boldsymbol{x}+\int_B\psi(T(\boldsymbol{x}))[f(\boldsymbol{x},\theta_2)-f(\boldsymbol{x},\theta_1)]\mathrm{d}\boldsymbol{x}\\
\geqslant&\, a\int_A[f(\boldsymbol{x},\theta_2)-f(\boldsymbol{x},\theta_1)]\mathrm{d}\boldsymbol{x}+b\int_B[f(\boldsymbol{x},\theta_2)-f(\boldsymbol{x},\theta_1)]\mathrm{d}\boldsymbol{x}\\
&(\text{在}B\text{上},\ f(\boldsymbol{x},\theta_2)<f(\boldsymbol{x},\theta_1))\\
=&\,(a-b)\int_A[f(\boldsymbol{x},\theta_2)-f(\boldsymbol{x},\theta_1)]\mathrm{d}\boldsymbol{x}\\
\geqslant&\, 0\quad(\text{注意 } f(\boldsymbol{x},\theta_2)-f(\boldsymbol{x},\theta_1)\text{ 在 }A,B\text{ 上积分反号}),
\end{aligned}$$

即

$$E_{\theta_2}(\psi(T))\geqslant E_{\theta_1}(\psi(T)),$$

由 θ_1,θ_2 的任意性, 知 $E_\theta(\psi(T))$ 的非降性. □

推论 4.4.1 设 $X_1,\cdots,X_n$ 为来自单参数指数型分布族 (4.4.1) 的 IID 样本, 其中 $Q(\theta)$ 是 θ 的严格增函数, 则对任意给定的常数 c, $P_\theta\{T(\boldsymbol{X})\geqslant c\}$ 和 $P_\theta\{T(\boldsymbol{X})\leqslant c\}$ 分别是 θ 的非降和非增函数.

4.4.2 单参数指数型分布族的假设检验

设 $X_1, \cdots, X_n$ 为来自单参数指数型分布族 (4.4.1) 的 IID 样本, 其中 $Q(\theta)$ 是 θ 的严格增函数. 此时, 我们感兴趣的假设问题为

$$H_0\colon \theta \geqslant \theta_0 \longleftrightarrow H_1\colon \theta < \theta_0. \tag{4.4.2}$$

由定理 4.4.1 可知, 若取 $\psi(x) = x$, 则可知 $E_\theta(T(\boldsymbol{X}))$ 是 θ 的递增函数. 于是, 可以取 $T(\boldsymbol{X})$ 作为上述假设的一个检验统计量 (事实上, 它也是充分的), 且其拒绝域为 $\{T(\boldsymbol{X}) \leqslant c\}$, 而其临界值 c 由犯第一类错误的概率所决定. 由推论 4.4.1 可知, $P_\theta\{T(\boldsymbol{X}) \leqslant c\}$ 是 θ 的非增函数, 于是, 此检验犯第一类错误的概率的最大值为 $P_{\theta_0}\{T(\boldsymbol{X}) \leqslant c\}$. 这样, 要求其临界值 c 满足

$$P_{\theta_0}\{T(\boldsymbol{X}) \leqslant c\} \leqslant \alpha. \tag{4.4.3}$$

同理, 对于另一单侧假设

$$H_0\colon \theta \leqslant \theta_0 \longleftrightarrow H_1\colon \theta > \theta_0, \tag{4.4.4}$$

其检验统计量仍为 $T(\boldsymbol{X})$, 且拒绝域为 $\{T(\boldsymbol{X}) \geqslant c\}$, 其中 c 满足

$$P_{\theta_0}\{T(\boldsymbol{X}) \geqslant c\} \leqslant \alpha. \tag{4.4.5}$$

关于双侧假设

$$H_0\colon \theta = \theta_0 \longleftrightarrow H_1\colon \theta \neq \theta_0, \tag{4.4.6}$$

其检验统计量仍为 $T(\boldsymbol{X})$, 且拒绝域为 $\{T(\boldsymbol{X}) \leqslant c_1\} \cup \{T(\boldsymbol{X}) \geqslant c_2\}$, 其中 $c_1 \leqslant c_2$ 满足

$$P_{\theta_0}\{T(\boldsymbol{X}) \leqslant c_1\} \leqslant \alpha/2, \quad P_{\theta_0}\{T(\boldsymbol{X}) \geqslant c_2\} \leqslant \alpha/2. \tag{4.4.7}$$

4.4.3 Bernoulli 分布的假设检验

本节以 Bernoulli 分布为例, 细化上一小节的内容.

设 $X_1, \cdots, X_n$ 为来自 Bernoulli 分布 $b(1,p)$ 的 IID 样本, 则样本分布为

$$\begin{aligned} f(\boldsymbol{x}, p) &= P\{X_1 = x_1, \cdots, X_n = x_n\} \\ &= p^{\sum\limits_{i=1}^n x_i}(1-p)^{n-\sum\limits_{i=1}^n x_i} = (1-p)^n \exp\left(\ln\frac{p}{1-p}\sum_{i=1}^n x_i\right). \end{aligned}$$

显然, 它是一个单参数指数型分布, 且由于 $Q(p) = \ln\dfrac{p}{1-p}$ 是 p 的严格增

函数, 故满足定理 4.4.1 的条件, 于是, 可用统计量 $T(\boldsymbol{X})=\sum\limits_{i=1}^{n}X_i$ 作为检验统计量. 又由于 $T(\boldsymbol{X})\sim B(n,p)$, 于是由定理 4.4.1 可知, 关于 p 的显著性检验见表 4.5.

假设	检验统计量	拒绝域
$H_0: p=p_0 \longleftrightarrow H_1: p\neq p_0$		$\{T\leqslant c_1\}\cup\{T\geqslant c_2\}$
$H_0: p\leqslant p_0 \longleftrightarrow H_1: p>p_0$	$T=\sum\limits_{i=1}^{n}X_i$	$\{T\geqslant c_3\}$
$H_0: p\geqslant p_0 \longleftrightarrow H_1: p<p_0$		$\{T\leqslant c_4\}$

◀ 表 4.5
Bernoulli 总体参数的显著性检验

其中

$$c_1=\max\left\{k:\ \sum_{i=0}^{k}\mathrm{C}_n^i p_0^i(1-p_0)^{n-i}\leqslant\frac{\alpha}{2}\right\},$$

$$c_2=\min\left\{k:\ \sum_{i=k}^{n}\mathrm{C}_n^i p_0^i(1-p_0)^{n-i}\leqslant\frac{\alpha}{2}\right\},$$

$$c_3=\min\left\{k:\ \sum_{i=k}^{n}\mathrm{C}_n^i p_0^i(1-p_0)^{n-i}\leqslant\alpha\right\},$$

$$c_4=\max\left\{k:\ \sum_{i=0}^{k}\mathrm{C}_n^i p_0^i(1-p_0)^{n-i}\leqslant\alpha\right\}.$$

注 4.4.1 对于充分大的 n, 由于二项分布可由正态分布来近似, 故上面的临界值可通过正态分布的大样本近似来得到.

例 4.4.1 (续例 4.1.2) 如果双方同意抽取 $n=20$ 件产品进行检验, 试确定在显著性水平 $\alpha=0.01$ 下的检验临界值.

解 此时, 我们感兴趣的假设为

$$H_0: p\leqslant 0.05 \longleftrightarrow H_1: p>0.05.$$

检验统计量为样本中的次品总数 X, 且其拒绝域为 $\{X\geqslant c\}$. 由表 4.5 可知, 其临界值 c 应满足

$$I=\sum_{i=c}^{20}\mathrm{C}_{20}^i 0.05^i 0.95^{20-i}\leqslant 0.01.$$

查二项分布表可知: 当 $c=4$ 时, $I=0.016$; 当 $c=5$ 时, $I=0.0026$, 故应取 $c=5$. □

注 4.4.2 从例 4.4.1 可看出, 对于离散型分布的参数检验, 有时我们无法得到显著性水平严格为 α 的显著性检验. 此时, 若双方坚持要求利用显著性水平严格为 α 的显著性检验, 则可以利用随机化的显著性检验方法 (在后面将看到什么是随机化检验), 但由于其检验结果不可重复, 故在实际中的应用并不多.

例 4.4.2 独立地掷一枚硬币 495 次, 得到正面 220 次, 反面 275 次. 试在 $\alpha = 0.05$ 下检验这枚硬币是否均匀.

解 对于此问题, 令

$$X_i = \begin{cases} 1, & \text{第 } i \text{ 次出现正面}, \\ 0, & \text{第 } i \text{ 次出现反面}, \end{cases}$$

则知 $X_1, \cdots, X_n$ 为来自 $b(1,p)$ 的 IID 样本.

此时感兴趣的假设为

$$H_0 \colon p = 0.5 \longleftrightarrow H_1 \colon p \neq 0.5.$$

由上面内容可知, 检验统计量为 $T = \sum_{i=1}^{n} X_i$, 且拒绝域为 $\{T \leqslant c_1\} \cup \{T \geqslant c_2\}$, 其中 c_1, c_2 分别是满足

$$\sum_{i=0}^{c_1} \mathrm{C}_{495}^{i} \left(\frac{1}{2}\right)^{495} \leqslant 0.025,$$

$$\sum_{i=c_2}^{495} \mathrm{C}_{495}^{i} \left(\frac{1}{2}\right)^{495} \leqslant 0.025$$

的最大 c_1 及最小的 c_2. 由于此时 n 很大, 故可用正态分布近似计算之.

事实上, 上面两个方程可近似写成

$$\varPhi\left(\frac{c_1 - 495 \times \dfrac{1}{2}}{\sqrt{495 \times \dfrac{1}{2} \times \dfrac{1}{2}}}\right) \leqslant 0.025,$$

$$1 - \varPhi\left(\frac{c_2 - 495 \times \dfrac{1}{2}}{\sqrt{495 \times \dfrac{1}{2} \times \dfrac{1}{2}}}\right) \leqslant 0.025.$$

由此求得 $c_1 \leqslant 225.7$, $c_2 \geqslant 269.3$, 于是, 可取 $c_1 = 225$, $c_2 = 270$. 故检验的拒绝域为

$$\{T \leqslant 225\} \cup \{T \geqslant 270\}.$$

对于本例, 由于正面出现了 220 次, 故在显著性水平 0.05 下, 有理由拒绝 H_0, 即认为此枚硬币不均匀. □

本小节我们仅考虑了二项分布, 事实上, 我们可以利用指数型分布族的显著性检验方法得到关于 Poisson 分布、指数分布等其他常用分布的显著性检验.

4.5 似然比检验

前几节讲述的内容均是关于 Fisher 提出的显著性检验, 类似于在估计中存在着多种估计一样, 在假设检验中, 也有多种有别于显著性检验的方法, 如 Neyman 和 E. Pearson 于 1928 年提出的似然比检验, 它在假设检验中的地位有如 MLE 在点估计中的地位. 另外, 这也是一种应用非常广的检验方法, 且由此方法得到的检验往往具有某种最优性.

我们再分析一下前面讲的显著性检验, 它处理问题的思路是: 先假设总体服从某参数分布族 $f(x,\theta)$, 之后根据实际问题提出假设 $H_0 \longleftrightarrow H_1$, 然后再利用样本及总体信息提出检验统计量及拒绝域, 最后通过控制犯第一类错误的概率求得具体的拒绝域. 从表 4.1—4.5 可以看出, 我们考虑的假设均是特定的区间型的, 而不是下面的非常一般的假设:

$$H_0\colon \theta \in \varTheta_0 \longleftrightarrow H_1\colon \theta \in \varTheta_1 = \varTheta - \varTheta_0. \tag{4.5.1}$$

对于如 (4.5.1) 的假设, 我们很难由显著性检验的步骤确定拒绝域. 但若从似然的角度看, 则可以得到如下的似然比检验方法.

定义 4.5.1 (似然比统计量) 设 $X_1, \cdots, X_n$ 为来自分布族 $\mathcal{F} = \{f(x,\theta)\colon \theta \in \varTheta\}$ 的 IID 样本, 对于感兴趣的假设 (4.5.1), 令

$$\lambda(\boldsymbol{X}) = \frac{\sup\limits_{\theta \in \varTheta_0} f(\boldsymbol{X},\theta)}{\sup\limits_{\theta \in \varTheta} f(\boldsymbol{X},\theta)}. \tag{4.5.2}$$

则称统计量 $\lambda(\boldsymbol{X})$ 为假设 (4.5.1) 的似然比 (likelihood ratio), 有时也称之为广义似然比.

从 $\lambda(\boldsymbol{X})$ 的定义不难看出, 如果 $\lambda(\boldsymbol{X})$ 的值很小, 则说明 $\theta \in \varTheta_0$ 的概率要比 $\theta \in \varTheta_1$ 的可能性小, 于是, 我们有理由认为 H_0 不成立. 这样, 我们有如下的似然比检验.

定义 4.5.2 (似然比检验) 采用 (4.5.2) 式的似然比统计量 $\lambda(\boldsymbol{X})$ 作为假设 (4.5.1) 的检验统计量, 且取其拒绝域为 $\{\lambda(\boldsymbol{x}) \leqslant c\}$, 其中临界值 c 满足

$$P_\theta\{\lambda(\boldsymbol{X}) \leqslant c\} \leqslant \alpha, \quad \forall\, \theta \in \varTheta_0, \tag{4.5.3}$$

则称此检验为显著性水平 α 的似然比检验 (likelihood ratio test, 简记为 LRT).

注 4.5.1 如果似然比统计量 $\lambda(\boldsymbol{X})$ 的零分布未知, 则很难由 (4.5.3) 式确定似然比检验的临界值. 但如果此时存在一个统计量 $T(\boldsymbol{X})$ 关于 $\lambda(\boldsymbol{X})$ 是单调的且它的零分布已知, 则可以给出一个基于 $T(\boldsymbol{X})$ 的显著性检验.

例 4.5.1 设 $X_1, \cdots, X_n$ 是来自正态总体 $N(\mu, \sigma^2)$ 的 IID 样本, μ, σ^2 均未知. 试求假设

$$H_0\colon \mu = \mu_0 \longleftrightarrow H_1\colon \mu \neq \mu_0$$

的显著性水平为 α 的似然比检验.

解 此时样本分布为

$$f(\boldsymbol{x}, \theta) = (2\pi\sigma^2)^{-n/2} \exp\left[-\frac{1}{2\sigma^2}\sum_{i=1}^{n}(X_i - \mu)^2\right],$$

其参数空间为

$$\Theta_0 = \{(\mu_0, \sigma^2)\colon \sigma^2 > 0\}, \quad \Theta = \{(\mu, \sigma^2)\colon \mu \in \mathbf{R},\ \sigma^2 > 0\}.$$

利用微分法, 容易求得

$$\sup_{\theta \in \Theta_0} f(\boldsymbol{x}, \theta) = \left[2\pi\frac{1}{n}\sum_{i=1}^{n}(x_i - \mu_0)^2\right]^{-n/2} \mathrm{e}^{-n/2},$$

$$\sup_{\theta \in \Theta} f(\boldsymbol{x}, \theta) = \left[2\pi\frac{1}{n}\sum_{i=1}^{n}(x_i - \overline{x})^2\right]^{-n/2} \mathrm{e}^{-n/2},$$

于是, 其似然比统计量为

$$\begin{aligned}\lambda(x) &= \frac{\sup\limits_{\theta \in \Theta_0} f(x, \theta)}{\sup\limits_{\theta \in \Theta} f(x, \theta)} = \left[\frac{\sum\limits_{i=1}^{n}(x_i - \overline{x})^2}{\sum\limits_{i=1}^{n}(x_i - \mu_0)^2}\right]^{n/2} \\ &= \left[\frac{1}{\dfrac{\sum\limits_{i=1}^{n}(x_i - \overline{x} + \overline{x} - \mu_0)^2}{\sum\limits_{i=1}^{n}(x_i - \overline{x})^2}}\right]^{n/2} = \left[\frac{1}{1 + n\dfrac{(\overline{x} - \mu_0)^2}{\sum\limits_{i=1}^{n}(x_i - \overline{x})^2}}\right]^{n/2} \\ &= \left(1 + \frac{T^2}{n-1}\right)^{-n/2},\end{aligned}$$

其中 $T=\dfrac{\sqrt{n}(\overline{x}-\mu_0)}{S_n}$.

另外, 从上式可知, 此时的似然比统计量与传统的 t 统计量的平方成反比, 于是, 两个检验统计量的拒绝域有如下关系:

$$\{\lambda(\boldsymbol{x})\leqslant c\}\Longleftrightarrow\{|T(\boldsymbol{x})|\geqslant d\}.$$

又因为当 H_0 成立时, $T\sim t(n-1)$, 故取 $d=t_{\alpha/2}(n-1)$ 即可控制其犯第一类错误的概率不超过 α. 由此可见, 此时的似然比检验与我们前面讲过的双侧 t 检验完全等价. □

例 4.5.2 设 $X_1,\cdots,X_n$ 为来自具有如下 PDF

$$f(x,\mu)=\mathrm{e}^{-(x-\mu)},\quad x\geqslant\mu,\ \mu\in\mathbf{R}$$

的总体的 IID 样本, 试求假设

$$H_0\colon\mu=0\longleftrightarrow H_1\colon\mu\neq0$$

的显著性水平为 α 的似然比检验.

解 此时的样本分布为

$$f(\boldsymbol{x},\mu)=\exp\left[-\sum_{i=1}^{n}(x_i-\mu)\right]I(x_{(1)}\geqslant\mu),$$

且参数空间为 $\Theta=\mathbf{R}$, $\Theta_0=\{0\}$.

于是, 可以求得

$$\sup_{\theta\in\Theta_0}f(\boldsymbol{x},\mu)=\mathrm{e}^{-\sum\limits_{i=1}^{n}x_i},\quad \sup_{\theta\in\Theta}f(\boldsymbol{x},\mu)=\mathrm{e}^{-\sum\limits_{i=1}^{n}x_i+nx_{(1)}}.$$

这样, 此时的似然比统计量为

$$\lambda(\boldsymbol{X})=\mathrm{e}^{-nX_{(1)}}=\mathrm{e}^{-\frac{1}{2}(2nX_{(1)})},$$

它等价于统计量 $2nX_{(1)}$, 且其拒绝域为 $\{2nX_{(1)}\geqslant c\}$.

又因为在 H_0 成立时, $2nX_{(1)}\sim\chi^2(2)$ (计算其 PDF 即知), 故其临界值 $c=\chi^2_\alpha(2)$. 即此时的似然比检验统计量为 $2nX_{(1)}$, 其拒绝域为 $\{2nX_{(1)}\geqslant\chi^2_\alpha(2)\}$. □

例 4.5.3 设总体分布为

$$P\{X=i\}=p_i,\quad i=1,\cdots,r,$$

其中 $p_i>0,\sum\limits_{i=1}^{r}p_i=1$. 设有 n 个来自此分布的 IID 样本 $X_1,\cdots,X_n$, 试求

$$H_0\colon p_i=p_{i0},\quad i=1,\cdots,r \tag{4.5.4}$$

的似然比检验, 其中 p_{i0} 已知, 且 $\sum_{i=1}^{r} p_{i0}=1$.

解 对于此问题, 我们注意到, 其总体是一个离散型分布, 且参数空间 Θ 是 $r-1$ 维的, 而 Θ_0 只包含一个点.

另外, 为方便, 以 n_i 表示样本中取值 i 的个数, 即 $\sum_{i=1}^{r} n_i=n$. 此时样本分布为

$$P_\theta\{\boldsymbol{X}=\boldsymbol{x}\}=p_1^{n_1}\cdots p_r^{n_r},$$

由此可求得

$$\sup_{\theta\in\Theta} P_\theta\{\boldsymbol{X}=\boldsymbol{x}\}=\prod_{i=1}^{r}\left(\frac{n_i}{n}\right)^{n_i},\quad \sup_{\theta\in\Theta_0} P_\theta\{\boldsymbol{X}=\boldsymbol{x}\}=\prod_{i=1}^{r} p_{i0}^{n_i}.$$

于是, 其似然比统计量为

$$\lambda(\boldsymbol{X})=\prod_{i=1}^{r}\left(\frac{np_{i0}}{n_i}\right)^{n_i}.$$

另外, 由于

$$\begin{aligned}
\ln\lambda(\boldsymbol{X}) &= \sum_{i=1}^{r} n_i \ln\frac{np_{i0}}{n_i}\\
&= -\sum_{i=1}^{r}[np_{i0}+(n_i-np_{i0})]\ln\left(1+\frac{n_i-np_{i0}}{np_{i0}}\right)\\
&\approx -\sum_{i=1}^{r}[np_{i0}+(n_i-np_{i0})]\left[\frac{n_i-np_{i0}}{np_{i0}}-\frac{1}{2}\left(\frac{n_i-np_{i0}}{np_{i0}}\right)^2+o_p(n^{-2})\right]\\
&\approx -\frac{1}{2}\sum_{i=1}^{r}\frac{(n_i-np_{i0})^2}{np_{i0}}+o_p(n^{-1}),
\end{aligned}$$

所以,

$$-2\ln\lambda(\boldsymbol{X})\approx\sum_{i=1}^{r}\frac{(n_i-np_{i0})^2}{np_{i0}}. \tag{4.5.5}$$

又因为 $-2\ln\lambda(\boldsymbol{X})$ 是 $\lambda(\boldsymbol{X})$ 的严格减函数, 故似然比检验等价于用检验统计量 $-2\ln\lambda(\boldsymbol{X})$, 且拒绝域为 $\{-2\ln\lambda(\boldsymbol{X})\geqslant c\}$.

总之, 对于此问题, 可采用检验统计量 $\sum_{i=1}^{r}\frac{(n_i-np_{i0})^2}{np_{i0}}$, 且其拒绝域为

$$\left\{(n_1,\cdots,n_r)\colon \sum_{i=1}^{r}\frac{(n_i-np_{i0})^2}{np_{i0}}\geqslant c\right\}. \tag{4.5.6}$$

□

在这里我们看不出这个统计量有什么特别之处, 但是在后面的第 6 章可以看出, 这是 K. Pearson 引进的 χ^2 拟合优度检验统计量, 它在许多实际问题中都得到了广泛的应用. 值得注意的是, 此时检验统计量的精确零分布很难导出, 也就是说无法给出一个精确的临界值 c 使得 $P_{H_0}\{-2\ln\lambda(\boldsymbol{X})\geqslant c\}=\alpha$. 在当今众多的统计应用问题中, 通常都是难以得到似然比检验统计量的精确零分布的. 此时, 统计大样本理论可以帮助我们得到某种近似 (极限) 分布, 这就是著名的 Wilks (威尔克斯) 定理: 假设在 H_0 下, 对 k 维参数向量 $\boldsymbol{\theta}=(\theta_1,\cdots,\theta_k)^{\mathrm{T}}$ 有 r 个约束 (则 $\boldsymbol{\theta}$ 中只有 $k-r$ 个分量是可以自由变化的), 在适当条件下, $-2\ln\lambda(\boldsymbol{X})$ 的极限零分布是 χ_r^2 分布, 即收敛到自由度是备择假设和零假设下自由参数个数之差的 χ^2 分布. 该定理是由 Wilks 在 1938 年的数理统计年刊上完整阐述的, 后人也通常称似然比检验统计量的这一特点为 Wilks 现象.

为了叙述该定理及其证明, 我们需要给予 Θ_0 一定的参数表示. 不失一般性, 可将 $k-r$ 个自由参数分量记为 $\boldsymbol{\vartheta}=(\vartheta_1,\cdots,\vartheta_{k-r})^{\mathrm{T}}$. Θ_0 的这种确定方法又可以等价地通过如下的变换来表示:

$$H_0\colon \boldsymbol{\theta}=g(\boldsymbol{\vartheta}), \tag{4.5.7}$$

其中 g 是某个 $\mathbf{R}^{k-r}\longrightarrow\mathbf{R}^k$ 上的连续可微函数, 且 $\partial g(\boldsymbol{\vartheta})/\partial\boldsymbol{\vartheta}$ 是满秩的. 举例来说, 考虑 $H_0\colon \boldsymbol{\theta}_0\in\Theta_0=\{\boldsymbol{\theta}=(\theta_1,\theta_2,\theta_3)^{\mathrm{T}}\colon \theta_1=\theta_{01}\}$, 则可以令 $\vartheta_1=\theta_2$, $\vartheta_2=\theta_3$, $g_1(\boldsymbol{\vartheta})=\theta_{01}$, $g_2(\boldsymbol{\vartheta})=\theta_2$, $g_3(\boldsymbol{\vartheta})=\theta_3$; 又比如 $\boldsymbol{\theta}=(\theta_1,\theta_2,\theta_3)^{\mathrm{T}}$, $H_0\colon\theta_1=\theta_2$, 这时, $\Theta=\mathbf{R}^3$, $k=3$, $r=1$, θ_2 和 θ_3 是两个可以自由变化的参数, 此时可取 $\boldsymbol{\vartheta}=(\theta_2,\theta_3)^{\mathrm{T}}\in\mathbf{R}^{k-r}=\mathbf{R}^2$, $g_1(\boldsymbol{\vartheta})=\theta_2$, $g_2(\boldsymbol{\vartheta})=\theta_2$, $g_3(\boldsymbol{\vartheta})=\theta_3$.

定理 4.5.1 假设定理 2.7.10 中的条件成立且 H_0 由 (4.5.7) 表示, 则在 H_0 下, $-2\ln\lambda(\boldsymbol{X})\xrightarrow{d}\chi_r^2$.

证明 由定理 2.7.10 及其证明, 可知存在最大似然估计 $\widehat{\boldsymbol{\theta}}_n$ 使得

$$\sqrt{n}\boldsymbol{I}(\boldsymbol{\theta}_0)(\widehat{\boldsymbol{\theta}}_n-\boldsymbol{\theta}_0)=\sqrt{n}s(\boldsymbol{\theta}_0)+o_p(1),$$

其中 $s(\boldsymbol{\theta})=\dfrac{1}{n}\dfrac{\partial\ln f(\boldsymbol{X},\boldsymbol{\theta})}{\partial\boldsymbol{\theta}}$, 而 $\boldsymbol{I}(\boldsymbol{\theta}_0)$ 是 Fisher 信息矩阵. 则由 Taylor 展开,

$$\begin{aligned}
&2\left[\ln f(\boldsymbol{X},\widehat{\boldsymbol{\theta}}_n)-\ln f(\boldsymbol{X},\boldsymbol{\theta}_0)\right]\\
&=2n(\widehat{\boldsymbol{\theta}}_n-\boldsymbol{\theta}_0)^{\mathrm{T}}s(\boldsymbol{\theta}_0)+n(\widehat{\boldsymbol{\theta}}_n-\boldsymbol{\theta}_0)^{\mathrm{T}}s'(\boldsymbol{\theta}_0)(\widehat{\boldsymbol{\theta}}_n-\boldsymbol{\theta}_0)+o_p(1)\\
&=n(\widehat{\boldsymbol{\theta}}_n-\boldsymbol{\theta}_0)^{\mathrm{T}}\boldsymbol{I}(\boldsymbol{\theta}_0)(\widehat{\boldsymbol{\theta}}_n-\boldsymbol{\theta}_0)+o_p(1).
\end{aligned}$$

由此,

$$2\left[\ln f(\boldsymbol{X},\widehat{\boldsymbol{\theta}}_n)-\ln f(\boldsymbol{X},\boldsymbol{\theta}_0)\right]=ns^{\mathrm{T}}(\boldsymbol{\theta}_0)[\boldsymbol{I}(\boldsymbol{\theta}_0)]^{-1}s(\boldsymbol{\theta}_0)+o_p(1).$$

类似地, 在 H_0 下,

$$2\left[\ln f(\boldsymbol{X},g(\widehat{\boldsymbol{\vartheta}}_n))-\ln f(\boldsymbol{X},g(\boldsymbol{\vartheta}_0))\right]=n\widetilde{s}^{\mathrm{T}}(\boldsymbol{\vartheta}_0)[\widetilde{\boldsymbol{I}}(\boldsymbol{\vartheta}_0)]^{-1}\widetilde{s}(\boldsymbol{\vartheta}_0)+o_p(1),$$

其中,

$$\begin{aligned}\widetilde{s}(\boldsymbol{\vartheta})&=\frac{1}{n}\frac{\partial\ln f(\boldsymbol{X},g(\boldsymbol{\vartheta}))}{\partial\boldsymbol{\vartheta}}=\mathrm{D}(\boldsymbol{\vartheta})s(g(\boldsymbol{\vartheta})),\\ \mathrm{D}(\boldsymbol{\vartheta})&=\partial g(\boldsymbol{\vartheta})/\partial\boldsymbol{\vartheta},\end{aligned}$$

且 $\widetilde{\boldsymbol{I}}(\boldsymbol{\vartheta})$ 是关于 $\boldsymbol{\vartheta}$ 的 Fisher 信息矩阵. 综合这些结果, 有

$$\begin{aligned}-2\ln\lambda(\boldsymbol{X})&=2\left[\ln f(\boldsymbol{X},\widehat{\boldsymbol{\theta}}_n)-\ln f(\boldsymbol{X},g(\widehat{\boldsymbol{\vartheta}}_n))\right]\\&=n[s(g(\boldsymbol{\vartheta}_0))]^{\mathrm{T}}\boldsymbol{B}(\boldsymbol{\vartheta}_0)s(g(\boldsymbol{\vartheta}_0))+o_p(1).\end{aligned}$$

其中,

$$\boldsymbol{B}(\boldsymbol{\vartheta})=[\boldsymbol{I}(g(\boldsymbol{\vartheta}))]^{-1}-[\mathrm{D}(\boldsymbol{\vartheta})]^{\mathrm{T}}[\widetilde{\boldsymbol{I}}(\boldsymbol{\vartheta})]^{-1}\mathrm{D}(\boldsymbol{\vartheta}).$$

由中心极限定理, $\sqrt{n}[\boldsymbol{I}(\boldsymbol{\theta}_0)]^{-1/2}s(\boldsymbol{\theta}_0)\xrightarrow{d}\boldsymbol{Z}$, 其中 $\boldsymbol{Z}=N_k(\boldsymbol{0},\boldsymbol{I}_k)$. 而通过 Slutsky 定理知在 H_0 下,

$$-2\ln\lambda(\boldsymbol{X})\xrightarrow{d}\boldsymbol{Z}^{\mathrm{T}}[\boldsymbol{I}(g(\boldsymbol{\vartheta}_0))]^{1/2}\boldsymbol{B}(\boldsymbol{\vartheta}_0)[\boldsymbol{I}(g(\boldsymbol{\vartheta}_0))]^{1/2}\boldsymbol{Z}.$$

最后剩下的就是要研究矩阵 $[\boldsymbol{I}(g(\boldsymbol{\vartheta}_0))]^{1/2}\boldsymbol{B}(\boldsymbol{\vartheta}_0)[\boldsymbol{I}(g(\boldsymbol{\vartheta}_0))]^{1/2}$ 的性质了. 为了记号方便, 令 $\boldsymbol{D}=\mathrm{D}(\boldsymbol{\vartheta})$, $\boldsymbol{B}=\boldsymbol{B}(\boldsymbol{\vartheta})$, $\boldsymbol{A}=\boldsymbol{I}(g(\boldsymbol{\vartheta}))$, $\boldsymbol{C}=\widetilde{\boldsymbol{I}}(\boldsymbol{\vartheta})$. 则有

$$\begin{aligned}(\boldsymbol{A}^{1/2}\boldsymbol{B}\boldsymbol{A}^{1/2})^2&=\boldsymbol{A}^{1/2}\boldsymbol{B}\boldsymbol{A}\boldsymbol{B}\boldsymbol{A}^{1/2}\\&=\boldsymbol{A}^{1/2}(\boldsymbol{A}^{-1}-\boldsymbol{D}^{\mathrm{T}}\boldsymbol{C}^{-1}\boldsymbol{D})\boldsymbol{A}(\boldsymbol{A}^{-1}-\boldsymbol{D}^{\mathrm{T}}\boldsymbol{C}^{-1}\boldsymbol{D})\boldsymbol{A}^{1/2}\\&=(\boldsymbol{I}_k-\boldsymbol{A}^{1/2}\boldsymbol{D}^{\mathrm{T}}\boldsymbol{C}^{-1}\boldsymbol{D}\boldsymbol{A}^{1/2})(\boldsymbol{I}_k-\boldsymbol{A}^{1/2}\boldsymbol{D}^{\mathrm{T}}\boldsymbol{C}^{-1}\boldsymbol{D}\boldsymbol{A}^{1/2})\\&=\boldsymbol{I}_k-2\boldsymbol{A}^{1/2}\boldsymbol{D}^{\mathrm{T}}\boldsymbol{C}^{-1}\boldsymbol{D}\boldsymbol{A}^{1/2}+\boldsymbol{A}^{1/2}\boldsymbol{D}^{\mathrm{T}}\boldsymbol{C}^{-1}\boldsymbol{D}\boldsymbol{A}\boldsymbol{D}^{\mathrm{T}}\boldsymbol{C}^{-1}\boldsymbol{D}\boldsymbol{A}^{1/2}\\&=\boldsymbol{I}_k-\boldsymbol{A}^{1/2}\boldsymbol{D}^{\mathrm{T}}\boldsymbol{C}^{-1}\boldsymbol{D}\boldsymbol{A}^{1/2}\\&=\boldsymbol{A}^{1/2}\boldsymbol{B}\boldsymbol{A}^{1/2},\end{aligned}$$

其中第五个等式是由 $\boldsymbol{C}=\boldsymbol{D}\boldsymbol{A}\boldsymbol{D}^{\mathrm{T}}$ 这一结论得到的. 这就证明了 $\boldsymbol{A}^{1/2}\boldsymbol{B}\boldsymbol{A}^{1/2}$ 是一投影矩阵, 且其秩是

$$\begin{aligned}\mathrm{tr}(\boldsymbol{A}^{1/2}\boldsymbol{B}\boldsymbol{A}^{1/2})&=\mathrm{tr}(\boldsymbol{I}_k-\boldsymbol{D}^{\mathrm{T}}\boldsymbol{C}^{-1}\boldsymbol{D}\boldsymbol{A})\\&=k-\mathrm{tr}(\boldsymbol{C}^{-1}\boldsymbol{D}\boldsymbol{A}\boldsymbol{D}^{\mathrm{T}})=k-\mathrm{tr}(\boldsymbol{C}^{-1}\boldsymbol{C})=k-(k-r)=r.\end{aligned}$$

则由 Cochran 定理 (定理 1.4.5), $\boldsymbol{Z}^{\mathrm{T}}[\boldsymbol{I}(g(\boldsymbol{\vartheta}_0))]^{1/2}\boldsymbol{B}(\boldsymbol{\vartheta}_0)[\boldsymbol{I}(g(\boldsymbol{\vartheta}_0))]^{1/2}\boldsymbol{Z} \stackrel{d}{=} \chi_r^2$.□

该定理使得我们可以近似地使用 $c = \chi_\alpha^2(r)$ 作为 H_0 下对参数有 r 个约束的似然比检验统计量的临界值.

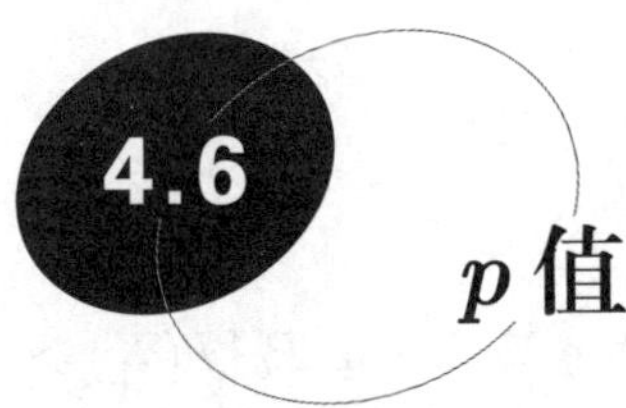

4.6 p 值

在例 4.3.2 中, 由于检验统计量 T 的值为 -2.79, 小于给定显著性水平 0.01 下的临界值 -2.77, 故在显著性水平 0.01 下拒绝了零假设. 在例 4.3.4 中, 我们也因为检验统计量 T 的值为 2.795 大于给定显著性水平 0.05 下的临界值 2.776, 而拒绝了零假设. 如果把显著性水平 α 放大或缩小一点点, 其结论可能正好相反. 对于这两个例子, 虽然显著性水平事先给定, 但由于检验统计量的值与临界值非常接近, 故有理由怀疑由此得到结论的正确性. 但是, 按照本章所讲述的显著性检验法则, 上述结论是可靠的. 为了避免上述让统计学家两难情况的出现, 许多统计软件包给出了检验的 p 值.

为了提出 p 值的定义, 我们先总结一下本章所讲述的显著性检验的基本方法——临界值法: 对于指定的假设

$$H_0\colon \theta \in \Theta_0 \leftrightarrow H_1\colon \theta \in \Theta_1, \tag{4.6.1}$$

先选取一个合适的检验统计量 $T(\boldsymbol{X})$, 之后根据 $H_0 \leftrightarrow H_1$ 的特点, 确定检验的拒绝域 W 的形式. 关于 W 的形式基本有如下两种:

(1) 单侧情形

$$W = \{\boldsymbol{X}\colon T(\boldsymbol{X}) > c\} \quad \text{或} \quad W = \{\boldsymbol{X}\colon T(\boldsymbol{X}) < c\}; \tag{4.6.2}$$

(2) 双侧情形

$$W = \{\boldsymbol{X}\colon T(\boldsymbol{X}) < c_1\} \cup \{\boldsymbol{X}\colon T(\boldsymbol{X}) > c_2\}, \tag{4.6.3}$$

其中临界值 $c, c_1 < c_2$ 由给定的显著性水平 α 及统计量的零分布来决定, 即

$$\sup_{\theta\in\Theta_0} P_\theta\{T(\boldsymbol{X}) > c\} = \alpha \quad \text{或} \quad \sup_{\theta\in\Theta_0} P_\theta\{T(\boldsymbol{X}) < c\} = \alpha, \tag{4.6.4}$$

$$\sup_{\theta\in\Theta_0} P_\theta\{T(\boldsymbol{X})<c_1\}=\sup_{\theta\in\Theta_0} P_\theta\{T(\boldsymbol{X})>c_2\}=\frac{\alpha}{2}. \tag{4.6.5}$$

对于形如 (4.6.2) 式的单侧情形, 我们如下定义此检验的 p 值:

定义 4.6.1 对于拒绝域形如 (4.6.2) 式的单侧检验, 当给定样本观测值 $\boldsymbol{x}^0$ 后, 称

$$p(\boldsymbol{x}^0)=\sup_{\theta\in\Theta_0} P_\theta\{T(\boldsymbol{X})\geqslant T(\boldsymbol{x}^0)\} \quad \text{或} \quad \sup_{\theta\in\Theta_0} P_\theta\{T(\boldsymbol{X})\leqslant T(\boldsymbol{x}^0)\} \tag{4.6.6}$$

为此检验的 p 值.

p 值的重要性在于下面的定理:

定理 4.6.1 对于给定的 $\alpha\in(0,1)$, 若存在常数 c 满足 $\sup\limits_{\theta\in\Theta_0} P_\theta\{T(\boldsymbol{X})>c\}=\alpha$, 则样本值 $\boldsymbol{x}^0$ 落入拒绝域 $W=\{\boldsymbol{X}\colon T(\boldsymbol{X})>c\}$ 的充要条件是其 p 值 $p(\boldsymbol{x}^0)$ 小于 α.

证明 对于给定的样本值 $\boldsymbol{x}^0$, 如果 $p(\boldsymbol{x}^0)<\alpha$, 即 $\sup\limits_{\theta\in\Theta_0} P_\theta\{T(\boldsymbol{X})\geqslant T(\boldsymbol{x}^0)\}<\alpha$, 而由已知条件知常数 c 满足 $\sup\limits_{\theta\in\Theta_0} P_\theta\{T(\boldsymbol{X})>c\}=\alpha$, 则必有 $T(\boldsymbol{x}^0)>c$, 这就是说样本值 $\boldsymbol{x}^0$ 落入了拒绝域 W.

反之, 如果样本值 $\boldsymbol{x}^0$ 落入拒绝域 W, 即 $T(\boldsymbol{x}^0)>c$, 则存在一个正数 $\varepsilon>0$, 使得 $T(\boldsymbol{x}^0)-\varepsilon>c$. 于是

$$\begin{aligned} p(T(\boldsymbol{x}^0)) &= \sup_{\theta\in\Theta_0} P_\theta\{T(\boldsymbol{X})\geqslant T(\boldsymbol{x}^0)\} \\ &\leqslant \sup_{\theta\in\Theta_0} P_\theta\{T(\boldsymbol{X})>T(\boldsymbol{x}^0)-\varepsilon\} \\ &< \sup_{\theta\in\Theta_0} P_\theta\{T(\boldsymbol{X})>c\}=\alpha. \end{aligned}$$

□

由定理 4.6.1 可知, 样本值 $\boldsymbol{x}^0$ 落入显著性水平为 α 的拒绝域 $W=\{\boldsymbol{X}\colon T(\boldsymbol{X})>c\}$ 的充要条件是此样本的 p 值小于 α. 换句话说, 当且仅当样本的 p 值小于 α 时拒绝 H_0, 也就是说, p 值是可以拒绝零假设的显著性水平的最小值.

注意到, 引入 p 值的最大优点在于: 在作检验时, 不需要事先给定此检验的显著性水平 α, 而通过计算当前样本的 p 值知道, 对一切大于此 p 值的 α, 则错误拒绝 H_0 的概率不超过 α.

例 4.6.1 设有来自总体 $N(\mu,\sigma^2)$ 的 64 个 IID 样本, 其样本均值为 $\overline{x}=25.9$, 样本方差为 $s^2=17.3$, 则关于假设

$$H_0\colon \mu\leqslant 25 \longleftrightarrow H_1\colon \mu>25$$

的单侧 t 检验的 p 值为

$$p = \sup_{\mu \leqslant 25} P_\mu \left\{ T > \frac{\sqrt{n}(\overline{x} - 25)}{s} \right\} = 0.044,$$

其中 $T = \dfrac{\sqrt{n}(\overline{X} - \mu_0)}{S}$. 如果 $\alpha = 0.05$, 则有理由拒绝 H_0.

另外, 注意到, 对于某些单侧检验, 如果无法找到恰好满足条件 (4.6.4) 式的临界值 c, 而仅能找到满足如下条件的 c:

$$\sup_{\theta \in \Theta_0} P_\theta\{T(\boldsymbol{X}) \geqslant c\} > \alpha > \sup_{\theta \in \Theta_0} P_\theta\{T(\boldsymbol{X}) > c\} \tag{4.6.7}$$

或

$$\sup_{\theta \in \Theta_0} P_\theta\{T(\boldsymbol{X}) < c\} < \alpha < \sup_{\theta \in \Theta_0} P_\theta\{T(\boldsymbol{X}) \leqslant c\}, \tag{4.6.8}$$

则其 p 值仍由 (4.6.6) 式定义, 且定理 4.6.1 的结论仍成立.

上面我们给出了拒绝域形如 (4.6.2) 式的单侧检验 p 值的定义和性质, 关于拒绝域形如 (4.6.3) 式的双侧检验, 对于给定的样本值 $\boldsymbol{x}^0$, 其 p 值可以定义为

$$p(\boldsymbol{x}^0) = 2\min\left\{ \sup_{\theta \in \Theta_0} P_\theta\{T(\boldsymbol{X}) \leqslant T(\boldsymbol{x}^0)\},\ \sup_{\theta \in \Theta_0} P_\theta\{T(\boldsymbol{X}) \geqslant T(\boldsymbol{x}^0)\} \right\}. \tag{4.6.9}$$

关于双侧检验 p 值的精确定义请参见陈家鼎等 (2006).

注意到, 虽然一个检验的 p 值避免了显著性水平的选取问题, 但由于它依赖于样本值且与零分布有关, 故有时其计算还比较复杂, 但对于一些常见的假设检验问题, 其 p 值很容易由常用的统计软件计算而得, 如 SAS, S-PLUS, SPSS 等.

拓展阅读

习题四

1. 假设乘坐校内出租车从某高校东门到火车站需要 13 元左右. 为检验校内出租车运营是否规范, 现随机地乘坐其中 15 辆出租车从东门到火车站 (假设路况正常), 平均花费为 15.4 元, 标准差为 2.3 元, 请在显著性水平 0.05 下, 检验校内出租车运营是否规范.
2. 为研究硅肺病患者肺功能的变化情况, 某医院对 Ⅰ, Ⅱ 期硅肺病患者各 33 名测定其肺活量, 得到二者的平均值分别为 2 710 mL 和 2 830 mL, 其标准差分别为 147 mL

和 118 mL. 请问: 在显著性水平 0.05 下, 第 I , II 期硅肺病患者的肺活量有无显著性差异?

3. 设 $X_1,\cdots,X_n$ 为来自 Bernoulli 分布 $b(1,p)$ 的 IID 样本, 试求假设 $H_0\colon p=p_0$ 的似然比检验.

4. 设 $X_1,\cdots,X_n$ 为来自均匀分布 $U(0,\theta)$ 的 IID 样本, 其中参数 $\theta>0$. 若对假设

$$H_0\colon \theta\geqslant 2 \longleftrightarrow H_1\colon \theta<2,$$

取检验统计量为最大次序统计量 $X_{(n)}$, 且拒绝域为 $W=\{\boldsymbol{x}\colon x_{(n)}\leqslant 1.5\}$, 则求此检验犯第一类错误的概率的最大值.

5. 设 $X_1,\cdots,X_n$ 为来自 Bernoulli 分布 $b(1,p)$ 的 IID 样本.

(1) 试求假设 $H_0\colon p\leqslant 0.01 \longleftrightarrow H_1\colon p>0.01$ 的显著性水平为 0.05 的显著性检验;

(2) 若要求这个检验在 $p=0.08$ 时犯第二类错误的概率不超过 0.1, 样本容量 n 应为多少?

6. 为了检测甲、乙两种小麦品种的好坏, 现在 10 块地上同时试种这两个品种. 收获之后测得二者的平均产量分别为 670 kg 和 800 kg, 样本标准差分别为 120 kg 和 90 kg. 试在显著性水平 0.01 下, 检验这两个品种的小麦有无显著性差异.

7. 下列哪些假设是简单的, 哪些是复杂的?

(1) X 服从正态分布;

(2) X 服从正态分布 $N(2,0.5^2)$;

(3) $E(X)=2$, $\mathrm{Var}(X)=0.5^2$;

(4) X 不服从正态分布;

(5) X 服从参数为 0.5 的 Bernoulli 分布;

(6) X 服从参数为 0.5 的二项分布;

(7) X 服从指数分布 $Exp(3)$.

8. 设 X 是来自均匀分布 $U(\theta-0.5,\theta+0.5)$ 的一个样本, 对于假设

$$H_0\colon \theta\leqslant 3 \longleftrightarrow H_1\colon \theta\geqslant 4,$$

构造一个检验法, 使其势函数 $\beta(\theta)$ 满足

$$\beta(\theta)=\begin{cases}0, & \theta\leqslant 3,\\ 1, & \theta\geqslant 4.\end{cases}$$

9. 设 $X_1,\cdots,X_n$ 为来自指数分布 $Exp(\lambda_1)$ 的 IID 样本, $Y_1,\cdots,Y_m$ 为来自指数分布 $Exp(\lambda_2)$ 的 IID 样本, 且两组样本独立, 其中 λ_1,λ_2 是未知的正参数.

(1) 求假设 $H_0\colon \lambda_1=\lambda_2 \longleftrightarrow H_1\colon \lambda_1\neq\lambda_2$ 的似然比检验;

(2) 证明上述检验法的拒绝域仅依赖于比值 $\sum\limits_{i=1}^n X_i\Big/\sum\limits_{i=1}^m Y_i$;

(3) 求统计量 $\sum\limits_{i=1}^n X_i\Big/\sum\limits_{i=1}^m Y_i$ 的零分布.

10. 用甲、乙两种材料的灯丝制造灯泡, 现随机地从中抽取若干个进行寿命试验, 得到如下数据 (单位: h):

甲材料: 1610　1650　1680　1710　1720　1800

乙材料: 1 580 1 600 1 640 1 630 1 700

如假设寿命服从指数分布, 则在显著性水平 0.05 下检验这两种材料生产的灯泡寿命有无显著性差异.

11. 设 $X_1,\cdots,X_m$ 和 $Y_1,\cdots,Y_n$ 是分别来自正态总体 $N(\mu_1,\sigma^2)$ 和 $N(\mu_2,\sigma^2)$ 的 IID 样本, 且全样本独立, 其中 μ_1,μ_2,σ^2 均未知. 请仿照两样本 t 检验, 构造假设 $H_0\colon \mu_1=c\mu_2$ 的显著性水平为 α 的显著性检验, 其中 $c\neq 0$ 为常数.

12. 设 $X_1,\cdots,X_n$ 为来自均匀分布 $U(0,\theta)$ 的 IID 样本, 其中 $\theta>0$ 为参数. 对于给定的 $\theta_0>0$, 请给出假设 $H_0\colon \theta\leqslant\theta_0$ 的显著性水平为 α 的显著性检验.

13. 设 $X_1,\cdots,X_n$ 为来自正态总体 $N(\mu,\sigma^2)$ 的 IID 样本, 其中 μ,σ^2 为未知参数. 试证明: 关于假设

$$H_0\colon \sigma^2=\sigma_0^2 \longleftrightarrow H_1\colon \sigma^2\neq\sigma_0^2$$

的似然比检验就是检验统计量为 $\chi^2=(n-1)S_n^2/\sigma_0^2$ 的 χ^2 检验, 其中 S_n^2 为样本方差.

14. 在对一种新的流感疫苗进行人体试验时, 为试验组的 900 位志愿者注射了新疫苗, 在 6 个月内他们中有 9 个人得了流感; 为对照组的 900 位志愿者注射了老疫苗, 在 6 个月内他们中有 19 个人得了流感. 请问新疫苗是否更有效?

15. 在 A 村随机调查了 90 位男村民, 其中有 45 人对现任村委会主任表示满意, 又随机调查了 100 位女村民, 有 69 人对现任村委会主任表示满意. 在显著性水平 0.05 下,

(1) 能否认为男女村民的态度有明显的差异?

(2) 求村中满意村委会主任的男女村民的比例 p_1 和 p_2 的置信水平为 95% 的置信区间;

(3) 由 (2) 的区间估计能否认为 $p_1>p_2$?

16. 以 46° 仰角发射了 9 颗库存了 1 个月的某型号炮弹, 射程 (单位: km) 分别是:

30.89 31.74 33.82 32.79 31.87 31.79 31.7 32.23 31.85

又以相同的仰角发射了 8 颗库存了两年的同型号炮弹, 其射程 (单位: km) 分别是:

32.84 31.46 32.31 31.75 30.15 31.51 31.43 31.74

如果射程都服从正态分布, 则在显著性水平 0.05 下,

(1) 能否认为这两批炮弹射程的标准差有显著性差异?

(2) 在 (1) 的基础上, 能否认为这两批炮弹的平均射程有显著性差异?

17. 设 $X_1,\cdots,X_n$ 是来自 PDF 为

$$f(x,\theta)=2\frac{x}{\theta^2}\exp\left(-\frac{x^2}{\theta^2}\right),\quad x>0$$

的 Rayleigh(瑞利) 分布的 IID 样本, 其中 $\theta>0$ 为未知参数.

(1) 利用此总体的充分完备统计量, 建立一个关于假设

$$H_0\colon \theta=1 \longleftrightarrow H_1\colon \theta>1$$

的显著性水平近似为 α 的检验;

(2) 验证此检验统计量在 H_1 下比在 H_0 下具有更大的均值.

18. 设 X_1,X_2 独立, 且分别服从 $N(\mu_1,\sigma^2)$, $N(\mu_2,\sigma^2)$. 当 σ^2 已知时, 求关于假设

$$H_0\colon \mu_1=\mu_2=0 \longleftrightarrow H_1\colon \mu_1^2+\mu_2^2>0$$

的显著性水平为 α 的检验.

19. 设 X, Y 相互独立, 且 $X \sim N(\mu_1, 1), Y \sim N(\mu_2, 1)$. 设 $\rho = \mu_1/\mu_2$. 证明

$$T(X, Y, \rho_0) = \begin{cases} 1, & |X - \rho_0 Y| > \sqrt{1+\rho_0^2}u_{\alpha/2}, \\ 0, & \text{其他} \end{cases}$$

是假设 $H_0\colon \rho = \rho_0$ 的显著性水平为 α 的检验.

20. 设 X 服从二项分布 $B(n, p)$, 证明: 关于假设 $H_0\colon p = 1/2 \longleftrightarrow H_1: p \neq 1/2$ 的似然比检验统计量等价于 $|2X - n|$.

*21. 设 $X_1, \cdots, X_n$ 为来自正态总体 $N(\mu, \sigma^2)$ 的 IID 样本, 其中 μ, σ^2 未知. 证明: 关于假设 $H_0\colon \mu \leqslant \mu_0 \longleftrightarrow H_1: \mu > \mu_0$ 的单侧 t 检验是似然比检验 (显著性水平 $\alpha < 1/2$).

*22. 设 $X_1, \cdots, X_n$ 为来自正态总体 $N(\mu, \sigma^2)$ 的 IID 样本, 其中 μ, σ^2 未知. 证明: 关于假设 $H_0\colon \sigma^2 = \sigma_0^2 \longleftrightarrow H_1: \sigma^2 \neq \sigma_0^2$ 的显著性水平为 α 的似然比检验的拒绝域的补集为

$$W = \left\{ c_1 \leqslant \frac{1}{\sigma_0^2} \sum_{i=1}^{n} (X_i - \overline{X})^2 \leqslant c_2 \right\},$$

其中 c_1, c_2 满足

$$\int_{c_1}^{c_2} \chi^2(x, n-1) \mathrm{d}x = 1 - \alpha, \quad c_1 - c_2 = n \ln(c_1/c_2).$$

23. 设 $X_1, \cdots, X_m$ 和 $Y_1, \cdots, Y_n$ 为分别来自正态总体 $N(\mu_1, \sigma^2)$ 和 $N(\mu_2, \sigma^2)$ 的 IID 样本, 其中 μ_1, μ_2, σ^2 未知. 证明: 关于假设 $H_0\colon \mu_1 \leqslant \mu_2 \longleftrightarrow H_1: \mu_1 > \mu_2$ 的似然比检验统计量等价于两样本 t 检验统计量 $|T|$(统计量 T 的定义见 (4.3.6) 式).

*24. 称正态分布随机变量列 $X_1, \cdots, X_n$ 为一个自回归 (autoregressive) 序列, 如果 $X_i = \theta X_{i-1} + \varepsilon_i$, $i = 1, 2, \cdots, n$, 其中 $X_0 = 0$, $\varepsilon_1, \cdots, \varepsilon_n$ 是 $N(0, \sigma^2)$ 的 IID 序列, 其中 σ^2 已知. 证明: 关于假设 $H_0\colon \theta = 0 \longleftrightarrow H_1: \theta \neq 0$ 的似然比检验统计量等价于 $-\left(\sum_{i=2}^{n} X_i X_{i-1}\right)^2 \Big/ \sum_{i=1}^{n-1} X_i^2$.

25. 投掷1 000 次硬币, 560 次正面向上, 440 次反面向上, 假设硬币质地均匀是否合理? 证明你的结果.

26. 假设有两个独立的随机样本: $X_1, \cdots, X_n$ 和 $Y_1, \cdots, Y_m$ 为指数分布, 参数分别为 θ 和 μ.

(1) 求 $H_0\colon \theta = \mu \longleftrightarrow H_1: \theta \geqslant \mu$ 的似然比检验;

(2) 证明 (1) 中的检验可以基于统计量 $T = \dfrac{\sum_{i=1}^{n} X_i}{\sum_{i=1}^{n} X_i + \sum_{i=1}^{m} Y_i}$;

(3) 当 H_0 为真时, 写出 T 的分布.

27. 设 $X_1, \cdots, X_n$ 为来自 $\{1, \cdots, \theta\}$ 上的离散型均匀分布的 IID 样本, 这里 θ 为整数且 $\theta \geqslant 2$, 求显著性水平为 α 的以下假设的似然比检验:

(1) $H_0\colon \theta \leqslant \theta_0 \longleftrightarrow H_1: \theta > \theta_0$, 其中 $\theta_0 \geqslant 2$, 为已知整数;

(2) $H_0: \theta = \theta_0 \longleftrightarrow H_1: \theta \neq \theta_0$.

28. 假设 $X_{i1}, \cdots, X_{in_i}, i = 1, 2$ 为两个 IID 样本, 服从均匀分布 $U(0, \theta_i)$, $i = 1, 2$, 这里 $\theta_1 > 0, \theta_2 > 0$ 均未知.

(1) 求显著性水平为 α 的假设 $H_0: \theta_1 = \theta_2 \longleftrightarrow H_1: \theta_1 \neq \theta_2$ 的似然比检验;

(2) 求 $-2\ln\lambda$ 的极限分布, 这里 λ 为 (1) 中的似然比.

29. 假设 $(X_{11}, X_{12}), \cdots, (X_{n1}, X_{n2})$ 为来自二元正态分布的 IID 样本, 均值和方差矩阵均未知. 假设 $H_0: \rho = 0 \longleftrightarrow H_1: \rho \neq 0$, 这里 ρ 为相关系数. 证明: $|W| > c$ 为一个似然比检验, 其中

$$W = \frac{\sum_{i=1}^{n}(X_{i1} - \overline{X}_1)(X_{i2} - \overline{X}_2)}{\left[\sum_{i=1}^{n}(X_{i1} - \overline{X}_1)^2 \sum_{i=1}^{n}(X_{i2} - \overline{X}_2)^2\right]^{\frac{1}{2}}},$$

并求 W 的分布.

30. (p 值) 假设 X 的分布为 P_θ, 其中 $\theta \in \mathbf{R}$ 为未知参数, 对于拒绝域为 W_α 的零假设 $H_0: \theta = \theta_0$ (或 $\theta < \theta_0$) 满足 $P_{\theta_0}\{X \in W_\alpha\} = \alpha$, $0 < \alpha < 1$ 和 $W_{\alpha_1} = \bigcap\limits_{\alpha > \alpha_1} W_\alpha$, $0 < \alpha_1 < 1$, 考虑 H_0 的一族非随机化显著性检验:

(1) 证明: p 值为 $\widehat{\alpha}(x) = \inf\{\alpha: x \in W_\alpha\}$;

(2) 证明: 当 $\theta = \theta_0$ 时, $\widehat{\alpha}(x)$ 服从均匀分布 $U(0, 1)$;

(3) 如果拒绝域为 W_α 的检验是无偏的, 证明: 在 H_1 下, $P_\theta\{\widehat{\alpha}(x) \leqslant \alpha\} \geqslant \alpha$.

31. 假设 $X_1, \cdots, X_n$ 是来自正态总体 $N(\theta, \sigma^2)$ 的一组随机样本, σ^2 已知. 假设 $H_0: \theta = \theta_0 \longleftrightarrow H_1: \theta \neq \theta_0$ 的一个似然比检验为: 如果 $|\overline{X} - \theta_0|/(\sigma/\sqrt{n}) > w$, 则拒绝 H_0.

(1) 求这个检验的势函数, 用标准正态分布的概率写出这个表达式;

(2) 试验者希望在 $\theta = \theta_0 + \sigma$ 点犯第一类错误的概率是 0.05, 犯第二类错误的最大概率是 0.25. 求为达到这些要求的 n 和 w 的值.

5

第 5 章

假设检验——最大功效检验

第 4 章的内容主要涉及了 Fisher 显著性检验, 而显著性检验的最主要特点就是仅考虑如何控制犯第一类错误的概率, 而没有思考如何控制检验犯第二类错误的概率, 或在控制犯第一类错误的概率的前提下, 寻找犯第二类错误的概率最小的检验. 本章则将考虑在犯第一类错误的概率为 α 的检验类中如何求取一个犯第二类错误的概率最小的检验, 这方面的内容是由 Neyman 和 E. Pearson 在 20 世纪 20 年代提出的.

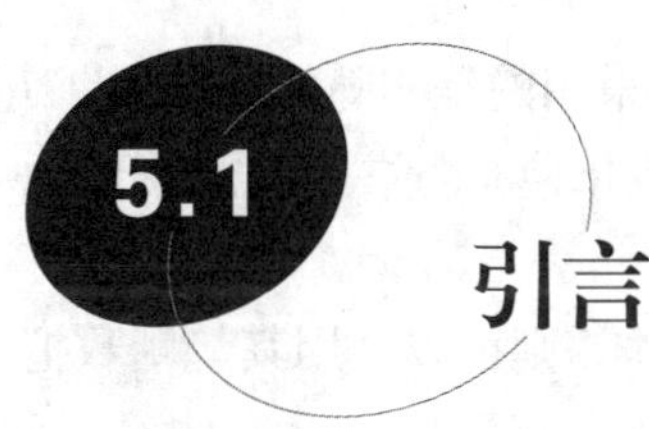

5.1 引言

在上一章中, 我们给出了有关假设检验的几个定义, 如假设、检验、拒绝域、临界值等. 为了本章叙述的方便, 我们再把前面的几个概念简述如下.

针对假设 $H_0 \longleftrightarrow H_1$, 一个检验函数或检验法则或检验, 就是设法把样本空间 $\mathcal{X}$ 划分为两个互不相交的可测集:

$$\mathcal{X} = W \bigcup \overline{W}.$$

当观测值 $\boldsymbol{x} \in W$ 时, 拒绝零假设 H_0; 当 $\boldsymbol{x} \in \overline{W}$ 时, 就不能拒绝零假设 H_0. 其中的 W 称为拒绝域. 即此时的检验或检验函数被定义成如下的函数.

对于拒绝域 $W \subset \mathcal{X}$, 定义

$$\phi(\boldsymbol{X}) = \begin{cases} 1, & \boldsymbol{X} \in W, \\ 0, & \boldsymbol{X} \in \overline{W}, \end{cases}$$

它是 W 的示性函数, 且仅取 0, 1 两个值. 反之, 如果对于一个仅取 0, 1 两个值的函数 $\phi(\boldsymbol{X})$, 则 $W = \{\boldsymbol{X} : \phi(\boldsymbol{X}) = 1\}$ 也可作为拒绝域. 这样的函数 $\phi(x)$ 就称为检验函数或检验, 其势函数为

$$\beta_\phi(\theta) = P_\theta\{\boldsymbol{X} \in W\} = E_\theta(\phi(\boldsymbol{X})). \tag{5.1.1}$$

上述定义是在上一章中所采用的, 对于本章要讲的最大功效检验, 我们有必要重新定义检验如下:

定义 5.1.1 (检验) 设 $\phi(\boldsymbol{X})$ 是定义在 $\mathcal{X}$ 上的可测函数, 对于任意的 $\boldsymbol{x} \in \mathcal{X}$ 满足 $0 \leqslant \phi(\boldsymbol{x}) \leqslant 1$, 则称 $\phi(\boldsymbol{X})$ 为检验函数, 简称检验. 如果 $\phi(\boldsymbol{x})$

仅取 0, 1 两值, 则称为非随机化检验, 否则, 就称为随机化检验, 其势函数为 $\beta_\phi(\theta) = E_\theta(\phi(\boldsymbol{X}))$.

从上述定义可以看出, 上一章我们称拒绝域的示性函数为一个检验, 而本章则不然: 由定义 5.1.1 所定义的检验可以在 $[0,1]$ 间取值, 它可能不是拒绝域的示性函数.

对于一个随机化检验 $\phi(x)$, 当其取值为 1 时, 我们拒绝零假设; 当其取值为 0 时, 我们不能拒绝零假设; 当其取值为 $\delta \in (0,1)$ 时, 我们如下处理: 取一个来自 $b(1,\delta)$ 的随机数, 若此随机数为 1, 则拒绝零假设, 否则不能拒绝零假设.

另外, 当检验统计量为连续型随机变量时, 我们采用的是非随机化检验. 当检验统计量为离散型随机变量时, 就有可能采用随机化检验. 这一点, 将在后面接触到.

既然用犯两类错误的概率来衡量一个检验的好坏, 则可以利用其势函数把检验分类.

定义 5.1.2 设 $\phi_1(\boldsymbol{X})$ 和 $\phi_2(\boldsymbol{X})$ 是某检验问题 $H_0 \longleftrightarrow H_1$ 的检验函数, 如果它们的势函数相同, 即

$$E_\theta(\phi_1(\boldsymbol{X})) = E_\theta(\phi_2(\boldsymbol{X})), \quad \forall \theta \in \Theta,$$

则称检验函数 $\phi_1(\boldsymbol{X})$ 和 $\phi_2(\boldsymbol{X})$ 等价.

前面的知识告诉我们, 充分统计量在估计中非常有用, 由于它完全包含了样本中关于参数的信息, 那它在检验中又如何呢? 见下面的定理.

定理 5.1.1 设 $X_1, \cdots, X_n$ 是来自分布族 $\{f(x,\theta)\colon \theta \in \Theta\}$ 的样本. $T(\boldsymbol{X})$ 是参数 θ 的充分统计量. 则对于任意一个检验函数 $\phi(\boldsymbol{X})$, 存在另一个只依赖于 $T(\boldsymbol{X})$ 的检验函数与它等价.

证明 定义一个新统计量 $\psi(t) = E[\phi(\boldsymbol{X})|T(\boldsymbol{X}) = t]$. 由于 $0 \leqslant \phi(\boldsymbol{x}) \leqslant 1$, 故由条件期望性质知, $\psi(t) \in [0,1]$, 故它也是一个检验函数. 另外, 由全期望公式有

$$E_\theta(\psi(T(\boldsymbol{X}))) = E_\theta[E(\phi(\boldsymbol{X})|T(\boldsymbol{X}))] = E_\theta(\phi(\boldsymbol{X})), \quad \forall \theta \in \Theta,$$

故知 $\psi(T(\boldsymbol{X}))$ 与 $\phi(\boldsymbol{X})$ 是等价的. □

这个定理告诉我们, 当 θ 的充分统计量存在时, 关于此参数的检验问题, 仅需在由充分统计量构成的检验函数中去寻找就可以了. 这就是假设检验中的 “充分性原则”.

定义 5.1.3 (最大功效检验) 对于参数分布族 $\mathcal{F} = \{f(x,\theta) : \theta \in \Theta\}$, 设

感兴趣的假设为

$$H_0\colon \theta=\theta_0 \longleftrightarrow H_1\colon \theta=\theta_1\ (\theta_1\neq\theta_0), \tag{5.1.2}$$

并设有两个显著性水平为 α 的检验函数 $\phi_1(\boldsymbol{X}), \phi_2(\boldsymbol{X})$, 即满足

$$E_{\theta_0}(\phi_i(\boldsymbol{X}))\leqslant\alpha,\quad i=1,2, \tag{5.1.3}$$

如果

$$\beta_{\phi_1}(\theta_1)\geqslant\beta_{\phi_2}(\theta_1), \tag{5.1.4}$$

则称检验 ϕ_1 比 ϕ_2 有效. 如果检验 ϕ_1 对于任一个显著性水平小于等于 α 的检验 ϕ_2, (5.1.4) 式均成立, 则称 ϕ_1 是假设 (5.1.2) 的显著性水平 α 的最大功效检验 (most powerful test, 简记为 MPT).

从上述定义可以看出, 一个 MPT, 不仅控制其犯第一类错误的概率, 而且也控制其犯第二类错误的概率, 且比一般显著性水平为 α 的显著性检验更有效. 那这种好的检验存在吗? 请见下节的 N-P 引理.

5.2 Neyman-Pearson 引理

从 1928 年开始的大约 10 年时间里, Neyman 和 E. Pearson 合作发表了一系列有关假设检验的论文, 从而建立了本节将要讲述的最大功效检验理论, 一般称之为 “Neyman-Pearson” 理论. 本节将介绍其中最常用的一个定理, 即 Neyman-Pearson 引理, 简记为 N-P 引理.

为了书写方便, 我们有时将仅用 X 表示容量为 n 的样本, 用 x 表示其样本值.

定理 5.2.1 (Neyman-Pearson 引理) 对于参数分布族 $\{f(x,\theta)\colon\theta\in\Theta=\{\theta_0,\theta_1\}\}$, 则关于检验问题 (5.1.2), 有如下结论:

(1) 对给定的 $\alpha\in(0,1)$, 存在一个检验函数 $\phi(x)$ 及常数 $k\geqslant0$, 使得

$$\phi(x)=\begin{cases}1, & f(x,\theta_1)>kf(x,\theta_0),\\ 0, & f(x,\theta_1)<kf(x,\theta_0),\end{cases} \tag{5.2.1}$$

且

$$E_{\theta_0}(\phi(X))=\alpha. \tag{5.2.2}$$

(2) 由 (5.2.1) 式和 (5.2.2) 式确定的检验函数 $\phi(x)$ 是检验问题 (5.1.2) 的显著性水平为 α 的 MPT.

(3) 如果 $\phi'(x)$ 是此检验问题的显著性水平为 α 的 MPT, 则一定存在常数 $k\geqslant 0$, 使得 $\phi'(x)$ 满足 (5.2.1) 式. 又若 $\phi'(x)$ 满足 $E_{\theta_1}(\phi'(X))<1$, 则它也满足 (5.2.2) 式.

证明 为方便起见, 定义 $\lambda(x)=f(x,\theta_1)/f(x,\theta_0)$.

(1) 为证明这一点, 只需证明形如 (5.2.1) 式的检验函数存在, 且满足 (5.2.2) 式. 为此, 对于任意实数 $c\geqslant 0$, 定义

$$h(c)=P_{\theta_0}\{\lambda(X)\leqslant c\}.$$

由于它是随机变量 $\lambda(X)$ 的分布函数, 故它是非降、右连续函数, 且 $h(\infty)=\lim\limits_{c\to\infty}h(c)=1$, $h(c)-h(c-0)=P_{\theta_0}\{\lambda(X)=c\}$. 关于 $h(0)$ 的取值有三种可能:

• $h(0)<1-\alpha$. 此时存在 $k\in(0,\infty)$, 使得 $h(k-0)\leqslant 1-\alpha\leqslant h(k)$. 若 $h(k)=1-\alpha$, 则检验函数

$$\phi(x)=I(\lambda(x)>k) \tag{*1}$$

同时满足 (5.2.1) 式和 (5.2.2) 式. 若 $h(k)>1-\alpha$, 则检验函数

$$\phi(x)=\begin{cases}1, & \lambda(x)>k,\\ \dfrac{h(k)-(1-\alpha)}{h(k)-h(k-0)}, & \lambda(x)=k,\\ 0, & \lambda(x)<k\end{cases} \tag{*2}$$

同时满足 (5.2.1) 式和 (5.2.2) 式.

• $h(0)=1-\alpha$. 则在 (*1) 式中取 $k=0$ 即可, 即

$$\phi(x)=\begin{cases}1, & \lambda(x)>0,\\ 0, & \lambda(x)\leqslant 0\end{cases}$$

同时满足 (5.2.1) 式和 (5.2.2) 式.

• $h(0)>1-\alpha$. 则在 (*2) 式中取 $k=0$, 即

$$\phi(x)=\begin{cases}1, & \lambda(x)>0,\\ \dfrac{h(0)-(1-\alpha)}{h(0)}, & \lambda(x)=0,\\ 0, & \lambda(x)<0\end{cases}$$

同时满足 (5.2.1) 式和 (5.2.2) 式.

(2) 为证满足 (5.2.1) 式和 (5.2.2) 式的 $\phi(x)$ 是假设 (5.1.2) 的 MPT, 设 $\phi'(x)$ 是一个显著性水平为 α 的检验, 即 $E_{\theta_0}(\phi'(X)) \leqslant \alpha$. 由于 $\phi(x)$ 满足 (5.2.1) 式, 故

$$[\phi(x) - \phi'(x)][f(x,\theta_1) - kf(x,\theta_0)] \geqslant 0$$

(当 $\lambda(x) < k$ 时, $\phi(x) = 0 \leqslant \phi'(x)$; 当 $\lambda(x) > k$ 时, $\phi(x) = 1 \geqslant \phi'(x)$). 于是,

$$\int [\phi(x) - \phi'(x)][f(x,\theta_1) - kf(x,\theta_0)]\mathrm{d}x \geqslant 0,$$

即

$$E_{\theta_1}(\phi(X)) - E_{\theta_1}(\phi'(X)) \geqslant k\Big(E_{\theta_0}(\phi(X)) - E_{\theta_0}(\phi'(X))\Big) \geqslant 0,$$

由 $\phi'(x)$ 的任意性知, $\phi(x)$ 是 MPT.

(3) 设 $\phi'(x)$ 是假设 (5.1.2) 的 MPT, 且由 (1) 可知, 存在检验函数 $\phi(x)$ 满足 (5.2.1) 式和 (5.2.2) 式. 定义

$$S^+ = \{x : \phi(x) > \phi'(x)\} \bigcap \{x : \lambda(x) \neq k\},$$

$$S^- = \{x : \phi(x) < \phi'(x)\} \bigcap \{x : \lambda(x) \neq k\},$$

$$S = S^+ \bigcup S^- = \Big\{\{x : \phi(x) > \phi'(x)\} \bigcup \{x : \phi(x) < \phi'(x)\}\Big\} \bigcap \{x : \lambda(x) \neq k\}. \tag{*3}$$

由 $\phi(x)$ 的定义知, $\forall\, x \in S^+$, $\lambda(x) > k$, $\forall\, x \in S^-$, $\lambda(x) < k$, 且 $\forall\, x \in S$, 有

$$\psi(x) = (\phi(x) - \phi'(x))(f(x,\theta_1) - kf(x,\theta_0)) > 0.$$

于是,

$$0 < \int_S \psi(x)\mathrm{d}x = E_{\theta_1}(\phi(X)) - E_{\theta_1}(\phi'(X)) - k[E_{\theta_0}(\phi(X)) - E_{\theta_0}(\phi'(X))].$$

又因为 $E_{\theta_0}(\phi(X)) = \alpha \geqslant E_{\theta_0}(\phi'(X))$, 故由上式知, $E_{\theta_1}(\phi(X)) > E_{\theta_1}(\phi'(X))$, 这显然与 $\phi'(x)$ 是 MPT 矛盾. 故可知 S 是空集, 这就是说当 $\phi'(x) \neq \phi(x)$ 时, 必有 $\lambda(x) = k$, 而其他都相等, 于是 $\phi'(x)$ 也满足 (5.2.1) 式.

下证, 若 $E_{\theta_1}(\phi'(X)) < 1$, 则它也满足 (5.2.2) 式. 此时 $\phi'(x)$ 是显著性水平 α 的 MPT, 且满足

$$E_{\theta_1}(\phi'(X)) = \int_{\mathcal{X}} \phi'(x)f(x,\theta_1)\mathrm{d}x < 1.$$

假设 $E_{\theta_0}(\phi'(X)) < \alpha$. 令

$$\psi(x) = \min\{1, \phi'(x) + \alpha - E_{\theta_0}(\phi'(X))\}.$$

则

$$E_{\theta_0}(\psi(X)) \leqslant \int (\phi'(x) + \alpha - E_{\theta_0}\phi'(X)) f(x, \theta_0) \mathrm{d}x = \alpha,$$

即上式定义的 $\psi(x)$ 是显著性水平为 α 的检验. 另外, 由其上述定义可知, $\psi(x) \geqslant \phi'(x)$, 且等号当且仅当 $\phi'(x) = 1$ 时成立 (事实上, 若 $\phi'(x) = 1$, 则 $\psi(x) = 1$; 若 $\phi'(x) = 0$, 则 $\psi(x) = \alpha - E_{\theta_0}(\phi'(X)) > 0$; 若 $\phi'(x) = \delta$, 则 $\psi(x) = \min\{1, \delta + \alpha - E_{\theta}(\phi'(X))\} > \delta$). 由于 $E_{\theta_1}(\phi'(X)) < 1$, 故 $P_{\theta_1}\{\phi'(X) = 1\} < 1$, 于是

$$E_{\theta_1}(\psi(X)) > E_{\theta_1}(\phi'(X)).$$

这显然与 $\phi'(x)$ 为显著性水平 α 的 MPT 检验矛盾, 于是 $E_{\theta_0}(\phi'(X)) = \alpha$. □

关于 N-P 引理, 我们注意到:

(1) 上一定理的证明是构造性的, 故它可以用来构造形如假设 (5.1.2) 的 MPT;

(2) 从 N-P 引理的证明可以看出, MPT 是似然比统计量 $\lambda(X) = \dfrac{f(X, \theta_1)}{f(X, \theta_0)}$ 的函数, 这种检验也称之为似然比检验;

(3) 如果似然比 $\lambda(X)$ 的分布是连续的, 则假设 (5.1.2) 的 MPT 是非随机化的检验; 如果 $\lambda(X)$ 的分布是离散的, 则假设 (5.1.2) 的 MPT 有可能是随机化的;

(4) 对于非参数假设, N-P 引理仍是正确的.

推论 5.2.1 若 $\phi(X)$ 为假设 (5.1.2) 的显著性水平 α 的 MPT, 则必有 $\beta_\phi(\theta_1) \geqslant \alpha$. 若 $0 < \alpha < 1$, 且 $f(x, \theta_1) \neq f(x, \theta_0)$, 则 $\beta_\phi(\theta_1) > \alpha$.

证明 对于本推论的第一个结论, 只要取一个显著性水平为 α 的检验 $\phi^*(x) \equiv \alpha$ 即可.

下证第二个结论. 此时, $\alpha \in (0, 1), f(x, \theta_0) \neq f(x, \theta_1)$. 如果 $\beta_\phi(\theta_1) = \alpha$, 则 $\phi'(x) \equiv \alpha$ 也是此假设显著性水平 α 的 MPT. 于是, 由 N-P 引理知, $\phi'(x) \equiv \alpha$ 应满足 (5.2.1) 式. 又因为 $\alpha \in (0, 1)$, 故由 (5.2.1) 的形式知, 我们必有

$$f(x, \theta_1) = k f(x, \theta_0), \quad \text{a.s.}$$

又由于 $f(x, \theta_1), f(x, \theta_0)$ 均是 PDF, 故只有当 $k = 1$ 及 $f(x, \theta_0) = f(x, \theta_1)$ 时上式才有可能成立, 但这与已知条件矛盾. 故 $\beta_\phi(\theta_1) > \alpha$. □

例 5.2.1 设 $X_1, \cdots, X_n$ 是来自 $N(\mu, 1)$ 的 IID 样本, 试考虑假设

$$H_0\colon \mu = 0 \longleftrightarrow H_1\colon \mu = \mu_1\ (> 0) \tag{5.2.3}$$

的显著性水平 α 的 MPT.

解 此时样本的联合 PDF 为

$$f(x, \mu) = (2\pi)^{-n/2} \exp\left[-\frac{1}{2}\sum_{i=1}^{n}(x_i - \mu)^2\right],$$

求得似然比统计量为

$$\lambda(x) = \exp(n\mu_1\overline{x} - n\mu_1^2/2),$$

由此可见, $\lambda(x)$ 与 $\overline{x}$ 成正比, 于是, 由 N-P 引理知, 显著性水平 α 的 MPT 为

$$\phi(X) = \begin{cases} 1, & \overline{X} > k, \\ 0, & \overline{X} < k, \end{cases}$$

并满足 $E_{\mu=0}(\phi(X)) = \alpha$. 又由于在 H_0 成立时, $\overline{X} \sim N(0, 1/n)$, 故上面 MPT 中的 k 满足

$$\alpha = P_{H_0}\{\overline{X} > k\} = P_{H_0}\{\sqrt{n}\,\overline{X} > \sqrt{n}k\} = 1 - \varPhi(\sqrt{n}k),$$

即 $k = u_\alpha/\sqrt{n}$.

综上而述, 知此假设的显著性水平 α 的 MPT 为

$$\phi(X) = \begin{cases} 1, & \overline{X} > u_\alpha/\sqrt{n}, \\ 0, & \overline{X} < u_\alpha/\sqrt{n}. \end{cases} \tag{5.2.4}$$

□

关于例 5.2.1, 我们有如下几点注解:

(1) (5.2.4) 式的 MPT 只与 α 及 μ_1 的符号有关, 而与 μ_1 的具体数值无关.

(2) 如果把例 5.2.1 中的备择假设改为 $H_1\colon \mu = \mu_1 < 0$, 则其 MPT 的拒绝域为

$$W = \{x\colon \overline{x} \leqslant -u_\alpha/\sqrt{n}\},$$

它也仅与 μ_1 的符号有关, 而与其具体数值无关.

(3) 若上述总体的分布为 $N(\mu, \sigma_0^2)$, 其中 σ_0^2 已知, 且我们感兴趣的假设为

$$H_0\colon \mu = \mu_0 \longleftrightarrow H_0\colon \mu = \mu_1 (> \mu_0),$$

则可能通过变换 $y_i = (x_i - \mu_0)/\sigma_0$ 将此假设化为例 5.2.1 中的假设, 因此其显著性水平为 α 的 MPT 的拒绝域为

$$W = \left\{ \frac{\overline{x} - \mu_0}{\sigma_0} \geqslant \frac{u_\alpha}{\sqrt{n}} \right\}.$$

(4) 若感兴趣的假设为如下的简单假设对复杂假设:

$$H_0\colon \mu = 0 \longleftrightarrow H_2\colon \mu > 0, \tag{5.2.5}$$

则由于 (5.2.4) 式的检验 $\phi(X)$ 是假设 (5.2.3) 的显著性水平 α 的 MPT, 故对于 (5.2.3) 的任一显著性水平为 α 的检验 $\phi'(X)$, 均有

$$E_{\mu_1}(\phi(X)) \geqslant E_{\mu_1}(\phi'(X)), \quad \forall \mu_1 > 0. \tag{**1}$$

注意到, (5.2.4) 式的 $\phi(X)$ 与 μ_1 无关, 故它也是假设 (5.2.5) 的显著性水平 α 的一个检验, 且对于 (5.2.5) 的任一显著性水平为 α 的检验 $\phi''(X)$, 由于它也是 (5.2.3) 的显著性水平为 α 的一个检验, 故由 (**1) 式知,

$$E_{\mu_1}(\phi(X)) \geqslant E_{\mu_1}(\phi''(X)), \forall \mu_1 > 0, \tag{**2}$$

由 (**2) 式知, $\phi(X)$ 也是 (5.2.5) 的显著性水平 α 的 MPT, 且关于 $\mu > 0$ 是一致的.

例 5.2.2 设 $X_1, \cdots, X_n$ 为来自均匀分布 $U(0, p)$ 的 IID 样本, 考虑假设

$$H_0\colon p = 1 \longleftrightarrow H_1\colon p = p_1\ (> 1)$$

的显著性水平 α 的 MPT.

解 此时的似然比统计量为

$$\lambda(x) = \frac{\prod\limits_{i=1}^{n} f(x_i, p_1)}{\prod\limits_{i=1}^{n} f(x_i, p_0)} = \begin{cases} p_1^{-n}, & 0 < x_{(n)} < 1, \\ \infty, & 1 \leqslant x_{(n)} < p_1. \end{cases}$$

于是, $\lambda(X)$ 的分布函数

$$h(c) = P_{H_0}\{\lambda(X) \leqslant c\}$$

是一个退化分布, 即当 $c < p_1^{-n}$ 时, $h(c) = 0$; 当 $c \geqslant p_1^{-n}$ 时, $h(c) = 1$. 这样根据 N-P 引理的证明, 我们取 $k = p_1^{-n}$, 此时有

$$0 = h(k - 0) < 1 - \alpha < h(k) = 1.$$

则由 N-P 引理知, 此时的 MPT 是如 (*2) 式的随机化检验, 即

$$\phi(x) = \begin{cases} 1, & 1 \leqslant x_{(n)} < p_1, \\ \alpha, & 0 < x_{(n)} < 1, \\ 0, & \text{其他}. \end{cases} \tag{**}$$

由于 $X_{(n)}$ 是连续的, 故也可以取如下的非随机化检验 (也可以看成是把 (∗∗) 式的随机化部分非随机化):

$$\phi(x)=\begin{cases}1, & c\leqslant x_{(n)}<p_1,\\ 0, & 0<x_{(n)}<c,\end{cases}$$

其中常数 c 由 $E_{H_0}(\phi(X))=\alpha$ 决定. 实际上, 当 H_0 成立时, $X_{(n)}$ 的 PDF 为 $p(t)=nt^{n-1}$, $t\in(0,1)$, 故常数 c 满足

$$\alpha=\int_c^1 nt^{n-1}\mathrm{d}t,$$

由此求得 $c=\sqrt[n]{1-\alpha}$, 即这个非随机化 MPT 为

$$\phi(x)=\begin{cases}1, & \sqrt[n]{1-\alpha}\leqslant x_{(n)}<p_1,\\ 0, & 0<x_{(n)}<\sqrt[n]{1-\alpha}.\end{cases}\qquad(***)$$

我们注意到 (∗∗) 与 (∗ ∗ ∗) 式的区别在于把随机化检验非随机化. □

对于例 5.2.2, 如果我们感兴趣的检验为

$$H_0\colon p=p_0\longleftrightarrow H_1\colon p=p_1\ (>p_0),$$

则可以通过变换 $y_i=x_i/p_0$ 把上述问题变成例 5.2.2 的问题. 此时其显著性水平为 α 的非随机化 MPT 为

$$\phi(x)=\begin{cases}1, & \sqrt[n]{1-\alpha}\leqslant x_{(n)}/p_0<p_1/p_0,\\ 0, & 0<x_{(n)}/p_0<\sqrt[n]{1-\alpha}.\end{cases}$$

例 5.2.3 设 $X_1,\cdots,X_n$ 为来自 Poisson 分布 $P(\lambda)$ 的 IID 样本, 求假设

$$H_0\colon \lambda=1\longleftrightarrow H_1\colon \lambda=\lambda_1\ (>1)$$

的显著性水平为 α 的 MPT.

解 此时的似然比统计量为

$$\lambda(x)=\frac{\prod\limits_{i=1}^n f(x_i,\lambda_1)}{\prod\limits_{i=1}^n f(x_i,\lambda_0)}=\lambda_1^{\sum\limits_{i=1}^n x_i}\exp[-n(\lambda_1-1)],$$

由于它关于 $T(x)=\sum\limits_{i=1}^n x_i$ 单调上升, 故由 N-P 引理知, 其显著性水平为 α 的 MPT 为

$$\phi(x)=\begin{cases}1, & T(x)>k,\\ \delta, & T(x)=k,\\ 0, & T(x)<k,\end{cases}$$

其中 k,δ 满足 $E_{H_0}(\phi(X))=\alpha$. 由于当 H_0 成立时, $T(X)\sim P(n)$, 故 k 满足

$$\alpha=P_{H_0}\{T(X)>k\}+\delta P_{H_0}\{T(X)=k\}=\sum_{i=k+1}^{\infty}\frac{\mathrm{e}^{-n}n^i}{i!}+\delta\frac{n^k}{k!}\mathrm{e}^{-n}.$$

如果存在整数 k_0, 使得 $\sum\limits_{i=k_0+1}^{\infty}\frac{\mathrm{e}^{-n}n^i}{i!}=\alpha$, 则此时的 MPT 为

$$\phi(x)=\begin{cases}1, & T(x)>k_0,\\ 0, & T(x)\leqslant k_0.\end{cases}$$

如果存在整数 k_0, 使得

$$c_1=\sum_{i=k_0+1}^{\infty}\frac{\mathrm{e}^{-n}n^i}{i!}<\alpha<\sum_{i=k_0}^{\infty}\frac{\mathrm{e}^{-n}n^i}{i!}=c_2,$$

则取 $k=k_0,\ \delta=\dfrac{\alpha-c_1}{c_2-c_1}$ 即可. □

例 5.2.4 设 $X_1,\cdots,X_n$ 为来自 $b(1,p)$ 的 IID 样本, 试求假设

$$H_0\colon p=p_0\longleftrightarrow H_1\colon p=p_1\ (>p_0)$$

的显著性水平 α 的 MPT.

解 此时的似然比统计量为

$$\lambda(x)=\left[\frac{p_1(1-p_0)}{p_0(1-p_1)}\right]^{\sum\limits_{i=1}^{n}x_i}\left(\frac{1-p_1}{1-p_0}\right)^n,$$

因为 $p_1>p_0$, 故 $\lambda(x)$ 是 $T=\sum\limits_{i=1}^{n}x_i$ 的单增函数. 于是, 由 N-P 引理可知, 此假设的显著性水平 α 的 MPT 为

$$\phi(x)=\begin{cases}1, & \sum\limits_{i=1}^{n}x_i\geqslant k,\\ 0, & \sum\limits_{i=1}^{n}x_i<k,\end{cases}$$

其中 k 满足

$$P_{p_0}\left\{\sum_{i=1}^{n} X_i \geqslant k\right\} = \sum_{i=k}^{n} \mathrm{C}_n^i p_0^i (1-p_0)^{n-i} = \alpha. \qquad (*)$$

但是, 我们注意到, 由于 $\sum\limits_{i=1}^{n} X_i$ 的零分布是二项分布, 为离散的, 故对于事先给定的 α, 不一定正好存在一个正整数 k 使得 $(*)$ 成立. 一般地, 只能找到 k 使得

$$P_{p_0}\left\{\sum_{i=1}^{n} X_i \geqslant k\right\} > \alpha > P_{p_0}\left\{\sum_{i=1}^{n} X_i \geqslant k+1\right\} \triangleq \alpha_1.$$

由于此时我们找不到一个显著性水平严格为 α 的 MPT, 故若令

$$\delta = \frac{\alpha - \alpha_1}{\mathrm{C}_n^k p_0^k (1-p_0)^{n-k}},$$

则所求的显著性水平 α 的 MPT 为

$$\phi(x) = \begin{cases} 1, & \sum\limits_{i=1}^{n} x_i > k, \\ \delta, & \sum\limits_{i=1}^{n} x_i = k, \\ 0, & \sum\limits_{i=1}^{n} x_i < k. \end{cases} \tag{5.2.6}$$

□

从前两个例子可以看出, 对于某些离散分布, 其 MPT 有时是随机化的. 此时, 对于形如 (5.2.6) 式的随机化检验, 检验准则如下:

(1) 当 $\sum\limits_{i=1}^{n} x_i > k$ 时, 拒绝 H_0;

(2) 当 $\sum\limits_{i=1}^{n} x_i < k$ 时, 接受 H_0;

(3) 当 $\sum\limits_{i=1}^{n} x_i = k$ 时, 先做一个 Bernoulli 试验 $b(1,\delta)$. 如果该试验结果为 1, 则拒绝 H_0; 否则就接受 H_0.

另外, 从这两个例子还可以看出, 对于随机化检验而言, 一个检验可能不是拒绝域的示性函数.

再者, 从上面几个例子可以看出, 我们得到的 MPT 均是充分统计量的函数, 这也与定理 5.1.1 的结论是吻合的.

5.3 一致最大功效检验

上一节给出的 N-P 引理仅考虑形如 (5.1.2) 的简单假设对简单假设的最大功效检验问题. 但在许多实际问题中, 仅考虑简单假设是不够的. 于是, 本节将考虑复杂假设的检验问题.

5.3.1 定义及某些有用的结论

定义 5.3.1 (一致最大功效检验) 对于参数分布族 $\{f(x,\theta)\colon \theta\in\Theta\}$, 设感兴趣的假设为

$$H_0\colon \theta\in\Theta_0 \longleftrightarrow H_1\colon \theta\in\Theta_1. \tag{5.3.1}$$

如果对于两个显著性水平为 α 的检验 ϕ_1, ϕ_2, 即

$$E_\theta(\phi_i)\leqslant\alpha, \forall\theta\in\Theta_0, \quad i=1,2, \tag{5.3.2}$$

且满足

$$\beta_{\phi_1}(\theta)=E_\theta(\phi_1)\geqslant E_\theta(\phi_2)=\beta_{\phi_2}(\theta), \quad \forall\theta\in\Theta_1, \tag{5.3.3}$$

则称检验 ϕ_1 一致优于检验 ϕ_2. 如果存在一个检验 ϕ_1, 使对任何显著性水平为 α 的检验 ϕ_2, 均有 (5.3.3) 式成立, 则称检验 ϕ_1 是假设 (5.3.1) 的显著性水平 α 的一致最大功效检验 (uniformly most powerful test, 简记为 UMPT).

通过对定义 5.1.3 与定义 5.3.1 的比较, 我们发现, MPT 仅是 UMPT 针对简单假设对简单假设的一种特殊情况. 另外, 这里所说的一致性是关于备择假设下的参数空间而言的.

由 N-P 引理知, 对于简单对简单的假设, MPT 是存在的, 另外, 通过例 5.2.1 后面的注不难看出, 我们可以通过 MPT 来构造某些假设的 UMPT. 但这并不能说对于一般的假设, UMPT 是存在的. 在讲述某些单侧与双侧假设的 UMPT 之前, 先给出如下一个非常有用的结论.

定理 5.3.1 设有如下三个检验问题

$$H_0\colon \theta\in\Theta_0 \longleftrightarrow H_1\colon \theta\in\Theta_1, \tag{5.3.4}$$

$$H_0\colon \theta\in\Theta_{01} \longleftrightarrow H_1\colon \theta\in\Theta_1, \tag{5.3.5}$$

$$H_0\colon \theta \in \Theta_0 \longleftrightarrow H_1\colon \theta = \theta_1, \tag{5.3.6}$$

其中 $\Theta_{01} \subset \Theta_0$, $\theta_1 \in \Theta_1$, 并设 $\phi(x)$ 是检验问题 (5.3.4) 的显著性水平 α 的检验, 则

(1) 如果 $\phi(x)$ 是检验问题 (5.3.5) 的显著性水平 α 的 UMPT, 则 $\phi(x)$ 也是 (5.3.4) 的显著性水平 α 的 UMPT.

(2) $\phi(x)$ 是检验问题 (5.3.4) 的显著性水平 α 的 UMPT 的充要条件是, 对任意的 $\theta_1 \in \Theta_1$, $\phi(x)$ 是检验问题 (5.3.6) 的显著性水平 α 的 MPT.

证明 证明结论 (1) 时, 注意到 (5.3.4) 的显著性水平为 α 的检验肯定是 (5.3.5) 的显著性水平 α 的检验即可. 证明结论 (2) 时, 注意到最大功效检验的定义及 θ_1 的任意性即可. □

定理 5.3.2 设 $\phi(x)$ 是 (5.3.4) 的显著性水平 α 的检验, 如果对某个 $\theta_0 \in \Theta_0$ 及任意一个 $\theta_1 \in \Theta_1$, $\phi(x)$ 都是假设

$$H_0\colon \theta = \theta_0 \longleftrightarrow H_1\colon \theta = \theta_1 \tag{5.3.7}$$

的显著性水平 α 的 MPT, 则 $\phi(x)$ 也是 (5.3.4) 的显著性水平 α 的 UMPT.

证明 此定理是定理 5.3.1 的推论. □

综合定理 5.3.2 与例 5.2.1, 我们知道, 在例 5.2.1 中给出的 MPT 也是相应假设的 UMPT, 即, 对于正态总体 $N(\mu,1)$, 假设

$$H_0\colon \mu = 0 \longleftrightarrow H_1\colon \mu > 0$$

的显著性水平为 α 的 UMPT 为

$$\phi(x) = \begin{cases} 1, & \overline{x} > u_\alpha/\sqrt{n}, \\ 0, & \overline{x} < u_\alpha/\sqrt{n}. \end{cases}$$

而假设

$$H_0\colon \mu = 0 \longleftrightarrow H_1\colon \mu < 0$$

的显著性水平为 α 的 UMPT 为

$$\phi(x) = \begin{cases} 1, & \overline{x} < -u_\alpha/\sqrt{n}, \\ 0, & \overline{x} > -u_\alpha/\sqrt{n}. \end{cases}$$

总而言之, 我们注意到:

(1) 如果简单假设对简单假设的 MPT 不依赖于备择假设中的参数值, 则可适当扩大备择假设成复杂假设;

(2) 如果简单假设对简单假设的 MPT 的势函数是单调的, 则也可以适当

扩大零假设成复杂假设.

但是, 也必须注意到, 并不是所有的复杂假设对复杂假设的 UMPT 都是存在的, 它的存在性不仅依赖于总体分布, 而且还依赖于假设的复杂情况. 本节将只考虑针对单调似然比分布族的两种单侧假设和针对指数型分布族的三种双侧假设的 UMPT 问题.

5.3.2 单调似然比分布族

为了讨论单侧假设的 UMPT, 我们先引入如下的单调似然比 (monotone likelihood ratio, 简记为 MLR) 分布族.

定义 5.3.2 (MLR 分布族) 一个参数分布族 $\{f(x,\theta):\theta\in\Theta\}$ 称为关于统计量 $T(X)$ 单增 (减) 似然比分布族, 如果它满足

(1) Θ 是直线上的一个区间;

(2) 对于 $\theta_1\neq\theta_2$, 有 $f(x,\theta_1)\neq f(x,\theta_2)$;

(3) 似然比 $\lambda(x)=f(x,\theta_2)/f(x,\theta_1)$ $(\theta_2>\theta_1)$ 是统计量 $T(X)$ 的非降 (增) 函数.

单增或单减似然比分布族统称为 MLR 分布族.

MLR 分布族与单参数指数型分布族之间的关系如下:

对于单参数指数型分布族

$$f(x,\theta)=c(\theta)\exp(Q(\theta)T(x))h(x),$$

其中 $c(\theta)>0$, 如果 $Q(\theta)$ 是 θ 的严格单增 (减) 函数, 则它必为其充分统计量的单增 (减) 似然比分布族.

于是, 我们常用的分布族, 如二项分布族、负二项分布族、Poisson 分布族、单参数正态分布族、指数分布族等均是 MLR 分布族. 另外, 虽然均匀分布族 $U(0,\theta)$ 并不是单参数指数型分布族, 但若定义 $0/0=\infty$, 则它也是关于其充分统计量 $X_{(n)}$ 的 MLR 分布族.

例 5.3.1 考察超几何分布族的单调性.

解 此时的概率分布为

$$p(x,m)=\frac{\mathrm{C}_m^x\mathrm{C}_{N-m}^{n-x}}{\mathrm{C}_N^n},$$

其中 $0<m<N$ 为正整数, 是未知参数.

由于

$$\frac{p(x,m+1)}{p(x,m)} = \frac{\mathrm{C}_{m+1}^{x}\mathrm{C}_{N-m-1}^{n-x}}{\mathrm{C}_N^n}\frac{\mathrm{C}_N^n}{\mathrm{C}_m^x\mathrm{C}_{N-m}^{n-x}}$$
$$= \frac{(m+1)(N-m-n+x)}{(N-m)(m+1-x)}$$

是 x 的单增函数, 故知超几何分布族是单增似然比分布族. □

对于 MLR 分布族, 我们有如下的非常有用的定理.

定理 5.3.3 如果分布族 $\{f(x,\theta)\colon \theta\in\Theta\subset\mathbf{R}\}$ 是关于统计量 $T(X)$ 非降的 MLR 分布族, $\psi(t)$ 是非降 (增) 函数, 则 $E_\theta\{\psi(T(X))\}$ 也是 θ 的一个非降 (增) 函数.

此定理的证明等同于定理 4.4.1 的证明.

推论 5.3.1 如果分布族 $\{f(x,\theta)\colon \theta\in\Theta\subset\mathbf{R}\}$ 是关于统计量 $T(X)$ 非降的 MLR 分布族, 则

(1) $E_\theta(T(X))$ 也是 θ 的一个非降函数;

(2) $P_\theta\{T(X)\leqslant t_0\}$ 是 θ 的一个非增函数.

证明 若在定理 5.3.3 中取 $\psi(t)=t$, 则 (1) 得证. 若在定理 5.3.3 中取 $\psi(t)=I(t\leqslant t_0)$, 则知此时的 $\psi(t)$ 对于任意给定的 t_0 关于 t 是单减的, 且 $E_\theta\{\psi(T(X))\}=P_\theta\{T(X)\leqslant t_0\}$, 于是由定理 5.3.3 可知 (2) 成立. □

注 5.3.1 上一推论的结论 (2) 告诉我们, 在 MLR 分布族中, 统计量 $T(X)$ 的分布关于 θ 是单减的. 这一点对求一般情况下的区间估计非常有用, 具体的请参见茆诗松, 王静龙, 濮晓龙 (2006).

例 5.3.2 试讨论二项分布的单调性.

解 设 $X\sim B(n,p)$, 其中 $p\in(0,1)$. 此时其概率分布为

$$P\{X=x\}=\mathrm{C}_n^x p^x(1-p)^{n-x}=\mathrm{C}_n^x(1-p)^n\left(\frac{p}{1-p}\right)^x$$
$$=\mathrm{C}_n^x(1-p)^n\exp\{x\ln[p/(1-p)]\},$$

于是, 它是指数型分布, 且 $Q(p)=\ln\dfrac{p}{1-p}$, $T(x)=x$. 由于 $Q(p)$ 关于 p 是单增的, 故知它是关于 $T(x)$ 的单增似然比分布族.

另外, 由于 $T(X)\sim B(n,p)$, 故 $E_p(T(X))=np$ 关于 p 单增, 且 $P_p\{X\leqslant k\}=\sum\limits_{i=0}^{k}\mathrm{C}_n^i p^i(1-p)^{n-i}$ 关于 p 是严格单减的 (注意到

$$\sum_{i=0}^{k-1} \mathrm{C}_n^i p^i (1-p)^{n-i} = \frac{n!}{(k-1)!(n-k)!} \int_p^1 t^{k-1}(1-t)^{n-k} \mathrm{d}t,$$

这是一个不完全 Beta 积分). 与上一推论的结论是吻合的. □

5.3.3 单侧假设的一致最大功效检验

在本小节, 我们将考虑如下单侧假设

$$H_0\colon \theta \leqslant \theta_0 \longleftrightarrow H_1\colon \theta > \theta_0, \tag{5.3.8}$$

$$H_0\colon \theta \geqslant \theta_0 \longleftrightarrow H_1\colon \theta < \theta_0 \tag{5.3.9}$$

的 UMPT, 并且假设其分布族为 MLR 分布族.

定理 5.3.4 设单参数分布族 $\{f(x,\theta)\colon \theta \in \Theta \subset \mathbf{R}\}$ 是关于统计量 $T(X)$ 非降的 MLR 分布族, 则关于单侧假设 (5.3.8),

(1) 存在显著性水平为 α 的 UMPT, 其检验函数为

$$\phi(T(x)) = \begin{cases} 1, & T(x) > c, \\ \delta, & T(x) = c, \\ 0, & T(x) < c, \end{cases} \tag{5.3.10}$$

其中常数 δ, c 由下式决定:

$$E_{\theta_0}\{\phi(T(X))\} = \alpha. \tag{5.3.11}$$

(2) 势函数 $\beta(\theta) = E_\theta\{\phi(T(X))\}$ 是非降的, 且在集合 $\{\theta\colon 0 < \beta(\theta) < 1\}$ 上严格单增.

(3) 若 $\phi'(x)$ 是假设 (5.3.8) 的一个检验, 且满足 $E_{\theta_0}(\phi'(X)) = \alpha < 1$, 则

$$E_\theta\{\phi(T(X))\} \leqslant E_\theta(\phi'(X)), \quad \forall\, \theta < \theta_0.$$

证明 先证 (1). $\forall\, \theta_1 > \theta_0$, 先考虑简单假设对简单假设的检验问题:

$$H_0'\colon \theta = \theta_0 \longleftrightarrow H_1'\colon \theta = \theta_1. \tag{*1}$$

由于此时的分布族是关于 $T(X)$ 单增的 MLR 族, 故由 N-P 引理知: 对于假设 (*1), 存在一个形如 (5.3.10) 式的 MPT, 且满足 (5.3.11) 式. 由于 (5.3.10) 式的 $\phi(T(x))$ 与 θ_1 的具体数值无关, 只与它是否大于 θ_0 有关, 故由定理 5.3.1 的结论 (2) 知, $\phi(T(x))$ 也是检验问题

$$H_0'\colon \theta = \theta_0 \longleftrightarrow H_1\colon \theta > \theta_0 \tag{*2}$$

的显著性水平为 α 的 UMPT.

另外, 由本定理之结论 (2) 知, $\beta_\phi(\theta) = E_\theta(\phi)$ 是 θ 的单增函数, 即 $\forall\, \theta \leqslant \theta_0$, $\beta(\theta) \leqslant \beta(\theta_0) = \alpha$. 这就是说, $\phi(T(x))$ 也是假设 (5.3.8) 的显著性水平 α 的检验. 于是由定理 5.3.1 的结论 (1) 知, $\phi(T(x))$ 也是假设 (5.3.8) 的显著性水平为 α 的 UMPT.

下证 (2). $\forall\, \theta_1 < \theta_2$, 考虑假设问题

$$H_0'' \colon \theta = \theta_1 \longleftrightarrow H_1'' \colon \theta = \theta_2. \tag{*3}$$

由 N-P 引理知, (5.3.10) 式的 $\phi(x)$ 是 $H_0'' \longleftrightarrow H_1''$ 的显著性水平为 $E_{\theta_1}(\phi(X))$ 的 MPT, 则由推论 5.2.1 知, $\beta_\phi(\theta_2) \geqslant \beta_\phi(\theta_1)$, 且在 $\{0 < \beta_\phi(\theta) < 1\}$ 上严增. 结论 (2) 得证.

下证 (3). $\forall\, \theta_1 < \theta_0$, 记 $\alpha' = E_{\theta_1}\{\phi(T(X))\}$. 则由 N-P 引理知, $\phi(T(x))$ 是假设

$$H_0''' \colon \theta = \theta_1 \longleftrightarrow H_1''' \colon \theta = \theta_0 \tag{*4}$$

的显著性水平为 α' 的 MPT. 若 $\phi'(x)$ 为任一满足

$$E_{\theta_0}(\phi'(X)) = E_{\theta_0}\{\phi(T(X))\} = \alpha \tag{$*$}$$

的检验, 则要证 $E_{\theta_1}\{\phi(T(X))\} \leqslant E_{\theta_1}(\phi'(X))$. 如果它不成立, 即 $\alpha' = E_{\theta_1}\{\phi(T(X))\} > E_{\theta_1}(\phi'(X))$, 这就是说 $\phi'(x)$ 也是 (*4) 的显著性水平为 α' 的检验, 又由 ($*$) 式知 (达到了 MPT 的势), $\phi'(x)$ 也是 (*4) 的显著性水平为 α' 的 MPT. 又因为 $E_{\theta_0}(\phi'(X)) = \alpha < 1$, 故由 N-P 引理的结论 (3) 知, $E_{\theta_1}(\phi'(X)) = \alpha'$, 这与假设矛盾, 故结论得证. □

由定理 5.3.4, 我们知道:

(1) 满足 (5.3.10) 式和 (5.3.11) 式的检验 $\phi(T(x))$, 不仅是 UMPT, 即在犯第一类错误的概率不大于 α 的检验类 $\{\psi(x)\colon E_{H_0}(\psi(X)) \leqslant \alpha\}$ 中, 其犯第二类错误的概率最小, 而且在所有满足 (5.3.11) 式的检验类 $\{\psi(x)\colon E_{\theta_0}(\psi(X)) = \alpha\}$ 中, 其犯第一类错误的概率也是最小的.

(2) 对于假设

$$(\text{Ⅰ})\quad H_0 \colon \theta = \theta_0 \longleftrightarrow H_1 \colon \theta > \theta_0,$$

定理 5.3.4 的结论仍然成立.

(3) 对于假设

$$(\text{Ⅱ})\quad H_0 \colon \theta \geqslant \theta_0 \longleftrightarrow H_1 \colon \theta < \theta_0,$$

定理 5.3.4 的结论仍然成立, 只是 (5.3.10) 式中的不等号要变号, 结论 (3) 中的 $\theta < \theta_0$ 要改成 $\theta > \theta_0$.

下面, 我们看几个例子.

例 5.3.3 设某产品共有 N 件, 其中含有 m 件不合格品. 为了估计 m, 现从中不放回地抽取 n 件进行检验, 设 n 件中有 X 件不合格品, 则由概率论知识知, X 服从超几何分布. 试求假设

$$H_0\colon 0 \leqslant m \leqslant m_0 \longleftrightarrow H_1\colon m_0 < m \leqslant N$$

的显著性水平为 α 的 UMPT.

解 由例 5.3.1 知, 超几何分布族是关于 $T(x)=x$ 的单增似然比分布族. 则由定理 5.3.4 知, 此检验问题存在显著性水平为 α 的 UMPT, 其检验函数为

$$\phi(x)=\begin{cases}1, & x>c,\\ \delta, & x=c,\\ 0, & x<c,\end{cases}$$

其中 δ, c 由 $E_{m_0}(\phi(X))=\alpha$ 决定.

用类似于例 5.2.3 的方法, 可以求得其 UMPT 为

$$\phi(x)=\begin{cases}1, & x>c,\\ \dfrac{(\alpha-\alpha_1)\mathrm{C}_N^n}{\mathrm{C}_{m_0}^c\mathrm{C}_{N-m_0}^{n-c}}, & x=c,\\ 0, & x<c,\end{cases}$$

其中 c 满足条件

$$P_{m_0}\{X \geqslant c\} > \alpha \geqslant P_{m_0}\{X>c\}=\alpha_1.$$

特别地, 当 $N=1\,000$, $n=100$, $m_0=10$, $\alpha=0.05$ 时, 可以算得 $p(i,m_0)=P_{m_0}\{X=i\}$ 如下:

$p(0,10)=0.347\,0,\quad p(1,10)=0.389\,4,\quad p(2,10)=0.194\,5,\quad p(3,10)=0.056\,9.$

于是,

$$\sum_{i\geqslant 3}p(i,10)=1-\sum_{i\leqslant 2}p(i,10)=0.069\,1>0.05>0.012\,2=\sum_{i\geqslant 4}p(i,10),$$

这样, 此时的显著性水平为 0.05 的 UMPT 为

$$\phi(x)=\begin{cases}1, & x\geqslant 4,\\ 0.664\,3, & x=3,\\ 0, & x\leqslant 2.\end{cases}$$

□

例 5.3.4 设 $X_1,\cdots,X_n$ 是来自正态总体 $N(0,\sigma^2)$ 的 IID 样本, 试求假设

$$H_0\colon \sigma^2 \leqslant \sigma_0^2 \longleftrightarrow H_1\colon \sigma^2 > \sigma_0^2$$

的显著性水平 α 的 UMPT.

解 此时样本的联合 PDF 为

$$f(x,\sigma^2)=\left(\frac{1}{\sqrt{2\pi\sigma^2}}\right)^n\exp\left(-\sum_{i=1}^n x_i^2/2\sigma^2\right),$$

于是, $Q(\sigma^2)=-1/2\sigma^2$ 为 σ^2 的单增函数, 故它是关于 $T(x)=\sum_{i=1}^n x_i^2$ 的单增似然比分布族. 由定理 5.3.4 知, 此假设的 UMPT 为

$$\phi(T(x))=\begin{cases}1, & T(x)\geqslant c,\\ 0, & T(x)<c,\end{cases}$$

其中 c 满足 $E_{\sigma_0}\{\phi(T(X))\}=\alpha$. 注意到, 当 $\sigma^2=\sigma_0^2$ 时, $T(X)/\sigma_0^2\sim\chi^2(n)$, 于是, 常数 c 满足

$$\int_{c/\sigma_0^2}^{\infty}\chi^2(x;n)\mathrm{d}x=\alpha,$$

即 $c=\sigma_0^2\chi_\alpha^2(n)$.

当 $\sigma_0=1$, $n=10$, $\alpha=0.1$ 时, 此 UMPT 的拒绝域为

$$W=\left\{x\colon \sum_{i=1}^n x_i^2\geqslant\sigma_0^2\chi_\alpha^2(n)\right\}=\left\{x\colon \sum_{i=1}^{10} x_i^2\geqslant 15.99\right\}.$$

另外, 若用统计量 $T_1(X)=\sum_{i=1}^{10}(X_i-\overline{X})^2$ 来检验本假设, 则其拒绝域为

$$W_1=\left\{x\colon \sum_{i=1}^n (x_i-\overline{x})^2\geqslant\sigma_0^2\chi_\alpha^2(n-1)\right\}=\left\{x\colon \sum_{i=1}^{10} (x_i-\overline{x})^2\geqslant 14.68\right\},$$

记此时的检验函数为 ϕ_1. 不难验证它也是本假设的一个显著性水平为 $\alpha=0.1$ 的检验.

由于上述两个检验的势分别为

$$\beta_\phi(\sigma^2)=P\left\{X\colon \sum_{i=1}^{10}X_i^2\geqslant 15.99\right\}=1-F_{\chi^2(15.99/\sigma^2,10)},$$

$$\beta_{\phi_1}(\sigma^2)=P\left\{X\colon \sum_{i=1}^{10}(X_i-\overline{X})^2\geqslant 14.68\right\}=1-F_{\chi^2(14.68/\sigma^2,9)},$$

其中 $F_{\chi^2(x;n)}$ 表示自由度为 n 的 χ^2 分布随机变量的 CDF. 对于不同的 σ^2, 我们计算如上的势函数, 其结果见图 5.1.

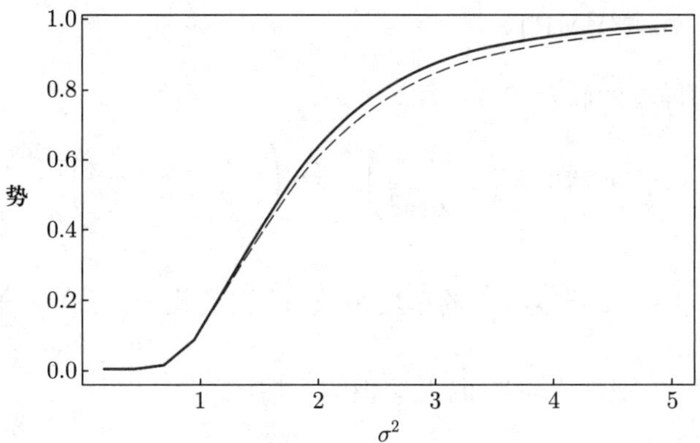

▶ 图 5.1
例 5.3.4 中两个检验的势函数的比较

在图 5.1 中, 实线表示 UMPT ϕ 的势函数, 而虚线则表示检验 ϕ_1 的势函数. 从图中可以看出, 此时的 UMPT ϕ 的势明显优于检验 ϕ_1. □

从上个例子可以看出, 我们在 4.2.2 中讲述的关于单样本正态总体的方差的显著性检验 (均值已知时) 是 MPT. 同样可以证明许多单样本正态总体的单侧显著性检验都是 MPT.

回忆在例 4.1.2 中, 我们讲述了如何利用显著性检验来控制其决策风险的问题. 但是, 当时我们仅考虑了犯第一类错误的概率. 事实上, 犯第一类错误的概率控制的是企业的风险, 而犯第二类错误的概率控制的则是商店的风险. 下面通过 (n,c) 方案检验的例子对此加以说明.

例 5.3.5 ((n,c) 方案检验) 对于某批产品, 以 p 记其次品率. 现从中随机地抽取 n 件产品, 以检验如下假设:

$$H_0\colon p \leqslant p_0 \longleftrightarrow H_1\colon p \geqslant p_1, \tag{5.3.12}$$

其中 $0 < p_0 < p_1 < 1$ 为两个给定的常数.

解 对于此问题若记 $T(X)$ 为 n 件产品中的次品数, 则由定理 5.3.4 可知, 此时的 MPT(为简单, 仅考虑非随机化检验的情形) 为

$$\phi(x) = \begin{cases} 1, & T(x) > c, \\ 0 & T(x) \leqslant c. \end{cases}$$

另外, 为了既对厂家负责, 又对商店负责, 我们要求上述检验中的 (n,c) 满足下面两个条件:

$$\begin{cases} L(p_0; n, c) \geqslant 1-\alpha, \\ L(p_1; n, c) \leqslant \beta, \end{cases} \tag{5.3.13}$$

其中 $0 < \alpha, \beta < 1$ 是两个事先给定的常数, 函数 L 如下定义:

$$L(p;n,k)=P\{T(X)\leqslant k\}=\sum_{i=0}^{k}\mathrm{C}_n^i p^i(1-p)^{n-i}, \tag{5.3.14}$$

上一等式成立的原因为 $T\sim B(n,p)$. 另外, 称满足 (5.3.13) 式的检验为此假设的 (n,c) 方案检验. 一般地, 很难求得满足 (5.3.13) 式的整数 n, c. 但由于二项分布可由正态分布来近似, 即

$$L(p;n,c)=P\{T(X)\leqslant c\}=P\left\{\frac{T-np}{\sqrt{npq}}\leqslant\frac{c-np}{\sqrt{npq}}\right\}\approx\varPhi\left(\frac{c-np}{\sqrt{npq}}\right),\quad q=1-p,$$

故 (5.3.13) 式近似地等价于

$$\begin{cases}\dfrac{c-np_0}{\sqrt{np_0q_0}}\geqslant u_\alpha, & q_0=1-p_0,\\[2mm] \dfrac{c-np_1}{\sqrt{np_1q_1}}\leqslant u_{1-\beta}, & q_1=1-p_1.\end{cases} \tag{5.3.15}$$

若取 $p_0=0.04$, $p_1=0.1$, $\alpha=0.05$, $\beta=0.1$, 则由 (5.3.15) 式可求得 $n=139$, $c=9.3$, 即在抽取的 139 个样本中, 当次品数大于 9 时, 此批产品不应出厂, 否则可以出厂. □

例 5.3.6 设 $X_1,\cdots,X_n$ 为来自 Poisson 总体 $P(\lambda)$ 的 IID 样本, $\lambda>0$ 是未知参数, 请给出假设

$$H_0:\lambda\leqslant\lambda_0\longleftrightarrow H_1:\lambda>\lambda_0$$

的显著性水平 α 的 UMPT.

解 对于此问题, 由于其样本分布为

$$f(x,\lambda)=\frac{\lambda^{\sum\limits_{i=1}^{n}x_i}}{\prod\limits_{i=1}^{n}x_i!}\mathrm{e}^{-n\lambda}=\left(\prod_{i=1}^{n}x_i!\right)^{-1}\mathrm{e}^{-n\lambda}\exp\left(\sum_{i=1}^{n}x_i\ln\lambda\right),$$

故知它是单参数指数型分布, 且 $T=\sum\limits_{i=1}^{n}X_i$, $Q(\lambda)=\ln\lambda$. 另外, 由于 $Q(\lambda)$ 是 λ 的严格单增函数, 则由指数型分布族与 MLR 分布族间的关系和定理 5.3.4 知, 此假设的显著性水平 α 的 UMPT 为

$$\phi(x)=\begin{cases}1, & \sum\limits_{i=1}^{n}x_i>c,\\ \delta, & \sum\limits_{i=1}^{n}x_i=c,\\ 0, & \sum\limits_{i=1}^{n}x_i<c,\end{cases}$$

其中 c, δ 由 $E_{\lambda_0}(\phi(x)) = \alpha$ 决定.

事实上, 由于 $T = \sum_{i=1}^{n} X_i \sim P(n\lambda)$, 则 c 由下式决定

$$\sum_{k \geqslant c} \frac{(n\lambda_0)^k}{k!} \mathrm{e}^{-n\lambda_0} > \alpha \geqslant \sum_{k \geqslant c+1} \frac{(n\lambda_0)^k}{k!} \mathrm{e}^{-n\lambda_0} \triangleq \alpha_1,$$

而

$$\delta = (\alpha - \alpha_1) \frac{c!}{(n\lambda_0)^c} \mathrm{e}^{n\lambda_0}. \qquad \square$$

例 5.3.7 设 $X_1, \cdots, X_n$ 为来自正态总体 $N(\mu, \sigma_0^2)$ 的 IID 样本, 其中 σ_0^2 已知, 求假设

$$H_0 \colon \mu \leqslant 0 \longleftrightarrow H_1 \colon \mu > 0$$

的显著性水平 α 的 UMPT.

解 对于此问题, 其样本分布为

$$f(x, \mu) = (2\pi\sigma_0^2)^{-n/2} \mathrm{e}^{-n\mu^2/2\sigma_0^2} \exp\left(\frac{n\mu\overline{x}}{\sigma_0^2}\right) \exp\left(-\frac{1}{2\sigma_0^2} \sum_{i=1}^{n} x_i^2\right).$$

由于它是单参数指数型分布族, 且因为 $Q(\mu) = n\mu/\sigma_0^2$ 关于 μ 严格单增, 故它是关于统计量 $T(X) = \overline{X}$ 的单增似然比分布族, 于是, 本假设的显著性水平 α 的 UMPT 为

$$\phi(x) = \begin{cases} 1, & T(x) > c, \\ 0, & T(x) < c, \end{cases}$$

其中 c 满足 $E_{\theta_0}(\phi(X)) = \alpha$.

当 $H_0 \colon \mu = 0$ 时, $\overline{X} \sim N(0, \sigma_0^2/n)$, 故 $c = u_\alpha \sigma_0/\sqrt{n}$. $\square$

5.3.4 双侧假设的一致最大功效检验

关于双侧假设, 我们在上一章的显著性检验中已讨论过许多, 而那里的双侧仅指假设

$$H_0 \colon \theta = \theta_0 \longleftrightarrow H_1 \colon \theta \neq \theta_0. \tag{5.3.16}$$

但是, 非常可惜的是, 对于这样的双侧假设, 即使对于正态总体, 其 UMPT 也是不存在的. 事实上, 对于来自 $N(\mu, 1)$ 的 IID 样本 $X_1, \cdots, X_n$, 由上例可知,

假设

$$H_0\colon \mu=0 \longleftrightarrow H_1\colon \mu>0$$

的显著性水平 α 的 UMPT 为

$$\phi(x)=\begin{cases}1, \overline{x}>u_\alpha/\sqrt{n},\\ 0, \overline{x}<u_\alpha/\sqrt{n}.\end{cases}$$

而当 $\mu<0$ 时, 此检验的势函数为

$$\begin{aligned}\beta_\phi(\mu)&=P_\mu\left\{\sqrt{n}\,\overline{X}>u_\alpha\right\}\\ &=P_\mu\left\{\sqrt{n}(\overline{X}-\mu)>u_\alpha-\sqrt{n}\mu\right\}\\ &=1-\varPhi(u_\alpha-\sqrt{n}\mu)\longrightarrow 0,\quad \text{当}\mu\to-\infty\text{ 时}.\end{aligned}$$

由此可见, 上述关于 $H_0\colon \mu = 0 \longleftrightarrow H_1\colon \mu > 0$ 的显著性水平 α 的 UMPT, 并不是关于假设 $H_0\colon \mu = 0 \longleftrightarrow H_1\colon \mu < 0$ 的一个好的检验. 故对于形如 (5.3.16) 的双侧假设的 UMPT 并不存在. 同样也可以证明, 即使对于 MLR 分布族, 形如 (5.3.16) 的 UMPT 也不存在.

由于在一些实际问题中, 感兴趣的双侧假设可能形如

$$H_0\colon \theta\leqslant\theta_1 \text{ 或 } \theta\geqslant\theta_2 \longleftrightarrow H_1\colon \theta_1<\theta<\theta_2, \tag{5.3.17}$$

故我们将在本小节考虑 (5.3.17) 的双侧假设的 UMPT 问题.

为求假设 (5.3.17) 的 UMPT, 我们把 N-P 引理推广如下:

定理 5.3.5 设 $f_0(x), f_1(x), \cdots, f_m(x)$ 是 $m+1$ 个概率分布函数, $\alpha_1, \cdots, \alpha_m$ 为 m 个给定的常数. 如果存在检验函数 $\phi(x)$ 满足以下条件:

(1) 如果有 m 个非负常数 $k_1, \cdots, k_m$, 使得

$$\phi(x)=\begin{cases}1, & f_0(x)>\displaystyle\sum_{i=1}^m k_i f_i(x),\\ 0, & f_0(x)<\displaystyle\sum_{i=1}^m k_i f_i(x);\end{cases}$$

(2) $\displaystyle\int \phi(x) f_i(x)\mathrm{d}x=\alpha_i, \quad i=1,\cdots,m.$

则对任一满足下式的检验函数 $\phi'(x)$,

$$\int \phi'(x) f_i(x)\mathrm{d}x\leqslant\alpha_i, \quad i=1,\cdots,m, \tag{5.3.18}$$

都有

$$\int \phi(x) f_0(x)\mathrm{d}x\geqslant\int \phi'(x) f_0(x)\mathrm{d}x.$$

证明 显然有

$$\left[f_0(x)-\sum_{i=1}^{m}k_if_i(x)\right][\phi(x)-\phi'(x)]\geqslant 0,$$

于是,

$$\begin{aligned}\int f_0(x)[\phi(x)-\phi'(x)]\mathrm{d}x &\geqslant \sum_{i=1}^{m}k_i\int f_i(x)[\phi(x)-\phi'(x)]\mathrm{d}x\\ &=\sum_{i=1}^{k}k_i\left[\alpha_i-\int\phi'(x)f_i(x)\mathrm{d}x\right]\geqslant 0.\end{aligned}$$ □

注 5.3.2 比较一下此定理与假设 (5.3.17), 发现 f_0 对应着备择假设下的分布, 而 f_i 则对应于零假设下不同边界参数值时的分布. 此时本定理只告诉了满足条件 (1),(2) 的是 UMPT, 但并没有说明其存在性及必要性. 事实上, 其存在性及必要性也是成立的, 请参见 Lehmann (1986).

注 5.3.3 如果允许上一定理的 k_i 取负值, 则仅需 (5.3.18) 中的不等号改为等号即可 (这一结论将在讨论某些假设的一致最大功效无偏检验时用到).

下面的定理将给出单参数指数型分布族假设 (5.3.17) 的 UMPT.

定理 5.3.6 设 $X_1,\cdots,X_n$ 是来自单参数指数型分布族

$$f(x,\theta)=c(\theta)\exp(Q(\theta)T(x))h(x)$$

的 IID 样本, 其中 θ 为一维实参数, $c(\theta)>0$, $Q(\theta)$ 是 θ 的严格单增函数. 则关于双侧假设 (5.3.17), 存在显著性水平为 $\alpha\in(0,1)$ 的 UMPT, 其形式为

$$\phi(T(x))=\begin{cases}1, & c_1<T(x)<c_2,\\ \delta_i, & T(x)=c_i, i=1,2,\\ 0, & T(x)<c_1 \text{ 或 } T(x)>c_2,\end{cases}\tag{5.3.19}$$

其中常数 $c_i,\delta_i,\quad i=1,2$ 由下式确定

$$E_{\theta_1}\{\phi(T(X))\}=E_{\theta_2}\{\phi(T(X))\}=\alpha.\tag{5.3.20}$$

证明略 (有兴趣的读者请参见茆诗松, 王静龙, 濮晓龙 (2006)).

例 5.3.8 对于正态总体 $N(\mu,1)$, 考虑检验问题

$$H_0\colon\mu\leqslant\mu_1\quad\text{或}\quad\mu\geqslant\mu_2\longleftrightarrow H_1\colon\mu_1<\mu<\mu_2$$

的 UMPT.

解 样本联合 PDF 为

$$
\begin{aligned}
f(x,\mu) &= (2\pi)^{-n/2}\exp\left[-\frac{1}{2}\sum_{i=1}^{n}(x_i-\mu)^2\right] \\
&= (2\pi)^{-n/2}\mathrm{e}^{-n\mu^2/2}\exp\left(\mu\sum_{i=1}^{n}x_i\right)\mathrm{e}^{-\sum\limits_{i=1}^{n}x_i^2/2},
\end{aligned}
$$

它是关于统计量 $T(X)=\overline{X}$ 单增似然比分布族, 且 $Q(\mu)=n\mu$, 于是 UMPT 为

$$
\phi(T)=\begin{cases}1, & c_1\leqslant T\leqslant c_2,\\ 0, & \text{其他},\end{cases}
$$

其中 $c_i(i=1,2)$ 满足 $E_{\mu_1}(\phi(T))=E_{\mu_2}(\phi(T))=\alpha$.

由于当 $\mu=\mu_i(i=1,2)$ 时, $\overline{X}\sim N(\mu_i,1/n)$, 故 $c_i(i=1,2)$ 满足

$$
\begin{aligned}
&\varPhi(\sqrt{n}(c_2-\mu_1))-\varPhi(\sqrt{n}(c_1-\mu_1))=\alpha,\\
&\varPhi(\sqrt{n}(c_2-\mu_2))-\varPhi(\sqrt{n}(c_1-\mu_2))=\alpha.
\end{aligned}
$$ □

上面我们讨论了关于假设 (5.3.16) 和 (5.3.17) 的 UMPT 问题. 针对双侧假设 (5.3.17), 自然有如下的一个双侧假设

$$
H_0\colon \theta_1\leqslant\theta\leqslant\theta_2\longleftrightarrow H_1\colon \theta<\theta_1 \text{ 或 } \theta>\theta_2 \tag{5.3.21}
$$

的 UMPT 问题. 然而, 同假设 (5.3.16) 一样, 假设 (5.3.21) 的 UMPT 是不存在的. 事实上, 由于 UMPT 要求的是在满足犯第一类错误的概率小于某个指定的 α 的检验类中, 使其犯第二类错误的概率达到最小, 即要求势函数 $E_{H_1}(\phi(X))$ 达到最大. 但由于犯第二类错误的概率依赖于备择假设下的分布, 且由 N-P 引理和定理 5.3.4 知, UMPT 的势函数是单调的 (依赖于检验的方向), 而假设 (5.3.16) 和 (5.3.21) 的备择假设的方向却是双向的, 故找不到关于这类假设的 UMPT. 既然两个双侧假设 (5.3.16) 和 (5.3.21) 的 UMPT 不存在, 那是否存在其他较好的检验呢? 这就是我们将在下一节介绍的一致最大功效无偏检验.

5.4 无偏检验和一致最大功效无偏检验

由前述结果可以看到, 一个显著性水平 α 的优势检验, 其备择假设下的功效均不小于 α. 但由于许多假设检验问题不存在最大功效检验, 故如果把检验

范围缩小到备择假设下的功效不小于显著性水平 α, 情况如何? 这就是本节要讲的无偏检验 (unbiased test) 与一致最大功效无偏检验的内容.

本节将主要考虑双侧假设 (5.3.16) 和 (5.3.21) 的最大功效无偏检验, 为了叙述的方便, 我们将上述两个假设重写如下:

$$H_0\colon \theta = \theta_0 \longleftrightarrow H_1\colon \theta \neq \theta_0, \tag{5.4.1}$$

$$H_0\colon \theta_1 \leqslant \theta \leqslant \theta_2 \longleftrightarrow H_1\colon \theta < \theta_1 \text{ 或 } \theta > \theta_2. \tag{5.4.2}$$

5.4.1 定义

感兴趣的假设为

$$H_0\colon \theta \in \Theta_0 \longleftrightarrow H_1\colon \theta \in \Theta_1.$$

定义 5.4.1 (无偏检验) 设 $\phi(x)$ 是上述假设的一个检验, 如果其势函数 $E_\theta(\phi(X))$ 满足条件

$$E_\theta(\phi(X)) \leqslant \alpha, \quad \forall \theta \in \Theta_0, \quad E_\theta(\phi(X)) \geqslant \alpha, \quad \forall \theta \in \Theta_1,$$

则称之为显著性水平 α 的无偏检验.

定义 5.4.2 对于上述假设, 如果存在一个显著性水平为 α 的无偏检验 $\phi(x)$, 使得对于任何显著性水平为 α 的无偏检验 $\phi'(x)$, 均满足

$$E_\theta(\phi(X)) \geqslant E_\theta(\phi'(X)), \quad \forall \theta \in \Theta_1,$$

则称检验 $\phi(x)$ 是显著性水平 α 的一致最大功效无偏检验, 记为 UMPUT.

由上述定义, 我们知道显著性水平为 α 的 UMPT 一定是显著性水平为 α 的无偏检验.

5.4.2 一致最大功效无偏检验

在有了上一小节的概念之后, 我们在本节不加证明地引入几个定理用来求取单参数指数型分布族的双侧假设的 UMPUT.

定理 5.4.1 设 $X_1, \cdots, X_n$ 是来自单参数指数型分布族

$$f(x, \theta) = c(\theta)\exp(Q(\theta)T(x))h(x)$$

的 IID 样本, 其中 θ 为一维实参数, $c(\theta) > 0$, $Q(\theta)$ 是 θ 的严格单增函数. 则双侧假设 (5.4.2)

$$H_0\colon \theta_1 \leqslant \theta \leqslant \theta_2 \longleftrightarrow H_1\colon \theta < \theta_1 \text{ 或 } \theta > \theta_2$$

存在显著性水平为 $\alpha \in (0,1)$ 的 UMPUT, 为

$$\phi(T(x)) = \begin{cases} 1, & T(x) < c_1 \text{ 或 } T(x) > c_2, \\ \delta_i, & T(x) = c_i, \quad i = 1, 2, \\ 0, & c_1 < T(x) < c_2, \end{cases} \tag{5.4.3}$$

其中常数 $\delta_i, c_i, i = 1, 2$ 由下式决定

$$E_{\theta_1}\{\phi(T(X))\} = E_{\theta_2}\{\phi(T(X))\} = \alpha. \tag{5.4.4}$$

证明参见茆诗松, 王静龙, 濮晓龙 (2006).

注意到此定理的结论, 即关于双侧假设 (5.4.2) 的 UMPUT 与双侧假设 (5.3.17) 的 UMPT 非常相似, 只是检验中的不等号变号而已.

定理 5.4.2 设 $X_1, \cdots, X_n$ 是来自单参数指数型分布族

$$f(x, \theta) = c(\theta) \exp(Q(\theta) T(x)) h(x)$$

的 IID 样本, 其中 θ 为一维实参数, $c(\theta) > 0$, $Q(\theta)$ 是 θ 的严格单增函数. 则双侧假设 (5.4.1)

$$H_0\colon \theta = \theta_0 \longleftrightarrow H_1\colon \theta \neq \theta_0$$

存在显著性水平为 $\alpha \in (0,1)$ 的 UMPUT, 其检验由 (5.4.3) 给出, 其中常数 δ_i, c_i, $i = 1, 2$ 由下式决定

$$E_{\theta_0}\{\phi(T(X))\} = \alpha, \quad E_{\theta_0}[T(X)\phi(T(X))] = \alpha E_{\theta_0}(T(X)). \tag{5.4.5}$$

证明参见茆诗松, 王静龙, 濮晓龙 (2006). □

证明过程

比较定理 5.4.1 与定理 5.4.2 知, 双侧假设 (5.4.1) 与 (5.4.2) 的 UMPUT 的形式是一样的, 只是其常数的确定方程不同.

上述几个定理的证明还告诉我们, 对于定理中讨论的单参数指数型分布族, 对于双侧假设 (5.4.1), (5.4.3) 式给出的 UMPUT 就是在所有满足条件 (5.4.5) 的检验类中的一致最大功效检验.

当统计量 $T(X)$ 的分布对称时, 我们有如下两点有利于计算的注解:

注 5.4.1 对于双侧假设 (5.4.1), 如果当 $\theta = \theta_0$ 时, $T(X)$ 的分布关于某常数 c 对称, 则其 UMPUT 的形式可以化简为

$$\phi(T(x)) = \begin{cases} 1, & T(x) < c - \delta \text{ 或 } T(x) > c + \delta, \\ \delta_0, & T(x) = c \pm \delta, \\ 0, & c - \delta < T(x) < c + \delta, \end{cases} \tag{5.4.6}$$

其中常数 δ, δ_0 满足

$$P_{\theta_0}\{T(X) < c - \delta\} + \delta_0 P_{\theta_0}\{T(X) = c - \delta\} = \alpha/2.$$

注 5.4.2 当统计量 $T(X)$ 的分布对称时, 对于假设 (5.4.2), 其 UMPUT 可以取为

$$\phi(T(x)) = \begin{cases} 1, & T(x) < \theta_1 - \delta \text{ 或 } T(x) > \theta_2 + \delta, \\ \delta_0, & T(x) = \theta_1 - \delta \text{ 或 } T(x) = \theta_2 + \delta, \\ 0, & \theta_1 - \delta < T(x) < \theta_2 + \delta, \end{cases} \tag{5.4.7}$$

其中常数 δ, δ_0 满足

$$E_{\theta_1}\{\phi(T(X))\} = \alpha (\text{或 } E_{\theta_2}\{\phi(T(X))\} = \alpha). \tag{5.4.8}$$

注 5.4.3 当统计量 $T(X)$ 的分布对称时, 对于假设 (5.3.17), 其 UMPUT 可以取为

$$\phi(T(x)) = \begin{cases} 1, & \theta_1 - \delta < T(x) < \theta_2 + \delta, \\ \delta_0, & T(x) = \theta_1 - \delta \text{ 或 } T(x) = \theta_2 + \delta, \\ 0, & T(x) < \theta_1 - \delta \text{ 或 } T(x) > \theta_2 + \delta, \end{cases} \tag{5.4.9}$$

其中常数 δ, δ_0 满足

$$E_{\theta_1}\{\phi(T(X))\} = \alpha (\text{或 } E_{\theta_2}\{\phi(T(X))\} = \alpha). \tag{5.4.10}$$

下面看几个例子.

例 5.4.1 设 $X_1, \cdots, X_n$ 是来自正态总体 $N(\mu, 1)$ 的 IID 样本, 考虑假设

(1) $H_0\colon \mu = 0 \longleftrightarrow H_1\colon \mu \neq 0$;

(2) $H_0\colon -1 \leqslant \mu \leqslant 1 \longleftrightarrow H_1\colon \mu < -1$ 或 $\mu > 1$;

(3) $H_0\colon \mu \leqslant -1$ 或 $\mu \geqslant 1 \longleftrightarrow H_1\colon -1 < \mu < 1$

的最大功效检验.

解 容易验证此分布族是满足条件的指数型分布族, 且 $T(X) = \overline{X} \sim N(\mu, 1/n)$ 是连续的.

(1) 当 H_0 成立时, $T(X) \sim N(0, 1/n)$, 于是由上面的注 5.4.1 知, 其显著性水平为 α 的 UMPUT 形如

$$\phi(T(x)) = \begin{cases} 1, & |\overline{x}| \geqslant \delta, \\ 0, & |\overline{x}| < \delta, \end{cases}$$

其中 δ 由下式确定:

$$P_{H_0}\{\overline{X} < -\delta\} = \alpha/2,$$

故 $\delta=u_{\alpha/2}/\sqrt{n}$.

(2) 关于此双侧假设, 由定理 5.4.1 知, 其显著性水平为 α 的 UMPUT 为

$$\phi(T(x))=\begin{cases}1, & \overline{x}<c_1 \text{ 或 } \overline{x}>c_2,\\ 0, & c_1\leqslant \overline{x}\leqslant c_2,\end{cases}$$

其中 c_i 满足

$$E_{\mu=-1}(\phi(\overline{X}))=E_{\mu=1}(\phi(\overline{X}))=\alpha,$$

即

$$P_{\mu_1}\{c_1\leqslant \overline{X}\leqslant c_2\}=1-\alpha=P_{\mu_2}\{c_1\leqslant \overline{X}\leqslant c_2\},$$

也即

$$P_{\mu_1}\{\sqrt{n}(c_1+1)\leqslant \sqrt{n}(\overline{X}+1)\leqslant \sqrt{n}(c_2+1)\}=1-\alpha,$$

$$P_{\mu_2}\{\sqrt{n}(c_1-1)\leqslant \sqrt{n}(\overline{X}-1)\leqslant \sqrt{n}(c_2-1)\}=1-\alpha.$$

即

$$\int_{\sqrt{n}(c_1-1)}^{\sqrt{n}(c_2-1)}\phi(x)\mathrm{d}x=1-\alpha=\int_{\sqrt{n}(c_1+1)}^{\sqrt{n}(c_2+1)}\phi(x)\mathrm{d}x,$$

其中 $\phi(x)$ 是标准正态分布的 PDF.

当然, 也可以用注 5.4.2 中的 (5.4.7) 式来求取.

(3) 关于此双侧假设, 其 UMPT 的拒绝域为 $\{x:-1-\delta\leqslant \overline{x}\leqslant 1+\delta\}$(注 5.4.3), 其中 δ 满足 $E_{\mu_1}(\phi(T))=P_{\mu_1}\{-1-\delta\leqslant \overline{X}\leqslant 1+\delta\}=\alpha$, 即

$$P_{\mu_1}\{-\sqrt{n}\delta\leqslant \sqrt{n}(\overline{X}+1)\leqslant \sqrt{n}(2+\delta)\}=\varPhi(\sqrt{n}(2+\delta))-\varPhi(-\sqrt{n}\delta)=\alpha. \ \square$$

例 5.4.2 设 $X_1,\cdots,X_n$ 是来自正态分布 $N(0,\sigma^2)$ 的 IID 样本, 考虑检验问题

(1) $H_0\colon \sigma^2\leqslant\sigma_1^2$ 或 $\sigma^2\geqslant\sigma_2^2\longleftrightarrow H_1\colon \sigma_1^2<\sigma^2<\sigma_2^2$;

(2) $H_0\colon \sigma_1^2<\sigma^2<\sigma_2^2\longleftrightarrow H_1\colon \sigma^2\leqslant\sigma_1^2$ 或 $\sigma^2\geqslant\sigma_2^2$;

(3) $H_0\colon \sigma^2=\sigma_0^2\longleftrightarrow H_1\colon \sigma^2\neq\sigma_0^2$

的最大功效检验.

解 样本的联合 PDF 为

$$p(x,\sigma^2)=(\sqrt{2\pi\sigma^2})^{-n/2}\exp\left(-\sum_{i=1}^n x_i^2/2\sigma^2\right),$$

$Q(\sigma^2)=-1/2\sigma^2$ 是 σ^2 的严格增函数, 故它是关于统计量 $T(X)=\sum\limits_{i=1}^n X_i^2$ 的

单增似然比分布族. 并且注意到 $T(X)/\sigma^2 \sim \chi^2(n)$ 是一个连续变量.

对于检验问题 (1), 由定理 5.3.6 知, 其显著性水平为 α 的 UMPT 为

$$\phi(T)=\begin{cases}1, & c_1 \leqslant T(x) \leqslant c_2,\\ 0, & \text{其他},\end{cases}$$

其中常数 $c_i(i=1,2)$ 满足

$$P_{\sigma_1^2}\{c_1 \leqslant T(X) \leqslant c_2\}=P_{\sigma_2^2}\{c_1 \leqslant T(X) \leqslant c_2\}=\alpha,$$

即

$$P_{\sigma_1^2}\{c_1/\sigma_1^2 \leqslant T(X)/\sigma_1^2 \leqslant c_2/\sigma_1^2\}=P_{\sigma_2^2}\{c_1/\sigma_2^2 \leqslant T(X)/\sigma_2^2 \leqslant c_2/\sigma_2^2\}=\alpha,$$

于是 c_i $(i=1,2)$ 由下式决定

$$\int_{c_1/\sigma_1^2}^{c_2/\sigma_1^2} \chi^2(x;n)\mathrm{d}x=\alpha=\int_{c_1/\sigma_2^2}^{c_2/\sigma_2^2} \chi^2(x;n)\mathrm{d}x.$$

对于检验问题 (2), 由定理 5.4.1 知, 其显著性水平为 α 的 UMPUT 为

$$\phi(T)=\begin{cases}1, & T \leqslant c_1 \text{ 或 } T \geqslant c_2,\\ 0, & \text{其他},\end{cases}$$

其中 $c_i(i=1,2)$ 满足

$$P_{\sigma_1^2}\{T(X) \leqslant c_1\}+P_{\sigma_1^2}\{T(X) \geqslant c_2\}=\alpha,$$
$$P_{\sigma_2^2}\{T(X) \leqslant c_1\}+P_{\sigma_2^2}\{T(X) \geqslant c_2\}=\alpha,$$

即

$$\int_{c_1/\sigma_1^2}^{c_2/\sigma_1^2} \chi^2(x;n)\mathrm{d}x=1-\alpha=\int_{c_2/\sigma_2^2}^{c_2/\sigma_2^2} \chi^2(x;n)\mathrm{d}x.$$

对于检验问题 (3), 由定理 5.4.2 知, 其显著性水平为 α 的 UMPUT 为

$$\phi(T)=\begin{cases}1, & T \leqslant c_1 \text{ 或 } T \geqslant c_2,\\ 0, & \text{其他},\end{cases}$$

其中常数 c_i $(i=1,2)$ 由

$$E_{\sigma_0^2}\{\phi(T(X))\}=\alpha, \quad E_{\sigma_0^2}[T(X)\phi(T(X))]=\alpha E_{\sigma_0^2}(T(X)) \tag{$*$}$$

确定. 注意到当 H_0 成立时, $T(X)/\sigma_0^2 \sim \chi^2(n)$, 于是 $E_{\sigma_0^2}(T(X))=n\sigma_0^2$. 于是, $(*)$ 式的第一部分为

$$\int_{c_1/\sigma_0^2}^{c_2/\sigma_0^2} \chi^2(x;n)\mathrm{d}x=1-\alpha, \tag{*1}$$

(*) 式的第二部分是

$$\begin{aligned}E_{\sigma_0^2}[T(X)\phi(T(X))] &= \sigma_0^2 E_{\sigma_0^2}\left[\frac{T(X)}{\sigma_0^2}\phi(T(X))\right] \\ &= \sigma_0^2\left[\int_{-\infty}^{c_1/\sigma_0^2} x\chi^2(x;n)\mathrm{d}x + \int_{c_2/\sigma_0^2}^{\infty} x\chi^2(x;n)\mathrm{d}x\right] \\ &= \sigma_0^2\left[n - \int_{c_1/\sigma_0^2}^{c_2/\sigma_0^2} x\chi^2(x;n)\mathrm{d}x\right] \\ &= \alpha E_{\sigma_0^2}(T(X)) = n\alpha\sigma_0^2,\end{aligned}$$

即

$$\int_{c_1/\sigma_0^2}^{c_2/\sigma_0^2} x\chi^2(x;n)\mathrm{d}x = n(1-\alpha). \tag{*2}$$

这样, 常数 c_i 就由 (*1) 和 (*2) 两式确定. □

通过例 5.4.2 发现, 有时最大功效检验的拒绝域并没有一个显式解 (本例的三个检验问题均没有), 故在某些情况下我们均采用近似的方法来确定. 例如对于例 5.4.2 中的第三个检验问题, 可近似地取 $c_1 = \sigma_0^2\chi^2_{1-\alpha/2}(n)$, $c_2 = \sigma_0^2\chi^2_{\alpha/2}(n)$, 此时它肯定能满足 (*1) 式, 但不一定能满足 (*2) 式.

5.5 多参数指数型分布族的最大功效检验

在前面所讲的最大功效检验中, 我们仅考虑了分布中只有一个未知参数的情形, 但在许多实际问题中, 总体分布中的未知参数可能多于一个, 如最常用的正态总体. 于是, 本节将考虑带有两个未知参数的正态总体的最大功效检验问题. 另外, 由于讨厌参数的存在, 故即使对于 (5.3.8) 或 (5.3.9) 的单侧假设, 也很难找到 UMPT. 于是本节将考虑当总体有讨厌参数时, 关于假设 (5.3.8), (5.3.9), (5.3.17), (5.4.1) 和 (5.4.2) 的 UMPUT. 当然, 本节所考虑的分布族仍只局限于如下形式的指数型分布族:

$$f(x;\theta,\boldsymbol{\psi})=h(x)\exp\left[\theta T(x)+\sum_{i=1}^{k}\psi_i U_i(x)-b(\theta,\boldsymbol{\psi})\right], \tag{5.5.1}$$

其中 θ 为一维未知参数, $\boldsymbol{\psi}=(\psi_1,\cdots,\psi_k)^{\mathrm{T}}$ 为 k 维讨厌参数.

当有 n 个来自 (5.5.1) 的 IID 样本 $\boldsymbol{X}=(X_1,\cdots,X_n)$ 时, 统计量 $(T,U)=(T(\boldsymbol{X}),\boldsymbol{U}(\boldsymbol{X}))$ 的联合分布为

$$h(t,\boldsymbol{u})\exp\left[\theta t+\sum_{i=1}^{k}\psi_i u_i-b(\theta,\boldsymbol{\psi})\right], \tag{5.5.2}$$

其中 $\boldsymbol{U}(\boldsymbol{X})=(U_1(\boldsymbol{X}),\cdots,U_k(\boldsymbol{X}))$. 另外, 当 $\boldsymbol{U}$ 已知时, 统计量 T 的条件分布为

$$f(t|\boldsymbol{u};\theta)=h^*(t,\boldsymbol{u})\exp[\theta t-b_{\boldsymbol{u}}(\theta)], \tag{5.5.3}$$

且与讨厌参数 $\boldsymbol{\psi}$ 无关. 因此, 可以利用 (5.5.3) 式求得关于 θ 的假设的 UMPUT.

5.5.1 多参数指数型分布族的一致最大功效无偏检验

假设样本 $X_1,\cdots,X_n$ 为来自总体分布为 (5.5.1) 的 IID 样本, 本节感兴趣的假设为

$$H_0\colon \theta\leqslant\theta_0,\forall\boldsymbol{\psi}\longleftrightarrow H_1\colon\theta>\theta_0,\forall\boldsymbol{\psi}, \tag{5.5.4}$$

$$H_0\colon \theta\leqslant\theta_1 \text{ 或 } \theta\geqslant\theta_2,\forall\boldsymbol{\psi}\longleftrightarrow H_1\colon\theta_1<\theta<\theta_2,\forall\boldsymbol{\psi}, \tag{5.5.5}$$

$$H_0\colon \theta_1\leqslant\theta\leqslant\theta_2,\forall\boldsymbol{\psi}\longleftrightarrow H_1\colon\theta<\theta_1 \text{ 或 } \theta>\theta_2,\forall\boldsymbol{\psi}, \tag{5.5.6}$$

$$H_0\colon \theta=\theta_0,\forall\boldsymbol{\psi}\longleftrightarrow H_1\colon\theta\neq\theta_0,\forall\boldsymbol{\psi}, \tag{5.5.7}$$

关于上述四个假设, 其 UMPUT 由下列四个定理给出 (证明请参见韦博成 (2006)).

定理 5.5.1 对于指数型分布族 (5.5.1), 假设 (5.5.4) 的 UMPUT 为

$$\phi^*(t,\boldsymbol{u})=\begin{cases}1, & T(\boldsymbol{x})>c(\boldsymbol{u}),\\ \delta(\boldsymbol{u}), & T(\boldsymbol{x})=c(\boldsymbol{u}),\\ 0, & T(\boldsymbol{x})<c(\boldsymbol{u}),\end{cases} \tag{5.5.8}$$

其中 $c(\boldsymbol{u}),\ \delta(\boldsymbol{u})$ 满足

$$E_{\theta_0}\left[\phi^*(T(\boldsymbol{X}),\boldsymbol{U})|\boldsymbol{U}\right]=\alpha.$$

定理 5.5.2 对于指数型分布族 (5.5.1), 假设 (5.5.5) 的 UMPUT 为

$$\phi^*(t,\boldsymbol{u})=\begin{cases}1, & c_1(\boldsymbol{u})<T(\boldsymbol{x})<c_2(\boldsymbol{u}),\\ \delta_i(\boldsymbol{u}), & T(\boldsymbol{x})=c_i(\boldsymbol{u}) \quad (i=1,2),\\ 0, & T(\boldsymbol{x})<c_1(\boldsymbol{u}) \text{ 或 } T(\boldsymbol{x})>c_2(\boldsymbol{u}),\end{cases} \tag{5.5.9}$$

其中 $c_i(\boldsymbol{u}),\delta_i(\boldsymbol{u})$ 满足

$$E_{\theta_i}\left[\phi^*(T(\boldsymbol{X}),\boldsymbol{U})|\boldsymbol{U}\right]=\alpha, \quad i=1,2.$$

定理 5.5.3 对于指数型分布族 (5.5.1), 假设 (5.5.6) 的 UMPUT 为

$$\phi^*(t,\boldsymbol{u})=\begin{cases}1, & T(\boldsymbol{x})<c_1(\boldsymbol{u}) \text{ 或 } T(\boldsymbol{x})>c_2(\boldsymbol{u}),\\ \delta_i(\boldsymbol{u}), & T(\boldsymbol{x})=c_i(\boldsymbol{u}) \quad (i=1,2),\\ 0, & c_1(\boldsymbol{u})<T(\boldsymbol{x})<c_2(\boldsymbol{u}),\end{cases} \tag{5.5.10}$$

其中 $c_i(\boldsymbol{u}),\delta_i(\boldsymbol{u})$ 满足

$$E_{\theta_i}\left[\phi^*(T(\boldsymbol{X}),\boldsymbol{U})|\boldsymbol{U}\right]=\alpha, \quad i=1,2.$$

定理 5.5.4 对于指数型分布族 (5.5.1), 假设 (5.5.7) 的 UMPUT 仍为 (5.5.10) 式, 只是其中 $c_i(\boldsymbol{u}),\delta_i(\boldsymbol{u})$ 满足

$$E_{\theta_0}\left[\phi^*(T(\boldsymbol{X}),\boldsymbol{U})|\boldsymbol{U}\right]=\alpha, \quad E_{\theta_0}\left[T(\boldsymbol{X})\phi^*(T(\boldsymbol{X}),\boldsymbol{U})|\boldsymbol{U}\right]=\alpha E_{\theta_0}[T(\boldsymbol{X})|\boldsymbol{U}].$$

通过与前面内容的比较发现, 关于多参数指数型分布族的参数的 UMPUT, 与单参数的区别仅在于条件期望的计算上.

虽然上面我们给出了多参数指数型分布族中关于感兴趣参数的 UMPUT, 且正态分布属于指数型分布族, 但由于正态分布的常用性及特殊性, 我们将单独就单样本及两样本正态总体的 UMPUT 作一简单概述, 也可算是对 Fisher 提出的显著性检验的优良性认证.

5.5.2 单样本正态总体参数的最大功效检验

在本节我们始终假设 $X_1,\cdots,X_n$ 为来自正态总体 $N(\mu,\sigma^2)$ 的 IID 样本, 其中 μ,σ^2 均未知, 且关于均值 μ 或方差 σ 的假设分别有如下四种:

(m-i): $H_0\colon \mu\leqslant\mu_0 \longleftrightarrow H_1\colon \mu>\mu_0$;

(m-ii): $H_0\colon \mu\leqslant\mu_1$ 或 $\mu\geqslant\mu_2 \longleftrightarrow H_1\colon \mu_1<\mu<\mu_2$;

(m-iii): $H_0\colon \mu_1\leqslant\mu\leqslant\mu_2 \longleftrightarrow H_1\colon \mu<\mu_1$ 或 $\mu>\mu_2$;

(m-iv): $H_0\colon \mu=\mu_0 \longleftrightarrow H_1\colon \mu\neq\mu_0$.

(s-i): $H_0\colon \sigma\leqslant\sigma_0 \longleftrightarrow H_1\colon \sigma>\sigma_0$;

(s-ii): $H_0\colon \sigma\leqslant\sigma_1$ 或 $\sigma\geqslant\sigma_2 \longleftrightarrow H_1\colon \sigma_1<\sigma<\sigma_2$;

(s-iii): $H_0\colon \sigma_1 \leqslant \sigma \leqslant \sigma_2 \longleftrightarrow H_1\colon \sigma < \sigma_1$ 或 $\sigma > \sigma_2$;

(s-iv): $H_0\colon \sigma = \sigma_0 \longleftrightarrow H_1\colon \sigma \neq \sigma_0$.

注意到, 在上述八个假设中, 仅关于均值 μ 的假设 (m-ii) 及 (m-iii) 没有 UMPUT, 其余的均存在. 下面仅以假设 (m-i),(m-iv),(s-i) 和 (s-iv) 为例说明如何求其 UMPUT.

此时, 样本分布为

$$f(\boldsymbol{x};\mu,\sigma) = (2\pi\sigma^2)^{-n/2}\exp\left(-\frac{1}{2\sigma^2}\sum_{i=1}^{n}x_i^2 + \frac{n\mu}{\sigma^2}\overline{x} - \frac{n\mu^2}{2\sigma^2}\right). \tag{5.5.11}$$

一、关于假设 (m-i)

通过比较 (5.5.11) 与 (5.5.1) 式, 我们取

$$\theta = \frac{n\mu}{\sigma^2},\quad \psi = -\frac{1}{2\sigma^2},\quad T(\boldsymbol{x}) = \overline{x},\quad U(\boldsymbol{x}) = \sum_{i=1}^{n}x_i^2,$$

但由于 σ 是未知的, 故并不能将假设 (m-i) 转化为 (5.5.4) 的形式 (由于定理 5.5.1 中的条件期望无法求取). 然而, 如果把 (m-i) 转化为

$$H_0\colon \mu - \mu_0 \leqslant 0 \longleftrightarrow H_1\colon \mu - \mu_0 > 0,$$

同时把 (5.5.11) 式的样本分布转化为

$$f(\boldsymbol{x};\mu,\sigma) = (2\pi\sigma^2)^{-n/2}\exp\left[-\frac{1}{2\sigma^2}\sum_{i=1}^{n}(x_i-\mu_0)^2 + \frac{n(\mu-\mu_0)}{\sigma^2}\overline{x} - \frac{n(\mu^2-\mu_0^2)}{2\sigma^2}\right], \tag{5.5.12}$$

此时可取

$$\theta = \frac{n(\mu-\mu_0)}{\sigma^2},\quad \psi = -\frac{1}{2\sigma^2},\quad T(\boldsymbol{x}) = \overline{x},\quad U(\boldsymbol{x}) = \sum_{i=1}^{n}(x_i-\mu_0)^2,$$

而假设 (m-i) 等价于

$$H_0\colon \theta \leqslant 0 \longleftrightarrow H_1\colon \theta > 0,$$

且此时定理 5.5.1 中的条件期望是可以计算的.

于是, 假设 (m-i) 的显著性水平为 α 的 UMPUT 为

$$\phi(t,u) = \begin{cases} 1, & \overline{x} > c(u), \\ 0, & \overline{x} < c(u), \end{cases}$$

其中 $c(u)$ 满足

$$E_0[\phi(T,U)|U] = P_0\left\{\overline{X} > c(u)\middle|\sum_{i=1}^{n}(X_i-\mu_0)^2 = u\right\} = \alpha. \tag{5.5.13}$$

但由于 $\overline{X}$ 与 $\sum_{i=1}^{n}(X_i-\mu_0)^2$ 是非独立的, 故上述条件概率仍不能转化成无条件概率. 注意到, $U(\boldsymbol{X}) = \sum_{i=1}^{n}(X_i-\overline{X})^2 + n(\overline{X}-\mu_0)^2$, 而 $\overline{X}$ 与 $\sum_{i=1}^{n}(X_i-\overline{X})^2$ 独立, 故如果令

$$W(\boldsymbol{X}) = \frac{\sqrt{n}(\overline{X}-\mu_0)}{\sqrt{\sum_{i=1}^{n}(X_i-\overline{X})^2/(n-1)}} = \frac{\sqrt{n(n-1)}(T(\boldsymbol{X})-\mu_0)}{\sqrt{U(\boldsymbol{X})-n(T(\boldsymbol{X})-\mu_0)^2}},$$

则知 $W(\boldsymbol{X})$ 关于 $T(\boldsymbol{X})$ 严格单增, 且当 $\mu=\mu_0$ 时, $W(\boldsymbol{X}) \sim t(n-1)$. 另外, 由于 $W(\boldsymbol{X})$ 此时的分布与讨厌参数 $\psi = -1/(2\sigma^2)$ 无关, 而 $U = \sum_{i=1}^{n}(X_i-\mu_0)^2$ 是 σ 的充分完备统计量, 故由 Basu 定理知: 当 $\mu=\mu_0$ 时, $U(\boldsymbol{X})$ 与 $W(\boldsymbol{X})$ 独立. 因此, (5.5.13) 式可化为

$$P_0\left\{\overline{X} > c(u)\middle|\sum_{i=1}^{n}(X_i-\mu_0)^2 = u\right\} = P_0\{W(\boldsymbol{X}) > c\} = \alpha,$$

于是 $c = t_\alpha(n-1)$.

这样就得到了 (m-i) 的显著性水平 α 的 UMPUT 为

$$\phi(W) = \begin{cases} 1, & W(\boldsymbol{x}) > t_\alpha(n-1), \\ 0, & W(\boldsymbol{x}) < t_\alpha(n-1), \end{cases}$$

其中 $W(\boldsymbol{x}) = \sqrt{n}(\overline{x}-\mu_0)/s$, 这即是我们上一章讲过的单样本的单侧 t 检验.

二、关于假设 (m-iv)

对于此假设, 仍采用 (5.5.12) 式的样本分布及相应的参数和统计量, 则此时假设 (m-iv) 转化为

$$H_0\colon \theta = 0 \longleftrightarrow H_1\colon \theta \neq 0,$$

且零分布下的条件期望可以计算. 另外, 由于统计量 $W(\boldsymbol{X})$ 的零分布关于 0 对称, 故由定理 5.5.4 知, 假设 (m-iv) 的显著性水平 α 的 UMPUT 为

$$\phi(W) = \begin{cases} 1, & |W(\boldsymbol{x})| > t_{\alpha/2}(n-1), \\ 0, & |W(\boldsymbol{x})| < t_{\alpha/2}(n-1). \end{cases}$$

三、关于假设 (s-i)

通过比较 (5.5.11) 式与 (5.5.1) 式, 取

$$\theta=-\frac{1}{2\sigma^2},\quad T(\boldsymbol{x})=\sum_{i=1}^n x_i^2,\quad \psi=\frac{n\mu}{\sigma^2},\quad U(\boldsymbol{x})=\overline{x},$$

若取 $\theta_0=-\dfrac{1}{2\sigma_0^2}$, 则假设 (s-i) 可转化为

$$H_0\colon \theta\leqslant\theta_0\longleftrightarrow H_1\colon \theta>\theta_0,$$

于是, 由定理 (5.5.1) 知, (s-i) 的显著性水平 α 的 UMPUT 为

$$\phi(T,u)=\begin{cases}1, & T(\boldsymbol{x})>c(u),\\ 0, & T(\boldsymbol{x})<c(u),\end{cases}$$

其中 $c(u)$ 满足 $E_{\theta_0}[\phi(T,u)|U=u]=\alpha$.

虽然 T 与 U 并不独立, 但由于

$$T(\boldsymbol{x})=\sum_{i=1}^n (x_i-\overline{x})^2+n\overline{x}^2=(n-1)S_n^2+nU^2(\boldsymbol{x}),$$

故 T 是 S^2 的严格单增函数. 又由于 S^2 与 $U(\boldsymbol{x})$ 是独立的, 故上述条件期望可如下化简:

$$E_{\theta_0}[\phi(T,U)|U]=P_{\theta_0}\{T(\boldsymbol{x})>c(u)|U=u\}=P_{\theta_0}\{(n-1)S_n^2>c\}=\alpha.$$

另由于, 当 $\theta=\theta_0$ 时, $(n-1)S_n^2/\sigma_0^2\sim\chi^2(n-1)$, 故上式的 $c=\sigma_0^2\chi_\alpha^2(n-1)$.

综上所述, 假设 (s-i) 的显著性水平为 α 的 UMPUT 为

$$\phi(\boldsymbol{x})=\begin{cases}1, & \dfrac{(n-1)S^2}{\sigma_0^2}>\chi_\alpha^2(n-1),\\ 0, & \text{其他},\end{cases}$$

这即为显著性检验中的 χ^2 检验.

四、关于假设 (s-iv)

仍沿用关于假设 (s-i) 中的记号, 假设 (s-iv) 可转化为

$$H_0\colon \theta=\theta_0\longleftrightarrow H_1\colon \theta\neq\theta_0,$$

则由定理 5.5.4 知, 其 UMPUT 为

$$\phi(t,u)=\begin{cases}1, & T(\boldsymbol{x})<c_1(u)\ \text{或}\ T(\boldsymbol{x})>c_2(u),\\ 0, & \text{其他},\end{cases}$$

其中 $c_1(u)$, $c_2(u)$ 满足如下两个条件:

$$E_{\theta_0}[\phi(T(\boldsymbol{X}),U(\boldsymbol{X}))|U(\boldsymbol{X})]=\alpha,$$

$$E_{\theta_0}[T(\boldsymbol{X})\phi(T(\boldsymbol{X}),U(\boldsymbol{X}))|U(\boldsymbol{X})]=\alpha E_{\theta_0}(T(\boldsymbol{X})|U(\boldsymbol{X})).$$

由上面关于假设 (s-i) 中的相关内容可知, 上述第一个条件等价于

$$P_{\theta_0}\{c_1<(n-1)S^2<c_2\}=1-\alpha,$$

其中 $(n-1)S^2/\sigma_0^2\sim\chi^2(n-1)$, 且此 UMPUT 为

$$\phi(s^2)=\begin{cases}1, & \sum\limits_{i=1}^{n}(x_i-\overline{x})^2<c_1 \text{ 或 } \sum\limits_{i=1}^{n}(x_i-\overline{x})^2>c_2,\\ 0, & \text{其他},\end{cases} \tag{5.5.14}$$

其中的常数 c_1,c_2 满足

$$\int_{c_1/\sigma_0^2}^{c_2/\sigma_0^2}\chi^2(x;n-1)\mathrm{d}x=1-\alpha. \tag{5.5.15}$$

对于第二个条件, 若把 $T=(n-1)S^2+nU^2$ 代入, 且注意到 S^2 与 $U(\boldsymbol{X})=\overline{X}$ 的独立性, 则有

$$\begin{aligned}E_{\theta_0}[T(\boldsymbol{X})\phi(S^2)|U(\boldsymbol{X})]&=E_{\theta_0}[(n-1)S^2\phi(S^2)]+nU^2E_{\theta_0}(\phi(S^2))\\&=E_{\theta_0}[(n-1)S^2\phi(S^2)]+n\alpha U^2,\end{aligned}$$

又由于第二个条件为

$$E_{\theta_0}[T(\boldsymbol{X})\phi(S^2)|U(\boldsymbol{X})]=\alpha E_{\theta_0}(T(\boldsymbol{X})|U(\boldsymbol{X}))=(n-1)\alpha E_{\theta_0}(S^2)+n\alpha U^2,$$

故综合上面二式, 第二个条件等价于

$$E_{\theta_0}[S^2\phi(S^2)]=\alpha E_{\theta_0}(S^2).$$

又由于当 H_0 成立时, $(n-1)S^2/\sigma_0^2\sim\chi^2(n-1)$, 故第二个条件等价于

$$\int_{c_1/\sigma_0^2}^{c_2/\sigma_0^2}x\chi^2(x;n-1)\mathrm{d}x=(n-1)(1-\alpha). \tag{5.5.16}$$

于是, 假设 (s-iv) 的显著性水平为 α 的 UMPUT 由 (5.5.14) 式给出, 其中 c_1, c_2 满足条件 (5.5.15) 和 (5.5.16). 由于两个方程组的求解过程较复杂, 故有时也近似地取仅满足 (5.5.15) 式的

$$c_1=\sigma_0^2\chi^2_{1-\alpha/2}(n-1),\quad c_2=\sigma_0^2\chi^2_{\alpha/2}(n-1).$$

关于方差的另两个双侧假设也可利用上述方法得到, 请读者补齐.

5.5.3 两样本正态总体参数的最大功效检验

对于两样本正态总体的均值和方差的检验问题, 我们仍然可以利用上一节中的方法, 证明表 4.3 给出的当 σ_1, σ_2 已知及 $\sigma_1^2 = \sigma_2^2$ 未知两种情形下关于均值的检验是 UMPUT; 表 4.4 给出的单侧检验是相应假设的 UMPUT, 而双侧检验则近似为相应假设的 UMPUT. 如果读者对这部分内容有兴趣, 可自己补齐其证明或参考韦博成 (2006).

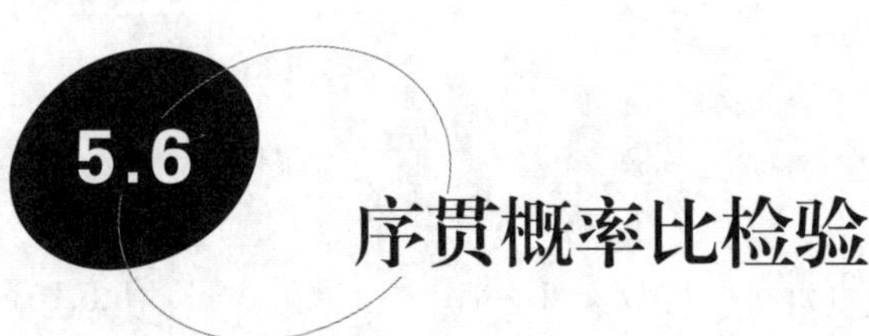

5.6 序贯概率比检验

通过前面的内容, 我们可以了解到, 统计学的基本任务就是通过样本来推断或掌握总体的特性, 并且, 始终假设样本容量是给定的 (除例 5.3.5 之外). 然而, 我们知道, 样本容量越大, 我们对总体的了解就可能越多, 故对总体作出的推断也就越可靠, 当然其抽样所需的费用也可能越大. 于是, 一个合理的提法是: 在保证所得结论有足够可靠性的前提下, 样本容量应越小越好. 另外, 对于某些实际问题, 使用固定的样本容量也是没有必要的. 比如, 对于例 5.3.5 中的 (n, c) 方案检验, 如果在未抽到 n 件产品时就已经有 $c+1$ 件次品了, 则我们就没有必要再继续往下抽样. 这样, 在 20 世纪 40 年代, 人们普遍认识到样本容量不必事先给定, 而可以根据抽取的样本来决定何时停止抽样, 也就是说样本容量是一个随机变量, 这样得到的样本是一个一个地依次得到的, 我们称之为序贯样本 (sequential sample). 序贯分析正是研究如何得到和利用序贯样本进行统计推断的统计学分支 (有兴趣的读者请参见陈家鼎 (1995)). 最基本的序贯分析方法是序贯分析奠基人 Wald于 1943 年至 1945 年提出的序贯概率比检验 (sequential probability ratio test, 简记为 SPRT). 它是为适应第二次世界大战期间美国军火生产中质量检验工作的需要而提出的.

在许多实际问题中, 有时感兴趣的是依赖于样本判断总体的分布是 $f_1(x)$ 还是 $f_2(x)$, 即此时我们感兴趣的假设为

$$H_1\colon X_1, X_2, \cdots \overset{\text{IID}}{\sim} f_1(x) \longleftrightarrow H_2\colon X_1, X_2, \cdots \overset{\text{IID}}{\sim} f_2(x). \tag{5.6.1}$$

为检验上述假设, 可以利用如下的似然比统计量

$$\lambda_n = \frac{\prod_{i=1}^{n} f_2(x_i)}{\prod_{i=1}^{n} f_1(x_i)} \tag{5.6.2}$$

进行检验. 前面我们讲过的似然比检验的法则是: 对于固定的 n, 当 $\lambda_n \geqslant c$ 时, 拒绝假设 H_1; 否则就接受假设 H_1. 而 Wald 对此进行了重大改进, 从而提出 SPRT.

定义 5.6.1 (SPRT) 对于事先给定的两个常数 $0 < A < 1 < B < \infty$, 我们一个一个地抽取样本, 若在抽得 $X_1, \cdots, X_{n-1}$ 后, 抽样尚不能停止, 则再抽取 X_n, 并计算 λ_n. 当 $\lambda_n \geqslant B$ 时, 停止抽样, 并拒绝假设 H_1; 当 $\lambda_n \leqslant A$ 时, 停止抽样, 并接受假设 H_1; 当 $A < \lambda_n < B$ 时, 抽取第 $n+1$ 个样本, 并计算 λ_{n+1}, 照此依次进行. 称这样的检验为一个序贯概率比检验, 并记为 $S(A, B)$. 事实上, 其停止抽样时间 (简称停时) 可以写成

$$\tau^* = \min\{n : \lambda_n \leqslant A \quad \text{或} \quad \lambda_n \geqslant B, n \geqslant 1\}. \tag{5.6.3}$$

从上述 SPRT 的定义不难看出, SPRT 的关键之处即在于其判决准则. 下面看一个例子.

例 5.6.1 考虑 Bernoulli 分布 $b(1, p)$ 关于如下假设

$$H_1 : p = p_1 \longleftrightarrow H_2 : p = p_2 \tag{5.6.4}$$

的 SPRT, 其中 $0 < p_1 < p_2 < 1$ 为两已知常数.

解 因为此时总体的概率分布为

$$f(x, p) = p^x (1-p)^{1-x}, \quad x = 0, 1,$$

则似然比统计量为

$$\lambda_n = \left(\frac{p_2}{p_1}\right)^{\sum\limits_{i=1}^{n} x_i} \left(\frac{1-p_2}{1-p_1}\right)^{n - \sum\limits_{i=1}^{n} x_i}, \quad n = 1, 2, \cdots,$$

于是,

$$\ln \lambda_n = \sum_{i=1}^{n} x_i \ln \frac{p_2(1-p_1)}{p_1(1-p_2)} + n \ln \frac{1-p_2}{1-p_1}.$$

为方便, 记 $T_n = \sum\limits_{i=1}^{n} x_i$, 且

$$c=-\frac{\ln\dfrac{1-p_2}{1-p_1}}{\ln\dfrac{p_2(1-p_1)}{p_1(1-p_2)}},\quad d_1=\frac{\ln B}{\ln\dfrac{p_2(1-p_1)}{p_1(1-p_2)}},\quad d_2=\frac{\ln A}{\ln\dfrac{p_2(1-p_1)}{p_1(1-p_2)}},\tag{5.6.5}$$

易证 $c>0,\ d_1>d_2$.

于是, 对于事先给定的 A,B, 有

$$\lambda_n\geqslant B\Longleftrightarrow T_n\geqslant R_n=cn+d_1,$$

$$\lambda_n\leqslant A\Longleftrightarrow T_n\leqslant A_n=cn+d_2.$$

综合上述知, 对于 Bernoulli 分布, 假设 (5.6.4) 的 SPRT 的停时为

$$\tau^*=\min\{n\colon T_n\leqslant A_n\quad 或\quad T_n\geqslant R_n,\ n\geqslant 1\},$$

其图示为图 5.2. □

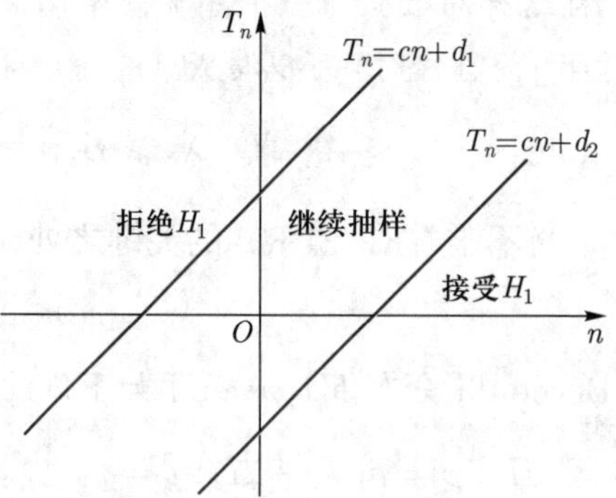

▶ 图 5.2 例 5.6.1 的判决准则

从上例可以看出, SPRT 的应用并不复杂, 由于它仅依赖于事先给定的两个常数 A,B. 那 A,B 又该如何选择呢? 这就与 SPRT 的性质有关. 关于 SPRT, 主要有如下几个问题需要研究:

(1) 是否有限步后一定会停止抽样? 即 $P_{H_i}\{\tau^*<\infty\}=1\ (i=1,2)$ 是否成立?

(2) 如何计算其犯两类错误的概率

$$\alpha=P_{H_1}\{\tau^*<\infty,\lambda_{\tau^*}\geqslant B\},\quad \beta=P_{H_2}\{\tau^*<\infty,\lambda_{\tau^*}\leqslant A\}.\tag{5.6.6}$$

我们希望找出 α,β 与常数 A,B 间的关系, 从而根据给定的犯两类错误的概率 α,β 确定常数 A,B.

(3) 如何计算平均样本容量 $E_{H_i}(\tau^*)\ (i=1,2)$?

(4) SPRT 有何优良性质? 是否存在比 SPRT 还 “好” 的检验方法?

下面, 我们不加证明地给出一些关于上述问题的相关结论, 详细证明及其他性质请见陈家鼎 (1995).

定理 5.6.1 对于一个 SPRT $S(A,B)$, 有

$$P_{H_i}\{\tau^*<\infty\}=1,\quad E_{H_i}(\mathrm{e}^{\lambda\tau^*})<\infty,\quad E_{H_i}(\tau^*)^k<\infty, \tag{5.6.7}$$

其中 $i=1,2,k\geqslant 1$ 为任意的正整数, $\lambda>0$ 为给定的常数.

定理 5.6.2 对于 SPRT $S(A,B)$, 其临界值与两类错误间的关系为

$$\alpha\leqslant\frac{1-\beta}{B},\quad \beta\leqslant A(1-\alpha). \tag{5.6.8}$$

从 (5.6.8) 式可知, $\dfrac{\beta}{1-\alpha}\leqslant A<B\leqslant\dfrac{1-\beta}{\alpha}$. 于是, 一个常用的近似公式为

$$A\doteq\frac{\beta}{1-\alpha},\quad B\doteq\frac{1-\beta}{\alpha}. \tag{5.6.9}$$

从 (5.6.9) 式可知, 对于事先给定的犯第一、二类错误的概率, 我们可以很容易地由 (5.6.9) 式确定 SPRT 的临界值, 而不需要了解总体的分布类型. 当然, 上面的临界值是近似的, 并且下一定理告诉我们两个 SPRT $S(A,B)$ 与 $S\left(\dfrac{\beta}{1-\alpha},\dfrac{1-\beta}{\alpha}\right)$ 间的关系.

定理 5.6.3 对于事先给定的 $\alpha>0$, $\beta>0$ $(\alpha+\beta<1)$, 设 α^*, β^* 为 SPRT $S\left(\dfrac{\beta}{1-\alpha},\dfrac{1-\beta}{\alpha}\right)$ 犯第一、二类错误的概率, 则

$$\alpha^*\leqslant\frac{\alpha}{1-\beta},\quad \beta^*\leqslant\frac{\beta}{1-\alpha},\quad \alpha^*+\beta^*\leqslant\alpha+\beta.$$

定理 5.6.3 说明采用 (5.6.9) 式临界值的 SPRT 犯两类错误的概率之和不会增大.

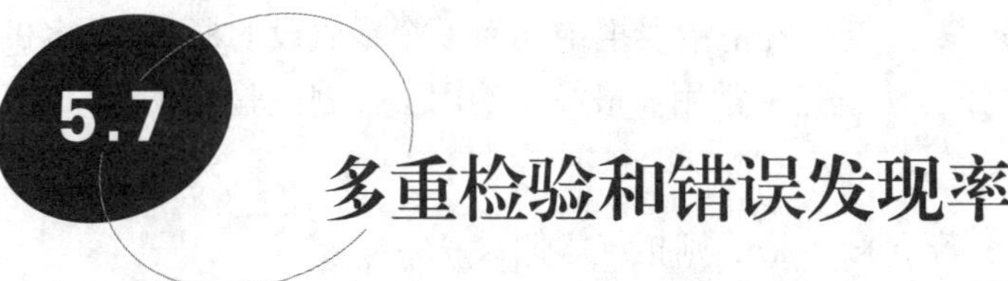

5.7 多重检验和错误发现率

在某些情况下, 我们可能需要同时进行许多个假设检验. 先来看一个例子.

例 5.7.1 DNA 微阵列允许研究人员测量表达成千上万的基因水平. 数据是每一个基因的 mRNA 的表达水平, 其被认为是基因产生的蛋白质的一个

度量. 大致上, 这个数字越大, 基因就越活跃. 这里我们考虑急性心肌梗死患者的实证分析问题 (Bourgon 等,2010). 该问题中我们有一组淋巴母细胞白血病数据, 包括 79 名参加意大利 GIMEMA 中心临床试验的成人患者的 12256 个基因的表达水平, 该数据可在 bioconductor 官网下载得到. 这 79 名患者根据其临床表现被分为两组, 分别有 37 和 42 名患者. 我们的目标就是探究两组患者他们在每个基因上的差异, 此时我们将同时进行 12256 个假设检验. 假设每一个检验的水平为 α. 则对任何一个检验来说, 被错误拒绝零假设 (即两组患者在这一基因上的表达水平没有差别) 的可能性就是 α. 但是, 在这一万多次检验中, 至少有一次错误拒绝的概率要高得多. 这就是多重检验问题 (multiple testing).

这类问题在现代许多大数据问题中都会遇到, 我们可能经常同时做数千甚至数百万个检验. 此时, 控制一个检验的第一类错误概率 α, 比如 0.05, 意义并不大, 需要的是对全部检验统一来考虑, 需要新的准则. 有很多方法可以解决这个问题, 但我们在这里仅讨论三种常用方法.

考虑 m 个假设检验

$$H_{0i} \longleftrightarrow H_{1i}, \quad i = 1, \cdots, m.$$

令 $p_1, \cdots, p_m$ 表示这 m 个检验的 p 值. 假设给定一个阈值, 我们拒绝掉所有 p 值小于该阈值的零假设. 令 m_0 表示 m 个检验中的零假设是正确的检验的个数, $m_1 = m - m_0$, 则所有的检验可以划分如下:

	H_0 没有被拒绝	H_0 被拒绝	总和
H_0 是正确的	U	V	m_0
H_0 是错误的	T	S	m_1
总和	$m-R$	R	m

在这里, 我们令 $\mathcal{H}_0 = \{i\colon H_{0i}\ 正确\}$, $\mathcal{H}_1 = \{i\colon H_{1i}\ 正确\}$.

第一类方法是考虑多重比较谬误 (family-wise error rate, 简记为 FWER), 一般也称为总体错误率, 其定义就是错误拒绝任何一个零假设的概率. 著名的 Bonferroni (邦弗朗尼) 方法就是最常用、最简单的用于控制检验 FWER 的工具, 即

$$若\ p_i < \alpha/m,\ 则拒绝零假设\ H_{0i}.$$

我们有如下的定理.

定理 5.7.1 使用 Bonferroni 方法, 错误地拒绝任何一个零假设的概率小于或等于 α.

证明 对于 $i \in \mathcal{H}_{0i}$, 定义 $V_i = I\left(H_{0i}\ 被拒绝\right) = I\left(p_i \leqslant \alpha/m\right)$, 则由经典

的 Bonferroni 不等式, 我们有

$$P(V \geqslant 1)=P\left(\bigcup_{i\in\mathcal{H}_0}\left(p_i\leqslant\frac{\alpha}{m}\right)\right)\leqslant\sum_{i\in\mathcal{H}_0}E(V_i)=\sum_{i\in\mathcal{H}_0}\frac{\alpha}{m}=\frac{m_0}{m}\alpha\leqslant\alpha. \quad \square$$

在例 5.7.1 中, 如果使用 $\alpha=0.05$, 则有 $0.05/12\,256\approx 4\times 10^{-7}$. 因此, 对于任何一个基因, 只有其 p 值小于 4×10^{-7}, 才能说该基因在两组患者中有不同的表达水平.

我们可以看到, 无论有多少个零假设为真, Bonferroni 方法都可以控制 FWER 不超过 α, 这样的方法是非常保守的. 在这种情况下, Holm (霍尔姆) 提出了一种序贯性的控制过程——Holm 方法. 它相较于 Bonferroni 方法没有那么保守, 同样可以控制 FWER. Holm 方法的检验过程如下:

1. 令 $p_{(1)}<\cdots<p_{(m)}$ 表示 p 值 $p_1,\ldots,p_m$ 的次序统计量;

2. 如果 $p_{(1)}\leqslant\alpha/m$, 拒绝 $H_{(1)}$ 并进行第二步. 否则, 接受 $H_{(1)},\ldots,H_{(m)}$ 并停止;

3. 如果 $p_{(i)}\leqslant\alpha/(m-i+1)$ 拒绝 $H_{(i)}$ 并进行第 $i+1$ 步. 否则接受 $H_{(i)},\ldots,H_{(m)}$ 并停止.

从以上的检验过程我们可知, 当 $p_{(i)}$ 第一次大于临界值 $\alpha_i=\alpha/(m-i+1)$ 时, 检验过程停止. 显然, Holm 方法没有 Bonferroni 方法保守, 它通常会做出拒绝掉更多的零假设, 也将会有更大的功效. 我们有如下的定理.

定理 5.7.2 使用 Holm 方法, 错误地拒绝任何一个零假设的概率小于或等于 α.

证明 在 Holm 控制过程中, 令 i_0 为零假设为真的检验中最小的 p 值所对应的等级, 则在第 i_0 步, 第一个真的零假设出现. 显然, 第一个真的零假设之前最多有 $m-m_0$ 个其他假设. 因此, Holm 方法做出一个错误的拒绝当且仅当

$$p_{(1)}\leqslant\frac{\alpha}{m},\quad p_{(2)}\leqslant\frac{\alpha}{m-1},\quad\cdots,\quad p_{(i_0)}\leqslant\frac{\alpha}{m-i_0+1}.$$

这表明,

$$p_{(i_0)}\leqslant\frac{\alpha}{m-i_0+1}\leqslant\frac{\alpha}{m_0}.$$

因此, 错误拒绝的概率为

$$P\left\{\min_{i\in\mathcal{H}_0}p_i\leqslant\frac{\alpha}{m_0}\right\}\leqslant\sum_{i\in\mathcal{H}_0}P\{p_i\leqslant\alpha/m_0\}=\alpha. \quad \square$$

显然, 控制 FWER, 尤其是 Bonferroni 方法在这样同时做成千上万个检验的时候是非常保守的, 这是因为它试图使你不可能做出一次错误的拒绝. 有时, 一个更加合理的想法是控制所谓的错误发现率 (false discovery rate, 简记

为 FDR), 其定义是在所有拒绝的检验中错误拒绝比例的期望.

我们定义错误拒绝比例 (false discovery proportion, 简记为 FDP) 为

$$\mathrm{FDP} = \frac{V}{R} I(R > 0).$$

注意到这个 FDP 是一个随机变量, 其依赖于 $p_1, \cdots, p_m$, 代表了所有拒绝的决策中错误的比例, 而错误拒绝率就是其期望, 即 $\mathrm{FDR} = E(\mathrm{FDP})$.

FDR 这一概念在 Benjamini, Hochberg (1995) 论文中提出, 由于其简单直观, 在诸多的大数据推断问题中体现出了强大的功效, 因此很快成为了一个标准的多重检验度量, 获得了极高的引用. 尽管经过了 20 多年的发展, 已有大量的 FDR 理论分析和控制方法, 但该领域仍是现代统计的一个非常热门的方向, 新思想、新方法仍然层出不穷.

这里的核心问题有两个, 一是如何选取阈值, 从而控制 FDR; 二是如何利用 m 个检验的 (其他) 信息, 如相关性等, 来提高检验的功效. 在这里我们仅探讨最经典的 Benjamini-Hochberg (简称 BH) 控制方法, 其在今天仍是大家最常用的、最标准的方法. BH 检验过程如下:

(1) 令 $p_{(1)} < \cdots < p_{(m)}$ 表示 p 值 $p_1, \cdots, p_m$ 的次序统计量;

(2) 定义 $\ell_i = i\alpha/(mC_m)$, $R = \max\{i \colon p_{(i)} < \ell_i\}$, 其中如果 m 个检验独立则令 $C_m = 1$; 否则取 $C_m = \sum_{i=1}^{m}(1/i)$;

(3) 令 $T = p_{(R)}$; 此时 T 就是 BH 方法的阈值;

(4) 拒绝所有满足 $p_i \leqslant T$ 的 H_{0i}.

我们有如下结论.

定理 5.7.3 如果 $p_1, \cdots, p_m$ 彼此独立, 使用 BH 方法, 无论 H_0 正确的个数是多少, 也无论 H_0 错误的时候 p 值的分布如何, 总是有

$$\mathrm{FDR} = E(\mathrm{FDP}) \leqslant \frac{m_0}{m}\alpha \leqslant \alpha.$$

证明 当检验零假设正确个数 $m_0 = 0$ 时, 结论是显然的. 因此以下考虑 $m_0 \geqslant 1$ 情形. 对于 $i \in \mathcal{H}_0$, 定义 $V_i = I$ (H_{0i} 被拒绝), 则根据 FDP 定义有

符号 $\vee$ 表示两者取大.

$$\mathrm{FDP} = \sum_{i \in \mathcal{H}_0} \frac{V_i}{R \vee 1}.$$

接下来证明 $E[V_i/(R \vee 1)] = \alpha/m$ 即可.

考虑变形: $V_i/(R \vee 1) = \sum_{k=1}^{m} V_i I(R = k)/k$. 根据 BH 检验过程定义, 有下列两个事实:

(1) 已知 $R = k$ 时, H_{0i} 被拒绝当且仅当 $p_i \leqslant \alpha k/m$. 因此 $V_i = I(p_i \leqslant$

$\alpha k/m$).

(2) 如果 $p_i \leqslant \alpha k/m$, 将 p_i 设为 0, 记 $R(p_i \to 0)$ 为将 p_i 设为 0 后的 R. 由于我们只重新排序了前 k 个 p 值, 它们都仍然小于阈值 $\alpha k/m$, 故有 $R(p_i \to 0) = R$; 如果 $p_i > \alpha k/m$, 自然不拒绝 H_{0i}, 故 $V_i = 0$. 因此, 有 $V_i I(R(p_i \to 0) = k) = V_i I(R = k)$.

记 $\mathcal{F}_i = \{p_1, \cdots, p_{i-1}, p_i, \cdots, p_m\}$, 由 $p_i \sim U(0,1)$ 和 $R(p_i \to 0)$ 与 i 无关, 取条件期望有

$$
\begin{aligned}
E\left[\frac{V_i}{R \vee 1} \,\middle|\, \mathcal{F}_i\right] &= \sum_{k=1}^{m} \frac{E\left[I\left(p_i \leqslant \alpha k/m\right) I\left(R\left(p_i \to 0\right) = k\right) \mid \mathcal{F}_i\right]}{k} \\
&= \sum_{k=1}^{m} \frac{I\left(R\left(p_i \to 0\right) = k\right) \alpha k/m}{k},
\end{aligned}
$$

当 $p_i \to 0$ 时, 我们总是会拒绝 H_{0i}, 故 $R\left(p_i \to 0\right) \geqslant 1$, 即 $R\left(p_i \to 0\right) \in \{1, \cdots, m\}$. 自然地, 有 $\sum\limits_{k=1}^{m} I\left(R\left(p_i \to 0\right) = k\right) = 1$, 从而

$$
E\left[\frac{V_i}{R \vee 1} \,\middle|\, \mathcal{F}_i\right] = \frac{\alpha}{m} \sum_{k=1}^{m} I\left(R\left(p_i \to 0\right) = k\right) = \frac{\alpha}{m}.
$$

综上所述，我们有

$$
\mathrm{FDR} = \sum_{i \in \mathcal{H}_0} E\left(\frac{V_i}{R \vee 1}\right) = \sum_{i \in \mathcal{H}_0} \frac{\alpha}{m} = \frac{m_0}{m}\alpha. \qquad \square
$$

习题五

1. 设 $X_1, \cdots, X_n$ 为来自均匀分布 $U(0, \theta)$ 的 IID 样本, 其中 $\theta > 0$ 为未知参数, 取检验函数

$$
\phi(\boldsymbol{x}) = \begin{cases} 1, & X_{(n)} \geqslant c, \\ 0, & \text{其他}. \end{cases}
$$

(1) 计算检验 $\phi(\boldsymbol{x})$ 的势函数, 并证明它关于 θ 单增;

(2) 当 c 取何值时, 用 $\phi(\boldsymbol{x})$ 来检验假设 $H_0\colon \theta \leqslant 1/2 \longleftrightarrow H_1\colon \theta > 1/2$ 的显著性水平正好是 0.05?

(3) n 取多大才能使 (2) 中的检验对 $\theta=3/4$ 有势 0.98?

2. 设 X_1,X_2,X_3 为来自 Bernoulli 分布 $b(1,p)$ 的 IID 样本, 对于假设

$$H_0\colon p=\frac{1}{2}\longleftrightarrow H_1\colon p=\frac{3}{4},$$

若取一个检验的拒绝域为

$$W=\{(x_1,x_2,x_3)\colon x_1+x_2+x_3\geqslant 2\},$$

求此检验犯第一、二类错误的概率及 $p=3/4$ 时的势.

3. 设总体 X 的密度函数可取下面的 $f_0(x)$ 或 $f_1(x)$:

$$f_0(x)=\begin{cases}1, & 0\leqslant x\leqslant 1,\\ 0, & 其他,\end{cases}\qquad f_1(x)=\begin{cases}2x, & 0\leqslant x\leqslant 1,\\ 0, & 其他.\end{cases}$$

现基于一个样本 X_1, 考虑如下假设

$$H_0\colon f(x)=f_0(x)\longleftrightarrow H_1\colon f(x)=f_1(x),$$

试在显著性水平 0.1 下, 求出使其犯第二类错误的概率最小的检验法.

4. 设 $X_1,\cdots,X_n$ 为来自 Weibull (韦布尔) 分布的 IID 样本, 其 PDF 为

$$f(x,\lambda)=\lambda c x^{c-1}\exp(-\lambda x^c),\quad x>0,$$

其中 $\lambda>0$ 为未知参数, $c>0$ 为已知参数.

(1) 证明 $\sum\limits_{i=1}^n X_i^c$ 是检验假设 $H_0\colon \dfrac{1}{\lambda}\leqslant\dfrac{1}{\lambda_0}\longleftrightarrow H_1\colon \dfrac{1}{\lambda}>\dfrac{1}{\lambda_0}$ 的一个最优检验统计量;

(2) 若取上述检验的拒绝域为 $W=\left\{\sum\limits_{i=1}^n X_i^c\geqslant k\right\}$, 则当其显著性水平为 α 时, 求临界值 k 及其势函数.

5. 设 $X_1,\cdots,X_n$ 为来自 Poisson 分布 $P(\lambda)$ 的 IID 样本, 试求假设

$$H_0\colon \lambda\geqslant\lambda_0\longleftrightarrow H_1\colon \lambda<\lambda_0\ (\lambda_0已知)$$

的显著性水平为 α 的 UMPT.

6. 设 $X_1,\cdots,X_n$ 为来自均匀分布 $U(0,\theta)$ 的 IID 样本, 试求假设

$$H_0\colon \theta\leqslant\theta_0\longleftrightarrow H_1\colon \theta>\theta_0\ (\theta_0>0已知)$$

的显著性水平为 α 的 UMPT.

7. 设 $X_1,\cdots,X_n$ 为来自正态总体 $N(\mu,1)$ 的 IID 样本, 对于假设

$$H_0\colon \mu\leqslant 0\longleftrightarrow H_1\colon \mu>0,$$

(1) 求显著性水平为 0.025 的 UMPT, 并求出其势函数 $\beta(\mu)$;

(2) 为了使上述检验在 $\mu\geqslant 0.5$ 时的势函数 $\beta(\mu)\geqslant 0.9$, 样本容量 n 应至少取多大?

8. 现从某正态总体中随机抽取 9 个 IID 样本, 测得其均值为 $\overline{x} = 0.4$, 样本标准差为 $s_n = 1.0$. 在显著性水平 0.05 和 0.01 下分别检验假设

(1) $H_0\colon \mu \leqslant 0 \longleftrightarrow H_1\colon \mu > 0$;

(2) $H_0\colon \mu \geqslant 0 \longleftrightarrow H_1\colon \mu < 0$,

并解释检验结果的意义. 如果样本容量增加到 25, 而样本均值与标准差不变, 则再检验上述假设, 并解释结果的意义.

9. 设 $X_1, \cdots, X_n$ 为来自均匀分布 $U(0,\theta)$ 的 IID 样本, 其中 $\theta > 0$ 为参数. 试求假设

(1) $H_0\colon \theta = 1 \longleftrightarrow H_1\colon \theta = 2$;

(2) $H_0\colon \theta = 1 \longleftrightarrow H_1\colon \theta = 1/2$

的显著性水平为 α 的最大功效检验.

10. 证明: 设 $\alpha \in (0,1)$, 且 H_0, H_1 是两个简单假设. 则 ϕ 是假设 $H_0 \longleftrightarrow H_1$ 的显著性水平 α 的 MPT, 且 $\beta = E_{H_1}(\phi(X)) < 1$, 则 $1-\phi$ 是假设 $H_1 \longleftrightarrow H_0$ 的显著性水平为 $1-\beta$ 的 MPT.

11. 设 $X_1, \cdots, X_n$ 为来自 Bernoulli 分布 $b(1,p)$ 的 IID 样本, 试求假设

$$H_0\colon p = 1/2 \longleftrightarrow H_1\colon p < 1/2$$

的显著性水平为 α 的 UMPT.

12. 设 $X_1, \cdots, X_n$ 为来自 Γ 分布 $\Gamma(1,p)$ 的 IID 样本, 试求假设

$$H_0\colon p = p_0 \longleftrightarrow H_1\colon p > p_0$$

的显著性水平为 α 的 UMPT.

13. 设 $X_1, \cdots, X_n$ 为来自 Bernoulli 分布 $b(1,p)$ 的 IID 样本, 试求假设

$$H_0\colon p = p_0 \longleftrightarrow H_1\colon p \neq p_0$$

的显著性水平为 α 的 UMPUT.

14. 设 $X_1, \cdots, X_n$ 是 n 个来自正态总体的相互独立的样本, 且

$$E(X_i) = \begin{cases} \mu_1, & i = 1, \cdots, m, \\ \mu_0, & i = m+1, \cdots, n, \end{cases} \qquad \mathrm{Var}(X_i) = \sigma^2, \quad i = 1, \cdots, n.$$

则关于假设

(1) $H_0\colon \mu_1 \leqslant \mu_0 \longleftrightarrow H_1\colon \mu_1 > \mu_0$;

(2) $H_0\colon \mu_1 = \mu_0 \longleftrightarrow H_1\colon \mu_1 \neq \mu_0$,

存在显著性水平为 α 的 UMPUT, 且分别为

$$\phi_1(x) = \begin{cases} 1, & T(x) > c_1, \\ 0, & 其他, \end{cases} \qquad \phi_2(x) = \begin{cases} 1, & |T(x)| > c_2, \\ 0, & 其他, \end{cases}$$

其中

$$T(x) = \frac{\sqrt{n-m}\sqrt{m}(x_1 - \mu_0)}{\sqrt{\sum\limits_{i=m+1}^{n} (x_i - \mu_0)^2}},$$

且当 $\mu_1=\mu_0$ 时, $T(X)\sim t(n-m)$.

15. 设 $X_1,\cdots,X_n$ 为来自 PDF 为

$$f(x,\sigma)=\begin{cases}\dfrac{\sigma^3}{\sqrt{2\pi}}\sqrt{x}\exp(-\sigma^2x/2), & x>0,\\ 0, & x\leqslant 0\end{cases}$$

的总体的 IID 样本, 其中 $\sigma>0$ 为未知参数. 对于给定的 $0<\sigma_0<\sigma_1$, 试求假设

$$H_0\colon \sigma=\sigma_0\longleftrightarrow H_1\colon \sigma=\sigma_1$$

的序贯概率比检验.

*16. 对于给定的 $\alpha\in(0,1/2)$, 设常数 c 满足: $\dfrac{\alpha}{2(1-\alpha)}<c<\alpha$. 令 $\Theta=\{-1\}\cup[0,1]$, 设样本 X 的概率分布函数 $p(x,\theta)$ 为

X	-2	-1	0	1	2
$\theta=-1$	$\dfrac{\alpha}{2}$	$\dfrac{1}{2}-\alpha$	α	$\dfrac{1}{2}-\alpha$	$\dfrac{\alpha}{2}$
$\theta\neq-1$	$c\theta$	$\dfrac{1-c}{1-\alpha}\left(\dfrac{1}{2}-\alpha\right)$	$\dfrac{1-c}{1-\alpha}\alpha$	$\dfrac{1-c}{1-\alpha}\left(\dfrac{1}{2}-\alpha\right)$	$c(1-\theta)$

(1) 求假设 $H_0\colon\theta=-1\longleftrightarrow H_1\colon\theta\neq-1$ 的显著性水平为 α 的似然比检验;

(2) 证明: 当且仅当 $X=0$ 时拒绝零假设的检验有显著性水平 α, 且无论 θ 取什么值, 它都具有更大的功效 (本题说明似然比检验未必是最大功效的).

17. 令 $X_1,\cdots,X_m$ 和 $Y_1,\cdots,Y_n$ 分别是来自正态总体 $N(\mu_x,\sigma_x^2)$ 和 $N(\mu_y,\sigma_y^2)$ 的 IID 随机变量, 假设 X_i 和 Y_j 是相互独立的.

(1) 当 $\sigma_x=\sigma_y=1$ 时, 求

$$H_0\colon \mu_x\leqslant\mu_y\leftrightarrow H_1\colon \mu_x>\mu_y$$

的显著性水平为 α 的 UMPT;

(2) 当 μ_x 和 μ_y 已知时, 求

$$H_0\colon \sigma_x\leqslant\sigma_y\leftrightarrow H_1\colon \sigma_x>\sigma_y$$

的显著性水平为 α 的 UMPT.

18. 设 $X_1,\cdots,X_n$ 来自均匀分布 $U(\theta,\theta+1),\theta\in\mathbf{R}$, 假设 $n\geqslant 2$.

(1) 求 $X_{(1)}$ 和 $X_{(n)}$ 的联合分布;

(2) 证明假设

$$H_0\colon \theta\leqslant 0\leftrightarrow H_1\colon \theta>0,$$

存在显著性水平为 α 的 UMPT, 且

$$T(X_{(1)},X_{(n)})=\begin{cases}0, & X_{(1)}<1-\alpha^{1/n},\quad X_{(n)}<1,\\ 1, & \text{其他}.\end{cases}$$

19. 假设 F 和 G 为 $\mathbf{R}$ 上已知的累积分布函数, X 是来自分布 $\theta F(x)+(1-\theta)G(x)$ 的一个观测, 这里 $\theta\in[0,1]$ 是未知的.

(1) 求假设

$$H_0\colon \theta\leqslant\theta_0 \leftrightarrow H_1\colon \theta>\theta_0$$

的显著性水平为 α 的 UMPT;

(2) 试证对于假设 $H_0\colon \theta\leqslant\theta_1$ 或 $\theta\geqslant\theta_2 \leftrightarrow H_1\colon \theta_1<\theta<\theta_2$, $T(X)\equiv\alpha$ 是一个显著性水平为 α 的 UMPT.

20. 在上题中, 如果假设为

$$H_0\colon \theta\in[\theta_1,\theta_2] \leftrightarrow H_1\colon \theta\notin[\theta_1,\theta_2],$$

其中 $0<\theta_1\leqslant\theta_2<1$.

(1) 证明: 不存在 UMPT;

(2) 求一个显著性水平为 α 的 UMPUT.

21. 假设 $X_i=\beta_0+\beta_1 t_i+\varepsilon_i$, 其中 t_i 是一些不完全相同的固定的常数, ε_i 是来自正态总体 $N(0,\sigma^2)$ 的 IID 随机变量, 并且 β_0,β_1,σ^2 是未知参数. 对于下列假设, 求一个显著性水平为 α 的 UMPUT.

(1) $H_0\colon \beta_0\leqslant\theta_0 \leftrightarrow H_1\colon \beta_0>\theta_0$;

(2) $H_0\colon \beta_0=\theta_0 \leftrightarrow H_1\colon \beta_0\neq\theta_0$;

(3) $H_0\colon \beta_1\leqslant\theta_0 \leftrightarrow H_1\colon \beta_1>\theta_0$;

(4) $H_0\colon \beta_1=\theta_0 \leftrightarrow H_1\colon \beta_1\neq\theta_0$.

22. 考虑假设 $H_0\colon \theta=\theta_0 \longleftrightarrow H_1\colon \theta=\theta_1$, 其中 $\theta_1\neq\theta_0$. 令 $\alpha\in(0,1)$. 假定 $\phi^*(\boldsymbol{X})$ 为假设 $H_0\longleftrightarrow H_1$ 的大小为 α 的 UMPT 且 $\beta(\theta_1,\phi^*)<1$. 证明 $1-\phi^*(\boldsymbol{X})$ 是假设 $H_1\longleftrightarrow H_0$ 的大小为 $1-\beta(\theta_1,\phi^*)$ 的 UMPT.

23. 设 X_1 与 X_2 独立且服从 $(\theta,\theta+1)$ 上的均匀分布. 为检验 $H_0\colon \theta=0 \longleftrightarrow H_1\colon \theta=1/2$, 考虑拒绝域为 C_1 和 C_2 的两个检验, C_1, C_2 分别为

$$C_1=\{(x_1,x_2)\mid x_1\geqslant 0.95\},$$

$$C_2=\{(x_1,x_2)\mid x_1+x_2\geqslant c\}.$$

(1) 找出 c 的值使得两个检验有相同的显著性水平;

(2) 对于 (1) 中求出的 c, 求 C_1 和 C_2 的功效并加以比较;

(3) 证明如何得到大小相同但比 C_2 更有效的检验.

24. 试证明: FDR $\leqslant$ FWER. 特别地, 当所有零假设都正确时, FDR 等价于 FWER.

25. 证明定理 5.7.3 证明过程中的事实 (1).

26. 在 bioconductor 官网下载得到例 5.7.1 中所提到的淋巴母细胞白血病数据, 包括 79 名参加意大利 GIMEMA 中心临床试验的成人患者的 12 256 个基因的表达水平. 这 79 名患者根据其临床表现被分为两组, 分别有 37 和 42 名患者. 对于每个基因, 我们进行一个假设检验来探究两组患者的差异, 从而得到相应的 p 值.

(1) 令 $\alpha=0.05$, 有多少个 p 值小于 α?

(2) 令 $\alpha=0.05$, 使用 Bonferroni 方法, 将会拒绝多少个零假设?

(3) 令 $\alpha=0.05$, 使用 Holm 方法, 将会拒绝多少个零假设?

(4) 令 $\alpha=0.05$, 使用 BH 方法, 将会拒绝多少个零假设?

27. 在多重检验问题中, 出于很多原因我们会使用到加权法: 例如, (1) 提高功效, (2) 汇总先前关于多个单假设的信息, (3) 表现重要性差异 (某些假设可能比其他假设更重要) 或 (4) 合并其他损失度量. 为了检查加权法, 考虑以下问题. 在这里, 假设有 m 个独立假设 $H_1, \cdots, H_m$ 及所对应检验的 p 值 $p_1, \cdots, p_m$. 通常, 我们假设, 零假设正确的检验所对应的 p 值服从均匀分布.

(1) 给每个假设赋权 $w_i > 0$, 使得 $m^{-1}\sum_{i=1}^{m} w_i = 1$. 现考虑, 当 $p_i/w_i \leqslant \alpha/m$ 时, 拒绝 H_{0i}. 请说明这样的方法可以很强地控制 FWER 不超过 α.

(2) 定义 $p_i^* = p_i/w_i$ 并将所有的 p_i^* 排序. 考虑降级过程, 根据对 p_i^* 的排序, 在第一次出现

$$p_{(i)}^* > \frac{\alpha}{\sum_{j=i}^{m} w_{(j)}}$$

之前, 我们都拒绝 $H_{(i)}$, 在这里 $w_{(i)}$ 为 $p_{(i)}^*$ 所对应的权重. 请说明上述方法可以控制 FWER 不超过 α, 且比 (1) 中的方法做出更多拒绝.

(3) 对于加权控制过程, 一个更概念化的方法如下: 类似之前的做法给每个假设赋权 w_i, 并定义

$$\mathrm{wFDR} = E\left(\frac{\sum_{i=1}^{m} w_i V_i}{\sum_{i=1}^{m} w_i R_i}\right).$$

通常我们有, 当 H_i 错误时, $V_i = 1$; 当 H_i 被拒绝时, $R_i = 1$. 根据 BH 方法, 是否可以提出一种方法, 控制 wFDR 不超过 α?

6

第 6 章

几个常用的分布检验方法

到目前为止, 我们所讨论的估计和检验问题, 均假设总体分布属于某个特定的类型 (如正态分布), 而对其未知参数或某些数字特征 (如期望与方差) 进行的. 一个自然的问题是, 我们怎么知道总体的分布属于某种类型呢? 在许多情况下, 我们均是利用样本来判断总体的分布, 这就是所谓的分布拟合问题.

K. Pearson 于 1900 年发表的关于 χ^2 拟合优度 (goodness-of-fit) 检验的论文, 常被学者们认为是近代数理统计学的发端. 这篇论文对统计学应用中一个常见的重要问题, 即一组随机观测数据可否合理地看成是来自一个分布完全已知的总体, 提出了一个判定准则. 自此之后, 有关拟合优度检验的研究得到了极大的发展, 其中一个很有代表性的结果就是 Kolmogorov 于 20 世纪 30 年代提出的基于经验分布的检验准则. 有关拟合优度检验的详细内容, 请参见杨振海 (1994).

本章主要介绍某些常见的拟合优度检验, 如 χ^2 拟合优度检验, Kolmogorov 检验及几个正态性检验方法.

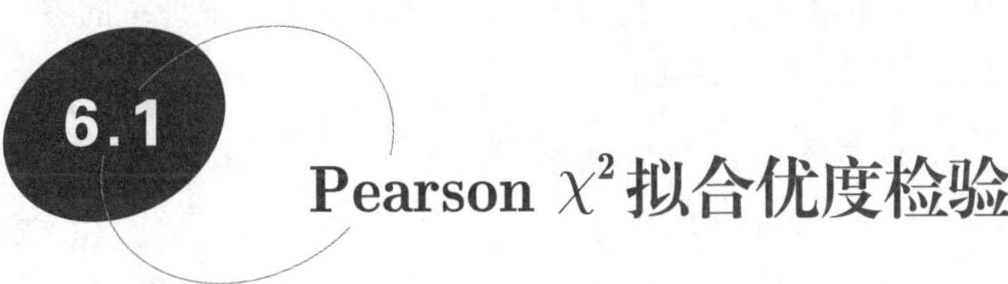

6.1 Pearson χ^2 拟合优度检验

这里要讲述的 Pearson χ^2 拟合优度检验中的 Pearson 并不是前面的 N-P 引理中的 E. Pearson, 而是 K. Pearson.

K. Pearson 提出的 χ^2 拟合优度检验是针对分类数据的检验提出的.

6.1.1 分类数据的 χ^2 拟合优度检验

先看一个在生物中很有名的例子.

例 6.1.1 在 19 世纪, Mendel (孟德尔) 按颜色与形状把豌豆分为四类: 黄圆、青圆、黄皱和青皱. Mendel 在他观测的 556 粒豌豆中, 这四类豌豆的粒数分别为 315,108, 101, 32. 于是, Mendel 判断这四类的比例为 9:3:3:1. 请问这个比例符合遗传规律吗?

这个例子是关于分类数据的检验问题, 它的一般情形为: 根据某项指标, 总体被分成 r 类: $A_1, \cdots, A_r$. 此时我们最关心的是关于各类所占的比例的假设

$$H_0\text{: 第 } i \text{ 类 } A_i \text{ 所占的比例为 } p_i, \quad i=1,\cdots,r, \tag{6.1.1}$$

其中 $\sum_{i=1}^{r} p_i = 1$. 记 $X_1,\cdots,X_n$ 为从此总体抽出的 n 个 IID 样本, 且以 n_i 记这 n 个样本中属于 A_i 的样本个数. 由于当 H_0 成立时, 在 n 个样本中属于 A_i 类的"理论个数"或"期望个数"为 np_i, 而我们实际观测到的值为 n_i, 故当 H_0 成立时, n_i 与 np_i 应相差不大. 于是, K. Pearson 提出用统计量

$$\chi^2 = \sum_{i=1}^{r} \frac{(n_i - np_i)^2}{np_i} \tag{6.1.2}$$

来衡量"理论个数"与实际观测值间的差别, 并且其拒绝域为 $\{\chi^2 \geqslant c\}$.

前面 (4.5.5) 式与这里的统计量 (6.1.2) 有着相同的表达式. 由此可见 K. Pearson 提出 (6.1.2) 式的原因. 当然, 针对此问题, 想到采用检验统计量 $\sum_{i=1}^{r} c_{ni}(n_i - np_i)^2$ 是合理的. 但只有取 $c_{ni} = 1/np_i$ 时, 上述检验统计量的极限分布总存在且形式最简单 (陈希孺 (2009)).

为了控制上述检验犯第一类错误的概率, 必须知道此检验统计量的零分布, 为此, K. Pearson 证明了如下定理.

定理 6.1.1 在 H_0 成立且 p_i 均已知时, 有

$$\chi^2 \xrightarrow{d} \chi^2(r-1). \tag{6.1.3}$$

证明 当 H_0 成立时, 由于 $(n_1,\cdots,n_r)$ 服从如下的多项分布:

$$\frac{n!}{n_1!\cdots n_r!} p_1^{n_1} \cdots p_r^{n_r},$$

于是, 当 $r=2$ 时, $n_1 \sim B(n, p_1)$, 且

$$\chi^2 = \frac{(n_1 - np_1)^2}{np_1} + \frac{(n_2 - np_2)^2}{np_2} = \frac{(n_1 - np_1)^2}{np_1 p_2}.$$

而由中心极限定理可知,

$$\frac{n_1 - np_1}{\sqrt{np_1 p_2}} \xrightarrow{d} N(0,1),$$

故 $\chi^2 \xrightarrow{d} \chi^2(1)$, 即 (6.1.3) 式成立. 下证 $r>2$ 的情形.

当 $r>2$ 时, 令

$$Y_i = \frac{n_i - np_i}{\sqrt{np_i}}, \quad i=1,2,\cdots,r,$$

于是 $\chi^2 = \sum_{i=1}^{r} Y_i^2$.

因为 $\sum_{i=1}^{r} n_i = n$, $\sum_{i=1}^{r} p_i = 1$, 故 $\sum_{i=1}^{r} \sqrt{p_i} Y_i = 0$, 即 $Y_1, Y_2, \cdots, Y_r$ 间并不独立.

由于 $(n_1, \cdots, n_r)$ 的特征函数为

$$
\begin{aligned}
\psi(t_1, \cdots, t_r) &= E \exp(\mathrm{i} t_1 n_1 + \cdots + \mathrm{i} t_r n_r) \\
&= \sum_{n_1 + \cdots + n_r = n} \frac{n!}{n_1! \cdots n_r!} \left(p_1 \mathrm{e}^{\mathrm{i} t_1}\right)^{n_1} \cdots \left(p_r \mathrm{e}^{\mathrm{i} t_r}\right)^{n_r} \\
&= \left(\sum_{k=1}^{r} p_k \mathrm{e}^{\mathrm{i} t_k}\right)^n,
\end{aligned}
$$

所以, $(Y_1, \cdots, Y_r)$ 的特征函数为

$$
\begin{aligned}
\psi_y(t_1, \cdots, t_r) &= E \exp(\mathrm{i} t_1 Y_1 + \cdots + \mathrm{i} t_r Y_r) \\
&= E \exp\left[\mathrm{i} \sum_{k=1}^{r} \frac{t_k (n_k - n p_k)}{\sqrt{n p_k}}\right] \\
&= \exp\left(-\mathrm{i} \sum_{k=1}^{r} t_k \sqrt{n p_k}\right) \left[\sum_{k=1}^{r} p_k \exp\left(\frac{\mathrm{i} t_k}{\sqrt{n p_k}}\right)\right]^n,
\end{aligned}
$$

两边取对数后得到

$$
\ln \psi_y(t_1, \cdots, t_r) = -\mathrm{i} \sum_{k=1}^{r} t_k \sqrt{n p_k} + n \ln \left[\sum_{k=1}^{r} p_k \exp\left(\frac{\mathrm{i} t_k}{\sqrt{n p_k}}\right)\right].
$$

由 Taylor 展开式知,

$$
\begin{aligned}
\mathrm{e}^x &= 1 + x + \frac{x^2}{2} + o(x^2), \\
\ln(1 + x) &= x - \frac{x^2}{2} + o(x^2),
\end{aligned}
$$

故对于充分大的 n, 我们有

$$
\begin{aligned}
\exp\left(\frac{\mathrm{i} t_k}{\sqrt{n p_k}}\right) &= 1 + \frac{\mathrm{i} t_k}{\sqrt{n p_k}} - \frac{t_k^2}{2 n p_k} + o(n^{-1}), \\
\sum_{k=1}^{r} p_k \exp\left(\frac{\mathrm{i} t_k}{\sqrt{n p_k}}\right) &= 1 + \mathrm{i} \sum_{k=1}^{r} \frac{t_k \sqrt{p_k}}{\sqrt{n}} - \frac{1}{2n} \sum_{k=1}^{r} t_k^2 + o(n^{-1}),
\end{aligned}
$$

$$
\ln \left[\sum_{k=1}^{r} p_k \exp\left(\frac{\mathrm{i} t_k}{\sqrt{n p_k}}\right)\right] = \mathrm{i} \sum_{k=1}^{r} \frac{t_k \sqrt{p_k}}{\sqrt{n}} - \frac{1}{2n} \sum_{k=1}^{r} t_k^2 - \frac{1}{2} \left(\mathrm{i} \sum_{k=1}^{r} \frac{t_k \sqrt{p_k}}{\sqrt{n}}\right)^2 + o(n^{-1}),
$$

于是

$$\ln \psi_y(t_1, \cdots, t_r) = -\frac{1}{2}\left[\sum_{k=1}^{r} t_k^2 - \left(\sum_{k=1}^{r} t_k \sqrt{p_k}\right)^2\right] + o(1).$$

作如下的正交变换:

$$\begin{cases} Z_k = \sum_{j=1}^{r} a_{kj} Y_j, \ \ k = 1, 2, \cdots, r-1, \\ Z_r = \sum_{j=1}^{r} \sqrt{p_j} Y_j. \end{cases}$$

若再令

$$\begin{cases} u_k = \sum_{j=1}^{r} a_{kj} t_j, \ \ k = 1, 2, \cdots, r-1, \\ u_r = \sum_{j=1}^{r} \sqrt{p_j} t_j, \end{cases}$$

则知

$$\sum_{j=1}^{r} t_j^2 - \left(\sum_{j=1}^{r} t_j \sqrt{p_j}\right)^2 = \sum_{k=1}^{r-1} u_k^2,$$

于是, 当 $n \to \infty$ 时, $(Z_1, \cdots, Z_r)$ 的特征函数为

$$\lim_{n\to\infty} \psi_z(u_1, \cdots, u_r) = \exp\left(-\frac{1}{2}\sum_{k=1}^{r-1} u_k^2\right),$$

这是 $r-1$ 个独立的标准正态随机变量的特征函数. 由此可以看出, $Z_1, \cdots, Z_{r-1}$ 是 $r-1$ 个独立的标准正态随机变量, Z_r 依概率收敛于 0. 于是可得

$$\chi^2 = \sum_{k=1}^{r} Y_k^2 = \sum_{k=1}^{r} Z_k^2 \xrightarrow{d} \chi^2(r-1). \qquad \square$$

于是, 对于假设 (6.1.1), 我们可以采取如下的显著性水平近似为 α 的显著性检验:

(1) 检验统计量如 (6.1.2) 所示, 即

$$\chi^2 = \sum_{i=1}^{r} \frac{(n_i - np_i)^2}{np_i};$$

(2) 拒绝域为

$$W = \{\chi^2 \geqslant \chi_\alpha^2(r-1)\}. \tag{6.1.4}$$

这就是 K. Pearson 提出的最早的一个检验方法, 称之为 Pearson χ^2 拟合优度检验.

对于例 6.1.1 中的数据, 可以做如下的 χ^2 拟合优度检验. 注意到, 此时

$$n = 556, \quad n_1 = 315, \quad n_2 = 108, \quad n_3 = 101, \quad n_4 = 32,$$

待检验的假设为

$$H_0\colon p_1 = \frac{9}{16}, \quad p_2 = \frac{3}{16}, \quad p_3 = \frac{3}{16}, \quad p_4 = \frac{1}{16}.$$

由于

$$\chi^2 = 0.47 < 7.81 = \chi^2_{0.05}(4-1),$$

故在显著性水平 0.05 下, 我们没有理由拒绝 H_0, 即可以认为 Mendel 的结论是可接受的.

从以上内容可以看出, 对于下面一般的分布假设

$$H_0\colon F(x) \equiv F_0(x), \tag{6.1.5}$$

仍可利用上述的 χ^2 拟合优度检验, 其中 $F_0(x)$ 为一个完全已知的分布函数 (形式及参数均已知).

此时, 我们可以把 $(-\infty, \infty)$ (或样本空间) 分成 r 个互不相交的区间:

$$(-\infty, \infty) = \bigcup_{i=1}^{r} I_i = (-\infty, a_1) \cup [a_1, a_2) \cup \cdots \cup [a_{r-1}, \infty), \tag{6.1.6}$$

且以 n_i 记落在第 i 个区间 I_i 内的样本个数, 再记

$$\begin{aligned}
&p_1 = F(a_1), && p_{10} = F_0(a_1),\\
&p_2 = F(a_2) - F(a_1), && p_{20} = F_0(a_2) - F_0(a_1),\\
&\cdots && \cdots\\
&p_r = 1 - F(a_{r-1}), && p_{r0} = 1 - F_0(a_{r-1}),
\end{aligned}$$

则可以利用统计量

$$\chi^2 = \sum_{i=1}^{r} \frac{(n_i - np_{i0})^2}{np_{i0}} \tag{6.1.7}$$

及定理 6.1.1 的结论来检验假设 (6.1.5).

注 6.1.1 虽然上述的 χ^2 拟合优度检验可以用来检验一般的分布假设 (6.1.5), 但通过上面的分析不难看出, 此时检验的假设仅为

$$H_0\colon p_i = p_{i0},\ i = 1, 2, \cdots, r, \tag{6.1.8}$$

而不是真正想检验的假设 (6.1.5). 显然 (6.1.8) 与 (6.1.5) 有着一定的区别. 如果分点选得不是很好, χ^2 拟合优度检验可能会把两个有一定差别的分布检验为没有区别 (参见图 6.1 给出的两个累积分布函数图).

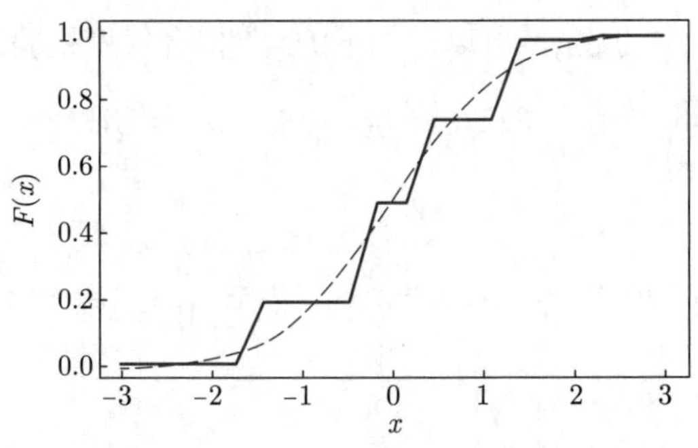

▶ 图 6.1
χ^2 拟合优度检验

注 6.1.2 在一般情形下, 分点的选取应保证落在每个区间内的样本点个数不小于 5, 且总的样本容量不应小于 30.

注 6.1.3 通过上面分析, 我们可以看到, 当 F_0 中含有未知参数时, 上述拟合优度检验无法实施.

6.1.2 带有未知参数的 χ^2 拟合优度检验

在许多实际问题中, 我们感兴趣的假设可能为

$$H_0\colon F(x) \equiv F_0(x;\theta_1,\cdots,\theta_k), \tag{6.1.9}$$

其中 $F_0(x;\theta_1,\cdots,\theta_k)$ 是依赖于 k 个未知参数的形式已知的分布, 如一般的正态分布, 二项分布, Poisson 分布等. 此时, 我们无法计算 (6.1.2) 或 (6.1.7) 式的 χ^2 统计量. K. Pearson 在其 1900 年的论文中注意到了这个问题, 并且认为: 用样本估计未知参数后, 可以得到 $\hat{p}_{i0}$ 的值, 之后可利用统计量

$$\chi^2 = \sum_{i=1}^{r} \frac{(n_i - n\hat{p}_{i0})^2}{n\hat{p}_{i0}} \tag{6.1.10}$$

作为检验统计量, 且当 H_0 成立及 $n \to \infty$ 时, 仍然有 $\chi^2 \xrightarrow{d} \chi^2(r-1)$ 成立.

但是, Fisher 在 20 世纪 20 年代发现了上述结论是错误的. Fisher 指出, 当 H_0 成立时, (6.1.10) 式的 χ^2 统计量在一定条件下有如下的极限零分布

$$\chi^2 = \sum_{i=1}^{r} \frac{(n_i - n\hat{p}_{i0})^2}{n\hat{p}_{i0}} \xrightarrow{d} \chi^2(r-1-k). \tag{6.1.11}$$

这是由于我们估计 k 个参数, 因此损失了相应的 k 个自由度. Fisher 还指出, 并不是所有的参数估计都能满足 (6.1.11) 式的要求, 比如一般情况下的矩估计等, 而 MLE 是近似可行的 (请参见陈希孺 (1997)). 故对于此类问题, 我们将采用 MLE 先估计未知参数, 之后再利用 (6.1.11) 的结论进行检验.

例 6.1.2 现在某地区随机地抽取 1 000 人, 检查其性别与色盲的数据见表 6.1. 按照遗传学规律, 这些数据具有如表 6.2 的规律 (其中 $p+q=1$). 请问这些数据符合遗传学规律吗 ($\alpha=0.05$)?

▶ 表 6.1
性别与色盲数据

	男	女
正常	442	514
色盲	38	6

◀ 表 6.2
性别与色盲模型

	男	女
正常	$p/2$	$p^2/2+pq$
色盲	$q/2$	$q^2/2$

解 对于本问题, 我们所需检验的假设为

$$H_0\colon p_1=\frac{p}{2},\quad p_2=\frac{p^2}{2}+pq=\frac{p(2-p)}{2},\quad p_3=\frac{1-p}{2},\quad p_4=\frac{(1-p)^2}{2},$$

其中参数 p 是未知的, 故需要估计. 由于当 H_0 成立时, 数据 $(442, 514, 38, 6)$ 服从一个多项分布, 故其似然函数为

$$\begin{aligned}L(p) &\propto \left(\frac{p}{2}\right)^{442}\left[\frac{p(2-p)}{2}\right]^{514}\left(\frac{1-p}{2}\right)^{38}\left[\frac{(1-p)^2}{2}\right]^{6}\\ &=\frac{p^{956}(2-p)^{514}(1-p)^{50}}{2^{1\,000}},\end{aligned}$$

于是, 由 $\partial L(p)/\partial p=0$ 可求得 p 的 MLE 为 $\hat{p}=0.91$. 由此可算得 χ^2 的值为

$$\chi^2=\sum_{i=1}^{4}\frac{(n_i-n\hat{p}_i)^2}{n\hat{p}_i}=3.056<5.99=\chi^2_{0.05}(4-1-1),$$

因此, 在显著性水平 0.05 下, 没有理由拒绝 H_0, 即认为此地区的数据符合遗传学规律. □

例 6.1.3 某工厂生产一种滚珠, 现随机地抽取了 50 件产品, 测得其直径 (单位: mm) 为:

15.0	15.8	15.2	15.1	15.9	14.7	14.8	15.5	15.6	15.3
15.1	15.3	15.0	15.6	15.7	15.8	14.5	14.9	14.9	15.2
15.0	15.3	15.6	15.1	14.9	14.2	14.6	15.8	15.2	15.9
15.2	15.0	14.9	14.8	15.1	15.5	15.5	15.1	15.1	15.0
15.3	14.7	14.5	15.5	15.0	14.7	14.6	14.2	14.2	14.5

问: 滚珠直径是否服从正态分布 ($\alpha=0.05$)?

解 设滚珠直径为 X, 其分布函数为 $F(x)$, 现感兴趣的假设为

$$H_0\colon F(x)\in\left\{\Phi\left(\frac{x-\mu}{\sigma}\right):\mu\in\mathbf{R},\ \sigma>0\right\}.$$

对于此问题, 首先由数据求得 μ, σ^2 的 MLE 为 $\hat{\mu}=15.1$, $\hat{\sigma}^2=0.432\,5^2$.

另外, 由于 50 个数据的最小值为 14.2, 最大值为 15.9, 故我们取分点为

$$\begin{aligned}&a_0=14.05,\quad a_1=14.35,\quad a_2=14.65,\quad a_3=14.95,\\&a_4=15.25,\quad a_5=15.55,\quad a_6=15.85,\quad a_7=16.15,\end{aligned}$$

由此, 可利用公式

$$\hat{p}_i=\Phi\left(\frac{a_i-15.1}{0.432\,5}\right)-\Phi\left(\frac{a_{i-1}-15.1}{0.432\,5}\right),\quad i=1,\cdots,7,$$

求得

$$\begin{aligned}&\hat{p}_1=0.041\,4,\quad \hat{p}_2=0.107\,7,\quad \hat{p}_3=0.215\,4,\\&\hat{p}_4=0.271\,0,\quad \hat{p}_5=0.215\,4,\quad \hat{p}_6=0.107\,7,\quad \hat{p}_7=0.041\,4.\end{aligned}$$

由于

$$\chi^2=1.728\,4<9.49=\chi^2_{0.05}(7-1-2),$$

故不能拒绝 H_0. □

综合前面的内容, 我们可以把 χ^2 拟合优度检验统计量概括如下:

$$\chi^2=\sum_{i=1}^{r}\frac{(O_i-E_i)^2}{E_i},\tag{6.1.12}$$

其中 O_i, E_i 分别表示观测值和期望值.

6.2 列联表的独立性检验

比较例 6.1.2 与以前其他例子发现, 例 6.1.2 的数据与众不同. 对于例 6.1.2, 我们有两个指标 (性别、色盲) 对这些数据进行分类, 而其他例子则只有一个指标值. 这样的具有几个分类指标的数据表, 称为列联表 (contingency table). 例 6.1.2 共有两个分类指标, 我们称之为二维列联表. 一般的二维列联表数据如表 6.3 所示.

	B_1	B_2	$\cdots$	B_s	合计
A_1	n_{11}	n_{12}	$\cdots$	n_{1s}	$n_{1\cdot}$
A_2	n_{21}	n_{22}	$\cdots$	n_{2s}	$n_{2\cdot}$
$\vdots$	$\vdots$	$\vdots$		$\vdots$	$\vdots$
A_r	n_{r1}	n_{r2}	$\cdots$	n_{rs}	$n_{r\cdot}$
合计	$n_{\cdot 1}$	$n_{\cdot 2}$	$\cdots$	$n_{\cdot s}$	n

◀ 表 6.3
二维列联表数据

其中 $n_{i\cdot}=\sum\limits_{j=1}^{s} n_{ij}, n_{\cdot j}=\sum\limits_{i=1}^{r} n_{ij}$. 此时, 指标 A, B 分别有 r, s 个水平, 且以 $n_{ij}(i=1,\cdots,r, j=1,\cdots,s)$ 表示在 n 个样本中属于 $A_i \cap B_j$ 的样本个数.

此时我们感兴趣的并不是如在例 6.1.2 中的分布假设, 而是考虑这两个指标之间是否独立, 即如下的假设:

$$H_0\text{: 指标 } A \text{ 与 } B \text{ 独立 }. \tag{6.2.1}$$

若记

$$p_{ij}=P\{X \in A_i \cap B_j\}, \quad i=1,\cdots,r,\ j=1,\cdots,s, \tag{6.2.2}$$

则这 n 个样本可以看成是来自多项分布 X 的样本.

若再记

$$p_{i\cdot}=P\{X \in A_i\}, \quad i=1,\cdots,r, \tag{6.2.3}$$

$$p_{\cdot j}=P\{X \in B_j\}, \quad j=1,\cdots,s, \tag{6.2.4}$$

则有

$$p_{i\cdot}=\sum_{j=1}^{s} p_{ij}, \quad p_{\cdot j}=\sum_{i=1}^{r} p_{ij}. \tag{6.2.5}$$

另外, 我们还要注意到如下两个约束

$$\sum_{i=1}^{r} p_{i\cdot}=\sum_{j=1}^{s} p_{\cdot j}=1. \tag{6.2.6}$$

当 H_0 成立时, 应有 $p_{ij}=p_{i\cdot}p_{\cdot j}$. 于是, (6.2.1) 式的零假设等价于如下假设:

$$H_0\colon p_{ij}=p_{i\cdot}p_{\cdot j}, \quad i=1,\cdots,r,\ j=1,\cdots,s. \tag{6.2.7}$$

由于我们可以把上述列联表数据看作是多项分布的样本, 故可以用 χ^2 拟合优度检验对其独立性假设 (6.2.7) 进行显著性检验. 但我们注意到, 由于 $p_{i\cdot}$ 和 $p_{\cdot j}$ 是未知的, 且有约束 (6.2.6), 故当 H_0 成立时共有 $r+s-2$ 个未知参数. 此时, 其未知参数的最大似然估计为

$$\hat{p}_{i\cdot}=\frac{n_{i\cdot}}{n}, \quad \hat{p}_{\cdot j}=\frac{n_{\cdot j}}{n}, \quad i=1,\cdots,r,\ j=1,\cdots,s.$$

于是, 二维列联表的 χ^2 拟合优度检验统计量为

$$\chi^2 = n\sum_{i=1}^{r}\sum_{j=1}^{s}\frac{\left(n_{ij}-\dfrac{n_{i\cdot}n_{\cdot j}}{n}\right)^2}{n_{i\cdot}n_{\cdot j}}, \tag{6.2.8}$$

且当 H_0 成立及 $n\to\infty$ 时, 有

$$\chi^2 \xrightarrow{d} \chi^2(rs-r-s+2-1) = \chi^2((r-1)(s-1)), \tag{6.2.9}$$

于是, 此检验的显著性水平近似为 α 的拒绝域为

$$\{\chi^2 \geqslant \chi^2_\alpha((r-1)(s-1))\}.$$

对于例 6.1.2 中的数据 (取 $\alpha = 0.01$), 由于 $r = s = 2$, $n = 1\,000$, $\chi^2 = 27.4 > 6.64 = \chi^2_{0.01}(1)$, 故我们有理由拒绝 H_0, 即认为色盲与性别之间存在着显著性的相关关系.

注 6.2.1 当分类指标为连续型随机变量时, 我们仍然可以先用前面的离散化方法对变量离散化后, 再用 χ^2 拟合优度检验对二者的独立性进行检验.

注 6.2.2 当带有未知参数时, K. Pearson 认为与参数已知的极限零分布相同, 而 Fisher 则从 $r = s = 2$ 的特殊列联表情况指出了此错误.

注 6.2.3 我们还可以把上述针对二维列联表的 χ^2 拟合优度检验推广到多维列联表情况, 并且在对列联表数据进行分析时, 也要注意其维数的重要性.

下面考虑三维列联表的独立性检验问题. 假设一个观测包含三个指标: A, B, C, 且分别有 r, s, t 个水平, 且以 n_{ijk} $(i = 1,\cdots,r, j = 1,\cdots,s, k = 1,\cdots,t)$ 表示在 n 个样本中属于 $A_i\cap B_j\cap C_k$ 的样本个数. 此时感兴趣的假设可能有三类: 三个指标相互独立; 一个指标和另两个指标独立; 一个指标给定的条件下, 另两个指标独立. 前两个类似于二维列联表的独立性检验问题, 故从略. 下面考虑第三类检验问题. 假设此时我们感兴趣的假设为

$$H_0\text{: 给定指标 } C \text{ 下, 指标 } A \text{ 与 } B \text{ 独立.} \tag{6.2.10}$$

基于二维统计量的导出方法, 可以得到此时的似然比统计量为

$$\varLambda = \frac{\displaystyle\prod_{i=1}^{r}\prod_{j=1}^{s}\prod_{k=1}^{t}\left(\frac{n_{i\cdot k}n_{\cdot jk}}{nn_{\cdot\cdot k}}\right)^{n_{ijk}}}{\displaystyle\prod_{i=1}^{r}\prod_{j=1}^{s}\prod_{k=1}^{t}\left(\frac{n_{ijk}}{n}\right)^{n_{ijk}}}, \tag{6.2.11}$$

且当 H_0 成立及 $n\to\infty$ 时, 我们有

$$-2\ln\varLambda \xrightarrow{d} \chi^2(t(r-1)(s-1)). \tag{6.2.12}$$

6.3 Kolmogorov 检验

概率论的公理化体系是由 Kolmogorov 于 1933 年提出的.

我们在 6.1 节中讲述的 χ^2 拟合优度检验具有如图 6.1 所示的不足, 而本节讲述的 Kolmogorov 检验则可避免其不足, 也就是说, 本节讲述的 Kolmogorov 检验将可以用来很好地检验形如 (6.1.5) 式的假设.

由于样本经验分布函数 $F_n(x)$ 是 $F(x)$ 的一个很好的估计, 故可知当 (6.1.5) 式的 H_0 成立时, $F_n(x)$ 与 $F_0(x)$ 应相差不大, 于是, 可以用统计量

$$D_n = \sup_x |F_n(x) - F_0(x)| \tag{6.3.1}$$

来衡量 $F(x)$ 与 $F_0(x)$ 间的差别, 且拒绝域为 $\{D_n \geqslant c\}$. 此检验是由 Kolmogorov 于 1933 年提出的, 并给出了 D_n 的极限零分布 (见定理 1.3.3), 于是, 一般称之为 Kolmogorov 检验. 对于 D_n 的精确分布, 请见下面的定理.

定理 6.3.1 如果 $F_0(x)$ 连续, 则当 H_0 成立时, 有

$$P\left\{D_n < \lambda + \frac{1}{2n}\right\}$$
$$= \begin{cases} 0, & \lambda < 0, \\ \displaystyle\int_{\frac{1}{2n}-\lambda}^{\frac{1}{2n}+\lambda} \int_{\frac{3}{2n}-\lambda}^{\frac{3}{2n}+\lambda} \cdots \int_{\frac{2n-1}{2n}-\lambda}^{\frac{2n-1}{2n}+\lambda} f(\boldsymbol{x})\mathrm{d}\boldsymbol{x}, & 0 \leqslant \lambda < \dfrac{2n-1}{2n}, \\ 1, & \lambda \geqslant \dfrac{2n-1}{2n}, \end{cases} \tag{6.3.2}$$

其中 $f(\boldsymbol{x}) = \begin{cases} n!, & 0 < x_1 < \cdots < x_n < 1, \\ 0, & \text{其他}. \end{cases}$

证明见陈希孺 (1981).

虽然定理 6.3.1 及定理 1.3.3 的结论很复杂, 但是已有现成的分位数表可供大家查找.

从 D_n 的定义可以看出, 对于某些连续型分布, Kolmogorov 检验优于 χ^2 拟合优度检验. 但是, 它的计算看起来比较复杂. 然而, 由于 $F(x)$ 及 $F_n(x)$ 均是单增的, 且 $F_n(x)$ 是一阶梯函数, 于是其上确界仅可能在 n 个点 $x_{(i)}$ 处达到, 即 (如果 F_0 连续)

$$D_n = \max_{1 \leqslant i \leqslant n} \left\{ F_0(x_{(i)}) - \frac{i-1}{n}, \frac{i}{n} - F_0(x_{(i)}) \right\}. \tag{6.3.3}$$

如果 $F_0(x)$ 是右连续的, 则 D_n 可以写成如下便于计算的公式:

$$D_n = \max_{1 \leqslant i \leqslant n} \left\{ F_0(x_{(i)} - 0) - \frac{i-1}{n}, \frac{i}{n} - F_0(x_{(i)}) \right\}. \tag{6.3.4}$$

例 6.3.1 问在显著性水平 $\alpha = 0.1$ 下是否可以认为下列 10 个数:

0.437 0.863 0.034 0.964 0.366 0.469 0.637 0.623 0.804 0.261

来自均匀分布 $U(0,1)$?

解 对于此组数据, 为了便于计算, 有表 6.4.

▶ 表 6.4 例 6.3.1 的计算表

i	$x_{(i)}$	$F_0(x_{(i)})$	$\frac{i-1}{n}$	$\frac{i}{n}$	δ_i	i	$x_{(i)}$	$F_0(x_{(i)})$	$\frac{i-1}{n}$	$\frac{i}{n}$	δ_i
1	0.034	0.034	0.0	0.1	0.066	6	0.623	0.623	0.5	0.6	0.123
2	0.261	0.261	0.1	0.2	0.161	7	0.637	0.637	0.6	0.7	0.063
3	0.366	0.366	0.2	0.3	0.166	8	0.804	0.804	0.7	0.8	0.104
4	0.437	0.437	0.3	0.4	0.137	9	0.863	0.863	0.8	0.9	0.063
5	0.469	0.469	0.4	0.5	0.069	10	0.964	0.964	0.9	1.0	0.064

其中 $\delta_i = \max\left\{ F_0(x_{(i)}) - \frac{i-1}{n}, \frac{i}{n} - F_0(x_{(i)}) \right\}$. 从表 6.4 可以看出, 本问题的 Kolmogorov 统计量的值为 $D_n = 0.166 < 0.3688 = D_{0.1}(10)$, 故没有理由拒绝 H_0, 即可以认为这组数是来自 $U(0,1)$ 的样本.

关于前面讲述的两个分布检验方法: χ^2 拟合优度检验与 Kolmogorov 检验, 有如下几点注解:

注 6.3.1 当 $F_0(x)$ 为完全已知的连续型分布时, Kolmogorov 检验优于 χ^2 拟合优度检验. 但如果 $F_0(x)$ 含有未知参数, 则 Kolmogorov 检验无法使用.

注 6.3.2 当 $F_0(x)$ 为含有未知参数的连续型分布时, 若用样本去估计未知参数, 则定理 1.3.3 及定理 6.3.1 的结论均不成立, 故此时无法利用 Kolmogorov 检验, 但 χ^2 拟合优度检验是可以的 (如果 $F_0(x)$ 是正态分布和指数分布的分布函数, 有人给出了 D_n 的分布, 有兴趣的请参见茆诗松, 王玲玲 (1984)).

注 6.3.3 对于两样本分布假设检验问题, 即设 $X_1, \cdots, X_n$ 和 $Y_1, \cdots, Y_m$ 为分别来自总体 F 和 G 的 IID 样本, 且全样本独立, 则可以用统计量

$$D_{mn} = \sup_x |F_n(x) - G_m(x)| \tag{6.3.5}$$

进行分布检验, 且拒绝域为 $\{D_{mn} \geqslant c\}$, 其中 $F_n(x)$, $G_m(x)$ 分别表示总体 X, Y 的经验分布函数. 由于 Smirnov (斯米尔诺夫) 给出了此统计量的极限分布, 故称之为 Smirnov 检验. 由于它是 Kolmogorov 检验的自然推广, 故有的书也称之为 Kolmogorov-Smirnov 检验.

注 6.3.4 Kolmogorov 检验很难处理多维数据的分布检验, 而 χ^2 拟合优度检验则与一维的类似.

注 6.3.5 若取 $F_0(x)$ 为 $U(0,1)$ 的分布函数, 则 Kolmogorov 统计量 D_n 还可作为均匀性的一种度量, 我们称这种度量为偏差 (discrepancy), 而 χ^2 拟合优度检验统计量则不然.

关于分布检验, 还有许多类似于 Kolmogorov 统计量的检验统计量, 如

(1) $\sup\limits_x |w(x)(F_n(x) - F_0(x))|$, 其中 $w(x)$ 为给定的权函数;

(2) Cramér-von Mises 统计量: $C_n = n\displaystyle\int (F_n(x) - F_0(x))^2 \mathrm{d}F(x)$;

(3) Anderson-Darling 统计量: $n\displaystyle\int w(F_0(x))(F_n(x) - F_0(x))^2 \mathrm{d}F(x)$, 其中 $w(t) = [t(1-t)]^{-1/2}$.

关于 Kolmogorov 检验还有许多更深入的结论, 有兴趣的读者请参见 Serfling (1980) 等有关大样本的书籍.

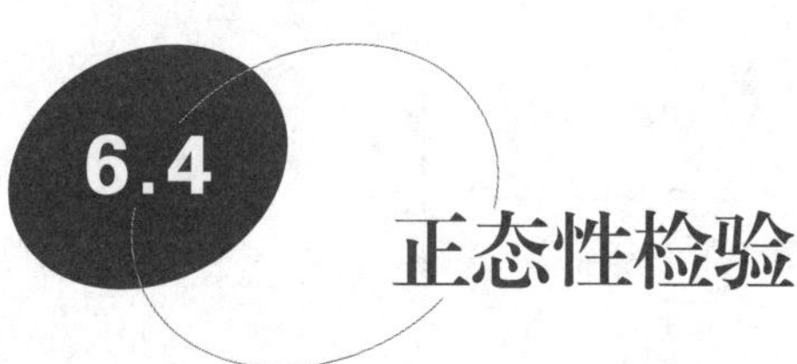

6.4 正态性检验

本节将介绍两种正态分布的常用检验方法. 当然, 关于正态性检验方法现有许多种, 有兴趣的读者请参见梁小筠 (1997). 两个最常用的检验是 Shapiro-Wilk①的 W 检验和 D'Agostino②的 D 检验: 当样本量 $n \leqslant 50$ 时, 用 W 检验; 当样本量 $n > 50$ 时, 用 D 检验.

① Shapiro: 沙皮罗. Wilk: 威尔克.

② D'Agostino: 达戈斯蒂诺.

为了方便, 本节始终假设 $X_1, \cdots, X_n$ 是来自总体为 $F(x)$ 的 IID 样本, 现感兴趣的假设为

$$H_0\colon F(x) \in \left\{\varPhi\left(\frac{x-\mu}{\sigma}\right) : \mu \in \mathbf{R},\ \sigma > 0\right\}. \tag{6.4.1}$$

6.4.1 W 检验

W 检验是 Shapiro 和 Wilk 于 1965 年提出的, 其检验统计量为

$$W=\frac{\left[\sum_{k=1}^{[n/2]}a_k(n)(X_{(n+1-k)}-X_{(k)})\right]^2}{\sum_{i=1}^{n}(X_{(i)}-\overline{X})^2},\tag{6.4.2}$$

其中 $X_{(1)}\leqslant\cdots\leqslant X_{(n)}$ 为次序统计量, $\{a_k(n)\}$ 是一组给定的与 n 有关的常数, 可查表求得.

W 检验的拒绝域为

$$\{W<c\},\tag{6.4.3}$$

其中临界值 c 满足 $P\{W<c|H_0\}=\alpha$.

此检验的理由大致如下:

设 $X_1,\cdots,X_n$ 为来自 $N(\mu,\sigma^2)$ 的 IID 样本, 若记 $Y_i=\dfrac{X_{(i)}-\mu}{\sigma}$, $m_i=E(Y_i)$, $\varepsilon_i=X_{(i)}-E(X_{(i)})$, 则知 m_i 是与 μ,σ 无关的常数, 且有

$$X_{(i)}=\mu+\sigma m_i+\varepsilon_i.\tag{6.4.4}$$

由于当 n 较大时, $X_{(i)}\approx E(X_{(i)})$, 因而 ε_i 较小. 于是 n 个点 $\{(X_{(i)},m_i):i=1,2,\cdots,n\}$ 近似在一条直线上.

为区别这 n 个点是否在一条直线上, 我们可采用下面的 R^2 统计量

$$R^2=\left[\frac{\sum_{i=1}^{n}(X_{(i)}-\overline{X})(m_i-\overline{m})}{\sqrt{\sum_{i=1}^{n}(X_{(i)}-\overline{X})^2\sum_{i=1}^{n}(m_i-\overline{m})^2}}\right]^2,\tag{6.4.5}$$

其中 $\overline{m}=\sum_{i=1}^{n}m_i/n$.

当 H_0 成立, 即 X_i 服从 $N(\mu,\sigma^2)$ 时, (6.4.5) 式的 R^2 应接近 1. 于是, 当 R^2 远离 1 时, 我们有理由拒绝 H_0.

由于 $N(0,1)$ 是对称分布, 所以当 H_0 成立时, $(Y_1,\cdots,Y_n)$ 与 $(-Y_1,\cdots,-Y_n)$ 有相同的联合分布, 从而 Y_k 与 $-Y_{n+1-k}$ 也有相同的分布, 故 $m_k=-m_{n+1-k}$, $\overline{m}=0$. 于是,

$$R^2 = \frac{\left[\sum_{i=1}^{n} X_{(i)} m_i\right]^2}{\sum_{i=1}^{n}(X_{(i)} - \overline{X})^2 \sum_{i=1}^{n} m_i^2} = \frac{\left[\sum_{k=1}^{[n/2]} m_{n+1-k}(X_{(n+1-k)} - X_{(k)})\right]^2}{\sum_{i=1}^{n}(X_{(i)} - \overline{X})^2 \sum_{i=1}^{n} m_i^2}. \tag{6.4.6}$$

若取

$$a_k(n) = \frac{m_{n+1-k}}{\sqrt{\sum_{i=1}^{n} m_i^2}}, \tag{6.4.7}$$

则知 $W = R^2$.

为理解 (6.4.6) 式, 我们定义

$$Q^2 = \sum_{i=1}^{n}(X_{(i)} - \overline{X})^2, \quad \hat{\sigma} = \sum_{i=1}^{n} b_i X_{(i)}, \quad b_i = m_i \Big/ \sum_{i=1}^{n} m_i^2,$$

则 R^2 可以重写成

$$R^2 = \sum_{i=1}^{n} m_i^2 \hat{\sigma}^2 / Q^2.$$

注意到, 无论样本是否正态, Q^2 经修正后都可以成为 σ^2 的一个 UE, 而分子 $\hat{\sigma}$ 是样本的线性函数, 且当 H_0 成立时它是 σ 的 UE, 于是 $\hat{\sigma}^2$ 也可成为 σ^2 的一个估计. 这样, 在正态性假设下, 二者的差别不应很大. 这就是我们采用 R^2 来检验正态性假设的一个直观解释. 为了扩大这个差异, Wilk 和 Shapiro 把上述的 $\hat{\sigma}$ 换为 σ 的 BLUE

$$\hat{\sigma}' = \sum_{i=1}^{n} c_i X_{(i)}, \tag{6.4.8}$$

就得到了 W 检验统计量.

6.4.2 D 检验

W 检验虽有效, 但可惜的是它只适用于容量为 $3 \sim 50$ 的样本, 其主要原因是, 对超过 50 的样本容量 n, 我们很难计算其分位数值. 为此, D′Agostino 提出了 D 检验.

由 W 统计量的定义不难看出, 如果不计常数因子, 它是正态分布的标准差 σ 的 BLUE 与样本标准差的比值的平方, 即关于 σ 的两个估计量的比值的平方. 由于 BLUE 的系数的计算是繁杂的, 且随着样本容量的增加, 这种繁杂性在增加. 于是,随着样本容量的增加, 我们不得不放弃用 BLUE 来构造检验统计量. 这样, D′Agostino 建议, 在样本容量超过 50 时, 用 $\left(i-\dfrac{n+1}{2}\right)$ 来代替 (6.4.8) 式中的 c_i, 即考虑用

$$T=\sum_{i=1}^{n}\left(i-\frac{n+1}{2}\right)X_{(i)}$$

作为 σ 的一个线性无偏估计. 再考虑到 n 的阶, 我们用统计量

$$D_n=\frac{\sum\limits_{i=1}^{n}\left(i-\dfrac{n+1}{2}\right)X_{(i)}}{n^{3/2}\sqrt{\sum\limits_{i=1}^{n}(X_i-\overline{X})^2}}, \tag{6.4.9}$$

作为正态性检验统计量, 当它远离 1 时, 有理由拒绝正态性假设.

可以证明, 当 H_0 成立时, 渐近地有以下结果:

$$E(D_n)=0.282\,094\,79,\quad \sqrt{\mathrm{Var}(D_n)}=0.029\,985\,98/\sqrt{n},$$

故采用如下的标准化随机变量

$$Y_n=\frac{\sqrt{n}(D_n-0.282\,094\,79)}{0.029\,985\,98} \tag{6.4.10}$$

作为检验统计量, 且其拒绝域为

$$\{Y_n<c_1\}\bigcup\{Y_n>c_2\},$$

其中 $c_1<c_2$.

关于 D 检验的分位数现已有表可查.

习题六

1. 请检验下面的 20 个数据是否来自 $N(0,1)$:

−2.4	−2.1	−1.2	−0.7	−0.4	−0.3	−0.2	−0.1	−0.05	−0.02
0.01	0.04	0.15	0.2	0.4	0.8	1.4	2.2	2.8	3.1

2. 在 π 的前 800 位小数的数字中, 0 至 9 十个数字分别出现了 74, 92, 83, 79, 80, 73, 77, 75, 76 和 91 次. 试在显著性水平 0.05 下检验这十个数字出现的可能性相等.

3. 在著名的 Rutherford-Chadwick-Ellis 试验中, 观测了一放射性物质每 1/8 min 内放射的 α 粒子数, 他共观测了 2 612 次, 结果如下:

粒子数	0	1	2	3	4	5	6	7	8	9	10	11
频数	57	203	383	525	532	408	273	139	49	27	10	6

请问在显著性水平 0.1 下, 上述数据是否与 Poisson 分布相符?

4. 设总体分布关于原点对称, 且 $X_1, \cdots, X_n$ 为来自此总体的 IID 样本, $X_{(1)} \leqslant \cdots \leqslant X_{(n)}$ 为次序统计量, 并记

$$E(X_{(i)}) = m_i, \quad \mathrm{Cov}(X_{(i)}, X_{(j)}) = v_{ij}, \quad i, j = 1, \cdots, n.$$

请证明:

(1) $m_i = -m_{n+1-i}$, 且 $\sum\limits_{i=1}^{n} m_i = 0$;

(2) $v_{ij} = v_{n+1-i,n+1-j}$, 且 $\boldsymbol{V} = (v_{ij})$ 不仅关于主对角线对称, 而且还关于副对角线对称.

5. 证明: 当 $n = 3$ 时, 正态性 W 检验的统计量 W 的概率密度函数为

$$\frac{3}{\pi}[w(1-w)]^{-1/2}, \quad 3/4 \leqslant w \leqslant 1.$$

6. 设 $X_{(1)} \leqslant \cdots \leqslant X_{(n)}$ 为来自标准正态总体的次序统计量,

$$T = \sum_{i=1}^{n} \left(i - \frac{n+1}{2}\right) X_{(i)}.$$

证明:

$$E(T) = \frac{n(n-1)}{2\sqrt{\pi}},$$

$$E(T^2) = \frac{n(n-1)}{4} + \frac{n(n-1)(n-2)(n-3)}{4\pi} + \left(\frac{1}{12} + \frac{\sqrt{3}}{2\pi}\right) n(n-1)(n-2).$$

7. 为研究慢性气管炎与每日吸烟量 (单位: 支) 的关系, 现调查了 272 人, 其结果如下:

是否患病	每日吸烟量			合计
	$0 \sim 9$	$10 \sim 19$	$\geqslant 20$	
是	22	98	25	145
否	22	89	16	127
合计	44	187	41	272

请问慢性气管炎与每日的吸烟量有关吗 ($\alpha = 0.05$)?

8. 消费者协会为了解消费者对市场上 5 种矿泉水的偏好, 现随机调查了 1 000 人, 得到如下数据:

品牌	1	2	3	4	5
喜欢的人数	210	212	170	185	223

请问调查结果是否说明消费者对这 5 种品牌的矿泉水存在着不同的偏好 ($\alpha = 0.05$)?

9. 假设 F 为 $\mathbf{R}$ 上的连续分布函数, 记

$$D_n^+(F) = \sup_{x \in \mathbf{R}} [F_n(x) - F(x)], \quad D_n^-(F) = \sup_{x \in \mathbf{R}} [F(x) - F_n(x)].$$

证明: 对于固定的 n,

$$P\{D_n^+(F) \leqslant t\} = \begin{cases} 0, & t \leqslant 0, \\ 1 - t \displaystyle\sum_{j=0}^{\lfloor n(1-t) \rfloor} \mathrm{C}_n^j \left(1 - t - \frac{j}{n}\right)^{n-j} \left(t + \frac{j}{n}\right)^{j-1}, & 0 < t < 1, \\ 1, & t \geqslant 1, \end{cases}$$

且 $D_n^-(F)$ 与 $D_n^+(F)$ 分布相同.

第 7 章

统计模拟

随着计算机的快速发展, 统计计算的作用也越来越大. 同时随着计算速度的提高, 某些复杂问题的计算现在也不再是问题, 于是就产生了一些新的计算方法或算法. 本章将集中讲述随机数的产生方法及某些常用的统计模拟方法. 我们将介绍从某一目标分布 f 中随机抽取变量 $X_1, \cdots, X_n$, 并用模拟方法来估计所感兴趣的量, 如模型的期望值、事件的概率等. 譬如, 前面讲过的 Kolmogorov 统计量

$$D = \sup_{-\infty<x<\infty} |F_n(x) - F_0(x)|,$$

考虑如何通过模拟的方法来获得该检验的近似临界值 ξ_α, $0 < \alpha < 1$. 由极限理论知识可知, 样本分位数 $\widehat{\xi}_\alpha$ 是 ξ_α 的强相合估计, 因此可随机生成 N 次样本容量为 n 的来自 $F_0(x)$ 的样本并对每次模拟生成的样本计算一个 D_i, $i = 1, \cdots, N$. 最后求取 $\{D_1, \cdots, D_N\}$ 的样本分位数, 则得到 ξ_α 的估计值. 这就是一个典型的模拟过程. 之后会详加阐述.

7.1 随机数的产生

在统计模拟中, 首先需要产生各种概率分布的随机数, 如上面例子中来自 $F_0(x)$ 的随机样本. 大多数概率分布的随机数都基于均匀分布 $U(0,1)$ 的随机数而产生. $U(0,1)$ 分布的随机数在大多数统计软件中都有现成的程序可调用, 这里略去关于它的产生方法 (可参见高惠璇 (1995)), 而介绍利用均匀随机数产生其他非均匀随机数的一般方法, 即产生服从各种不同分布随机变量的方法, 我们常把产生各种随机变量的随机数这一过程称为对随机变量进行模拟, 或称为对随机变量进行抽样, 且称产生某个随机变量的随机数的方法为**抽样法**. 一般情况下, n 个独立随机变量可由 n 次重复抽样获得. 另外值得注意的是, 由于我们所应用的多是由计算机程序产生的随机数, 虽然它具有一些随机的特点, 但从严格意义上来讲, 它们不是随机的, 故多称之为伪随机数 (pseudo random numbers).

7.1.1 逆变换法

逆变换法有时也称为**直接抽样法**. 设随机变量 X 的分布函数为 $F(x)$, 定义

$$F^{-1}(y)=\inf\{x: F(x)\geqslant y\},\quad 0\leqslant y\leqslant 1. \tag{7.1.1}$$

则有如下结论: 假设随机变量 U 服从 $(0,1)$ 上的均匀分布, 则 $X=F^{-1}(U)$ 的分布函数为 $F(x)$. 由 (7.1.1) 式和均匀分布的分布函数可得

$$P\{X\leqslant x\}=P\{F^{-1}(U)\leqslant x\}=P\{U\leqslant F(x)\}=F(x).$$

由该结论, 要产生来自 $F(x)$ 的随机数, 只要先产生来自 $U(0,1)$ 的随机数 u, 然后由 (7.1.1) 计算 $F^{-1}(u)$ 即可.

例 7.1.1 设 $X\sim U(a,b)$, 其分布函数为

$$F(x)=\begin{cases}0, & x<a,\\ \dfrac{x-a}{b-a}, & a\leqslant x<b,\\ 1, & x\geqslant b.\end{cases}$$

从而有 $F^{-1}(u)=a+(b-a)u$, $0\leqslant u\leqslant 1$. 若由 $U(0,1)$ 抽得 u, 则 $a+(b-a)u$ 是来自 $U(a,b)$ 的一个随机数.

类似本例, 我们亦可简单地产生概率密度函数为 $\lambda e^{-\lambda x}$ $(x>0)$ 的指数分布随机数.

例 7.1.2 设 $X_1,\cdots,X_n$ 是来自 $F(x)$ 的一个样本, $Y_1=\min\{X_1,\cdots,X_n\}$, 我们想要产生 Y_1 的随机数.

解 自然地, 这可以通过产生 n 个来自 $F(x)$ 的独立随机变量并求最小值来得到, 但是没必要这样做. 我们知道,

$$F_{Y_1}(y)=1-[1-F(y)]^n\equiv G(y),$$

则易得

$$Y_1=G^{-1}(U)=F^{-1}(1-(1-U)^{1/n}).$$

应用逆变换法, 则可直接产生来自 $G(y)$ 的随机数. □

基于 (7.1.1) 定义的逆变换法对于生成离散型分布的随机变量依然是有效的. 设 ξ 为一离散变量, 其概率分布为 $P\{\xi=x_i\}=p_i$, $i=1,2,\cdots$. 不妨假设 $x_1<x_2<\cdots$. 记 ξ 的分布函数为

$$F(x)=P\{\xi\leqslant x\}=\sum_{x_i\leqslant x}p_i.$$

则根据逆变换法, 产生离散型分布 $F(x)$ 的随机数如下: 首先产生 $(0,1)$ 内的均匀随机数 u, 取 $\xi=x_i$, 若 $F(x_{i-1})<u\leqslant F(x_i)$, $i=2,3,\cdots$; 取 $\xi=x_1$, 若 $u<F(x_1)$, 则不难看出 $\xi\sim F(x)$.

例 7.1.3 设 $\xi\sim B(n,p)$, 考虑生成其随机数.

解 两种最直接的方法是:

(1) 将 ξ 表示为 n 个 Bernoulli 分布变量的独立和. 因此, 可以先产生 n 个 $b(1,p)$ 分布的随机数, 然后相加即可得到一个 $B(n,p)$ 的随机数. 即, 先产生 n 个 $U(0,1)$ 分布的随机数 $u_1,\cdots,u_n$; 计算 $x_i=I\{u_i\leqslant p\}$, $i=1,\cdots,n$; 计算 $\sum\limits_{i=1}^{n}x_i$.

(2) 直接应用逆变换, 生成 $U(0,1)$ 分布的随机数 u, 若

$$\sum_{i=0}^{k-1}\mathrm{C}_n^i p^i(1-p)^{n-i}<u\leqslant\sum_{i=0}^{k}\mathrm{C}_n^i p^i(1-p)^{n-i},$$

则 $\xi=k$. 事实上, 第二种方法还可以如下更简便地进行操作:

(1) 生成 $U(0,1)$ 分布的随机数 u;

(2) 初始化: 令 $i=0$, $c=p/(1-p)$, $a=(1-p)^n$, 并置 $F=a$;

(3) 若 $u<F$, 令 $X=i$, 停止;

(4) 否则, 令 $a=[c(n-i)/(i+1)]a$, $F=F+a$, $i=i+1$, 然后转 (3). □

例 7.1.4 生成离散型均匀分布随机数, 即随机变量 ξ 的概率分布为

$$P\{\xi=k\}=\frac{1}{n}\quad(k=1,2,\cdots,n).$$

解 这时使用逆变换法不需要像在前例中那样进行搜索. 事实上, 当 $\dfrac{j-1}{n}<u\leqslant\dfrac{j}{n}$ 时, 取 $\xi=j$. 即 $j-1<nu\leqslant j$ 时, $\xi=j$, 等价地, 取 $\xi=[nu]$ 即可. □

直接抽样法是一个常用的方法, 对连续型和离散型随机变量均有效. 对于连续型随机变量, 应用该法必须求得其分布函数的反函数, 但很多分布函数的反函数不能用初等函数表给出, 如常用的正态分布、t 分布以及 Γ 分布等. 抽样分布不能精确表出时, 我们当然可以用前面介绍的数值求根法求解方程 $u=F(\xi)$, 得到 ξ 的随机数. 但这样显然效率很低, 下面再介绍几种其他的一般抽样方法.

7.1.2 筛选抽样法

假设要从 $f(x)$ 中抽样, 如果 $f(x)$ 可以表示成 $f(x) = ch(x)g(x)$, 其中 $h(x)$ 是一个概率密度函数且易于抽样, 而 $0 \leqslant g(x) \leqslant 1$, $c \geqslant 1$ 是常数, 则 X 的抽样可如下进行:

(1) 由 $U(0,1)$ 抽取 u, 由 $h(y)$ 抽取 Y;

(2) 若 $u \leqslant g(Y)$, 则 $X = Y$, 停止;

(3) 若 $u > g(Y)$, 回到 (1).

我们称由上式表示的方法为**筛选抽样法** (acceptance-rejection sampling technique). 筛选抽样法不是对所产生的随机数都录用, 而是建立一个检验条件, 利用这一检验条件进行筛选, 得到所需的随机数. 由于其很灵活、计算简单且使用方便, 得到了非常广泛的应用. 其理论依据如下: 假设 u 和 Y 分别服从 $U(0,1)$ 和 $h(y)$, 则在 $u \leqslant g(Y)$ 的条件下, Y 的概率密度函数为

$$p_Y(x|u \leqslant g(Y)) = f(x).$$

该结论可如下简单地证明得到: 由 Bayes 公式且注意到 $1/c = \int g(x)h(x)\mathrm{d}x$, 有

$$\begin{aligned}
P\{X \leqslant z\} &= P\{Y \leqslant z|u \leqslant g(Y)\} \\
&= \frac{P\{Y \leqslant z, u \leqslant g(Y)\}}{P\{u \leqslant g(Y)\}} = \frac{\displaystyle\int_{-\infty}^{z}\int_{-\infty}^{g(y)} f_U(x)h(y)\mathrm{d}x\mathrm{d}y}{\displaystyle\int_{-\infty}^{\infty}\int_{-\infty}^{g(y)} f_U(x)h(y)\mathrm{d}x\mathrm{d}y} \\
&= \frac{\displaystyle\int_{-\infty}^{z}\int_{-\infty}^{g(y)} h(y)\mathrm{d}x\mathrm{d}y}{\displaystyle\int_{-\infty}^{\infty}\int_{-\infty}^{g(y)} h(y)\mathrm{d}x\mathrm{d}y} = \frac{\displaystyle\int_{-\infty}^{z} g(y)h(y)\mathrm{d}y}{\displaystyle\int_{-\infty}^{\infty} g(y)h(y)\mathrm{d}y} \\
&= \int_{-\infty}^{z} cg(y)h(y)\mathrm{d}y = \int_{-\infty}^{z} f(y)\mathrm{d}y.
\end{aligned}$$

应该指出, 筛选抽样法有两点很重要. 一方面, $h(x)$ 易于抽样; 另一方面, 我们不能保证抽几次可以得到一个 $f(x)$ 的随机数. 这方面涉及抽样法效率问题, 也就是说平均抽几次可得到一个随机数, 在这里不作详细讨论.

选取 $h(x)$ 有多种方法. 一种直观的方法是: 如果存在一个函数 $M(x)$, 满足 $f(x) \leqslant M(x)$, 且 $c = \int M(x)\mathrm{d}x < \infty$, 令 $h(x) = M(x)/c$, 则 $f(x) = ch(x)f(x)/M(x)$. 如果 $h(x)$ 易于抽样, 则有如下筛选抽样法:

(1) 由 $U(0,1)$ 抽取 u, 由 $h(Y)$ 抽取 y;

(2) 若 $u \leqslant f(Y)/M(Y)$, 则 $X=Y$, 停止;

(3) 若 $u > f(Y)/M(Y)$, 回到 (1).

该种方法, 对 X 的取值空间有限时特别简单有效, 这时总可取 h 为均匀分布. 比如, $X \sim f(x)$, $-\infty < a \leqslant x \leqslant b < \infty$, 并设 $M = \sup f(x)$ 存在, 则可取 $h(x) = 1/(b-a)$, $c = M(b-a)$, $g(x) = f(x)/M$, 上面的筛选抽样法简化为

(1) 由 $U(0,1)$ 抽取 u_1 和 u_2;

(2) 计算 $Y = a + u_2(b-a)$;

(3) 若 $u_1 \leqslant g(Y) = f(a+u_2(b-a))/M$, 则 $X=Y$, 停止;

(4) 若 $u_1 > g(Y)$, 回到 (1).

例 7.1.5 生成参数为 (a,b) 的 β 分布的随机数, 即

$$X \sim f(x) = \frac{1}{\beta(a,b)} x^{a-1}(1-x)^{b-1}, \quad 0 \leqslant x \leqslant 1.$$

解 不难得到, 当 $x = \dfrac{a-1}{a+b-2}$ 时, $f(x)$ 取最大值 D:

$$D = \frac{1}{\beta(a,b)} \left(\frac{a-1}{a+b-2}\right)^{a-1} \left(\frac{b-1}{a+b-2}\right)^{b-1}.$$

由筛选抽样法可得到抽样过程如下:

(1) 由 $U(0,1)$ 抽取 u_1 和 u_2;

(2) 如果 $u_2 \leqslant f(u_1)/D$, 则 $X = u_1$, 否则转到 (1). □

例 7.1.6 生成尺度参数为 1 的 Γ 分布的随机数, 即

$$X \sim f(x) = \frac{1}{\Gamma(\alpha)} x^{\alpha-1} \mathrm{e}^{-x}, \quad x > 0,\ 0 < \alpha < 1.$$

解 注意到

$$\frac{1}{\Gamma(\alpha)} x^{\alpha-1}\mathrm{e}^{-x} \leqslant M(x) = \begin{cases} x^{\alpha-1}/\Gamma(\alpha), & 0 < x \leqslant 1, \\ \mathrm{e}^{-x}/\Gamma(\alpha), & x > 1. \end{cases}$$

因为 $c = \displaystyle\int_0^\infty M(x)\mathrm{d}x = \frac{1/\alpha + 1/\mathrm{e}}{\Gamma(\alpha)} < \infty$, 取

$$h(x) = \begin{cases} \dfrac{x^{\alpha-1}}{1/\alpha + 1/\mathrm{e}}, & 0 < x \leqslant 1, \\ \dfrac{\mathrm{e}^{-x}}{1/\alpha+1/\mathrm{e}}, & x > 1. \end{cases}$$

$$g(x) = \begin{cases} \mathrm{e}^{-x}, & 0 < x \leqslant 1, \\ x^{\alpha-1}, & x > 1. \end{cases}$$

于是, 该分布的随机数可如下生成:

(1) 由 $U(0,1)$ 抽取 u;

(2) 用逆变换法由 $h(y)$ 抽取 Y;

(3) 当 $Y \in (0,1]$ 时, 如果 $u \leqslant \mathrm{e}^{-Y}$, 则 $X=Y$, 否则转到 (1);

(4) 当 $Y>1$ 时, 如果 $u \leqslant Y^{\alpha-1}$, 则 $X=Y$, 否则转到 (1). □

例 7.1.7 生成半正态分布的随机数, 即

$$f(x)=\begin{cases}\sqrt{\dfrac{2}{\pi}}\mathrm{e}^{-\frac{x^2}{2}}, & x \geqslant 0,\\ 0, & x<0.\end{cases}$$

解 注意到

$$\begin{aligned} f(x)&=\sqrt{\frac{2}{\pi}}\mathrm{e}^{-\frac{x^2}{2}}=\sqrt{\frac{2\mathrm{e}}{\pi}}\mathrm{e}^{-x}\mathrm{e}^{-\frac{(x-1)^2}{2}}\\ &\equiv ch(x)g(x),\end{aligned}$$

其中 $h(x)=\mathrm{e}^{-x}\ (x>0)$ 为指数分布的概率密度函数; $g(x)=\mathrm{e}^{-\frac{(x-1)^2}{2}}$ 的值域包含于 $(0,1]$; $c=\sqrt{\dfrac{2\mathrm{e}}{\pi}}>1$. 注意检验条件为

$$u \leqslant g(y)=\mathrm{e}^{-\frac{(y-1)^2}{2}} \Longleftrightarrow -\ln u \geqslant \frac{(y-1)^2}{2}.$$

于是, 该分布的随机数可如下生成:

(1) 由 $U(0,1)$ 抽取 u_1 和 u_2;

(2) 计算 $Y=-\ln u_2$. 如果 $-\ln u_1 \geqslant \dfrac{(Y-1)^2}{2}$, 则令 $X=Y$, 否则转到 (1). □

7.1.3 复合抽样法

该方法一般也称为合成法. 如果 X 的概率密度函数 $f(x)$ 难于抽样, 而 X 关于 Y 的条件密度函数 $p(x|y)$ 以及 Y 的概率密度函数 $g(y)$ 均易于抽样, 则可如下产生 X 的随机数:

(1) 由 Y 的分布 $g(y)$ 抽取 Y_i;

(2) 由条件分布 $p(x|y_i)$ 抽取 X_i.

不难证明 (习题第七章第 1 题), 由上所得的 X_i 服从 $f(x)$.

例 7.1.8 设 X 的概率密度函数为 $f(x)=\sum_{i=1}^{n}\alpha_i f_i(x)$, 其中 $\alpha_i>0$, $\sum_{i=1}^{n}\alpha_i=1$, $f_i(x)$ 是概率密度函数.

解 令 $\alpha_0=0$, 由合成法, X 的随机数可以如下抽取:

(1) 由 $U(0,1)$ 抽取 u;

(2) 确定 k, 使得 $\sum_{i=0}^{k-1}\alpha_i<u\leqslant\sum_{i=0}^{k}\alpha_i$;

(3) 由 $f_k(x)$ 抽取 X.

例如, $f(x)=(1+2x)/6$, $0<x<2$, 其分布函数为

$$F(x)=\begin{cases}0, & x\leqslant 0,\\ \dfrac{x+x^2}{6}, & 0<x<2,\\ 1, & x\geqslant 2,\end{cases}$$

若用逆变换法, 需解方程; 考虑合成法, 将 $f(x)$ 分解, $f_1(x)=1/2$, $f_2(x)=x/2$, $0<x<2$, $\alpha_1=1/3$, $\alpha_2=2/3$, 由合成法, 结合逆变换法, 可给出具体抽样步骤为

(1) 由 $U(0,1)$ 抽取 u_1 和 u_2;

(2) 计算 $X=\begin{cases}2u_2, & u_1\leqslant 1/3,\\ 2\sqrt{u_2}, & u_1>1/3.\end{cases}$ □

7.1.4 随机向量的抽样法

在用 Monte Carlo 方法等解决应用问题时, 随机向量的抽样也是经常用到的. 若随机向量各分量相互独立, 则它等价于多个一元随机变量的抽样. 因此, 下面我们讨论非独立随机向量的抽样.

设 $X_1,\cdots,X_k$ 的概率密度函数为

$$f(x_1,\cdots,x_k)=f_1(x_1)f_2(x_2|x_1)\cdots f_k(x_k|x_1,\cdots,x_{k-1}), \tag{7.1.2}$$

其中 $f_1(x_1)$ 为 X_1 的边际密度函数, $f_i(x_i|x_1,\cdots,x_{i-1})$ 为给定 $X_1,\cdots,X_{i-1}$ 下 X_i 的条件密度函数. 由此, 随机向量 $(X_1,\cdots,X_k)$ 可如下产生:

(1) 产生 $X_1\sim f_1(x_1)$;

(2) 以 X_1 为参数, 产生 $X_2\sim f_2(x_2|x_1)$;

(3) 以此类推, 产生 X_i, 最后输出向量 $(X_1,\cdots,X_k)$.

但注意到, 由于 (7.1.2) 的表示不唯一, 而不同的表示有可能得到不同的解, 故在应用时要多加注意. 下面看一个例子.

例 7.1.9 设 X_1, X_2 的联合密度函数为

$$f(x_1,x_2)=\begin{cases}6x_1, & x_1+x_2\leqslant 1, x_1\geqslant 0, x_2\geqslant 0,\\ 0, & \text{其他}.\end{cases}$$

试求随机向量 (X_1,X_2) 的随机数.

解 如果将 $f(x_1,x_2)$ 写成 $f_1(x_1)f_2(x_2|x_1)$ 的形式, 而 X_1 的边际密度函数为

$$f_1(x_1)=\int_0^{1-x_1} f(x_1,x_2)\mathrm{d}x_2=6x_1(1-x_1),\quad 0\leqslant x_1\leqslant 1,$$

而给定 $X_1=x_1$ 下 X_2 的条件密度函数为

$$f_2(x_2|x_1)=\frac{f(x_1,x_2)}{f_1(x_1)}=\frac{1}{1-x_1},\quad 0\leqslant x_2\leqslant 1-x_1,$$

相应的边际分布函数和条件分布函数分别为

$$F_1(x_1)=\int_0^{x_1} f_1(t)\mathrm{d}t=3x_1^2-2x_1^3,\quad 0\leqslant x_1\leqslant 1,$$

$$F_2(x_2|x_1)=\int_0^{x_2} f_2(t|x_1)\mathrm{d}t=x_2(1-x_1)^{-1},\quad 0\leqslant x_2\leqslant 1-x_1.$$

于是所求的随机数由方程

$$3X_1^2-2X_1^3=U_1,$$
$$X_2(1-X_1)^{-1}=U_2$$

来决定.

如果将 $f(x_1,x_2)$ 写成 $f_2(x_2)f_1(x_1|x_2)$ 的形式, 其中

$$f_2(x_2)=\int_0^{1-x_2} f(x_1,x_2)\mathrm{d}x_1=3(1-x_2)^2,\quad 0\leqslant x_2\leqslant 1,$$

$$f_1(x_1|x_2)=\frac{f(x_1,x_2)}{f_2(x_2)}=2x_1(1-x_2)^{-2},\quad 0\leqslant x_1\leqslant 1-x_2.$$

相应的边际分布函数和条件分布函数分别为

$$F_2(x_2)=\int_0^{x_2} f_2(t)\mathrm{d}t=1-(1-x_2)^3,\quad 0\leqslant x_2\leqslant 1,$$

$$F_1(x_1|x_2)=\int_0^{x_1} f_1(t|x_2)\mathrm{d}t=x_1^2(1-x_2)^{-2},\quad 0\leqslant x_1\leqslant 1-x_2.$$

于是所求的随机数由下述方程决定:

$$1-(1-X_2)^3=U_1,$$
$$X_1^2(1-X_2)^{-2}=U_2.$$

比较以上两种方法, 显然, 第二种方法要简单, 并且可以得到如下的显式解:

$$X_2=1-(1-U_1)^{1/3},\quad X_1=(1-U_1)^{1/3}U_2^{1/2}. \qquad \square$$

最后, 对于常用的多维正态分布, 举例详述如下.

例 7.1.10 生成 $\boldsymbol{X}=(X_1,\cdots,X_k)^{\mathrm{T}}$ 服从多元正态分布 $N_k(\boldsymbol{\mu},\boldsymbol{\Sigma})$. 由于 $\boldsymbol{\Sigma}$ 是正定矩阵, 故可作 Cholesky (楚列斯基) 分解, 即, 存在下三角形矩阵 $\boldsymbol{C}$ 使得 $\boldsymbol{\Sigma}=\boldsymbol{C}\boldsymbol{C}^{\mathrm{T}}$. 显然若生成 $\boldsymbol{Z}=(Z_1,\cdots,Z_k)^{\mathrm{T}}\sim N_k(\boldsymbol{0},\boldsymbol{I}_k)$, 则可得 $\boldsymbol{X}=\boldsymbol{C}\boldsymbol{Z}+\boldsymbol{\mu}\sim N_k(\boldsymbol{\mu},\boldsymbol{\Sigma})$. 在 R 软件中我们可方便地使用 chol ($\boldsymbol{\Sigma}$) 以获得 Cholesky 分解.

例 7.1.11 生成 $\boldsymbol{T}=(T_1,\cdots,T_k)^{\mathrm{T}}$ 服从多元 t 分布. 假设 $\boldsymbol{X}\sim N_k(\boldsymbol{0},\boldsymbol{\Sigma})$, 且 S 服从自由度为 v 的 χ^2 分布, 即 $\chi^2(v)$, 且 S 与 $\boldsymbol{X}$ 独立. 则多元 t 分布 $T(\boldsymbol{\mu},\boldsymbol{\Sigma},v)$ 的定义为

$$\boldsymbol{T}_v=\frac{\boldsymbol{X}}{\sqrt{S/v}}+\boldsymbol{\mu},$$

其位置向量为 $\boldsymbol{\mu}$, 尺度矩阵为 $\boldsymbol{\Sigma}$, 自由度为 v. 同一元时类似, 当 v 较小时, 该分布具有较厚的尾部, 通常可以利用这一分布对 $\boldsymbol{\mu}$ 和 $\boldsymbol{\Sigma}$ 进行稳健估计. 我们可通过分别独立地生成 $\boldsymbol{X}$ 和 S 来产生该分布的随机向量.

7.2 随机模拟计算

掌握了随机数的产生方法, 则可以利用随机数进行模拟计算了. 统计模拟在许多方面都有应用, 我们在这里仅是作一简单介绍. 模拟即是指把某一现实的或抽象的系统的某种特征或部分状态, 用另一系统 (称为模拟模型) 来代替或模仿. 由于模拟方法是利用随机数进行模拟计算, 故此方法称为随机模拟方

法，也称为计算机模拟方法. 该方法最早被物理学家 J. V. Neumann (冯・诺伊曼) 所使用，其以著名赌城 Monte Carlo 来命名这种方法，沿用至今. 最早的随机模拟方法的想法实际上可以追溯到我们所熟知的 Buffon (比丰) 试验问题：在 1777 年，法国学者 Buffon 提出用试验方法求圆周率 π 的值，其原理如下：假设平面上有无数条距离为 1 的等矩平行线，现向该平面随机地投掷一根长度为 l ($l \leqslant 1$) 的针，则我们可以计算该针与任一平行线相交的概率. 此处随机投掷可以这样理解：针的中心点与最近的平行线间的距离 x 均匀地分布在区间 [0,1/2] 上，针与平行线的夹角 h (不管相交与否) 均匀地分布在区间 $[0, \pi]$ 上. 于是，针与线相交的充要条件是 $\dfrac{x}{\sin\psi} \leqslant \dfrac{l}{2}$，从而针线相交概率为

$$p = P\left\{X \leqslant \frac{l}{2}\sin\psi\right\} = \int_0^{\pi}\int_0^{\frac{l}{2}\sin\psi} \frac{2}{\pi}\mathrm{d}x\mathrm{d}\psi = \frac{2l}{\pi}.$$

由此可见，针与线相交的概率与 π 有关. 如果向这样的平行线上投掷大量的针，则大数定律告诉我们，可用其相交的频率来估计概率，从而得到 π 的估计值，历史上曾有几位学者做过这样的试验，其结果见表 7.1.

试验者	时间	针长 l	投针次数	相交次数	π 估计值
Wolf	1850 年	0.80	5 000	2 532	3.159 56
Smith	1855 年	0.60	3 204	1 218.5	3.155 35
Fox	1884 年	0.75	1 030	489	3.159 51
Lazzarini	1925 年	0.83	3 408	1 808	3.141 592 92

▶ 表 7.1
Buffon 试验的结果

从表 7.1 可以看出，其精度不是很高，原因是试验次数不够 (为达到指定的精度，可以用中心极限定理估计出需要的样本容量). 虽然上述投针试验在实际中不易大量实施，但如果利用计算机，则可以很容易做到关于 π 的精确估计.

下面主要介绍如何使用 Monte Carlo 方法来求解确定性问题. 这里先来回顾一下本章开始时介绍的一个使用随机模拟的方法来计算临界值的例子，在前面的描述中，我们试图通过模拟来获取近似的临界值，事实上，我们可以直接通过模拟来作检验.

例 7.2.1 (Monte Carlo 检验) 对于 Kolmogorov-Smirnov 检验

$$D = \sup_{-\infty<x<\infty} |F_n(x) - F_0(x)|.$$

我们考虑如何能够通过模拟的方法来构造近似的检验. 这就是所谓的 Monte Carlo 检验.

解 具体步骤为

(1) 随机生成 N 个样本容量为 n 的来自 $F_0(x)$ 的样本；

(2) 对每次模拟生成的样本计算一个 $D_i, i = 1, \cdots, N$；

(3) 用 $\{D_i\}_{i=1}^N$ 的经验分布函数来近似检验统计量的分布函数, 因此求检验的 p 值或拒绝域都可通过该经验分布函数来获得.

比如, 估计 p 值, 假设 r 是 $\{D_i\}_{i=1}^N$ 大于观测值 D^* 的个数, 则 r/N 就是 p 值的一无偏估计; 如果估计拒绝域, 即显著性水平为 α 的临界点, 则为 $D_{([N(1-\alpha)])}$, 其中 $D_{(i)}$ 为样本 $\{D_i\}_{i=1}^N$ 的第 i 个次序统计量. □

例 7.2.2 (质量控制) 考虑一个逐个生产产品的过程, 并假设这些产品的质量指标是可测量的. 当过程处于"可控"状态时, 这些测量值 (适当标准化后) 来自标准正态分布. 进一步假设当过程处于"失控"状态时, 这些值的分布从标准正态分布变成其他分布. 为了帮助监测过程何时进入"失控"状态, 指数加权移动平均控制图是一种经常使用的方法. 设 $X_1, X_2, \cdots$ 是一列观测值, 对确定的值 λ, $0 < \lambda < 1$, 定义序列 $S_n, n \geqslant 0$, 如下:

$$S_0 = 0,$$
$$S_n = (1-\lambda)S_{n-1} + \lambda X_n, \quad n \geqslant 1.$$

由于过程处于可控状态时, 所有的 X_n 的均值都是 0, 因此, 容易证明, 在此条件下, 指数加权移动平均值 S_n 的均值也是 0. 对于给定的 λ 值, 由指数加权移动平均控制图规则确定一个常数 B, 当 $|S_n|$ 超过 B 时, 认为过程"失控". 也就是说, 过程失控的时刻

$$N = \min\{n : |S_n| > B\}$$

是随机的. 很明显, 即使过程仍在正常运行状态 (也就是说即使产生的数据仍是服从标准正态分布的数据),$|S_n|$ 也有可能超过 B, 即认为过程失控. 于是, 为了确保这种情况不经常发生, 需要慎重地选取 λ 和 B 的值, 使得当 $X_n, n \geqslant 1$ 确实是来自标准正态分布时, $E(N)$ 的值较大. 在过程可控的条件下, 假设 800 作为 $E(N)$ 的值是可以接受的. 进一步假设, 若取 $\lambda = 0.1$ 和 $B = 0.8$, 则可使 $E(N)$ 的值大致是 800. 我们如何检验这一假设?

解 检验上述结论的一个方法就是进行统计模拟. 即产生服从标准正态分布的随机变量 $X_n, n \geqslant 1$, 直到 $|S_n|$ 的值超过 0.8 (在 $|S_n|$ 的定义中取 $\lambda = 0.1$). 如果用 N_1 表示直到 $|S_n|$ 的值超过 0.8 时已产生的服从正态分布的数据的个数, 则对于第一次模拟, 得到输出变量 N_1; 我们可以接着进行模拟, 则所有模拟的输出数据的平均值就是 $E(N)$ 的估计. 同理, 关于 N 的分布的其他信息亦可通过这样的模拟得到, 比如分位数、方差等; 反之, 假如我们想要知道的是 B 等于多少, 则 $E(N)$ 能够近似等于 800? 这时可以将其看为一个求方程根的问题, 即 $E(N)$ 是一个关于 B 的函数, 不妨记为 $g(B)$, 需要求解 $g(B) - 800 = 0$. 注意这里 $g(\cdot)$ 是需要通过上面类似的模拟来进行求值的. □

通过这两个例子, 我们可看出随机模拟的基本思路:

(1) 针对实际问题建立一个简单且便于实现的概率统计模型, 使所求的解恰好是所建模型的概率分布或某个数字特征, 如 f_D 的分位数 ξ_α;

(2) 对该模型的随机变量建立抽样方法, 通过计算机进行模拟试验, 抽取足够的随机数, 对有关的事件进行统计分析;

(3) 对模拟结果加以分析, 求得估计及精度;

(4) 必要时, 对模型进行改进以降低估计方差, 提高运算效率.

从 Buffon 投针试验可以看出, 许多实际问题都与积分的近似计算有关, 于是, 下面仅从积分的近似计算角度出发, 以最常用的计算定积分 $\theta=\int_a^b f(x)\mathrm{d}x$ 为例, 介绍一些抽样方法和改进精度的方法. 很多统计问题, 如计算概率、各阶矩等, 都可归纳为定积分的近似计算问题.

7.2.1 样本均值法

对 $\theta=\int_a^b f(x)\mathrm{d}x$, 设 $g(x)$ 是 (a,b) 上的一个概率密度函数, 改写

$$\theta=\int_a^b \frac{f(x)}{g(x)}g(x)\mathrm{d}x=E_g\left[\frac{f(X)}{g(X)}\right].$$

可见, 任一积分均可以表示为某个随机变量 (函数) 的期望. 由矩估计法, 若有 n 个来自 $g(x)$ 的观测值, 则可给出 θ 的一个矩估计, 这就是样本均值法的原理.

特别地, 如果 (a,b) 有限, 可取 $g(x)=1/(b-a)$. 设 $u_1,\cdots,u_n$ 是来自 $U(a,b)$ 的随机数, 则 θ 的一个估计为

$$\widehat{\theta}=\frac{1}{n}\sum_{i=1}^n\frac{f(u_i)}{g(u_i)}=\frac{b-a}{n}\sum_{i=1}^n f(u_i).$$

计算步骤如下:

(1) 独立地生成 n 个 $U(0,1)$ 的随机数 $u_1,\cdots,u_n$;

(2) 计算 $x_i=a+(b-a)u_i$ 和 $f(u_i), i=1,\cdots,n$;

(3) 计算估计 $\widehat{\theta}$.

由大数定律知道, $\widehat{\theta}$ 是 θ 的一相合估计, 易见其也是无偏估计. 我们也可计算其方差,

$$\mathrm{Var}(\widehat{\theta})=\frac{1}{n}\left[(b-a)^2\int_a^b f^2(x)\frac{1}{b-a}\mathrm{d}x-\theta^2\right]$$

$$= \frac{1}{n}\left[(b-a)\int_a^b f^2(x)\mathrm{d}x - \theta^2\right].$$

一般地, 记 $k(x) = f(x)/g(x)$, 考虑估计量 $\widehat{\theta} = \frac{1}{n}\sum_{i=1}^{n} k(X_i)$, 其中 X_i 服从分布 $g(x)$. 则由中心极限定理知 $\widehat{\theta}$ 近似地服从正态分布, 均值 $E_g(k(X))$, 标准差 $\sqrt{\mathrm{Var}_g[k(X)]/n}$. 进一步地, 实际中我们还可以用 $\sqrt{v/n}$ 估计所谓的 Monte Carlo 标准误, 其中

$$v = \frac{1}{n-1}\sum_{i=1}^{n}\left[k(X_i) - \widehat{\theta}\right]^2$$

是通常所用的 $\mathrm{Var}_g[k(X)]$ 的无偏估计. 通过该标准误, 可以近似地决定所需使用的模拟次数: 假设我们想要以 $1-\alpha$ 的把握保证 $\widehat{\theta}$ 的估计精确到误差范围在 $\varepsilon > 0$ 以内. 仍由极限正态分布, 知

$$\frac{\widehat{\theta} - \theta}{\sqrt{\mathrm{Var}_g[k(X)]/n}} \sim N(0,1).$$

因此要求 $\varepsilon/\sqrt{\mathrm{Var}_g[k(X)]/n} \approx z_{\alpha/2}$, 也就是说 $n \approx z_{\alpha/2}^2 \mathrm{Var}_g([k(X)])/\varepsilon^2$.

由上可知, 模拟的效率强烈依赖于 $g(\cdot)$ 的选择, 我们的问题就是, 如何选取 $g(\cdot)$ 使得 $\widehat{\theta}$ 的方差小. 来看下面的例子.

例 7.2.3 (Cauchy 分布的尾部概率) 假设我们感兴趣的是一个标准 Cauchy 分布 $C(0,1)$ 的随机变量大于 2 的概率, 即

$$p = \int_2^{\infty} \frac{1}{\pi(1+x^2)}\mathrm{d}x.$$

解 一个最简单直接的方法是使用 Monte Carlo 估计量

$$\widehat{p}_1 = \frac{1}{n}\sum_{j=1}^{n} I(X_j > 2),$$

其中 $X_1, \cdots, X_n$ 是来自 $C(0,1)$ 的 IID 样本, 因为 $p = \int_{-\infty}^{\infty} I(x>2)\frac{1}{\pi(1+x^2)}\mathrm{d}x$. 而这一估计的方差为 $p(1-p)/n$ (约为 $0.127/n$, $p \approx 0.15$).

一个直接的改进方法是利用 $C(0,1)$ 的对称性,

$$\widehat{p}_2 = \frac{1}{2n}\sum_{j=1}^{n} I(|X_j| > 2).$$

此时我们是将 p 写作 $\int_{-\infty}^{\infty} \frac{1}{2} I(|x|>2)\frac{1}{\pi(1+x^2)}\mathrm{d}x$. 显然 $\widehat{p}_2$ 仍是无偏的, 且不难验证此时的方差为 $p(1-2p)/2n = 0.052/n$.

上述两种方法的效率通常无法令人满意, 主要原因是那些落在我们感兴趣的区域外的随机变量从某种角度来说对于估计 p 没有起到太大作用. 假如我们重新将 p 记作

$$p=\frac{1}{2}-\int_0^2\frac{1}{\pi(1+x^2)}\mathrm{d}x,$$

则上面的积分可看作是 $h(X)=2/[\pi(1+X^2)]$ 的期望, 其中 $X\sim U(0,2)$. 那么, 我们自然可以得到一个新的估计

$$\widehat{p}_3=\frac{1}{2}-\frac{1}{n}\sum_{j=1}^{n}h(U_j),$$

其中 $U_j\sim U(0,2)$. 此时 $\widehat{p}_3$ 的方差为 $[E(h^2)-E^2(h)]/n\approx 0.028\,5/n$.

最后, 一种效率更高但不是非常直接的方法是记

$$p=\int_0^{1/2}\frac{y^{-2}}{\pi(1+y^{-2})}\mathrm{d}y,$$

上面的积分可看作是 $4^{-1}h(Y)=1/[2\pi(1+Y^2)]$ 的期望, 其中 $Y\sim U(0,1/2)$. 相应地,

$$\widehat{p}_4=\frac{1}{4n}\sum_{j=1}^{n}h(Y_j),$$

其中 $Y_j\sim U(0,1/2)$. 此时 $\widehat{p}_4$ 的方差约为 $0.95\times 10^{-4}/n$. □

7.2.2 重要抽样法

从理论上看, 因 $\mathrm{Var}(\widehat{\theta})=\frac{1}{n}\left[E_g\left(\frac{f(X)}{g(X)}\right)^2-\theta^2\right]$, 若 $f(x)\geqslant 0$, 取 $g(x)=f(x)/\theta$, 则有 $\mathrm{Var}(\widehat{\theta})=0$. 更一般地, 由 Cauchy-Schwarz 不等式, 有

$$\int\frac{f^2(x)}{g(x)}\mathrm{d}x=\int\frac{f^2(x)}{g(x)}\mathrm{d}x\int g(x)\mathrm{d}x\geqslant\left(\int|f(x)|\mathrm{d}x\right)^2.$$

显然可取 $g(x)=\dfrac{|f(x)|}{\int|f(x)|\mathrm{d}x}$ 以达到 $\widehat{\theta}$ 方差的下界. 一般来说, 由于欲求的是 $\theta=\int f(x)\mathrm{d}x$, 所以 $\int|f(x)|\mathrm{d}x$ 通常是未知的, 那么这样取法下解是无法实现的. 然而, 它也给我们一个启示, 即, $g(x)$ 与 $f(x)$ 形状接近应能降低估计的方差. 这便是**重要抽样法**的基本思想.

直观地来看, 使用均匀分布给出的 $\widehat{\theta}$, 各 $f(u_i)$ 对 $\widehat{\theta}$ 的贡献是不同的, $f(u_i)$ 大则贡献大, 但在抽样时, 这种差别未能体现出来, 因此效率不会很高, 要达到同样的精度需要的抽样次数多. 而重要抽样法则希望贡献大的随机数出现的概率大, 贡献小的随机数出现的概率小, 从而提高抽样效率.

例 7.2.4 考虑一个简单积分 $\theta = \displaystyle\int_0^1 \mathrm{e}^x \mathrm{d}x$. 此处 θ 的精确值 $\mathrm{e}-1$ 是可求的, 为说明重要抽样法, 我们采用 Monte Carlo 方法估计 θ.

解 首先考虑样本均值法, 即产生 n 个服从 $U(0,1)$ 的随机数 $u_1,\cdots,u_n$, 则 $\widehat{\theta}_1 = \dfrac{1}{n}\displaystyle\sum_{i=1}^{n} \mathrm{e}^{u_i}$. 我们知道 $\widehat{\theta}_1$ 无偏, 且方差 $\mathrm{Var}(\widehat{\theta}) \approx \dfrac{0.242}{n}$.

根据重要抽样法的思想, 要选一个与 e^x 相似的概率密度函数. 由 Taylor 展开式, $\mathrm{e}^x = 1 + x + \dfrac{x^2}{2} + \cdots$, 取 $g(x) = \dfrac{2}{3}(1+x)$ 为一概率密度函数 (即取线性近似, 前面的系数是归一化常数). 设 $x_1,\cdots,x_n$ 是来自 $g(x)$ 的随机数 (产生均匀随机数 $u_1,\cdots,u_n$, 由逆变换法得 $x_i = \sqrt{3u_i+1} - 1$, 则 $x_i \sim g(x)$), θ 的估计可取

$$\widehat{\theta}_2 = \frac{1}{n}\sum_{i=1}^{n}\frac{f(x_i)}{g(x_i)} = \frac{3}{2n}\sum_{i=1}^{n}\frac{\mathrm{e}^{x_i}}{1+x_i}.$$

当然 $\widehat{\theta}_2$ 也是无偏估计, 其方差 $\mathrm{Var}(\widehat{\theta}_2) \approx \dfrac{0.026\,9}{n}$. 显然 $\widehat{\theta}_2$ 明显优于 $\widehat{\theta}_1$. □

例 7.2.5 (小尾部概率的模拟) 假设我们感兴趣的是近似标准正态分布 $N(0,1)$ 的尾部概率, 也就是

$$1 - \varPhi(t) = \int_t^{\infty} \frac{1}{\sqrt{2\pi}}\mathrm{e}^{-y^2/2}\mathrm{d}y.$$

解 我们自然地通过 Monte Carlo 方法估计 $n^{-1}\displaystyle\sum_{j=1}^{n} I(X_i \geqslant t)$. 如前面的例 7.2.3 所述, 该方法的效率不高, 而更为严重的问题是, 如果 t 较大, 比如取 4.5, 我们知道 $P\{Z > 4.5\}$ 的值很小, 而如果直接使用上面的模拟方法, 重复10 000 次, 通常来说会得到所有的示性函数 $I(X_i > 4.5)$ 均为零. 这种问题当然是由我们现在所关心的事件就是小概率事件所导致的, 对于这种问题, 一般都需要更多的模拟次数才能够完成. 如果我们能够适当地结合重要抽样法, 则会极大程度地改进估计. 令 $Y \sim TE(4.5,1)$, 其中 TE 表示在 4.5 处左截断的指数分布, 概率密度函数为

$$g_Y(y) = \mathrm{e}^{-(y-4.5)}, \quad y > 4.5.$$

我们预期 $g(y)$ 的形状与 $\phi(y)$ 差不多 (指数衰减), 则从 $g_Y(y)$ 中抽取 n 个随机变量 $Y_1,\cdots,Y_n$, 使用

$$\frac{1}{n}\sum_{j=1}^{n}\frac{\phi(Y_j)}{g_Y(Y_j)},$$

而这里 $g_Y(y)$ 的抽取只需先抽取一来自 $Exp(1)$ 的随机样本 Z, 令 $Y=Z+4.5$ 即可. □

7.2.3 Rao-Blackwell 方法

该方法的得名来自著名的 Rao-Blackwell 定理: 记 W 是参数 $\tau(\theta)$ 的任一无偏估计, 而 T 是 θ 的充分统计量. 则 $g(T)=E(W\mid T)$ 是一个一致优于 W 的无偏估计. 这里主要用到了两个基本等式: 假设 X 和 Y 是两个随机变量,

$$E(X)=E[E(X|Y)],\quad \mathrm{Var}(X)=\mathrm{Var}[E(X|Y)]+E[\mathrm{Var}(X|Y)].$$

直接地, 如果 $\delta(X)$ 是一个传统的 Monte Carlo 估计量, 而 $\delta(X)$ 在给定某一随机变量 Y 的条件下的期望 $\delta^*(Y)=E(\delta(X)|Y)$ 可较为容易求得, 则其是一个优于 δ 的估计 (从平方损失来看, 方差小, 而偏差均为零). 当然值得注意的是 Y 没有必要是充分统计量.

例 7.2.6 (筛选抽样法的应用) 我们来考虑使用 Monte Carlo 方法计算期望

$$E(f(x))=\int f(x)g(x)\mathrm{d}x,$$

其中 $g(x)$ 是欲抽样的概率密度函数.

解 最直接地 Monte Carlo 方法就是抽取 m 个来自 $g(x)$ 的随机变量 $Z_1,\cdots,Z_m$, 然后用 $m^{-1}\sum\limits_{i=1}^{m}f(Z_i)$ 作为估计. 而假设不容易从 $g(x)$ 中直接抽样, 现考虑使用筛选抽样法,也就是能够找到一个较为容易抽样的概率密度函数 $h(x)$ 使得 $g(x)\leqslant ch(x)$ $(c\neq 0)$, 则从 $h(x)$ 中抽取随机数 X_i 并独立地抽取均匀随机数 U_i, 如果 $U_i\leqslant W_i=g(X_i)/[ch(X_i)]$, 则接受 X_i, 否则拒绝 X_i. 相应地, 假设总共想要抽取 m 个随机数来估计 $E(f(x))$, 而使用筛选抽样法共抽取了 n 个 $X_1,\cdots,X_n$ 来达到这一目的 (n 个里面有 m 个接受了, 而最后一个是接受的), 此时 Monte Carlo 估计量变为

$$\frac{1}{m}\sum_{i=1}^{n}I(U_i\leqslant W_i)f(X_i).$$

当然, 在这一过程中没有被接受的 X_i 的信息就完全被舍去了, 因为它们对上面的估计的贡献是 0. 当接受率较低的时候, 上面的模拟方法不够有效. 现考虑可否利用 Rao-Blackwell 方法进行改进. 此时考虑条件期望

$$\begin{aligned}&\frac{1}{m}E\Big[\sum_{i=1}^{n}I(U_i\leqslant W_i)f(X_i)\mid n,X_1,\cdots,X_n\Big]\\=&\frac{1}{m}E\Big[\sum_{i=1}^{n}I(U_i\leqslant W_i)\mid n,W_1,\cdots,W_n\Big]f(X_i),\end{aligned}$$

其仍然是无偏估计, 但降低了抽样方差 (这一降低显然是由于利用了全部的抽样信息所致). 此时我们的问题转化为求取这一条件期望, 而事实上也就是一个条件概率 $p_i=P\{U_i\leqslant W_i\mid n,W_1=w_1,\cdots,W_n=w_n\}$, 也就是给定条件: 成功的概率是 $W_i=w_i$ 以及 n 次试验中共有 m 次成功而最后一次是成功的, 第 i 次抽样 X_i 被接受的概率. 假设 q_{jk} 是成功概率分别为 $w_1,\cdots,w_k$ 的 k 次 Bernoulli 试验共有 j 次成功的概率, $q_{jk}^{(i)}$ 是上述事件与事件 "第 i 次试验是成功的" 交集的概率. 注意到共有 m 次成功的而最后一次是成功的, 因此

$$p_n=1,\quad p_i=\frac{q_{m-1,n-1}^{(i)}}{q_{m-1,n-1}},\quad 1\leqslant i<n.$$

q_{jk} 和 $q_{jk}^{(i)}$ 的计算均可迭代进行. 设置初值 $q_{01}=1-w_1$, $q_{11}=w_1$, q_{jk} 的迭代如下:

$$\begin{aligned}&q_{0k}=(1-w_k)q_{0,k-1},\\&q_{jk}=w_kq_{j-1,k-1}+(1-w_k)q_{j,k-1},\quad 1\leqslant j\leqslant k-1,\\&q_{kk}=w_kq_{k-1,k-1}.\end{aligned}$$

计算联合概率 $q_{jk}^{(i)}$ 可先设置初值 $q_{ji}^{(i)}=w_iq_{j-1,i-1}$, 通过下式迭代完成:

$$q_{jk}^{(i)}=w_kq_{j-1,k-1}^{(i)}+(1-w_k)q_{j,k-1}^{(i)},\quad k>i.$$ □

7.2.4 分层抽样法

另一种利用贡献大小来降低估计方差的方法是分层抽样法 (stratified sampling). 它首先把样本空间分成一些小区间 $D_1,\cdots,D_m$, 且 $D_i(i=1,\cdots,m)$ 互不相交, $\bigcup\limits_{i=1}^{m}D_i=D$, 然后在每个小区间内的抽样数由其贡献大小决定, 即, 定义 $p_i=\int_{D_i}f(x)\mathrm{d}x$, 则 D_i 内的抽样数应与 p_i 成正比. 比如, 对 θ 贡献大的

D_i 抽样多, 则可提高抽样效率.

具体来说, 仍考虑积分 $\theta = \int_0^1 f(x)\mathrm{d}x$, 将 $[0,1]$ 分成 m 个小区间, 各区间断点记为 $a_i, 0 = a_0 < a_1 < \cdots < a_m = 1$, 则

$$\theta = \int_0^1 f(x)\mathrm{d}x = \sum_{i=1}^m \int_{a_{i-1}}^{a_i} f(x)\mathrm{d}x \equiv \sum_{i=1}^m I_i.$$

记 $l_i = a_i - a_{i-1}$ 为第 i 个区间的长度, 在每个小区间上的积分值 I_i 可用平均值法估计出来, 然后将之相加即可给出 θ 的一个估计. 具体步骤描述如下:

(1) 产生 $U(0,1)$ 的随机数 $u_{ij},\quad j = 1, \cdots, n_i,\ i = 1, \cdots, m$;

(2) 计算 $x_{ij} = a_{i-1} + l_i u_{ij},\quad j = 1, \cdots, n_i,\ i = 1, \cdots, m$;

(3) 计算 $\widehat{I}_i = \dfrac{l_i}{n_i} \sum_{j=1}^{n_i} f(x_{ij})$;

(4) $\widehat{\theta} = \sum_{i=1}^m \widehat{I}_i$.

显然由于 $E(\widehat{I}_i) = I_i$, 因而 $\widehat{\theta}$ 是 θ 的无偏估计, 其方差为

$$\mathrm{Var}(\widehat{\theta}) = \mathrm{Var}\left\{\sum_{i=1}^m \frac{l_i}{n_i} \sum_{j=1}^{n_i} f(x_{ij})\right\} = \sum_{i=1}^m \frac{l_i^2}{n_i} \sigma_i^2, \tag{7.2.1}$$

其中

$$\sigma_i^2 = \int_{a_{i-1}}^{a_i} \frac{f^2(x)}{l_i} \mathrm{d}x - \left(\frac{I_i}{l_i}\right)^2. \tag{7.2.2}$$

分层抽样法有两个主要问题: 其一是怎样划分抽样区间, 简单而常用的方法是将抽样区间等分; 其二是, 在抽样区间划分好后, 如何确定抽样次数. 不难证明, 在 n 固定下, 当

$$n_i = \frac{n l_i \sigma_i}{\sum_{i=1}^m l_i \sigma_i} \tag{7.2.3}$$

时, (7.2.1) 所得到的估计方差达到最小, 为 $\dfrac{1}{n}\left(\sum_{i=1}^m l_i \sigma_i\right)^2$. 但是由于 σ_i^2 总是未知的, 因而 (7.2.3) 通常无法直接应用. 即便如此, 分层抽样法还是有其作用的. 这里指出, 即使取简单的分配: $n_i = n l_i \Big/ \sum_{i=1}^m l_i = n l_i/(b-a)$, 也有 $\mathrm{Var}(\widehat{\theta}_s) \leqslant \mathrm{Var}(\widehat{\theta}_m)$, 这里 $\widehat{\theta}_s$ 和 $\widehat{\theta}_m$ 分别表示用分层抽样法和平均值法得到的

估计.

事实上, 以 $n_i = nl_i/(b-a)$ 代入 (7.2.1), 有

$$\operatorname{Var}(\widehat{\theta}_s) = \frac{b-a}{n}\sum_{i=1}^{m} l_i\sigma_i^2.$$

又由 Cauchy-Schwarz 不等式, 有

$$\begin{aligned}\theta^2 &= \left(\sum_{i=1}^{m} I_i\right)^2 = \left(\sum_{i=1}^{m} \frac{I_i}{\sqrt{l_i}}\sqrt{l_i}\right)^2 \\ &\leqslant \sum_{i=1}^{m}\frac{I_i^2}{l_i}\sum_{i=1}^{m} l_i = (b-a)\sum_{i=1}^{m}\frac{I_i^2}{l_i}.\end{aligned}$$

据此, 在 (7.2.2) 式中两端各乘 l_i 并相加, 有

$$\begin{aligned}\sum_{i=1}^{m} l_i\sigma_i^2 &= \int_a^b f^2(x)\mathrm{d}x - \sum_{i=1}^{m}\frac{I_i^2}{l_i} \\ &\leqslant \int_a^b f^2(x)\mathrm{d}x - \theta^2/(b-a),\end{aligned}$$

即 $\operatorname{Var}(\widehat{\theta}_s) \leqslant \operatorname{Var}(\widehat{\theta}_m)$.

例 7.2.7 使用分层抽样法处理例 7.2.4 中的积分问题.

解 简单起见, 我们将区间 [0,1] 分为 $[0, 0.5]$ 和 $[0.5, 1]$, 并且使用简单的分配, 即在两个小区间内各使用 $n/2$ 次抽样, 则由分层抽样的估计方差公式得

$$\operatorname{Var}(\widehat{\theta}_s) = \frac{1}{n}\sum_{i=1}^{2}\frac{1}{2}\sigma_i^2 \approx \frac{1}{2n}(0.034\,92 + 0.094\,93) = \frac{0.064\,93}{n}.$$

与例 7.2.4 中平均值法的结果相比较, 即便是最简单的选取区间和抽样数都能够显著地减小估计的方差. □

7.2.5 关联抽样法

假设我们对用模拟方法估计 $\theta = E(X)$ 感兴趣, 且假设已产生均值是 θ 的同分布的随机变量 X_1 和 X_2, 则

$$\operatorname{Var}\left(\frac{X_1 + X_2}{2}\right) = \frac{1}{4}[\operatorname{Var}(X_1) + \operatorname{Var}(X_2) + 2\operatorname{Cov}(X_1, X_2)].$$

因此, 如果 X_1 和 X_2 不是独立的, 而是负相关的, 则上式对于减小方差是有用的.

如何安排 X_1 和 X_2 以使它们负相关呢? 下面的结论给出了一个达到负相关的充分条件: 如果 X 是一个随机变量, $f(X)$ 和 $g(X)$ 同是单增或单减的函

数. 如果随机变量 $f(X)$ 和 $g(X)$ 的二阶矩存在, 则

$$\operatorname{Cov}(f(X), g(X)) \geqslant 0.$$

如果 $f(X)$ 单增而 $g(X)$ 单减, 或者反之, 则上面的不等号变为 "$\leqslant$".

解 考虑与 X 同分布的随机变量 Y. 若 $f(X)$ 和 $g(X)$ 同是单增或单减的函数, 则 $[f(X)-f(Y)][g(X)-g(Y)] \geqslant 0$. 因此,

$$\begin{aligned}
0 &\leqslant E\{[f(X)-f(Y)][g(X)-g(Y)]\} \\
&= E[f(X)g(X)] + E[f(Y)g(Y)] - E[f(X)]E[g(Y)] - E[f(Y)]E[g(X)] \\
&= 2\operatorname{Cov}[f(X), g(X)].
\end{aligned}$$

显然, 若 $f(X)$ 单增而 $g(X)$ 单减, 上面的证明只需要将符号改变一下即可.

例 7.2.8 (对偶均匀随机变量法) 考虑估计 $\theta = \int_a^b h(x)g(x)\mathrm{d}x$, 其中 $g(x)$ 是一概率密度函数, 其分布函数为 $G(x)$. $h(x)$ 相当于前述的 $f(x)/g(x)$, 这里假设其是一单调函数. 如果 $U_1, \cdots, U_n$ 是来自 $U(0,1)$ 的独立随机数, 则 $1-U_1, \cdots, 1-U_n$ 也是来自 $U(0,1)$ 的独立随机数. 令 $X_i = G^{-1}(U_i)$, $X_i^* = G^{-1}(1-U_i)$, 则 $h(X_i)$ 和 $h(X_i^*)$ 都是 θ 的无偏估计, 根据上面的结论, 知道它们是负相关的, 因此估计量

$$\frac{1}{2n}\sum_{i=1}^{n}(h(X_i)+h(X_i^*))$$

的方差比样本平均值法 $\frac{1}{2n}\sum_{i=1}^{2n} h(X_i)$ 要小.

注意到, 在这种情况下, 在利用 $U_1, \cdots, U_m$ 计算出 X_i^* 之后, 我们可以利用 $1-U_1, 1-U_2, \cdots, 1-U_m$ 计算出 X_i, 这将比使用新产生的 n 个随机数后用样本均值法的效果要好 (估计的方差小). 并且, 还可以收到事半功倍的效果: 不但估计结果的方差较小 (至少在 h 是单调函数时), 而且可以节省下生成第二个随机数集的时间.

更一般地, 假设 X_i 是来自某一对称中心为 μ 的对称分布的随机变量, 则一般可使用

$$\frac{1}{2n}\sum_{i=1}^{n}[h(X_i)+h(2\mu-X_i)]$$

来代替 $\frac{1}{2n}\sum_{i=1}^{2n} h(X_i)$, 很多情况下都会得到较大的改进. □

关于随机模拟还有许多研究内容, 如 MCMC 方法等. 请有兴趣的读者参见 Ross (2005).

习题七

1. 说明为什么复合抽样法能够产生我们想要的随机数.
2. 假设 $X_1, \cdots, X_n$ 是一组来自未知连续型分布函数 $F(x)$ 的简单随机样本, 现在要检验

   $$H_0\text{: 分布函数 } F(x) \text{ 的中位数为零} \longleftrightarrow H_1\text{: 分布函数 } F(x) \text{ 的中位数大于零}.$$

   考虑使用著名的非参数符号检验统计量 $T_n = \sum_{i=1}^{n} I(X_i > 0)$, 显然当 T_n 很大时拒绝. 这是一个与分布无关的检验 (也就是其零分布不依赖于 $F(x)$). 请描述使用 Monte Carlo 模拟方法来求取该检验的 p 值的具体步骤.
3. 考虑例 7.2.2 中的指数加权移动平均方法, 现固定 $\lambda = 0.1$, 试用模拟方法求 B, 使得在可控状态时 (即数据始终来自标准正态分布) $E(N)$ 达到 500 (使用二分法时可控制 $|E(N) - 500| \leqslant 3$ 即可, 模拟次数推荐至少 2 000).
4. 编写使用逆变换法生成概率密度函数为 $\lambda \mathrm{e}^{-\lambda x}$ $(x > 0)$ 的指数分布随机数的程序; 自己给定某一 λ 值, 生成 100 个独立的该随机数, 使用 Kolmogorov-Smirnov 进行拟合优度检验, 判断生成的样本是否服从参数为 λ 的指数分布.
5. 如何使用逆变换法生成几何分布和 Cauchy 分布的随机变量.
6. 假设随机变量 $X \sim F(x)$. 如果 $U \sim U(0,1)$, 请证明:

   $$Y = F^{-1}[UF(t)]$$

   在给定 $X \leqslant t$ 的条件下是服从 $F(x)$ 分布的, 并且

   $$Z = F^{-1}\left\{F(t) + U[1 - F(t)]\right\}$$

   在给定 $X > t$ 的条件下是服从 $F(x)$ 分布的.
7. 假设 X 服从自由度为 (m, n) 的 F 分布, 则 $\ln X/2$ 服从 Fisher-Z 分布. 请问如何使用筛选抽样法生成来自 Fisher-Z 分布的随机数.
8. 假设 $X \sim B(100, 0.25)$. 请编写程序使用重要抽样法计算尾部概率 $P\{X \geqslant 75\}$.
9. 在分层抽样法中, 假设积分区域分为两部分 S_1 和 S_2, 使得

   $$\begin{gathered} P\{X \in S_1\} = P\{X \in S_2\}, \\ E[f(X) \mid X \in S_1] = E[f(X) \mid X \in S_2], \\ \mathrm{Var}[f(X) \mid X \in S_1] = \mathrm{Var}[f(X) \mid X \in S_2]. \end{gathered}$$

   考虑两种方法估计 $E[f(X)]$:

(1) 使用分层抽样法, 其中 $\frac{3}{4}n$ 个点随机抽取自区域 S_1, $\frac{1}{4}n$ 个点随机抽取自区域 S_2;

(2) 所有的 n 个点随机抽取自区域 $S_1 \cup S_2$.

请问这两种方法哪个更好?

10. 请计算使用对偶均匀随机变量法估计积分 $\int_0^1 \mathrm{e}^x \mathrm{d}x$ 所降低的方差大小 (相对于样本均值法).

8

第 8 章 自助法和经验似然

自助法 (Bootstrap) 是一种重抽样技术. 该方法是美国当代著名统计学家 Efron (埃夫隆) 在 1979 年的 *Annals of Statistics* 提出来的, 发表后引起很大反响, 许多学者针对不同模型不同问题对该方法作出了大量的讨论, 其可看作是 40 余年来最富有统计思想、最实用的工作之一. 由于该方法中需要对观测数据进行重抽样, 因此经常被看作是一种计算统计的方法.

此外, 本章还介绍经验似然这一重要的非参数方法.

经验似然是由美国斯坦福大学统计系教授 A. B. Owen (欧文) 于 1988 年首先提出的一种非参数统计推断方法, 它在不假设数据分布的情形下使用似然 (类似) 的分析方法, 我们将在本节当中给予一定介绍.

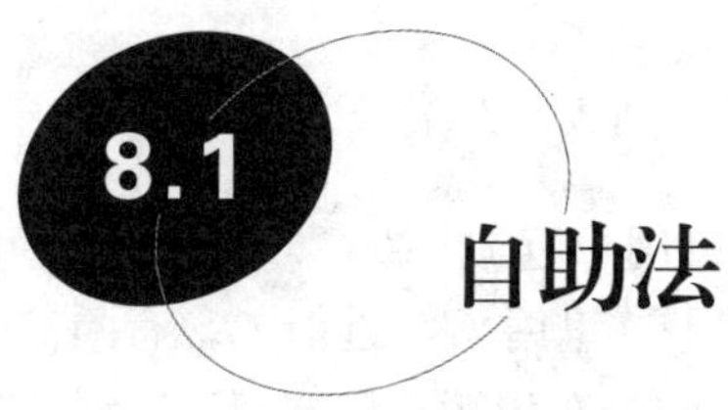

8.1 自助法

令 $\theta = T(F)$ 为我们所感兴趣的关于分布函数 F 的某一特征, 被表示为 F 的一函数. 比如, $T(F) = \int z\mathrm{d}F(z)$ 是分布函数的期望. 令 $X_1, \cdots, X_n$ 为观测数据. 在本章中, 我们用 $X \sim F$ 表示 X 服从概率密度函数为 f 的分布, 其对应的累积分布函数为 F, 而 $X = \{X_1, \cdots, X_n\}$ 表示整个数据集.

如果 $\widehat{F}_n$ 是观测数据的经验分布函数, 则 θ 的一估计为 $\widehat{\theta} = T(\widehat{F}_n)$. 比如, 当 θ 是一元总体均值时, 估计就是样本均值, $\widehat{\theta} = \displaystyle\int z\mathrm{d}\widehat{F}_n(z) = \sum_{i=1}^{n} X_i/n$. 统计推断的问题通常是根据 $T(F)$ 或某个 $R(X, F)$ 提出来的, 这里 $R(X, F)$ 是依赖于数据和它们的未知分布函数 F 的统计函数. 举例来说, 一个一般的检验统计量可以为 $R(X, F) = [T(\widehat{F}_n) - T(F)]/S(\widehat{F}_n)$, 其中 S 为估计 $T(\widehat{F}_n)$ 的标准差的函数. 这就是我们经常建立的某种枢轴量.

随机变量 $R(X, F)$ 的分布可能难以处理或者根本就是未知的, 或许也依赖于未知分布函数 F. 自助法提供了关于 $R(X, F)$ 的分布的一种近似, 其是由观测数据的经验分布函数 (本身是 F 的估计) 所导出的.

记 $R(X, F)$ 的分布为 G_n, 与大样本方法对 G_n 进行极限逼近不同, 自助法着眼于模拟 G_n. 但样本是从 F 中抽出的, 且 $R(X, F)$ 中经常含有关于 F 的量, 如上面枢轴量中的 $T(F)$, 如何做呢? 一个方法就是用 $X_1, \cdots, X_n$ 的经验分布函数来代替未知的 F. 由 Glivenko (格利文科) 定理, 当 n 很大时二者很接近, 则以 $\widehat{F}_n$ 为总体分布, 从中抽出 IID 样本 $X^* = \{X_1^*, \cdots, X_n^*\}$. 这里 X^* 表示自助样本. 注意 X^* 的元素是独立同分布于 $\widehat{F}_n$ 的随机变量. 自助法的思想就是考察 $R(X^*, \widehat{F}_n)$ 的分布, 也就是在 R 中使用 X^* 所得到的随机变量的分布, 不妨记为 G_n^*, 并用该分布作为 G_n 的近似. 在某些特殊情况下, 我们有可能通过解析方法推导或估计 $R(X^*, \widehat{F}_n)$, 但是通常所使用的是后面所描述的模拟方法.

8.1.1 非参数和参数化自助法

我们可从观测数据的经验分布函数中随机抽取 B 个独立的自助样本. 将它们定义为 $X_i^* = \{X_{i1}^*, \cdots, X_{in}^*\}, i = 1, \cdots, B$. 之后, 计算基于这 B 个数据集的 R 值, 即

$$\{R_1^*, \cdots, R_B^*\} \equiv \{R(X_1^*, \widehat{F}_n), \cdots, R(X_B^*, \widehat{F}_n)\}.$$

则 $\{R_1^*, \cdots, R_B^*\}$ 的经验分布函数, 记为 $\widehat{G}_B^*$, 可用于近似 $R(X^*, \widehat{F}_n)$ 的分布 G_n^*, 进而近似 G_n, 并进行推断. 但误差相应产生, 这里用 $\widehat{G}_B^*$ 近似 G_n 有两种误差, 一是 $\widehat{G}_B^*$ 逼近 G_n^* 的误差, 注意因为 $\widehat{G}_B^*$ 的分布依赖于样本 X, 这误差本身就是随机的, 但由于 B 可以非常大, 这一误差可使之任意小 (只要适当增大 B 即可), 因而不是主要的; 另一个是 G_n^* 逼近 G_n 的误差. 在适当条件下, 一般可以证明 G_n^* 和 G_n 有相同的极限. 因此, 只要 n 足够大, 这个误差也可很小.

自助法使得我们的分析和推断不需要进行参数假设, 它为那些不大可能得到解析方案的问题提供了解决方法, 并且可以给出比应用传统标准参数理论 (尤其是基于统计大样本近似方法) 所得到的结果更加精确的回答.

前面所描述的典型的非参数自助法是从 $\widehat{F}_n$ 中抽取独立同分布的 $X_1^*, \cdots, X_n^*$ 来生成伪数据集 X^*. 当数据可以被模型化或者本身就是来自某一参数分布的时候, 即 $X_1, \cdots, X_n \overset{\text{IID}}{\sim} F(x, \boldsymbol{\theta})$, 我们可采用 F 的另一种自助抽样方法. 假设通过观测数据来获得 $\widehat{\boldsymbol{\theta}}$ 以估计 $\boldsymbol{\theta}$, 则可通过抽取 $X_1^*, \cdots, X_n^* \overset{\text{IID}}{\sim} F(x, \widehat{\boldsymbol{\theta}})$ 来生成参数化自助样本 X^*. 当模型已知或者我们有信心使模型能够很好地匹配数据的时候, 参数化自助法将会成为一个强有力的工具, 它能够对那些难以处理的问题给出推断, 并且其产生的置信区间会比用标准极限理论或者是前述的非参数自助法所得到的精确很多. 当然, 需要指出的是, 如果模型不能够很好地拟合数据的生成机制, 参数化自助法就会得到错误的推断结果.

8.1.2 几个常见的应用

一、自助法方差估计

在 Efron (1982) 的文章中, 为了引出自助法, 考虑计算样本中位数 $\widehat{\xi}_{\frac{1}{2}}$ 的方差. 经典的极限理论告诉我们

$$\mathrm{Var}(\widehat{\xi}_{\frac{1}{2}})=\frac{1}{4nf^2(\xi_{\frac{1}{2}})}+o(n^{-1}).$$

然而, 即使是在大样本的情形下, $f(x)$ 也通常很难被准确估计, 自助法则让我们可以直接进行方差估计而避免去估计 $f(x)$.

一般地, 假设我们想要估计的是某估计 $T(\widehat{F}_n)$ 的方差, 根据前面介绍的自助法的基本思想, 自然是通过求取

$$\widehat{\mathrm{Var}}(T)=\frac{1}{B-1}\sum_{i=1}^{B}[T(\widehat{F}^*_{ni})-\overline{T}^*]^2,$$

其中 $\widehat{F}^*_{nj}$ 表示第 j 个自助样本的经验分布, $\overline{T}^*$ 是基于样本 $\{X^*_1,\cdots,X^*_B\}$ 的 $T(\widehat{F}^*_{ni})$ 的样本均值, 即 $\overline{T}^*=\dfrac{1}{B}\displaystyle\sum_{i=1}^{B}T(\widehat{F}^*_{ni})$. 一般来说, 使用 $B=500$ 已可达到令人满意的结果.

注意到, 自助法不是对所有问题都能起到作用的. 通常来说, 如果我们感兴趣的是 $T(\widehat{F}_n)$ 的某些可以通过样本 X 直接进行估计的数字特征, 则是否使用自助法所得结果没有区别. 比如说, 如果感兴趣的 $T(\widehat{F}_n)$ 是样本均值, 则上面的自助法的方差估计将收敛到 $\widehat{\mathrm{Var}}(X)/n(B\to\infty)$, 其中 $\widehat{\mathrm{Var}}(X)$ 是 X 的样本方差 (有偏的). 在这种情况下, 自助法没有带来更多的帮助. 事实上, 假设 $\overline{X}^*_i$ 是一个自助法估计, 则

$$\widehat{\mathrm{Var}}(\overline{X})=\mathrm{Var}_*(\overline{X}^*_i)=\frac{1}{n^2}\sum_{i=1}^{n}\frac{1}{n}\sum_{i=1}^{n}(X_i-\overline{X})^2=\widehat{\mathrm{Var}}(X)/n.$$

二、自助法偏差修正

当 $T(F)=\theta$ 时, 在自助法分析中我们感兴趣的量是 $R(X,F)=T(\widehat{F}_n)-T(F)$. 这个量代表的是 $T(\widehat{F}_n)=\widehat{\theta}$ 的估计误差, 其均值即是偏差 $E(\widehat{\theta})-\theta$. 这个偏差的自助法估计是 $\overline{\theta}^*-\widehat{\theta}$, 其中 $\overline{\theta}^*=\displaystyle\sum_{j=1}^{B}T(\widehat{F}^*_{ni})/B$.

三、自助法置信区间

一般来说, 一种常用的构造参数 θ 的置信区间的方法是找到某一个 (枢轴) 量, 其中包含 θ 以及某一个统计量 T, 不妨记为 $g(T,\theta)$. 之后重新安排, 使得我

们有如下的概率等式

$$P\{g_{1-\alpha/2} \leqslant g(T,\theta) \leqslant g_{\alpha/2}\} = 1-\alpha.$$

当 (枢轴) 量的分布不易求取时, 可以通过自助法来估计或者说近似分位数 $g_{\alpha/2}$ 和 $g_{1-\alpha/2}$.

而对于构造期望等参数的置信区间问题, (枢轴) 量经常可以写成形如 $T-\theta$ 的形式. 这种情况下, 上面的概率表达式就是我们所常见的形式

$$P\{T-g_{\alpha/2} \leqslant \theta \leqslant T-g_{1-\alpha/2}\} = 1-\alpha.$$

最简单的方法便是利用 T^*-T_0 的抽样分布作为 $T-\theta$ 的分布的近似, 这里我们用 T^* 和 T_0 分别表示利用自助样本和观测数据计算得到的 T 值. 也就是说, 我们使用 $g(T^*,T_0)$ 代替 $g(T,\theta)$. 当 T^*-T_0 的抽样分布不易导出时, 即可采用自助法模拟来近似之. 这就是如下的自助法分位数置信区间方法.

(1) 自助法分位数置信区间 (percentile interval)

假设 $T(\widehat{F}_n)$ 为 θ 的一点估计, 我们可从观测数据的经验分布函数中随机抽取 B 个独立的自助样本. 将它们定义为 $\boldsymbol{X}_i^*$ 之后, 计算基于这 B 个数据集的 $T(\widehat{F}_n^*)-T(\widehat{F}_n)$ 值, 如果使用前面的符号, 即是 $\{R_1^*,\cdots,R_B^*\}$, 那么利用 $\{R_1^*,\cdots,R_B^*\}$ 的经验分布函数 $\widehat{G}_B^*$, 可求得 $(g_{1-\alpha/2}^*,g_{\alpha/2}^*)$. 按照前述的自助法思想, $(T(\widehat{F}_n)-g_{\alpha/2}^*,T(\widehat{F}_n)-g_{1-\alpha/2}^*)$ 即为我们欲求的区间估计的一种近似.

(2) 自助法 t 置信区间

一些经验指出, 在正态假设下所推导出来的基于 t 统计量的置信区间通常在分布是非正态的时候也能有较好的效果. 因此, 对于位置参数的区间估计, 常常可以用如下的近似区间

$$\left[\overline{X}-t_{\alpha/2}(n-1)S/\sqrt{n},\quad \overline{X}-t_{1-\alpha/2}(n-1)S/\sqrt{n}\right],$$

这里 S^2 是通常的样本方差 (无偏的).

形如上式, 我们称下面这种类型的置信区间为自助法 t 区间:

$$\left[T(\widehat{F}_n)-\widehat{t}_{\alpha/2}S(\widehat{F}_n),\quad T(\widehat{F}_n)-\widehat{t}_{1-\alpha/2}S(\widehat{F}_n)\right],$$

其中 $\widehat{t}_p$ 是从标准化的统计量

$$R(\boldsymbol{X}^*,\widehat{F}_n)=\frac{T(\widehat{F}_n^*)-T(\widehat{F}_n)}{S(\widehat{F}_n^*)}$$

中所估计出来的分位数. 这个置信区间实际上就是通过考虑用自助法重抽样样本所得到的 $R(\boldsymbol{X}^*,\widehat{F}_n)$ 的分布 G_n^* 来近似

$$R(\boldsymbol{X},F)=\frac{T(\widehat{F}_n)-T(F)}{S(\widehat{F}_n)}$$

的分布 G_n.

很多问题下, $S(\widehat{F}_n^*)$ 都没有简单的表达式, 我们自然也可以用前面介绍的自助法方差估计来近似之. 注意 $\widehat{t}_p$ 是需要通过自助法由标准化的统计量来重抽样得到的, 因为这两个自助法层叠在一起, 计算量相对会大很多.

注意到, 前面关于自助法构造置信区间的讨论与假设检验也密切相关. 一个零假设下的参数值落在置信水平为 $1-\alpha$ 的置信区间外, 则以显著性水平 α 拒绝零假设. 当然亦可类似地计算出基于自助法的 p 值估计.

8.1.3 基于回归模型的自助法

考虑如下典型多重回归模型, $Y_i = \boldsymbol{x}_i^{\mathrm{T}}\boldsymbol{\beta} + \varepsilon_i, i = 1, \cdots, n$, 其中假设 ε_i 是均值为零、方差为常数的独立同分布随机变量. 这里, $\boldsymbol{x}_i$ 和 $\boldsymbol{\beta}$ 分别是 p 维的协变量和参数. 一种简单但是错误的自助法描述如下: 我们从响应集合中重抽样来构成一个新的伪数据集, 也就是对于每一个观测值 $\boldsymbol{x}_i$ 有 Y_i^*, 从而可得到一个新的回归数据集. 然后可以由伪数据集来计算自助参数向量估计 $\widehat{\boldsymbol{\beta}}^*$. 重复重抽样和估计的步骤很多次后, $\widehat{\boldsymbol{\beta}}^*$ 经验分布可用于推断 $\boldsymbol{\beta}$. 这样做错误的原因是 $Y_i|\boldsymbol{x}_i$ 不是独立同分布的——它们具有不同的边际分布. 因此, 用这种方法生成自助回归数据集是不恰当的. 为了确定一个正确的自助法, 必须要找到合适的独立同分布的变量. 模型中的 ε_i 是独立同分布的. 因此, 更恰当的策略是如下所描述的**残差自助法**.

我们先由观测数据拟合回归模型, 然后获得响应 $\widehat{Y}_i$ 和残差 $\widehat{\varepsilon}_i$. 从拟合残差集合中有放回随机抽取得到自助残差集合 $\widehat{\varepsilon}_1^*, \cdots, \widehat{\varepsilon}_n^*$ (注意实际上 $\widehat{\varepsilon}_i^*$ 不是独立的, 尽管通常来说它们近似独立), 生成一个伪响应自助集合, $Y_i^* = \widehat{Y}_i + \widehat{\varepsilon}_i^*, i = 1, \cdots, n$. 对 $\boldsymbol{x}$ 回归 Y^*, 从而获得自助参数估计 $\widehat{\boldsymbol{\beta}}^*$. 重复多次该过程可得到 $\widehat{\boldsymbol{\beta}}^*$ 的经验分布函数, 然后用它进行推断. 由线性模型知识知道, 若采用 $\widehat{\boldsymbol{\beta}} = (\boldsymbol{X}^{\mathrm{T}}\boldsymbol{X})^{-1}\boldsymbol{X}^{\mathrm{T}}\boldsymbol{y}$, 则所得到的 $\widehat{\boldsymbol{\beta}}^*$ 定满足 $E(\widehat{\boldsymbol{\beta}}^*) = \boldsymbol{\beta}$.

对于设计好的试验或者 $\boldsymbol{x}_i$ 值是预先固定的数据, 即所谓的固定设计 (fixed design), 这种方法是最适合的. 对于其他模型, 如自回归模型、非参数回归和广义线性模型的简单自助法的核心都是基于残差自助的策略.

残差自助法依赖于选定的模型是否能够给予观测数据适当的拟合, 以及残差具有常数方差的假设. 如果对这些条件的成立没有足够的信心, 则可能需要其他的自助法.

假设数据是从一观察研究中得到的, 其中响应变量和协变量都是从一群个体中随机选出并测量得到的. 在这种情形下, 我们可将数据 $\boldsymbol{z}_i = (\boldsymbol{x}_i, y_i)$ 视作是从响应–协变量联合分布中得到的随机变量 $\boldsymbol{Z}_i = (\boldsymbol{X}_i, Y_i)$ 的观测值. 为了自助法, 随机有放回地从观测数据 $\{\boldsymbol{z}_1, \cdots, \boldsymbol{z}_n\}$ 中抽取样本 $\boldsymbol{Z}_1^*, \cdots, \boldsymbol{Z}_n^*$. 对所得到的随机伪数据集拟合回归模型以获得自助参数估计 $\widehat{\boldsymbol{\beta}}^*$. 多次重复这些步骤, 然后如第一种方法中介绍的进行推断. 这种情形的自助法有时也被称作**成对自助法**.

如果回归模型的适当性、残差方差的稳定性, 或者其他回归假设有疑问, 成对自助法对不满足这些假设的情形要比残差自助法更加稳健. 在协变量不是固定的情形下, 即所谓的随机设计 (random design), 成对自助法更加直接地匹配了原始数据的生成机制.

例 8.1.1 考虑模型数据, R 中的数据集 faithful. 以 waiting 为响应变量, eruptions 为自变量, 建立简单线性回归模型 $y = \alpha + \beta x + \varepsilon$. 通过 qqplot 和 shapiro 命令, 我们会发现 waiting 不能假设服从正态分布. 考虑几种构造 β 的置信区间的方法.

解

• 标准的基于正态假设下的置信区间

$$\left[\widehat{\beta} - \mathrm{sd}(\widehat{\beta}) t_{\alpha/2}(n-2), \quad \widehat{\beta} + \mathrm{sd}(\widehat{\beta}) t_{\alpha/2}(n-2)\right],$$

其中 $\mathrm{sd}(\widehat{\beta}) = \widehat{\sigma}\sqrt{c_{22}}$ 为 $\widehat{\beta}$ 的标准差, c_{jj} 是 $(\boldsymbol{X}^{\mathrm{T}}\boldsymbol{X})^{-1}$ 的对角线上的第 j 个元素.

• 通过残差自助法进行抽样并构造相应的自助法 t 置信区间和自助法分位数置信区间. 即计算残差 $\widehat{\varepsilon}_i = y_i - \widehat{\alpha} - \widehat{\beta} x_i$. 从拟合残差集合中有放回地随机抽取得到自助残差集合 $\widehat{\varepsilon}^*_1, \cdots, \widehat{\varepsilon}^*_n$, 再计算获得自助响应 $y^*_i = \widehat{y}_i + \widehat{\varepsilon}^*_i$. 以 $\{x_i, y^*_i\}_{i=1}^n$ 为一组自助回归样本.

(1) 自助法分位数置信区间. 对第 j 次生成的自助回归样本, 计算 $\widehat{\beta}^*_j - \widehat{\beta}, j = 1, \cdots, B$. 之后求得 $(t^*_{1-\alpha/2}, t^*_{\alpha/2})$. 则 $(\widehat{\beta} - t^*_{1-\alpha/2}, \widehat{\beta} - t^*_{\alpha/2})$ 为我们所求.

(2) 自助法 t 置信区间. 同上但每次不仅计算 $\widehat{\beta}^*_j$, 还需要计算 $\widehat{\sigma}^*_j$, 之后计算标准化统计量 $(\widehat{\beta}^*_j - \widehat{\beta})/(\widehat{\sigma}^*_j\sqrt{c_{22}})$. 之后类似前种方法求得相应的 $(t^*_{1-\alpha/2}, t^*_{\alpha/2})$, 则

$$(\widehat{\beta} - \widehat{\sigma}\sqrt{c_{22}} t^*_{\alpha/2}, \widehat{\beta} - \widehat{\sigma}\sqrt{c_{22}} t^*_{1-\alpha/2})$$

为我们所求.

• 通过成对自助法进行抽样, 并构造相应的自助法 t 置信区间和自助法分位数置信区间. 该方法的构造完全类似于通过残差自助法, 只不过特别之处在于: 此时 c_{22} 对每次的自助回归样本不固定了, 均需要重新进行计算. □

另外一个问题随之而来, 我们如何衡量判断这些构造置信区间方法的好坏呢? 从极限理论角度来说, 前述这些方法都是 $O_p(n^{-1/2})$ 精确的 (即真实的覆盖率以 $O_p(n^{-1/2})$ 的速度收敛至 $1-\alpha$), 这时通常很难从理论上给出它们的好坏的判断. 但是随机模拟的方法可以从一定程度上帮助我们解决这个问题. 这

时只需要对参数模型 $y_i = \alpha + \beta x_i + \varepsilon_i$ 中的系数赋值 (通常来说赋值的大小对各置信区间相互比较的结果不产生显著影响), 对误差项的分布作不同的假设 (当然也包括异方差等情形), 并给定某个适当的生成 x_i 的机制, 比如随机生成或者是从某个区间内等距节点得到. 之后从这样模型中每次生成 n 个数据 (当然主要是生成协变量和误差项所对应的随机数以及计算 y 值), 作为原始观测数据, 然后通过上面的各种方法构造不同的置信区间, 判断真实的 β 是否落在置信区间内 (这个真实的 β 当然就是模拟开始前所给定的参数值). 重复整个过程 N 次后, 比较各种方法包含了真实值的次数 (或概率) 即可 (当然是以模拟估计的覆盖率和 $1-\alpha$ 的差异最小者为最好).

8.2 经验似然简介

假定 q 维随机向量 $\boldsymbol{X}_1, \boldsymbol{X}_2, \cdots, \boldsymbol{X}_n \overset{\text{IID}}{\sim} \boldsymbol{X}$, 期望为 $\boldsymbol{\mu}$. 问题: 如何构造关于 μ 的较好的置信区间? 假定 $\boldsymbol{X}_1, \boldsymbol{X}_2, \cdots, \boldsymbol{X}_n \overset{\text{IID}}{\sim} f(\boldsymbol{x}, \boldsymbol{\mu})$ $(\boldsymbol{\mu} \in \Theta)$. 定义 $\boldsymbol{\mu}$ 的似然函数以及似然比函数

$$L_p(\boldsymbol{\mu}) = \prod_{i=1}^{n} f(\boldsymbol{X}_i, \boldsymbol{\mu}), \quad R_p(\boldsymbol{\mu}) = \frac{L_p(\boldsymbol{\mu})}{\sup\limits_{\boldsymbol{\mu} \in \Theta} L_p(\boldsymbol{\mu})}.$$

此时有著名的 Wilks 定理: $-2\ln R_p(\boldsymbol{\mu}_0) \xrightarrow{d} \chi^2(q)$. 基于这一结果, 我们可以构造一个置信水平为 $1-\alpha$ 的似然比置信区间如下:

$$\{\mu : -2\ln R_p(\boldsymbol{\mu}_0) < \chi^2_\alpha(q)\},$$

其中 $\chi^2_\alpha(q)$ 是 $\chi^2(q)$ 分布的上侧 α 分位数. 参数似然方法的优点是简便易行而且精度高, 缺点是强烈依赖于参数假设, 如果这个假设错误, 那么推断结果会与真实情况相差很远.

一、简单一元情形

首先来说明经验分布函数是一个非参数最大似然估计 (non-parametric maximum likelihood estimate, 简记为 NPMLE). 对于随机变量 $X \in \mathbf{R}$, 其累积分布函数为 $F(x) = P\{X \leqslant x\}$, $-\infty < x < \infty$. 我们用 $F(x-)$ 表示 $P\{X < x\}$, 而 $P\{X = x\} = F(x) - F(x-)$.

定义 8.2.1 给定 $X_1, \cdots, X_n \stackrel{\text{IID}}{\sim} F_0$, 基于某一分布函数 F 的非参数似然函数为

$$L(F) = \prod_{i=1}^{n} (F(X_i) - F(X_i-)).$$

$L(F)$ 的值就是精确得到观测样本 $X_1, \cdots, X_n$ 的概率值. 当然, 如果 F 是连续分布, $L(F) = 0$. 为了得到正的 $L(F)$ 值, F 必须在每一个观测点上都有一正概率值. 下面的定理阐述了经验分布函数 F_n 最大化非参数似然.

定理 8.2.1 假设 $X_1, \cdots, X_n \stackrel{\text{IID}}{\sim} F_0$, 令 F_n 为其经验分布函数, 而 F 是任一分布函数. 如果 $F \neq F_n$, 则 $L(F) < L(F_n)$.

证明 令 $z_1 < z_2 < \cdots < z_m$ 为 $\{X_1, \cdots, X_n\}$ 中不相同的 m 个值, 而 $n_j \geqslant 1$ 是 X_i 等于 z_j 的个数. 令 $p_j = F(z_j) - F(z_j-)$, 且设 $\widehat{p}_j = n_j/n$. 如果对任意的某个 j, 有 $p_j = 0$, 则 $L(F) = 0 < L(F_n)$. 所以我们假设 $p_j > 0$, 且至少有一个 j 使得 $p_j \neq \widehat{p}_j$. 注意到对任意的 $x > 0$, 有 $\ln x \leqslant x - 1$, 且等式仅当 $x = 1$ 时成立. 因此,

$$\ln \frac{L(F)}{L(F_n)} = \sum_{j=1}^{m} n_j \ln \frac{p_j}{\widehat{p}_j} = n \sum_{j=1}^{m} \widehat{p}_j \ln \frac{p_j}{\widehat{p}_j} < n \sum_{j=1}^{m} \widehat{p}_j \left(\frac{p_j}{\widehat{p}_j} - 1 \right) \leqslant 0,$$

所以 $L(F) < L(F_n)$. □

因此, 经验似然函数是 F 的非参数最大似然估计.

类似于参数情形, 我们可使用非参数似然比来构造检验或者置信区间. 对于某个分布 F, 定义非参数似然比为

$$R(F) = \frac{L(F)}{L(F_n)}.$$

假设我们感兴趣的参数是 $\theta = T(F)$, 其中 T 是关于分布的某一函数. 比如, $\theta = \int x \mathrm{d}F(x)$ 或 $\theta = F^{-1}(\alpha)$. 定义 (剖面) 似然比函数为

$$R(\theta) = \sup \{R(F) \mid T(F) = \theta, F \in \mathcal{F}\},$$

其中 $\mathcal{F}$ 为一分布族. 当 $R(\theta_0) < r_0$ 时, 我们拒绝 $H_0 : T(F_0) = \theta_0$, 其中 r_0 是某一阈值. 相应地, 经验似然置信区域构造如下:

$$\{\theta \mid R(\theta) \geqslant r_0\}.$$

在许多问题下, r_0 可由如下的非参数 Wilks 定理得到.

定理 8.2.2 (一元经验似然定理) 设 $X_1, \cdots, X_n \stackrel{\text{IID}}{\sim} F_0$, 令 $\mu_0 = E(X_i)$, 且假设 $0 < \mathrm{Var}(X_i) < \infty$. 则当 $n \to \infty$, $-2 \ln R(\mu_0) \xrightarrow{d} \chi^2(1)$.

这个定理告诉我们当 $-2 \ln R(\mu_0) > \chi^2_\alpha(1)$ 时, 我们以极限显著性水平为

α 拒绝 $\mu = \mu_0$. 相应地, 那些不能够被拒绝的 μ_0 值就构成了一个极限置信水平为 $1-\alpha$ 的置信区域.

下面来看如何计算经验似然. 我们可以将剖面经验似然比函数写为

$$R(\mu) = \sup_{w_1,\cdots,w_n} \left\{ \prod_{i=1}^n n w_i \middle| \sum_{i=1}^n w_i X_i = \mu, \sum_{i=1}^n w_i = 1, w_i \geqslant 0 \right\}.$$

记次序统计量为 $X_{(1)} \leqslant \cdots \leqslant X_{(n)}$. 首先来排除一种情形, 也就是如果 $\mu < X_{(1)}$ 或 $\mu > X_{(n)}$, 则此时不存在权和为 1 的 $w_i \geqslant 0$ 使得 $\sum\limits_{i=1}^n w_i X_i = \mu$. 在此情况下, 定义 $\ln R(\mu) = -\infty$ 或者 $R(\mu) = 0$.

下面考虑一般情形, 即 $X_{(1)} < \mu < X_{(n)}$. 我们需要最大化 $\prod\limits_{i=1}^n n w_i$, 或者等价地在约束 $w_i \geqslant 0, \sum\limits_{i=1}^n w_i = 1, \sum\limits_{i=1}^n w_i (X_i - \mu) = 0$ 下最大化 $\sum\limits_{i=1}^n \ln(n w_i)$. 目标函数 $\sum\limits_{i=1}^n \ln(n w_i)$ 是一个定义在凸集合上的严格凹函数. 相应地, 唯一的全局最大值是存在的. 我们也知道达到最大值的 w_i 不会等于零, 因此是定义域内的一内点. 可以使用 Lagrange 乘子法来求解. 记

$$G = \sum_{i=1}^n \ln(n w_i) - n\lambda \sum_{i=1}^n w_i (X_i - \mu) - \gamma \left(\sum_{i=1}^n w_i - 1 \right),$$

其中 λ 和 γ 是 Lagrange 乘子. 对 G 关于 w_i, γ 和 λ 求偏导得

$$\frac{\partial G}{\partial w_i} = \frac{1}{w_i} - \gamma - n\lambda (X_i - \mu) = 0, \tag{8.2.1}$$

$$\frac{\partial G}{\partial \gamma} = -\left(\sum_{i=1}^n w_i - 1 \right) = 0, \tag{8.2.2}$$

$$\frac{\partial G}{\partial \lambda} = -n \sum_{i=1}^n w_i (X_i - \mu) = 0. \tag{8.2.3}$$

在 (8.2.1) 式两边乘 w_i 得

$$1 - \gamma w_i - n\lambda [w_i (X_i - \mu)] = 0.$$

对 i 求和并利用 (8.2.2) 式和 (8.2.3) 式可得

$$n - \gamma - 0 = 0.$$

也就是, $\gamma = n$. 将 $\gamma = n$ 代入 (8.2.1) 式得

$$w_i = \frac{1}{n[1 + \lambda (X_i - \mu)]}.$$

最后, 我们有

$$l(\mu) = 2\sum_{i=1}^{n} \ln[1 + \lambda(\mu)(X_i - \mu)],$$

其中 $\lambda(\mu)$ 是方程

$$\sum_{i=1}^{n} \frac{X_i - \mu}{1 + \lambda(X_i - \mu)} = 0 \tag{8.2.4}$$

的解.$\lambda(\mu)$ 的值可通过数值解法得到. 对于更复杂的向量情形可参见本章 8.3 节内容. 在结束本节之前, 我们来看如下的一个命题.

命题 8.2.1 一元均值问题的经验似然置信区域是一个区间.

证明 如果 μ_1 和 μ_2 在置信区域内, 则存在权 $w_{ij} \geqslant 0,\ i = 1, \cdots, n,\ j = 1, 2$, 满足 $\sum\limits_{i=1}^{n} w_{ij} X_i = \mu_j,\ \sum\limits_{i=1}^{n} w_{ij} = 1$ 和 $-2\ln(nw_{ij}) \leqslant \chi^2_\alpha(1)$. 对于 $0 < \tau < 1$, 令 $\mu_\tau = \tau\mu_1 + (1-\tau)\mu_2$. 注意到非负权 $w_i = w_{i1}\tau + w_{i2}(1-\tau)$ 的和为 1, 且满足 $\sum\limits_{i=1}^{n} w_i X_i = \mu_\tau$,

$$-2\ln(nw_i) = -2\sum_{i=1}^{n} \ln[nw_{i1}\tau + nw_{i2}(1-\tau)] \leqslant$$

$$-2\left[\tau\sum_{i=1}^{n} \ln(nw_{i1}) + (1-\tau)\sum_{i=1}^{n} \ln(nw_{i2})\right] \leqslant \chi^2_\alpha(1),$$

其中第一个不等式的成立是因为 $-2\ln x$ 是一个凸函数. 由此, 经验似然置信区域包含任意其中两个点之间的连线, 所以是一个区间. □

二、多元情形

类似于一元情形, 我们有如下的多元经验似然定理.

定理 8.2.3 (多元经验似然定理) 假设 $\boldsymbol{X}_1, \cdots, \boldsymbol{X}_n$ 是 $\mathbf{R}^d$ 空间上的独立同分布的随机向量, 其期望为 $\boldsymbol{\mu}_0$, 且协方差矩阵 $\boldsymbol{V}_0$ 满秩. 则 $-2\ln R(\boldsymbol{\mu}_0) \xrightarrow{d} \chi^2(d)$.

这个定理告诉我们可以使用 $\chi^2_\alpha(d)$ 作为 $-2\ln R(\boldsymbol{\mu}_0)$ 的临界值 (当 n 较大时). 有学者建议在实际应用中使用 F 分布或者 Bartlett (巴特利特) 修正方法. 通过极限理论推导可得

$$-2\ln R(\boldsymbol{\mu}_0) \approx n(\overline{\boldsymbol{X}} - \boldsymbol{\mu}_0)^{\mathrm{T}} \widehat{\boldsymbol{V}}^{-1} (\overline{\boldsymbol{X}} - \boldsymbol{\mu}_0),$$

其中 $\widehat{\boldsymbol{V}}=\dfrac{1}{n}\sum_{i=1}^{n}(\boldsymbol{X}_i-\boldsymbol{\mu}_0)(\boldsymbol{X}_i-\boldsymbol{\mu}_0)^{\mathrm{T}}$. 这一表达形式非常类似于我们熟知的 Hotelling (霍特林) T^2,

$$T^2=n(\overline{\boldsymbol{X}}-\boldsymbol{\mu}_0)^{\mathrm{T}}\boldsymbol{S}^{-1}(\overline{\boldsymbol{X}}-\boldsymbol{\mu}_0),$$

其中 $\boldsymbol{S}=\dfrac{1}{n-1}\sum_{i=1}^{n}(\boldsymbol{X}_i-\overline{\boldsymbol{X}})(\boldsymbol{X}_i-\overline{\boldsymbol{X}})^{\mathrm{T}}$ 是 V_0 的无偏估计.通过简单推导, 我们可得如下的关系:

$$n(\overline{\boldsymbol{X}}-\boldsymbol{\mu}_0)^{\mathrm{T}}\widehat{\boldsymbol{V}}^{-1}(\overline{\boldsymbol{X}}-\boldsymbol{\mu}_0)=T^2\left(1+\frac{T^2-1}{n}\right)^{-1}=T^2+O_p(n^{-1}).$$

注意到在正态假设下, $(n-d)T^2/((n-1)d)\sim F(d,n-d)$. 因此可近似地使用 $\dfrac{d(n-1)}{n-d}F_\alpha(d,n-d)$ 作为对数经验似然比统计量的临界值. 一些研究表明在小样本的情形下这种方法比使用极限 χ^2 分布更精确.

另外一种常用的方法就是所谓的 Bartlett 修正方法, 也就是使用

$$\left(1-\frac{a}{n}\right)^{-1}\chi^2_\alpha(d)\quad 或\quad \left(1+\frac{a}{n}\right)\chi^2_\alpha(d)$$

来替换 $\chi^2_\alpha(d)$, 其中 a 是某个 (确定的) 常数 (也称为 Bartlett 修正系数; 参见 DiCiccio 等 (1991)). 使用 χ^2 分布或者 F 分布的方法通常具有 $O(1/n)$ 的极限误差精度, 而 Bartlett 修正法的极限覆盖错误率是 $O(1/n^2)$.

经验似然流行的一个重要原因就是其适用面非常广, 很多问题中都可以使用它来替代参数方法, 我们来看一个线性回归模型的例子.

例 8.2.1 考虑如下的回归模型

$$y_k=\boldsymbol{x}_k^{\mathrm{T}}\boldsymbol{\beta}+\varepsilon_k,\quad 1\leqslant k\leqslant n,$$

其中 $\boldsymbol{x}_k\in\mathbf{R}^d, 1\leqslant k\leqslant n$ 是固定设计点, $y_k\in\mathbf{R}$ 是相应的响应, 而 $\boldsymbol{\beta}$ 是未知的 d 维参数向量. 这里假设 $\varepsilon_k\in\mathbf{R}\overset{\mathrm{IID}}{\sim}F$, 其中 F 未知而期望为零. 我们感兴趣的是构建 $\boldsymbol{\beta}$ 的置信区域或者说等价地检验 $H_0:\boldsymbol{\beta}=\boldsymbol{\beta}_0$.

解 为了使用经验似然求解该问题, 关键是要找到合适的估计方程. 为此定义一个辅助变量

$$\boldsymbol{z}_i\equiv\boldsymbol{z}_i(\boldsymbol{\beta})=\boldsymbol{x}_i(y_i-\boldsymbol{x}_i^{\mathrm{T}}\boldsymbol{\beta}).$$

令 $(p_1,p_2,\cdots,p_n)^{\mathrm{T}}$ 是一个概率向量 (也就是 $\sum_{i=1}^{n}p_i=1$ 且 $p_i\geqslant 0$). 注意到 $E_{H_0}[\boldsymbol{x}_i(y_i-\boldsymbol{x}_i^{\mathrm{T}}\boldsymbol{\beta}_0)]=\mathbf{0}$. 这显然就是期望的估计方程. 由此, 定义经验似然函数

$$L(\boldsymbol{\beta})=\sup\left\{\prod_{i=1}^n p_i\left|\sum_{i=1}^n p_i\boldsymbol{z}_i=\mathbf{0}\right.\right\},$$

而相应的经验似然比函数为

$$\begin{aligned}l(\boldsymbol{\beta}_0)&=-2\ln[L(\boldsymbol{\beta}_0)/L(\widehat{\boldsymbol{\beta}})]\\&=-2\sup\left\{\sum_{i=1}^n\ln(np_i)\left|\sum_{i=1}^n p_i\boldsymbol{z}_i=\mathbf{0}\right.\right\},\end{aligned}$$

其中再次用到了 $L(\widehat{\boldsymbol{\beta}})=n^{-n}$. 由 Lagrange 乘子法, 有

$$p_i=\frac{1}{n}\frac{1}{1+\boldsymbol{\lambda}^{\mathrm{T}}\boldsymbol{z}_i},$$

其中 $\boldsymbol{\lambda}\in\mathbf{R}^d$. 最后, -2 倍的对数经验似然比可写为

$$l(\boldsymbol{\lambda},\boldsymbol{\beta})=2\left[\sum_{i=1}^n\ln\{1+\boldsymbol{\lambda}^{\mathrm{T}}\boldsymbol{z}_i\}\right].$$

Owen (1991) 证明了在一定条件下, 仍有非参数 Wilks 定理 $l(\boldsymbol{\beta}_0)\xrightarrow{d}\chi^2(d)$. □

再来看一个稍微复杂一点的应用.

例 8.2.2 (两样本的经验似然) 令 $\boldsymbol{x}_1,\boldsymbol{x}_2,\cdots,\boldsymbol{x}_{n_1}\overset{\mathrm{IID}}{\sim}F,\boldsymbol{x}_{n_1+1},\boldsymbol{x}_{n_2+2},\cdots,\boldsymbol{x}_{n_1+n_2}\overset{\mathrm{IID}}{\sim}G$, 其中 $\boldsymbol{x}_1,\boldsymbol{x}_2,\cdots,\boldsymbol{x}_{n_1+n_2}\in\mathbf{R}^d$. 想要检验

$$H_0:\boldsymbol{\delta}\triangleq\int\boldsymbol{x}\mathrm{d}G-\int\boldsymbol{x}\mathrm{d}F=\boldsymbol{\delta}_0\leftrightarrow H_1:\boldsymbol{\delta}\neq\boldsymbol{\delta}_0,$$

其中 $\boldsymbol{\delta}_0\in\mathbf{R}^d$.

解 令 $n=n_1+n_2$, $\theta=\dfrac{n_1}{n}$. 假设 $\boldsymbol{\mu}=\int\boldsymbol{x}\mathrm{d}F$ (未知). 为简便, 下面公式中的 i 的取值范围是从 1 到 $n\theta$, 而 j 是从 $n\theta+1$ 到 n. 同样地, 我们需要找到合适的估计方程. 令 $\boldsymbol{y}_j=\boldsymbol{x}_j-\boldsymbol{\delta}_0$, 而 $(p_1,p_2,\cdots,p_{n\theta})$ 和 $(q_{n\theta+1},q_{n\theta+2},\cdots,q_n)$ 是两个概率向量. 不难写出如下的经验似然函数:

$$L(\boldsymbol{\delta})=\sup\left\{\prod_i p_i\prod_j q_j\left|\sum_i p_i(\boldsymbol{x}_i-\boldsymbol{\mu})=\sum_j q_j(\boldsymbol{y}_j-\boldsymbol{\mu})=\mathbf{0}\right.\right\},$$

而相应的经验似然比函数为

$$l(\boldsymbol{\delta}_0)=-2\ln L(\boldsymbol{\delta}_0)/L(\widehat{\boldsymbol{\delta}}),$$

其中 $L(\widehat{\boldsymbol{\delta}})=(n\theta)^{-n\theta}[n(1-\theta)]^{-n(1-\theta)}$. 再利用 Lagrange 乘子法可计算得到

$$p_i=\frac{1}{n\theta}\frac{1}{1+\theta^{-1}\boldsymbol{\lambda}_1^{\mathrm{T}}(\boldsymbol{x}_i-\boldsymbol{\mu})},\quad q_j=\frac{1}{n(1-\theta)}\frac{1}{1+(1-\theta)^{-1}\boldsymbol{\lambda}_2^{\mathrm{T}}(\boldsymbol{y}_j-\boldsymbol{\mu})},$$

而

$$l(\boldsymbol{\lambda}_1, \boldsymbol{\lambda}_2, \boldsymbol{\mu}) = 2\left\{ \sum_i \ln[1 + \theta^{-1}\boldsymbol{\lambda}_1^{\mathrm{T}}(\boldsymbol{x}_i - \boldsymbol{\mu})] + \sum_j \ln[1 + (1-\theta)^{-1}\boldsymbol{\lambda}_2^{\mathrm{T}}(\boldsymbol{y}_j - \boldsymbol{\mu})] \right\}.$$

最后, 我们有 $l(\boldsymbol{\delta}) = l(\boldsymbol{\lambda}_1^*, \boldsymbol{\lambda}_2^*, \boldsymbol{\mu}^*)$, 其中 $(\boldsymbol{\lambda}_1^*, \boldsymbol{\lambda}_2^*, \boldsymbol{\mu}^*)$ 就是如下联合方程的解

$$\begin{cases} \dfrac{1}{n\theta} \displaystyle\sum_i \dfrac{\boldsymbol{x}_i - \boldsymbol{\mu}}{1 + \theta^{-1}\boldsymbol{\lambda}_1^{\mathrm{T}}(\boldsymbol{x}_i - \boldsymbol{\mu})} = 0, \\ \dfrac{1}{n(1-\theta)} \displaystyle\sum_j \dfrac{\boldsymbol{y}_j - \boldsymbol{\mu}}{1 + (1-\theta)^{-1}\boldsymbol{\lambda}_2^{\mathrm{T}}(\boldsymbol{y}_j - \boldsymbol{\mu})} = 0, \\ \boldsymbol{\lambda}_1 + \boldsymbol{\lambda}_2 = \mathbf{0}. \end{cases} \tag{8.2.5}$$

□

请大家尝试将这种方法推广到多样本的情况, 也就是处理方差分析 (ANOVA) 问题.

8.3 多元情形下经验似然的计算

我们下面针对多元均值情形探讨经验似然的计算问题, 而其他问题, 如回归模型等, 都可以采用类似的方法. 定义 $\mathcal{H}$ 由 $\boldsymbol{X}_i \in \mathbf{R}^d, i = 1, \cdots, n$ 构成的凸包:

$$\mathcal{H} = \mathcal{H}(\boldsymbol{X}_1, \cdots, \boldsymbol{X}_n) = \left\{ \sum_{i=1}^n p_i \boldsymbol{X}_i \,\middle|\, p_i \geqslant 0, \sum_{i=1}^n p_i = 1 \right\}.$$

一元情形下它就是区间 $[X_{(1)}, X_{(n)}]$. 如果 $\mu \notin \mathcal{H}$, 则令 $R(\mu) = 0$. 类似于一元问题, 通过 Lagrange 乘子法, 我们有

$$p_i = \frac{1}{n} \frac{1}{1 + \boldsymbol{\lambda}^{\mathrm{T}}(\boldsymbol{X}_i - \boldsymbol{\mu})},$$

其中 $\boldsymbol{\lambda} = \boldsymbol{\lambda}(\boldsymbol{\mu})$ 是满足如下的 d 个联合方程的解:

$$0 = \frac{1}{n} \sum_{i=1}^n \frac{\boldsymbol{X}_i - \boldsymbol{\mu}}{1 + \boldsymbol{\lambda}^{\mathrm{T}}(\boldsymbol{X}_i - \boldsymbol{\mu})}. \tag{8.3.1}$$

关于 $\boldsymbol{\mu}$ 的对数经验似然比则可写为

$$\ln R(\boldsymbol{\mu}) = -\sum_{i=1}^{n} \ln[1+\boldsymbol{\lambda}^{\mathrm{T}}(\boldsymbol{X}_i-\boldsymbol{\mu})] \equiv L(\boldsymbol{\lambda}).$$

注意到解 (8.3.1) 等价于求解 $\dfrac{\partial L(\boldsymbol{\lambda})}{\partial \boldsymbol{\lambda}} = \mathbf{0}$. 另外 L 关于 $\boldsymbol{\lambda}$ 的 Hesse 矩阵为

$$\frac{\partial^2 L(\boldsymbol{\lambda})}{\partial \boldsymbol{\lambda} \partial \boldsymbol{\lambda}^{\mathrm{T}}} = \sum_{i=1}^{n} \frac{(\boldsymbol{X}_i-\boldsymbol{\mu})(\boldsymbol{X}_i-\boldsymbol{\mu})^{\mathrm{T}}}{[1+\boldsymbol{\lambda}^{\mathrm{T}}(\boldsymbol{X}_i-\boldsymbol{\mu})]^2}.$$

它是一个关于 λ 的正定函数. 这就是所谓的经验似然对偶特性: 在 $d+1$ 个等式约束下求解 n 个变量 (p_i) 的最大化问题变为了关于 d 维变量 $\boldsymbol{\lambda}$ 的最小化问题.

问题: 哪 $d+1$ 个?

另外, 我们必须要排除那些使得 $p_i \leqslant 0$ 的 $\boldsymbol{\lambda}$, 也就是 $\boldsymbol{\lambda}$ 必须是在如下的区域中:

$$D = \{\boldsymbol{\lambda} \mid 1+\boldsymbol{\lambda}^{\mathrm{T}}(\boldsymbol{X}_i-\boldsymbol{\mu}) > 0\}, \quad \forall i=1,\cdots,n.$$

注意到该区域包含原点 $\boldsymbol{\lambda}=\mathbf{0}$, 因此是非空的. 进一步, 不难验证 D 是 $\mathbf{R}^d$ 上的凸子集. 所以, 原始的经验似然求解问题: $d+1$ 个等式约束下求解 n 个变量 (p_i) 的最大化问题, 变为了在一个凸区域内最小化一个严格凸的函数 $L(\boldsymbol{\lambda})$ 的问题.

Owen (1990) 给出了一种有效的算法: 重新定义 L 使得其在 $\mathbf{R}^d$ 上是凸函数且处处有定义, 而其值在经验似然真实解的附近同原始的 L 是相同的. 这时我们的算法就不需要考虑 D 中的那 n 个约束了. 定义伪对数函数

$$\ln_*(z) = \begin{cases} \ln z, & z \geqslant 1/n, \\ \ln(1/n) - 1.5 + 2nz - (nz)^2/2, & z \leqslant 1/n. \end{cases} \tag{8.3.2}$$

注意 $\ln_*(z)$ 在 $z \geqslant 1/n$ 时同 $\ln z$ 是相同的, 而 $z \leqslant 1/n$ 时是一个二阶连续可导的二次函数.$z<1/n$ 对应着那些 p_i 大于 1 的解, 因此不是有效的解. 此时, 在 n 个不等式约束下最小化 $L(\boldsymbol{\lambda})$ 可近似地通过最小化

$$L_*(\boldsymbol{\lambda}) = -\sum_{i=1}^{n} \ln_*[1+\boldsymbol{\lambda}^{\mathrm{T}}(\boldsymbol{X}_i-\boldsymbol{\mu})]$$

来替代. 令梯度为零, 有

$$\mathbf{0} = \frac{1}{n}\sum_{i=1}^{n} \ln_*'\left[1+\boldsymbol{\lambda}^{\mathrm{T}}(\boldsymbol{X}_i-\boldsymbol{\mu})\right](\boldsymbol{X}_i-\boldsymbol{\mu}),$$

其中

$$\ln_*'(z) = \begin{cases} 1/z, & z \geqslant 1/n, \\ 2n - n^2 z, & z \leqslant 1/n. \end{cases} \tag{8.3.3}$$

注意到 L_* 的导数可表示为

$$\frac{\partial}{\partial \boldsymbol{\lambda}} L_* = -\boldsymbol{J}^{\mathrm{T}} \boldsymbol{y}, \frac{\partial^2}{\partial \boldsymbol{\lambda} \partial \boldsymbol{\lambda}^{\mathrm{T}}} L_* = \boldsymbol{J}^{\mathrm{T}} \boldsymbol{J},$$

其中 $\boldsymbol{J}$ 是 $n \times d$ 矩阵, 其第 i 行为

$$\boldsymbol{J}_i = \left[-\ln_*''(1+\boldsymbol{\lambda}^{\mathrm{T}}(\boldsymbol{X}_i - \boldsymbol{\mu}))\right]^{1/2} (\boldsymbol{X}_i - \boldsymbol{\mu})^{\mathrm{T}},$$

而 $\boldsymbol{y} = (y_1, \cdots, y_n)$, 其中

$$y_i = \frac{\ln_*'[1+\boldsymbol{\lambda}^{\mathrm{T}}(\boldsymbol{X}_i - \boldsymbol{\mu})]}{\left[-\ln_*''(1+\boldsymbol{\lambda}^{\mathrm{T}}(\boldsymbol{X}_i - \boldsymbol{\mu}))\right]^{1/2}}.$$

利用 Newton 法我们可有如下的更新方程

$$\boldsymbol{\lambda} \leftarrow \boldsymbol{\lambda} + (\boldsymbol{J}^{\mathrm{T}} \boldsymbol{J})^{-1} \boldsymbol{J}^{\mathrm{T}} \boldsymbol{y}.$$

在实际运算中, 我们没有必要去检查是否 $\boldsymbol{\mu} \in \mathcal{H}$. 事实上, 如果 $\boldsymbol{\mu}$ 不是 $\mathcal{H}$ 的内点, 则上述迭代计算得到的 $\boldsymbol{\lambda}$ 的长度是趋向于无穷大的 $(n \to \infty)$, 因此只需要检查每一步计算出来的 $\boldsymbol{\lambda}$ 的长度, 设置适当的阈值, 超过阈值即可判定 $\boldsymbol{\mu} \notin \mathcal{H}$, 停止计算令 $R(\boldsymbol{\mu}) = 0$ 即可.

习题八

1. 假设总体均值为 μ, 我们感兴趣的是估计 μ^2, 现考虑直接使用 $\overline{X}^2$ 作为估计, 请问如何使用自助法进行偏差修正?
2. 假设我们有一组来自形状参数为 α、尺度参数为 1 的 Γ 分布的简单随机样本 $Y_1, \cdots, Y_n$.
   (1) 请描述如何使用参数自助法获得关于 $\sqrt{\alpha}$ 的置信水平为 0.95 的单侧置信区间;
   (2) 如何构造一个显著性水平为 0.05 的 Monte Carlo 检验 $H_0: \sqrt{\alpha} \leqslant 10 \longleftrightarrow H_1: \sqrt{\alpha} > 10$;
   (3) 上面两问的答案之间有什么关系?
3. 假设观测到来自某一连续分布的成对数据 $\{X_i, Y_i\}_{i=1}^n$. 我们感兴趣的是 H_0 : 在 $X \leqslant 100$ 的条件下 Y 的中位数等于 50. 请考虑如何使用经验似然方法构造检验统计量.
4. 继续考虑习题 3 中的问题. 假设 $n = 100$, 且共有 70 个 $X_i \leqslant 100$, 而这 70 个 $\leqslant 100$ 的 X_i 所对应的 Y_i 中共有 30 个小于 50 而另外 40 个大于 50. 请问在 H_0 下最大经验似然比的值是多少? 而那 30 个大于 100 的 X_i 所对应的样本在最大化的分布下获得的权重 $\widehat{p}_i$ 是多少?
5. 假设 $X_1, \cdots, X_n$ 是来自某一未知连续型分布的简单随机样本. 请问如何构造经验似然比检验 $H_0: \mu = \mu_0$ 且 $\sigma^2 = \sigma_0^2$, 其中 μ 和 σ^2 分别代表其均值和方差.

附　录

某些常用分布的分位数表

注解

1. 本书所给的 9 个附表均由 FORTRAN 程序包 IMSL 计算而得, 且附表 6 的结果与模拟方法所得结果一致, 但与梁小筠 (1997) 给出的附表有一定的区别.

2. 附表 9 仅给出了 $p \leqslant 0.5$ 的分布值. 对于 $p > 0.5$ 的分布值, 我们可以利用公式

$$Q(k;n,p) = 1 - Q(n-k+1;n,1-p)$$

得到.

3. 若读者对二元随机变量的相关性检验感兴趣, 则可以利用习题四第 29 题的结论.

4. 若读者对其他一些分位数表感兴趣, 请参考中国科学院数学研究所概率统计室 (1974) 及本书所列的部分参考文献.

标准正态分布累积分布函数值表

$$\Phi(x)=\int_{-\infty}^{x}\frac{1}{\sqrt{2\pi}}\mathrm{e}^{-\frac{x^2}{2}}\,\mathrm{d}x$$

	0.00	0.01	0.02	0.03	0.04	0.05	0.06	0.07	0.08	0.09
0.00	0.50000	0.50399	0.50798	0.51197	0.51595	0.51994	0.52392	0.52790	0.53188	0.53586
0.10	0.53983	0.54380	0.54776	0.55172	0.55567	0.55962	0.56356	0.56749	0.57142	0.57535
0.20	0.57926	0.58317	0.58706	0.59095	0.59483	0.59871	0.60257	0.60642	0.61026	0.61409
0.30	0.61791	0.62172	0.62552	0.62930	0.63307	0.63683	0.64058	0.64431	0.64803	0.65173
0.40	0.65542	0.65910	0.66276	0.66640	0.67003	0.67364	0.67724	0.68082	0.68439	0.68793
0.50	0.69146	0.69497	0.69847	0.70194	0.70540	0.70884	0.71226	0.71566	0.71904	0.72240
0.60	0.72575	0.72907	0.73237	0.73565	0.73891	0.74215	0.74537	0.74857	0.75175	0.75490
0.70	0.75804	0.76115	0.76424	0.76730	0.77035	0.77337	0.77637	0.77935	0.78230	0.78524
0.80	0.78814	0.79103	0.79389	0.79673	0.79955	0.80234	0.80511	0.80785	0.81057	0.81327
0.90	0.81594	0.81859	0.82121	0.82381	0.82639	0.82894	0.83147	0.83398	0.83646	0.83891
1.00	0.84134	0.84375	0.84614	0.84850	0.85083	0.85314	0.85543	0.85769	0.85993	0.86214
1.10	0.86433	0.86650	0.86864	0.87076	0.87286	0.87493	0.87698	0.87900	0.88100	0.88298
1.20	0.88493	0.88686	0.88877	0.89065	0.89251	0.89435	0.89617	0.89796	0.89973	0.90147
1.30	0.90320	0.90490	0.90658	0.90824	0.90988	0.91149	0.91309	0.91466	0.91621	0.91774
1.40	0.91924	0.92073	0.92220	0.92364	0.92507	0.92647	0.92785	0.92922	0.93056	0.93189
1.50	0.93319	0.93448	0.93574	0.93699	0.93822	0.93943	0.94062	0.94179	0.94295	0.94408
1.60	0.94520	0.94630	0.94738	0.94845	0.94950	0.95053	0.95154	0.95254	0.95352	0.95449
1.70	0.95543	0.95637	0.95728	0.95818	0.95907	0.95994	0.96080	0.96164	0.96246	0.96327
1.80	0.96407	0.96485	0.96562	0.96638	0.96712	0.96784	0.96856	0.96926	0.96995	0.97062
1.90	0.97128	0.97193	0.97257	0.97320	0.97381	0.97441	0.97500	0.97558	0.97615	0.97670
2.00	0.97725	0.97778	0.97831	0.97882	0.97932	0.97982	0.98030	0.98077	0.98124	0.98169
2.10	0.98214	0.98257	0.98300	0.98341	0.98382	0.98422	0.98461	0.98500	0.98537	0.98574
2.20	0.98610	0.98645	0.98679	0.98713	0.98745	0.98778	0.98809	0.98840	0.98870	0.98899
2.30	0.98928	0.98956	0.98983	0.99010	0.99036	0.99061	0.99086	0.99111	0.99134	0.99158
2.40	0.99180	0.99202	0.99224	0.99245	0.99266	0.99286	0.99305	0.99324	0.99343	0.99361
2.50	0.99379	0.99396	0.99413	0.99430	0.99446	0.99461	0.99477	0.99492	0.99506	0.99520
2.60	0.99534	0.99547	0.99560	0.99573	0.99585	0.99598	0.99609	0.99621	0.99632	0.99643
2.70	0.99653	0.99664	0.99674	0.99683	0.99693	0.99702	0.99711	0.99720	0.99728	0.99736
2.80	0.99744	0.99752	0.99760	0.99767	0.99774	0.99781	0.99788	0.99795	0.99801	0.99807
2.90	0.99813	0.99819	0.99825	0.99831	0.99836	0.99841	0.99846	0.99851	0.99856	0.99861
3.00	0.99865	0.99869	0.99874	0.99878	0.99882	0.99886	0.99889	0.99893	0.99897	0.99900
3.10	0.99903	0.99906	0.99910	0.99913	0.99916	0.99918	0.99921	0.99924	0.99926	0.99929
3.20	0.99931	0.99934	0.99936	0.99938	0.99940	0.99942	0.99944	0.99946	0.99948	0.99950
3.30	0.99952	0.99953	0.99955	0.99957	0.99958	0.99960	0.99961	0.99962	0.99964	0.99965
3.40	0.99966	0.99968	0.99969	0.99970	0.99971	0.99972	0.99973	0.99974	0.99975	0.99976
3.50	0.99977	0.99978	0.99978	0.99979	0.99980	0.99981	0.99981	0.99982	0.99983	0.99983
3.60	0.99984	0.99985	0.99985	0.99986	0.99986	0.99987	0.99987	0.99988	0.99988	0.99989
3.70	0.99989	0.99990	0.99990	0.99990	0.99991	0.99991	0.99992	0.99992	0.99992	0.99992
3.80	0.99993	0.99993	0.99993	0.99994	0.99994	0.99994	0.99994	0.99995	0.99995	0.99995
3.90	0.99995	0.99995	0.99996	0.99996	0.99996	0.99996	0.99996	0.99996	0.99997	0.99997

附表2 t 分布的分位数表

$$\int_c^\infty t(x;n)\mathrm{d}x = \alpha$$

n	α							
	0.3	0.2	0.1	0.05	0.025	0.01	0.005	0.001
1	0.727	1.376	3.078	6.314	12.706	31.821	63.657	318.313
2	0.617	1.061	1.886	2.920	4.303	6.965	9.925	22.327
3	0.584	0.978	1.638	2.353	3.182	4.541	5.841	10.215
4	0.569	0.941	1.533	2.132	2.776	3.747	4.604	7.173
5	0.559	0.920	1.476	2.015	2.571	3.365	4.032	5.893
6	0.553	0.906	1.440	1.943	2.447	3.143	3.707	5.208
7	0.549	0.896	1.415	1.895	2.365	2.998	3.499	4.785
8	0.546	0.889	1.397	1.860	2.306	2.896	3.355	4.501
9	0.543	0.883	1.383	1.833	2.262	2.821	3.250	4.297
10	0.542	0.879	1.372	1.812	2.228	2.764	3.169	4.144
11	0.540	0.876	1.363	1.796	2.201	2.718	3.106	4.025
12	0.539	0.873	1.356	1.782	2.179	2.681	3.055	3.930
13	0.538	0.870	1.350	1.771	2.160	2.650	3.012	3.852
14	0.537	0.868	1.345	1.761	2.145	2.624	2.977	3.787
15	0.536	0.866	1.341	1.753	2.131	2.602	2.947	3.733
16	0.535	0.865	1.337	1.746	2.120	2.583	2.921	3.686
17	0.534	0.863	1.333	1.740	2.110	2.567	2.898	3.646
18	0.534	0.862	1.330	1.734	2.101	2.552	2.878	3.610
19	0.533	0.861	1.328	1.729	2.093	2.539	2.861	3.579
20	0.533	0.860	1.325	1.725	2.086	2.528	2.845	3.552
21	0.532	0.859	1.323	1.721	2.080	2.518	2.831	3.527
22	0.532	0.858	1.321	1.717	2.074	2.508	2.819	3.505
23	0.532	0.858	1.319	1.714	2.069	2.500	2.807	3.485
24	0.531	0.857	1.318	1.711	2.064	2.492	2.797	3.467
25	0.531	0.856	1.316	1.708	2.060	2.485	2.787	3.450
26	0.531	0.856	1.315	1.706	2.056	2.479	2.779	3.435
27	0.531	0.855	1.314	1.703	2.052	2.473	2.771	3.421
28	0.530	0.855	1.313	1.701	2.048	2.467	2.763	3.408
29	0.530	0.854	1.311	1.699	2.045	2.462	2.756	3.396
30	0.530	0.854	1.310	1.697	2.042	2.457	2.750	3.385
35	0.529	0.852	1.306	1.690	2.030	2.438	2.724	3.340
40	0.529	0.851	1.303	1.684	2.021	2.423	2.704	3.307
45	0.528	0.850	1.301	1.679	2.014	2.412	2.690	3.281
50	0.528	0.849	1.299	1.676	2.009	2.403	2.678	3.261
100	0.526	0.845	1.290	1.660	1.984	2.364	2.626	3.174
150	0.526	0.844	1.287	1.655	1.976	2.351	2.609	3.145
200	0.525	0.843	1.286	1.653	1.972	2.345	2.601	3.131
∞	0.524	0.842	1.282	1.645	1.960	2.326	2.576	3.090

附表3 χ^2 分布的分位数表

$$\int_c^{\infty} \chi^2(x;n)\mathrm{d}x = \alpha$$

n	α									
	0.995	0.990	0.975	0.950	0.900	0.100	0.050	0.025	0.010	0.005
1	0.00	0.00	0.00	0.00	0.02	2.71	3.84	5.02	6.64	7.88
2	0.01	0.02	0.05	0.10	0.21	4.61	5.99	7.38	9.21	10.60
3	0.07	0.11	0.22	0.35	0.58	6.25	7.81	9.35	11.35	12.84
4	0.21	0.30	0.48	0.71	1.06	7.78	9.49	11.14	13.28	14.86
5	0.41	0.55	0.83	1.15	1.61	9.24	11.07	12.83	15.09	16.75
6	0.68	0.87	1.24	1.64	2.20	10.64	12.59	14.45	16.81	18.55
7	0.99	1.24	1.69	2.17	2.83	12.02	14.07	16.01	18.48	20.28
8	1.34	1.65	2.18	2.73	3.49	13.36	15.51	17.53	20.09	21.96
9	1.73	2.09	2.70	3.33	4.17	14.68	16.92	19.02	21.67	23.59
10	2.16	2.56	3.25	3.94	4.87	15.99	18.31	20.48	23.21	25.19
11	2.60	3.05	3.82	4.57	5.58	17.28	19.68	21.92	24.73	26.76
12	3.07	3.57	4.40	5.23	6.30	18.55	21.03	23.34	26.22	28.30
13	3.57	4.11	5.01	5.89	7.04	19.81	22.36	24.74	27.69	29.82
14	4.07	4.66	5.63	6.57	7.79	21.06	23.68	26.12	29.14	31.32
15	4.60	5.23	6.26	7.26	8.55	22.31	25.00	27.49	30.58	32.80
16	5.14	5.81	6.91	7.96	9.31	23.54	26.30	28.85	32.00	34.27
17	5.70	6.41	7.56	8.67	10.09	24.77	27.59	30.19	33.41	35.72
18	6.26	7.01	8.23	9.39	10.86	25.99	28.87	31.53	34.81	37.16
19	6.84	7.63	8.91	10.12	11.65	27.20	30.14	32.85	36.19	38.58
20	7.43	8.26	9.59	10.85	12.44	28.41	31.41	34.17	37.57	40.00
21	8.03	8.90	10.28	11.59	13.24	29.62	32.67	35.48	38.93	41.40
22	8.64	9.54	10.98	12.34	14.04	30.81	33.92	36.78	40.29	42.80
23	9.26	10.20	11.69	13.09	14.85	32.01	35.17	38.08	41.64	44.18
24	9.89	10.86	12.40	13.85	15.66	33.20	36.42	39.36	42.98	45.56
25	10.52	11.52	13.12	14.61	16.47	34.38	37.65	40.65	44.31	46.93
26	11.16	12.20	13.84	15.38	17.29	35.56	38.89	41.92	45.64	48.29
27	11.81	12.88	14.57	16.15	18.11	36.74	40.11	43.19	46.96	49.64
28	12.46	13.56	15.31	16.93	18.94	37.92	41.34	44.46	48.28	50.99
29	13.12	14.26	16.05	17.71	19.77	39.09	42.56	45.72	49.59	52.34
30	13.79	14.95	16.79	18.49	20.60	40.26	43.77	46.98	50.89	53.67
31	14.46	15.66	17.54	19.28	21.43	41.42	44.99	48.23	52.19	55.00
32	15.13	16.36	18.29	20.07	22.27	42.58	46.19	49.48	53.49	56.33
33	15.82	17.07	19.05	20.87	23.11	43.75	47.40	50.73	54.78	57.65
34	16.50	17.79	19.81	21.66	23.95	44.90	48.60	51.97	56.06	58.96
35	17.19	18.51	20.57	22.47	24.80	46.06	49.80	53.20	57.34	60.27
36	17.89	19.23	21.34	23.27	25.64	47.21	51.00	54.44	58.62	61.58
37	18.59	19.96	22.11	24.07	26.49	48.36	52.19	55.67	59.89	62.88
38	19.29	20.69	22.88	24.88	27.34	49.51	53.38	56.90	61.16	64.18
39	20.00	21.43	23.65	25.70	28.20	50.66	54.57	58.12	62.43	65.48
40	20.71	22.16	24.43	26.51	29.05	51.81	55.76	59.34	63.69	66.77

附表4 F 分布的分位数表

$$\int_c^{\infty} f(x;m,n)\mathrm{d}x = \alpha$$

$\alpha = 0.2$

m	n															
	1	2	3	4	5	6	7	8	9	10	15	20	30	50	100	∞
1	9.5	3.56	2.68	2.35	2.18	2.07	2.00	1.95	1.91	1.88	1.80	1.76	1.72	1.69	1.66	1.64
2	12.0	4.00	2.89	2.47	2.26	2.13	2.04	1.98	1.93	1.90	1.80	1.75	1.70	1.66	1.64	1.61
3	13.1	4.16	2.94	2.48	2.25	2.11	2.02	1.95	1.90	1.86	1.75	1.70	1.64	1.60	1.58	1.55
4	13.6	4.24	2.96	2.48	2.24	2.09	1.99	1.92	1.87	1.83	1.71	1.65	1.60	1.56	1.53	1.50
5	14.0	4.28	2.97	2.48	2.23	2.08	1.97	1.90	1.85	1.80	1.68	1.62	1.57	1.52	1.49	1.46
6	14.3	4.32	2.97	2.47	2.22	2.06	1.96	1.88	1.83	1.78	1.66	1.60	1.54	1.49	1.46	1.43
7	14.4	4.34	2.97	2.47	2.21	2.05	1.94	1.87	1.81	1.77	1.64	1.58	1.52	1.47	1.43	1.40
8	14.6	4.36	2.98	2.47	2.20	2.04	1.93	1.86	1.80	1.75	1.62	1.56	1.50	1.45	1.41	1.38
9	14.7	4.37	2.98	2.46	2.20	2.03	1.93	1.85	1.79	1.74	1.61	1.54	1.48	1.43	1.40	1.36
10	14.8	4.38	2.98	2.46	2.19	2.03	1.92	1.84	1.78	1.73	1.60	1.53	1.47	1.42	1.38	1.34
11	14.8	4.39	2.98	2.46	2.19	2.02	1.91	1.83	1.77	1.72	1.59	1.52	1.46	1.41	1.37	1.33
12	14.9	4.40	2.98	2.46	2.18	2.02	1.91	1.83	1.76	1.72	1.58	1.51	1.45	1.39	1.36	1.32
13	15.0	4.40	2.98	2.45	2.18	2.01	1.90	1.82	1.76	1.71	1.57	1.50	1.44	1.38	1.35	1.31
14	15.0	4.41	2.98	2.45	2.18	2.01	1.90	1.82	1.75	1.70	1.56	1.50	1.43	1.38	1.34	1.30
15	15.0	4.42	2.98	2.45	2.18	2.01	1.89	1.81	1.75	1.70	1.56	1.49	1.42	1.37	1.33	1.29
16	15.1	4.42	2.98	2.45	2.17	2.00	1.89	1.81	1.74	1.70	1.55	1.48	1.42	1.36	1.32	1.28
17	15.1	4.42	2.98	2.45	2.17	2.00	1.89	1.80	1.74	1.69	1.55	1.48	1.41	1.35	1.31	1.27
18	15.1	4.43	2.98	2.45	2.17	2.00	1.88	1.80	1.74	1.69	1.54	1.47	1.40	1.35	1.31	1.26
19	15.1	4.43	2.98	2.45	2.17	2.00	1.88	1.80	1.73	1.69	1.54	1.47	1.40	1.34	1.30	1.26
20	15.2	4.43	2.98	2.44	2.17	2.00	1.88	1.80	1.73	1.68	1.54	1.47	1.39	1.34	1.30	1.25
21	15.2	4.43	2.98	2.44	2.16	1.99	1.88	1.79	1.73	1.68	1.53	1.46	1.39	1.33	1.29	1.25
22	15.2	4.44	2.98	2.44	2.16	1.99	1.88	1.79	1.73	1.68	1.53	1.46	1.39	1.33	1.29	1.24
23	15.2	4.44	2.98	2.44	2.16	1.99	1.87	1.79	1.73	1.67	1.53	1.46	1.38	1.33	1.28	1.24
24	15.2	4.44	2.98	2.44	2.16	1.99	1.87	1.79	1.72	1.67	1.53	1.45	1.38	1.32	1.28	1.23
25	15.3	4.44	2.98	2.44	2.16	1.99	1.87	1.79	1.72	1.67	1.52	1.45	1.38	1.32	1.27	1.23
26	15.3	4.44	2.98	2.44	2.16	1.99	1.87	1.78	1.72	1.67	1.52	1.45	1.37	1.31	1.27	1.22
27	15.3	4.44	2.98	2.44	2.16	1.99	1.87	1.78	1.72	1.67	1.52	1.44	1.37	1.31	1.27	1.22
28	15.3	4.45	2.98	2.44	2.16	1.98	1.87	1.78	1.72	1.67	1.52	1.44	1.37	1.31	1.26	1.22
29	15.3	4.45	2.98	2.44	2.16	1.98	1.87	1.78	1.72	1.66	1.51	1.44	1.37	1.31	1.26	1.21
30	15.3	4.45	2.98	2.44	2.16	1.98	1.86	1.78	1.71	1.66	1.51	1.44	1.36	1.30	1.26	1.21
35	15.3	4.45	2.98	2.44	2.15	1.98	1.86	1.77	1.71	1.66	1.51	1.43	1.35	1.29	1.24	1.19
40	15.4	4.46	2.98	2.44	2.15	1.98	1.86	1.77	1.70	1.65	1.50	1.42	1.35	1.28	1.23	1.18
45	15.4	4.46	2.98	2.44	2.15	1.97	1.85	1.77	1.70	1.65	1.50	1.42	1.34	1.28	1.23	1.17
50	15.4	4.46	2.98	2.43	2.15	1.97	1.85	1.76	1.70	1.65	1.49	1.41	1.34	1.27	1.22	1.16
60	15.4	4.46	2.98	2.43	2.15	1.97	1.85	1.76	1.69	1.64	1.49	1.41	1.33	1.26	1.21	1.15
70	15.5	4.47	2.98	2.43	2.14	1.97	1.85	1.76	1.69	1.64	1.48	1.40	1.32	1.25	1.20	1.14
80	15.5	4.47	2.98	2.43	2.14	1.97	1.84	1.76	1.69	1.64	1.48	1.40	1.32	1.25	1.19	1.13
100	15.5	4.47	2.98	2.43	2.14	1.96	1.84	1.75	1.69	1.63	1.47	1.39	1.31	1.24	1.18	1.12
150	15.5	4.47	2.98	2.43	2.14	1.96	1.84	1.75	1.68	1.63	1.47	1.39	1.30	1.23	1.17	1.10
200	15.5	4.48	2.98	2.43	2.14	1.96	1.84	1.75	1.68	1.63	1.46	1.38	1.30	1.22	1.16	1.08
∞	15.6	4.48	2.98	2.43	2.13	1.95	1.83	1.74	1.67	1.62	1.46	1.37	1.28	1.21	1.14	1.00

续表

$\alpha = 0.1$

m	n															
	1	2	3	4	5	6	7	8	9	10	15	20	30	50	100	∞
1	39.86	8.53	5.54	4.54	4.06	3.78	3.59	3.46	3.36	3.29	3.07	2.97	2.88	2.81	2.76	2.71
2	49.50	9.00	5.46	4.32	3.78	3.46	3.26	3.11	3.01	2.92	2.70	2.59	2.49	2.41	2.36	2.30
3	53.59	9.16	5.39	4.19	3.62	3.29	3.07	2.92	2.81	2.73	2.49	2.38	2.28	2.20	2.14	2.08
4	55.83	9.24	5.34	4.11	3.52	3.18	2.96	2.81	2.69	2.61	2.36	2.25	2.14	2.06	2.00	1.94
5	57.24	9.29	5.31	4.05	3.45	3.11	2.88	2.73	2.61	2.52	2.27	2.16	2.05	1.97	1.91	1.85
6	58.20	9.33	5.28	4.01	3.40	3.05	2.83	2.67	2.55	2.46	2.21	2.09	1.98	1.90	1.83	1.77
7	58.91	9.35	5.27	3.98	3.37	3.01	2.78	2.62	2.51	2.41	2.16	2.04	1.93	1.84	1.78	1.72
8	59.44	9.37	5.25	3.95	3.34	2.98	2.75	2.59	2.47	2.38	2.12	2.00	1.88	1.80	1.73	1.67
9	59.86	9.38	5.24	3.94	3.32	2.96	2.72	2.56	2.44	2.35	2.09	1.96	1.85	1.76	1.69	1.63
10	60.19	9.39	5.23	3.92	3.30	2.94	2.70	2.54	2.42	2.32	2.06	1.94	1.82	1.73	1.66	1.60
11	60.47	9.40	5.22	3.91	3.28	2.92	2.68	2.52	2.40	2.30	2.04	1.91	1.79	1.70	1.64	1.57
12	60.71	9.41	5.22	3.90	3.27	2.90	2.67	2.50	2.38	2.28	2.02	1.89	1.77	1.68	1.61	1.55
13	60.90	9.41	5.21	3.89	3.26	2.89	2.65	2.49	2.36	2.27	2.00	1.87	1.75	1.66	1.59	1.52
14	61.07	9.42	5.20	3.88	3.25	2.88	2.64	2.48	2.35	2.26	1.99	1.86	1.74	1.64	1.57	1.50
15	61.22	9.42	5.20	3.87	3.24	2.87	2.63	2.46	2.34	2.24	1.97	1.84	1.72	1.63	1.56	1.49
16	61.35	9.43	5.20	3.86	3.23	2.86	2.62	2.45	2.33	2.23	1.96	1.83	1.71	1.61	1.54	1.47
17	61.46	9.43	5.19	3.86	3.22	2.85	2.61	2.45	2.32	2.22	1.95	1.82	1.70	1.60	1.53	1.46
18	61.57	9.44	5.19	3.85	3.22	2.85	2.61	2.44	2.31	2.22	1.94	1.81	1.69	1.59	1.52	1.44
19	61.66	9.44	5.19	3.85	3.21	2.84	2.60	2.43	2.30	2.21	1.93	1.80	1.68	1.58	1.50	1.43
20	61.74	9.44	5.18	3.84	3.21	2.84	2.59	2.42	2.30	2.20	1.92	1.79	1.67	1.57	1.49	1.42
21	61.81	9.44	5.18	3.84	3.20	2.83	2.59	2.42	2.29	2.19	1.92	1.79	1.66	1.56	1.48	1.41
22	61.88	9.45	5.18	3.84	3.20	2.83	2.58	2.41	2.29	2.19	1.91	1.78	1.65	1.55	1.48	1.40
23	61.95	9.45	5.18	3.83	3.19	2.82	2.58	2.41	2.28	2.18	1.90	1.77	1.64	1.54	1.47	1.39
24	62.00	9.45	5.18	3.83	3.19	2.82	2.58	2.40	2.28	2.18	1.90	1.77	1.64	1.54	1.46	1.38
25	62.05	9.45	5.17	3.83	3.19	2.81	2.57	2.40	2.27	2.17	1.89	1.76	1.63	1.53	1.45	1.38
26	62.10	9.45	5.17	3.83	3.18	2.81	2.57	2.40	2.27	2.17	1.89	1.76	1.63	1.52	1.45	1.37
27	62.15	9.45	5.17	3.82	3.18	2.81	2.56	2.39	2.26	2.17	1.88	1.75	1.62	1.52	1.44	1.36
28	62.19	9.46	5.17	3.82	3.18	2.81	2.56	2.39	2.26	2.16	1.88	1.75	1.62	1.51	1.43	1.35
29	62.23	9.46	5.17	3.82	3.18	2.80	2.56	2.39	2.26	2.16	1.88	1.74	1.61	1.51	1.43	1.35
30	62.26	9.46	5.17	3.82	3.17	2.80	2.56	2.38	2.25	2.16	1.87	1.74	1.61	1.50	1.42	1.34
35	62.42	9.46	5.16	3.81	3.16	2.79	2.54	2.37	2.24	2.14	1.86	1.72	1.59	1.48	1.40	1.32
40	62.53	9.47	5.16	3.80	3.16	2.78	2.54	2.36	2.23	2.13	1.85	1.71	1.57	1.46	1.38	1.30
45	62.62	9.47	5.16	3.80	3.15	2.77	2.53	2.35	2.22	2.12	1.84	1.70	1.56	1.45	1.37	1.28
50	62.69	9.47	5.15	3.80	3.15	2.77	2.52	2.35	2.22	2.12	1.83	1.69	1.55	1.44	1.35	1.26
60	62.79	9.47	5.15	3.79	3.14	2.76	2.51	2.34	2.21	2.11	1.82	1.68	1.54	1.42	1.34	1.24
70	62.87	9.48	5.15	3.79	3.14	2.76	2.51	2.33	2.20	2.10	1.81	1.67	1.53	1.41	1.32	1.22
80	62.93	9.48	5.15	3.78	3.13	2.75	2.50	2.33	2.20	2.09	1.80	1.66	1.52	1.40	1.31	1.21
100	63.01	9.48	5.14	3.78	3.13	2.75	2.50	2.32	2.19	2.09	1.79	1.65	1.51	1.39	1.29	1.18
150	63.11	9.48	5.14	3.77	3.12	2.74	2.49	2.31	2.18	2.08	1.78	1.64	1.49	1.37	1.27	1.15
200	63.17	9.49	5.14	3.77	3.12	2.73	2.48	2.31	2.17	2.07	1.77	1.63	1.48	1.36	1.26	1.13
∞	63.33	9.49	5.13	3.76	3.10	2.72	2.47	2.29	2.16	2.06	1.76	1.61	1.46	1.33	1.21	1.00

续表

$\alpha = 0.05$

m	n															
	1	2	3	4	5	6	7	8	9	10	15	20	30	50	100	∞
1	161.45	18.51	10.13	7.71	6.61	5.99	5.59	5.32	5.12	4.96	4.54	4.35	4.17	4.03	3.94	3.84
2	199.50	19.00	9.55	6.94	5.79	5.14	4.74	4.46	4.26	4.10	3.68	3.49	3.32	3.18	3.09	3.00
3	215.71	19.16	9.28	6.59	5.41	4.76	4.35	4.07	3.86	3.71	3.29	3.10	2.92	2.79	2.70	2.60
4	224.58	19.25	9.12	6.39	5.19	4.53	4.12	3.84	3.63	3.48	3.06	2.87	2.69	2.56	2.46	2.37
5	230.16	19.30	9.01	6.26	5.05	4.39	3.97	3.69	3.48	3.33	2.90	2.71	2.53	2.40	2.31	2.21
6	233.99	19.33	8.94	6.16	4.95	4.28	3.87	3.58	3.37	3.22	2.79	2.60	2.42	2.29	2.19	2.10
7	236.77	19.35	8.89	6.09	4.88	4.21	3.79	3.50	3.29	3.14	2.71	2.51	2.33	2.20	2.10	2.01
8	238.88	19.37	8.85	6.04	4.82	4.15	3.73	3.44	3.23	3.07	2.64	2.45	2.27	2.13	2.03	1.94
9	240.54	19.38	8.81	6.00	4.77	4.10	3.68	3.39	3.18	3.02	2.59	2.39	2.21	2.07	1.97	1.88
10	241.88	19.40	8.79	5.96	4.74	4.06	3.64	3.35	3.14	2.98	2.54	2.35	2.16	2.03	1.93	1.83
11	242.98	19.40	8.76	5.94	4.70	4.03	3.60	3.31	3.10	2.94	2.51	2.31	2.13	1.99	1.89	1.79
12	243.91	19.41	8.74	5.91	4.68	4.00	3.57	3.28	3.07	2.91	2.48	2.28	2.09	1.95	1.85	1.75
13	244.69	19.42	8.73	5.89	4.66	3.98	3.55	3.26	3.05	2.89	2.45	2.25	2.06	1.92	1.82	1.72
14	245.36	19.42	8.71	5.87	4.64	3.96	3.53	3.24	3.03	2.86	2.42	2.22	2.04	1.89	1.79	1.69
15	245.95	19.43	8.70	5.86	4.62	3.94	3.51	3.22	3.01	2.85	2.40	2.20	2.01	1.87	1.77	1.67
16	246.46	19.43	8.69	5.84	4.60	3.92	3.49	3.20	2.99	2.83	2.38	2.18	1.99	1.85	1.75	1.64
17	246.92	19.44	8.68	5.83	4.59	3.91	3.48	3.19	2.97	2.81	2.37	2.17	1.98	1.83	1.73	1.62
18	247.32	19.44	8.67	5.82	4.58	3.90	3.47	3.17	2.96	2.80	2.35	2.15	1.96	1.81	1.71	1.60
19	247.69	19.44	8.67	5.81	4.57	3.88	3.46	3.16	2.95	2.79	2.34	2.14	1.95	1.80	1.69	1.59
20	248.01	19.45	8.66	5.80	4.56	3.87	3.44	3.15	2.94	2.77	2.33	2.12	1.93	1.78	1.68	1.57
21	248.31	19.45	8.65	5.79	4.55	3.86	3.43	3.14	2.93	2.76	2.32	2.11	1.92	1.77	1.66	1.56
22	248.58	19.45	8.65	5.79	4.54	3.86	3.43	3.13	2.92	2.75	2.31	2.10	1.91	1.76	1.65	1.54
23	248.83	19.45	8.64	5.78	4.53	3.85	3.42	3.12	2.91	2.75	2.30	2.09	1.90	1.75	1.64	1.53
24	249.05	19.45	8.64	5.77	4.53	3.84	3.41	3.12	2.90	2.74	2.29	2.08	1.89	1.74	1.63	1.52
25	249.26	19.46	8.63	5.77	4.52	3.83	3.40	3.11	2.89	2.73	2.28	2.07	1.88	1.73	1.62	1.51
26	249.45	19.46	8.63	5.76	4.52	3.83	3.40	3.10	2.89	2.72	2.27	2.07	1.87	1.72	1.61	1.50
27	249.63	19.46	8.63	5.76	4.51	3.82	3.39	3.10	2.88	2.72	2.27	2.06	1.86	1.71	1.60	1.49
28	249.80	19.46	8.62	5.75	4.50	3.82	3.39	3.09	2.87	2.71	2.26	2.05	1.85	1.70	1.59	1.48
29	249.95	19.46	8.62	5.75	4.50	3.81	3.38	3.08	2.87	2.70	2.25	2.05	1.85	1.69	1.58	1.47
30	250.10	19.46	8.62	5.75	4.50	3.81	3.38	3.08	2.86	2.70	2.25	2.04	1.84	1.69	1.57	1.46
35	250.69	19.47	8.60	5.73	4.48	3.79	3.36	3.06	2.84	2.68	2.22	2.01	1.81	1.66	1.54	1.42
40	251.14	19.47	8.59	5.72	4.46	3.77	3.34	3.04	2.83	2.66	2.20	1.99	1.79	1.63	1.52	1.39
45	251.49	19.47	8.59	5.71	4.45	3.76	3.33	3.03	2.81	2.65	2.19	1.98	1.77	1.61	1.49	1.37
50	251.77	19.48	8.58	5.70	4.44	3.75	3.32	3.02	2.80	2.64	2.18	1.97	1.76	1.60	1.48	1.35
60	252.20	19.48	8.57	5.69	4.43	3.74	3.30	3.01	2.79	2.62	2.16	1.95	1.74	1.58	1.45	1.32
70	252.50	19.48	8.57	5.68	4.42	3.73	3.29	2.99	2.78	2.61	2.15	1.93	1.72	1.56	1.43	1.29
80	252.72	19.48	8.56	5.67	4.41	3.72	3.29	2.99	2.77	2.60	2.14	1.92	1.71	1.54	1.41	1.27
100	253.04	19.49	8.55	5.66	4.41	3.71	3.27	2.97	2.76	2.59	2.12	1.91	1.70	1.52	1.39	1.24
150	253.46	19.49	8.54	5.65	4.39	3.70	3.26	2.96	2.74	2.57	2.10	1.89	1.67	1.50	1.36	1.20
200	253.68	19.49	8.54	5.65	4.39	3.69	3.25	2.95	2.73	2.56	2.10	1.88	1.66	1.48	1.34	1.17
∞	254.31	19.50	8.53	5.63	4.36	3.67	3.23	2.93	2.71	2.54	2.07	1.84	1.62	1.44	1.28	1.00

$\alpha = 0.025$

m	n															
	1	2	3	4	5	6	7	8	9	10	15	20	30	50	100	∞
1	647.8	38.51	17.44	12.22	10.01	8.81	8.07	7.57	7.21	6.94	6.20	5.87	5.57	5.34	5.18	5.02
2	799.5	39.00	16.04	10.65	8.43	7.26	6.54	6.06	5.71	5.46	4.77	4.46	4.18	3.97	3.83	3.69
3	864.2	39.17	15.44	9.98	7.76	6.60	5.89	5.42	5.08	4.83	4.15	3.86	3.59	3.39	3.25	3.12
4	899.6	39.25	15.10	9.60	7.39	6.23	5.52	5.05	4.72	4.47	3.80	3.51	3.25	3.05	2.92	2.79
5	921.8	39.30	14.88	9.36	7.15	5.99	5.29	4.82	4.48	4.24	3.58	3.29	3.03	2.83	2.70	2.57
6	937.1	39.33	14.73	9.20	6.98	5.82	5.12	4.65	4.32	4.07	3.41	3.13	2.87	2.67	2.54	2.41
7	948.2	39.36	14.62	9.07	6.85	5.70	4.99	4.53	4.20	3.95	3.29	3.01	2.75	2.55	2.42	2.29
8	956.7	39.37	14.54	8.98	6.76	5.60	4.90	4.43	4.10	3.85	3.20	2.91	2.65	2.46	2.32	2.19
9	963.3	39.39	14.47	8.90	6.68	5.52	4.82	4.36	4.03	3.78	3.12	2.84	2.57	2.38	2.24	2.11
10	968.6	39.40	14.42	8.84	6.62	5.46	4.76	4.30	3.96	3.72	3.06	2.77	2.51	2.32	2.18	2.05
11	973.0	39.41	14.37	8.79	6.57	5.41	4.71	4.24	3.91	3.66	3.01	2.72	2.46	2.26	2.12	1.99
12	976.7	39.41	14.34	8.75	6.52	5.37	4.67	4.20	3.87	3.62	2.96	2.68	2.41	2.22	2.08	1.94
13	979.8	39.42	14.30	8.72	6.49	5.33	4.63	4.16	3.83	3.58	2.92	2.64	2.37	2.18	2.04	1.90
14	982.5	39.43	14.28	8.68	6.46	5.30	4.60	4.13	3.80	3.55	2.89	2.60	2.34	2.14	2.00	1.87
15	984.9	39.43	14.25	8.66	6.43	5.27	4.57	4.10	3.77	3.52	2.86	2.57	2.31	2.11	1.97	1.83
16	986.9	39.44	14.23	8.63	6.40	5.24	4.54	4.08	3.74	3.50	2.84	2.55	2.28	2.08	1.94	1.80
17	988.7	39.44	14.21	8.61	6.38	5.22	4.52	4.05	3.72	3.47	2.81	2.52	2.26	2.06	1.91	1.78
18	990.4	39.44	14.20	8.59	6.36	5.20	4.50	4.03	3.70	3.45	2.79	2.50	2.23	2.03	1.89	1.75
19	991.8	39.45	14.18	8.58	6.34	5.18	4.48	4.02	3.68	3.44	2.77	2.48	2.21	2.01	1.87	1.73
20	993.1	39.45	14.17	8.56	6.33	5.17	4.47	4.00	3.67	3.42	2.76	2.46	2.20	1.99	1.85	1.71
21	994.3	39.45	14.16	8.55	6.31	5.15	4.45	3.98	3.65	3.40	2.74	2.45	2.18	1.98	1.83	1.69
22	995.4	39.45	14.14	8.53	6.30	5.14	4.44	3.97	3.64	3.39	2.73	2.43	2.16	1.96	1.81	1.67
23	996.3	39.45	14.13	8.52	6.29	5.13	4.43	3.96	3.63	3.38	2.71	2.42	2.15	1.95	1.80	1.66
24	997.3	39.46	14.12	8.51	6.28	5.12	4.41	3.95	3.61	3.37	2.70	2.41	2.14	1.93	1.78	1.64
25	998.1	39.46	14.12	8.50	6.27	5.11	4.40	3.94	3.60	3.35	2.69	2.40	2.12	1.92	1.77	1.63
26	998.9	39.46	14.11	8.49	6.26	5.10	4.39	3.93	3.59	3.34	2.68	2.39	2.11	1.91	1.76	1.61
27	999.6	39.46	14.10	8.48	6.25	5.09	4.39	3.92	3.58	3.34	2.67	2.38	2.10	1.90	1.75	1.60
28	1000.2	39.46	14.09	8.48	6.24	5.08	4.38	3.91	3.58	3.33	2.66	2.37	2.09	1.89	1.74	1.59
29	1000.8	39.46	14.09	8.47	6.23	5.07	4.37	3.90	3.57	3.32	2.65	2.36	2.08	1.88	1.72	1.58
30	1001.4	39.46	14.08	8.46	6.23	5.07	4.36	3.89	3.56	3.31	2.64	2.35	2.07	1.87	1.71	1.57
35	1003.8	39.47	14.06	8.43	6.20	5.04	4.33	3.86	3.53	3.28	2.61	2.31	2.04	1.83	1.67	1.52
40	1005.6	39.47	14.04	8.41	6.18	5.01	4.31	3.84	3.51	3.26	2.59	2.29	2.01	1.80	1.64	1.48
45	1007.0	39.48	14.02	8.39	6.16	4.99	4.29	3.82	3.49	3.24	2.56	2.27	1.99	1.77	1.61	1.45
50	1008.1	39.48	14.01	8.38	6.14	4.98	4.28	3.81	3.47	3.22	2.55	2.25	1.97	1.75	1.59	1.43
60	1009.8	39.48	13.99	8.36	6.12	4.96	4.25	3.78	3.45	3.20	2.52	2.22	1.94	1.72	1.56	1.39
70	1011.0	39.48	13.98	8.35	6.11	4.94	4.24	3.77	3.43	3.18	2.51	2.20	1.92	1.70	1.53	1.36
80	1011.9	39.49	13.97	8.33	6.10	4.93	4.23	3.76	3.42	3.17	2.49	2.19	1.90	1.68	1.51	1.33
100	1013.2	39.49	13.96	8.32	6.08	4.92	4.21	3.74	3.40	3.15	2.47	2.17	1.88	1.66	1.48	1.30
150	1014.9	39.49	13.94	8.30	6.06	4.89	4.19	3.72	3.38	3.13	2.45	2.14	1.85	1.62	1.44	1.24
200	1015.7	39.49	13.93	8.29	6.05	4.88	4.18	3.70	3.37	3.12	2.44	2.13	1.84	1.60	1.42	1.21
∞	1018.3	39.50	13.90	8.26	6.02	4.85	4.14	3.67	3.33	3.08	2.40	2.09	1.79	1.55	1.35	1.00

续表

$\alpha = 0.01$

m	n															
	1	2	3	4	5	6	7	8	9	10	15	20	30	50	100	∞
1	4052.2	98.50	34.12	21.20	16.26	13.75	12.25	11.26	10.56	10.04	8.68	8.10	7.56	7.17	6.90	6.64
2	4999.5	99.00	30.82	18.00	13.27	10.92	9.55	8.65	8.02	7.56	6.36	5.85	5.39	5.06	4.82	4.61
3	5403.4	99.17	29.46	16.69	12.06	9.78	8.45	7.59	6.99	6.55	5.42	4.94	4.51	4.20	3.98	3.78
4	5624.6	99.25	28.71	15.98	11.39	9.15	7.85	7.01	6.42	5.99	4.89	4.43	4.02	3.72	3.51	3.32
5	5763.7	99.30	28.24	15.52	10.97	8.75	7.46	6.63	6.06	5.64	4.56	4.10	3.70	3.41	3.21	3.02
6	5859.0	99.33	27.91	15.21	10.67	8.47	7.19	6.37	5.80	5.39	4.32	3.87	3.47	3.19	2.99	2.80
7	5928.4	99.36	27.67	14.98	10.46	8.26	6.99	6.18	5.61	5.20	4.14	3.70	3.30	3.02	2.82	2.64
8	5981.1	99.37	27.49	14.80	10.29	8.10	6.84	6.03	5.47	5.06	4.00	3.56	3.17	2.89	2.69	2.51
9	6022.5	99.39	27.35	14.66	10.16	7.98	6.72	5.91	5.35	4.94	3.89	3.46	3.07	2.78	2.59	2.41
10	6055.9	99.40	27.23	14.55	10.05	7.87	6.62	5.81	5.26	4.85	3.80	3.37	2.98	2.70	2.50	2.32
11	6083.3	99.41	27.13	14.45	9.96	7.79	6.54	5.73	5.18	4.77	3.73	3.29	2.91	2.63	2.43	2.25
12	6106.3	99.42	27.05	14.37	9.89	7.72	6.47	5.67	5.11	4.71	3.67	3.23	2.84	2.56	2.37	2.18
13	6125.9	99.42	26.98	14.31	9.82	7.66	6.41	5.61	5.05	4.65	3.61	3.18	2.79	2.51	2.31	2.13
14	6142.7	99.43	26.92	14.25	9.77	7.60	6.36	5.56	5.01	4.60	3.56	3.13	2.74	2.46	2.27	2.08
15	6157.3	99.43	26.87	14.20	9.72	7.56	6.31	5.52	4.96	4.56	3.52	3.09	2.70	2.42	2.22	2.04
16	6170.1	99.44	26.83	14.15	9.68	7.52	6.28	5.48	4.92	4.52	3.49	3.05	2.66	2.38	2.19	2.00
17	6181.4	99.44	26.79	14.11	9.64	7.48	6.24	5.44	4.89	4.49	3.45	3.02	2.63	2.35	2.15	1.97
18	6191.5	99.44	26.75	14.08	9.61	7.45	6.21	5.41	4.86	4.46	3.42	2.99	2.60	2.32	2.12	1.93
19	6200.6	99.45	26.72	14.05	9.58	7.42	6.18	5.38	4.83	4.43	3.40	2.96	2.57	2.29	2.09	1.90
20	6208.7	99.45	26.69	14.02	9.55	7.40	6.16	5.36	4.81	4.41	3.37	2.94	2.55	2.27	2.07	1.88
21	6216.1	99.45	26.66	13.99	9.53	7.37	6.13	5.34	4.79	4.38	3.35	2.92	2.53	2.24	2.04	1.85
22	6222.9	99.45	26.64	13.97	9.51	7.35	6.11	5.32	4.77	4.36	3.33	2.90	2.51	2.22	2.02	1.83
23	6229.0	99.46	26.62	13.95	9.49	7.33	6.09	5.30	4.75	4.34	3.31	2.88	2.49	2.20	2.00	1.81
24	6234.6	99.46	26.60	13.93	9.47	7.31	6.07	5.28	4.73	4.33	3.29	2.86	2.47	2.18	1.98	1.79
25	6239.8	99.46	26.58	13.91	9.45	7.30	6.06	5.26	4.71	4.31	3.28	2.84	2.45	2.17	1.97	1.77
26	6244.6	99.46	26.56	13.89	9.43	7.28	6.04	5.25	4.70	4.30	3.26	2.83	2.44	2.15	1.95	1.76
27	6249.1	99.46	26.55	13.88	9.42	7.27	6.03	5.23	4.68	4.28	3.25	2.81	2.42	2.14	1.93	1.74
28	6253.2	99.46	26.53	13.86	9.40	7.25	6.02	5.22	4.67	4.27	3.24	2.80	2.41	2.12	1.92	1.72
29	6257.1	99.46	26.52	13.85	9.39	7.24	6.00	5.21	4.66	4.26	3.23	2.79	2.40	2.11	1.91	1.71
30	6260.7	99.47	26.50	13.84	9.38	7.23	5.99	5.20	4.65	4.25	3.21	2.78	2.39	2.10	1.89	1.70
35	6275.6	99.47	26.45	13.79	9.33	7.18	5.94	5.15	4.60	4.20	3.17	2.73	2.34	2.05	1.84	1.64
40	6286.8	99.47	26.41	13.75	9.29	7.14	5.91	5.12	4.57	4.17	3.13	2.69	2.30	2.01	1.80	1.59
45	6295.5	99.48	26.38	13.71	9.26	7.11	5.88	5.09	4.54	4.14	3.10	2.67	2.27	1.97	1.76	1.55
50	6302.5	99.48	26.35	13.69	9.24	7.09	5.86	5.07	4.52	4.12	3.08	2.64	2.25	1.95	1.74	1.52
60	6313.0	99.48	26.32	13.65	9.20	7.06	5.82	5.03	4.48	4.08	3.05	2.61	2.21	1.91	1.69	1.47
70	6320.6	99.48	26.29	13.63	9.18	7.03	5.80	5.01	4.46	4.06	3.02	2.58	2.18	1.88	1.66	1.43
80	6326.2	99.49	26.27	13.61	9.16	7.01	5.78	4.99	4.44	4.04	3.00	2.56	2.16	1.86	1.63	1.40
100	6334.1	99.49	26.24	13.58	9.13	6.99	5.75	4.96	4.41	4.01	2.98	2.54	2.13	1.82	1.60	1.36
150	6344.7	99.49	26.20	13.54	9.09	6.95	5.72	4.93	4.38	3.98	2.94	2.50	2.09	1.78	1.55	1.29
200	6350.0	99.49	26.18	13.52	9.08	6.93	5.70	4.91	4.36	3.96	2.92	2.48	2.07	1.76	1.52	1.25
∞	6365.9	99.50	26.13	13.46	9.02	6.88	5.65	4.86	4.31	3.91	2.87	2.42	2.01	1.68	1.43	1.00

Kolmogorov 检验分位数表

$$P\{D_n \geqslant D_\alpha(n)\} = \alpha$$

n	α				
	0.2	0.1	0.05	0.02	0.01
1	0.9022	0.9511	0.9755	0.9902	0.9951
2	0.6873	0.7789	0.8436	0.9011	0.9301
3	0.5658	0.6377	0.7096	0.7863	0.8303
4	0.4927	0.5655	0.6247	0.6904	0.7372
5	0.4473	0.5099	0.5640	0.6282	0.6698
6	0.4107	0.4683	0.5195	0.5782	0.6169
7	0.3818	0.4365	0.4839	0.5388	0.5766
8	0.3583	0.4099	0.4547	0.5074	0.5427
9	0.3390	0.3879	0.4305	0.4802	0.5145
10	0.3226	0.3688	0.4097	0.4573	0.4895
11	0.3083	0.3527	0.3915	0.4369	0.4680
12	0.2949	0.3374	0.3744	0.4184	0.4478
13	0.2841	0.3249	0.3609	0.4019	0.4304
14	0.2741	0.3138	0.3483	0.3890	0.4166
15	0.2652	0.3035	0.3372	0.3766	0.4036
16	0.2572	0.2942	0.3272	0.3655	0.3912
17	0.2500	0.2859	0.3175	0.3552	0.3807
18	0.2432	0.2783	0.3089	0.3453	0.3701
19	0.2370	0.2709	0.3010	0.3365	0.3606
20	0.2313	0.2645	0.2936	0.3281	0.3517
21	0.2258	0.2583	0.2869	0.3204	0.3430
22	0.2207	0.2525	0.2804	0.3132	0.3358
23	0.2161	0.2472	0.2746	0.3067	0.3290
24	0.2117	0.2421	0.2689	0.3006	0.3227
25	0.2076	0.2373	0.2637	0.2948	0.3164
26	0.2037	0.2329	0.2588	0.2894	0.3108
27	0.2000	0.2287	0.2540	0.2842	0.3053
28	0.1965	0.2248	0.2497	0.2794	0.2997
29	0.1931	0.2208	0.2454	0.2746	0.2952
30	0.1900	0.2174	0.2415	0.2700	0.2898
31	0.1871	0.2139	0.2376	0.2657	0.2854
32	0.1841	0.2106	0.2339	0.2616	0.2809
33	0.1814	0.2074	0.2305	0.2577	0.2767
34	0.1788	0.2044	0.2271	0.2540	0.2729
35	0.1763	0.2016	0.2240	0.2504	0.2689
36	0.1739	0.1987	0.2209	0.2470	0.2653
37	0.1716	0.1961	0.2179	0.2437	0.2617
38	0.1695	0.1937	0.2152	0.2407	0.2582
39	0.1673	0.1911	0.2125	0.2377	0.2554
40	0.1653	0.1889	0.2098	0.2348	0.2519
45	0.1560	0.1784	0.1983	0.2217	0.2382
50	0.1484	0.1695	0.1882	0.2106	0.2259
70	0.1257	0.1436	0.1597	0.1785	0.1915
100	0.1055	0.1205	0.1338	0.1497	0.1607
	$1.07/\sqrt{n}$	$1.22/\sqrt{n}$	$1.36/\sqrt{n}$	$1.52/\sqrt{n}$	$1.63/\sqrt{n}$

W 检验统计量的系数表

$a_i(n)$

i	n									
	1	2	3	4	5	6	7	8	9	10
1	—	—	0.7071	0.6794	0.6506	0.6246	0.6015	0.5812	0.5631	0.5470
2	—	—	—	0.1960	0.2769	0.3163	0.3369	0.3479	0.3535	0.3559
3	—	—	—	—	—	0.0993	0.1569	0.1930	0.2169	0.2332
4	—	—	—	—	—	—	—	0.0623	0.1041	0.1336
5	—	—	—	—	—	—	—	—	—	0.0436

i	n									
	11	12	13	14	15	16	17	18	19	20
1	0.5324	0.5192	0.5071	0.4960	0.4857	0.4763	0.4674	0.4592	0.4514	0.4442
2	0.3564	0.3555	0.3539	0.3517	0.3492	0.3465	0.3436	0.3407	0.3377	0.3348
3	0.2446	0.2526	0.2584	0.2624	0.2652	0.2671	0.2682	0.2689	0.2691	0.2690
4	0.1550	0.1711	0.1833	0.1927	0.2000	0.2058	0.2104	0.2140	0.2168	0.2190
5	0.0755	0.0995	0.1181	0.1327	0.1443	0.1537	0.1614	0.1677	0.1729	0.1773
6	—	0.0327	0.0579	0.0778	0.0938	0.1069	0.1176	0.1265	0.1340	0.1404
7	—	—	—	0.0257	0.0463	0.0630	0.0769	0.0885	0.0983	0.1066
8	—	—	—	—	—	0.0208	0.0380	0.0524	0.0646	0.0749
9	—	—	—	—	—	—	—	0.0174	0.0320	0.0445
10	—	—	—	—	—	—	—	—	—	0.0147

i	n									
	21	22	23	24	25	26	27	28	29	30
1	0.4373	0.4308	0.4247	0.4189	0.4133	0.4080	0.4030	0.3982	0.3936	0.3891
2	0.3319	0.3290	0.3261	0.3233	0.3206	0.3179	0.3153	0.3127	0.3102	0.3078
3	0.2686	0.2681	0.2673	0.2665	0.2656	0.2645	0.2635	0.2623	0.2612	0.2600
4	0.2208	0.2221	0.2231	0.2239	0.2243	0.2247	0.2248	0.2248	0.2247	0.2245
5	0.1809	0.1839	0.1864	0.1886	0.1903	0.1918	0.1930	0.1940	0.1948	0.1955
6	0.1458	0.1504	0.1543	0.1577	0.1607	0.1632	0.1654	0.1673	0.1690	0.1704
7	0.1138	0.1199	0.1253	0.1299	0.1339	0.1375	0.1406	0.1434	0.1458	0.1479
8	0.0838	0.0915	0.0982	0.1041	0.1092	0.1138	0.1178	0.1214	0.1246	0.1274
9	0.0552	0.0645	0.0726	0.0797	0.0859	0.0915	0.0964	0.1008	0.1047	0.1083
10	0.0274	0.0383	0.0479	0.0563	0.0637	0.0702	0.0760	0.0813	0.0859	0.0902
11	—	0.0127	0.0238	0.0335	0.0421	0.0497	0.0564	0.0625	0.0679	0.0728
12	—	—	—	0.0111	0.0209	0.0296	0.0373	0.0443	0.0505	0.0561
13	—	—	—	—	—	0.0098	0.0186	0.0264	0.0334	0.0398
14	—	—	—	—	—	—	—	0.0088	0.0167	0.0238
15	—	—	—	—	—	—	—	—	—	0.0079

续表

i	n									
	31	32	33	34	35	36	37	38	39	40
1	0.3849	0.3808	0.3769	0.3731	0.3694	0.3659	0.3625	0.3592	0.3560	0.3530
2	0.3054	0.3031	0.3008	0.2986	0.2964	0.2943	0.2923	0.2902	0.2883	0.2864
3	0.2588	0.2576	0.2563	0.2551	0.2539	0.2526	0.2514	0.2502	0.2490	0.2478
4	0.2242	0.2239	0.2235	0.2230	0.2225	0.2219	0.2214	0.2208	0.2201	0.2195
5	0.1960	0.1964	0.1966	0.1968	0.1969	0.1970	0.1969	0.1969	0.1967	0.1966
6	0.1716	0.1727	0.1736	0.1743	0.1750	0.1756	0.1760	0.1764	0.1767	0.1770
7	0.1498	0.1515	0.1530	0.1543	0.1555	0.1566	0.1575	0.1583	0.1590	0.1596
8	0.1300	0.1322	0.1343	0.1361	0.1378	0.1393	0.1406	0.1418	0.1429	0.1439
9	0.1114	0.1143	0.1169	0.1193	0.1214	0.1233	0.1251	0.1267	0.1281	0.1295
10	0.0940	0.0974	0.1005	0.1034	0.1060	0.1083	0.1105	0.1125	0.1143	0.1160
11	0.0773	0.0813	0.0850	0.0883	0.0913	0.0941	0.0967	0.0990	0.1012	0.1032
12	0.0612	0.0658	0.0700	0.0738	0.0773	0.0805	0.0835	0.0862	0.0887	0.0910
13	0.0455	0.0507	0.0555	0.0598	0.0638	0.0674	0.0708	0.0739	0.0767	0.0794
14	0.0302	0.0360	0.0413	0.0462	0.0506	0.0547	0.0585	0.0619	0.0651	0.0681
15	0.0150	0.0215	0.0274	0.0328	0.0377	0.0423	0.0464	0.0503	0.0538	0.0571
16	—	0.0072	0.0137	0.0196	0.0250	0.0300	0.0346	0.0389	0.0428	0.0464
17	—	—	—	0.0065	0.0125	0.0180	0.0230	0.0276	0.0319	0.0359
18	—	—	—	—	—	0.0060	0.0115	0.0165	0.0212	0.0256
19	—	—	—	—	—	—	—	0.0055	0.0106	0.0153
20	—	—	—	—	—	—	—	—	—	0.0051

i	n									
	41	42	43	44	45	46	47	48	49	50
1	0.3500	0.3471	0.3442	0.3415	0.3389	0.3363	0.3338	0.3313	0.3289	0.3266
2	0.2845	0.2827	0.2809	0.2791	0.2774	0.2757	0.2741	0.2725	0.2709	0.2694
3	0.2466	0.2454	0.2443	0.2431	0.2420	0.2409	0.2397	0.2387	0.2376	0.2365
4	0.2188	0.2182	0.2175	0.2168	0.2161	0.2154	0.2147	0.2140	0.2133	0.2126
5	0.1963	0.1961	0.1958	0.1955	0.1952	0.1948	0.1945	0.1941	0.1937	0.1933
6	0.1771	0.1773	0.1774	0.1774	0.1774	0.1774	0.1773	0.1772	0.1771	0.1769
7	0.1602	0.1606	0.1611	0.1614	0.1617	0.1620	0.1622	0.1623	0.1625	0.1626
8	0.1448	0.1456	0.1463	0.1470	0.1476	0.1481	0.1485	0.1489	0.1493	0.1496
9	0.1307	0.1318	0.1328	0.1337	0.1346	0.1353	0.1360	0.1367	0.1373	0.1378
10	0.1175	0.1189	0.1202	0.1214	0.1225	0.1235	0.1244	0.1253	0.1261	0.1268
11	0.1050	0.1067	0.1083	0.1098	0.1111	0.1123	0.1135	0.1146	0.1156	0.1165
12	0.0932	0.0952	0.0970	0.0987	0.1003	0.1018	0.1032	0.1044	0.1056	0.1068
13	0.0818	0.0841	0.0862	0.0882	0.0900	0.0917	0.0933	0.0948	0.0962	0.0975
14	0.0708	0.0734	0.0758	0.0780	0.0801	0.0820	0.0838	0.0855	0.0871	0.0886
15	0.0602	0.0630	0.0657	0.0682	0.0705	0.0726	0.0746	0.0765	0.0783	0.0800
16	0.0498	0.0529	0.0559	0.0586	0.0611	0.0635	0.0658	0.0679	0.0698	0.0717
17	0.0396	0.0430	0.0462	0.0492	0.0520	0.0546	0.0571	0.0594	0.0616	0.0636
18	0.0296	0.0333	0.0368	0.0401	0.0431	0.0459	0.0486	0.0511	0.0535	0.0557
19	0.0197	0.0237	0.0275	0.0310	0.0343	0.0374	0.0403	0.0430	0.0456	0.0480
20	0.0098	0.0142	0.0183	0.0221	0.0256	0.0290	0.0321	0.0350	0.0378	0.0404
21	—	0.0047	0.0091	0.0132	0.0171	0.0206	0.0240	0.0271	0.0301	0.0329
22	—	—	—	0.0044	0.0085	0.0124	0.0160	0.0193	0.0225	0.0255
23	—	—	—	—	—	0.0041	0.0080	0.0116	0.0150	0.0182
24	—	—	—	—	—	—	—	0.0039	0.0075	0.0109
25	—	—	—	—	—	—	—	—	—	0.0036

W 检验的下侧分位数表

$$P\{W_n \leqslant W_\alpha(n)\} = \alpha$$

n	α			n	α		
	0.01	0.05	0.10		0.01	0.05	0.10
3	0.7549	0.7747	0.7964	27	0.8872	0.9226	0.9374
4	0.6803	0.7559	0.7993	28	0.8908	0.9251	0.9391
5	0.6825	0.7724	0.8135	29	0.8936	0.9269	0.9407
6	0.7007	0.7878	0.8281	30	0.8963	0.9289	0.9424
7	0.7185	0.8042	0.8414	31	0.8997	0.9309	0.9438
8	0.7393	0.8191	0.8533	32	0.9020	0.9327	0.9453
9	0.7556	0.8308	0.8638	33	0.9050	0.9344	0.9466
10	0.7701	0.8424	0.8724	34	0.9070	0.9362	0.9478
11	0.7831	0.8519	0.8798	35	0.9092	0.9375	0.9490
12	0.7934	0.8602	0.8862	36	0.9114	0.9391	0.9502
13	0.8050	0.8671	0.8925	37	0.9138	0.9406	0.9513
14	0.8170	0.8737	0.8977	38	0.9161	0.9418	0.9523
15	0.8236	0.8800	0.9027	39	0.9176	0.9431	0.9533
16	0.8324	0.8853	0.9071	40	0.9197	0.9443	0.9543
17	0.8398	0.8902	0.9111	41	0.9209	0.9453	0.9552
18	0.8468	0.8946	0.9147	42	0.9226	0.9465	0.9561
19	0.8515	0.8986	0.9180	43	0.9239	0.9474	0.9569
20	0.8570	0.9028	0.9212	44	0.9250	0.9484	0.9577
21	0.8630	0.9066	0.9240	45	0.9270	0.9495	0.9585
22	0.8673	0.9096	0.9265	46	0.9280	0.9505	0.9593
23	0.8721	0.9126	0.9289	47	0.9297	0.9514	0.9600
24	0.8757	0.9152	0.9310	48	0.9312	0.9522	0.9607
25	0.8798	0.9180	0.9333	49	0.9323	0.9530	0.9614
26	0.8838	0.9204	0.9355	50	0.9333	0.9538	0.9621

附表8 D 检验的分位数表

$$P\{D \geqslant D_\alpha\} = \alpha$$

n	α					
	0.995	0.975	0.95	0.05	0.025	0.005
50	−3.9016	−2.7436	−2.2171	0.9388	1.0543	1.2312
60	−3.8506	−2.6868	−2.1794	0.9998	1.1282	1.3301
70	−3.7490	−2.6500	−2.1415	1.0455	1.1916	1.4086
80	−3.6659	−2.6054	−2.1068	1.0853	1.2375	1.4755
90	−3.6292	−2.5730	−2.0875	1.1191	1.2792	1.5376
100	−3.5582	−2.5632	−2.0630	1.1440	1.3119	1.5808
150	−3.3779	−2.4483	−2.0001	1.2447	1.4346	1.7566
200	−3.2754	−2.3967	−1.9628	1.2885	1.4988	1.8528
250	−3.1681	−2.3530	−1.9306	1.3318	1.5504	1.9364
300	−3.1169	−2.3074	−1.9044	1.3600	1.5887	1.9815
350	−3.0946	−2.2787	−1.8872	1.3837	1.6185	2.0178
400	−3.0813	−2.2563	−1.8645	1.3970	1.6431	2.0734
450	−3.0424	−2.2434	−1.8563	1.4174	1.6594	2.1111
500	−3.0074	−2.2316	−1.8448	1.4217	1.6827	2.1349
550	−2.9685	−2.2200	−1.8331	1.4355	1.6862	2.1693
600	−2.9888	−2.2041	−1.8147	1.4478	1.7069	2.1798
650	−2.9590	−2.1936	−1.8231	1.4578	1.7191	2.1813
700	−2.9369	−2.1892	−1.8160	1.4664	1.7291	2.1966
750	−2.9259	−2.1897	−1.8208	1.4685	1.7295	2.2196
800	−2.9273	−2.1816	−1.8052	1.4738	1.7339	2.2282
850	−2.9285	−2.1648	−1.7980	1.4779	1.7423	2.2375
900	−2.9280	−2.1608	−1.8000	1.4811	1.7462	2.2476
950	−2.9084	−2.1568	−1.7910	1.4846	1.7524	2.2611
1000	−2.9091	−2.1521	−1.7840	1.4955	1.7622	2.2785

附表9 二项分布表

$$Q(k;n,p)=\sum_{i=k}^{n}\mathrm{C}_n^i p^i(1-p)^{n-i}$$

n	k	0.01	0.02	0.04	0.05	0.06	0.08	0.1	0.2	0.3	0.4	0.5
5	5							0.00001	0.00032	0.00243	0.01024	0.03125
	4			0.00001	0.00003	0.00006	0.00019	0.00046	0.00672	0.03078	0.08704	0.18750
	3	0.00001	0.00008	0.00060	0.00116	0.00197	0.00453	0.00856	0.05792	0.16308	0.31744	0.50000
	2	0.00098	0.00384	0.01476	0.02259	0.03187	0.05436	0.08146	0.26272	0.47178	0.66304	0.81250
	1	0.04901	0.09608	0.18463	0.22622	0.26610	0.34092	0.40951	0.67232	0.83193	0.92224	0.96875
10	10									0.00001	0.00010	0.00098
	9									0.00014	0.00168	0.01074
	8								0.00008	0.00159	0.01229	0.05469
	7							0.00001	0.00086	0.01059	0.05476	0.17188
	6					0.00001	0.00004	0.00015	0.00637	0.04735	0.16624	0.37695
	5			0.00002	0.00006	0.00015	0.00059	0.00163	0.03279	0.15027	0.36690	0.62305
	4		0.00003	0.00044	0.00103	0.00203	0.00580	0.01280	0.12087	0.35039	0.61772	0.82812
	3	0.00011	0.00086	0.00621	0.01150	0.01884	0.04008	0.07019	0.32220	0.61722	0.83271	0.94531
	2	0.00427	0.01618	0.05815	0.08614	0.11759	0.18788	0.26390	0.62419	0.85069	0.95364	0.98926
	1	0.09562	0.18293	0.33517	0.40126	0.46138	0.56561	0.65132	0.89263	0.97175	0.99395	0.99902
15	15											0.00003
	14										0.00003	0.00049
	13									0.00001	0.00028	0.00369
	12									0.00009	0.00193	0.01758
	11								0.00001	0.00067	0.00935	0.05923
	10								0.00011	0.00365	0.03383	0.15088
	9								0.00078	0.01524	0.09505	0.30362
	8						0.00001	0.00003	0.00424	0.05001	0.21310	0.50000
	7					0.00001	0.00008	0.00031	0.01806	0.13114	0.39019	0.69638
	6			0.00002	0.00005	0.00015	0.00070	0.00225	0.06105	0.27838	0.59678	0.84912
	5		0.00001	0.00022	0.00061	0.00140	0.00497	0.01272	0.16423	0.48451	0.78272	0.94077
	4	0.00001	0.00018	0.00245	0.00547	0.01036	0.02731	0.05556	0.35184	0.70313	0.90950	0.98242
	3	0.00042	0.00304	0.02029	0.03620	0.05713	0.11297	0.18406	0.60198	0.87317	0.97289	0.99631
	2	0.00963	0.03534	0.11911	0.17095	0.22624	0.34027	0.45096	0.83287	0.96473	0.99483	0.99951
	1	0.13994	0.26143	0.45791	0.53671	0.60471	0.71370	0.79411	0.96482	0.99525	0.99953	0.99997
20	20											0.00000
	19											0.00002
	18										0.00001	0.00020
	17										0.00005	0.00129
	16									0.00001	0.00032	0.00591
	15									0.00004	0.00161	0.02069
	14									0.00026	0.00647	0.05766
	13								0.00002	0.00128	0.02103	0.13159
	12								0.00010	0.00514	0.05653	0.25172
	11								0.00056	0.01714	0.12752	0.41190
	10							0.00001	0.00259	0.04796	0.24466	0.58810
	9						0.00001	0.00006	0.00998	0.11333	0.40440	0.74828
	8					0.00001	0.00009	0.00042	0.03214	0.22773	0.58411	0.86841
	7			0.00001	0.00003	0.00011	0.00064	0.00239	0.08669	0.39199	0.74999	0.94234
	6			0.00010	0.00033	0.00087	0.00380	0.01125	0.19579	0.58363	0.87440	0.97931
	5		0.00004	0.00096	0.00257	0.00563	0.01834	0.04317	0.37035	0.76249	0.94905	0.99409
	4	0.00004	0.00060	0.00741	0.01590	0.02897	0.07062	0.13295	0.58855	0.89291	0.98404	0.99871
	3	0.00100	0.00707	0.04386	0.07548	0.11497	0.21205	0.32307	0.79392	0.96452	0.99639	0.99980
	2	0.01686	0.05990	0.18966	0.26416	0.33955	0.48314	0.60825	0.93082	0.99236	0.99948	0.99998
	1	0.18209	0.33239	0.55800	0.64151	0.70989	0.81131	0.87842	0.98847	0.99920	0.99996	1.00000

续表

n	k	0.01	0.02	0.04	0.05	0.06	0.08	0.1	0.2	0.3	0.4	0.5
	24											0.00000
	23											0.00001
	22											0.00008
	21										0.00001	0.00046
	20										0.00005	0.00204
	19										0.00028	0.00732
	18									0.00002	0.00121	0.02164
	17									0.00010	0.00433	0.05388
	16									0.00045	0.01317	0.11476
	15								0.00001	0.00178	0.03439	0.21218
	14								0.00008	0.00599	0.07780	0.34502
	13								0.00037	0.01747	0.15377	0.50000
25	12								0.00154	0.04425	0.26772	0.65498
	11							0.00001	0.00555	0.09780	0.41422	0.78782
	10						0.00001	0.00008	0.01733	0.18944	0.57538	0.88524
	9					0.00001	0.00008	0.00046	0.04677	0.32307	0.72647	0.94612
	8				0.00002	0.00007	0.00052	0.00226	0.10912	0.48815	0.84645	0.97836
	7			0.00004	0.00017	0.00051	0.00277	0.00948	0.21996	0.65935	0.92643	0.99268
	6		0.00001	0.00038	0.00121	0.00306	0.01229	0.03340	0.38331	0.80651	0.97064	0.99796
	5		0.00012	0.00278	0.00716	0.01505	0.04514	0.09799	0.57933	0.90953	0.99053	0.99954
	4	0.00011	0.00145	0.01652	0.03409	0.05976	0.13509	0.23641	0.76601	0.96676	0.99763	0.99992
	3	0.00195	0.01324	0.07648	0.12711	0.18711	0.32317	0.46291	0.90177	0.99104	0.99957	0.99999
	2	0.02576	0.08865	0.26419	0.35762	0.44734	0.60528	0.72879	0.97261	0.99843	0.99995	1.00000
	1	0.22218	0.39653	0.63960	0.72261	0.78709	0.87564	0.92821	0.99622	0.99987	1.00000	1.00000
	27											0.00000
	26											0.00003
	25											0.00016
	24										0.00001	0.00072
	23										0.00005	0.00261
	22										0.00022	0.00806
	21									0.00001	0.00086	0.02139
	20									0.00004	0.00285	0.04937
	19									0.00016	0.00830	0.10024
	18									0.00063	0.02124	0.18080
	17								0.00001	0.00212	0.04811	0.29233
	16								0.00005	0.00637	0.09706	0.42777
30	15								0.00023	0.01694	0.17537	0.57223
	14								0.00090	0.04005	0.28550	0.70767
	13								0.00311	0.08447	0.42153	0.81920
	12							0.00002	0.00949	0.15932	0.56891	0.89976
	11						0.00001	0.00009	0.02562	0.26963	0.70853	0.95063
	10					0.00001	0.00007	0.00045	0.06109	0.41119	0.82371	0.97861
	9				0.00001	0.00005	0.00041	0.00202	0.12865	0.56848	0.90599	0.99194
	8			0.00002	0.00008	0.00030	0.00197	0.00778	0.23921	0.71862	0.95648	0.99739
	7			0.00015	0.00057	0.00167	0.00825	0.02583	0.39303	0.84048	0.98282	0.99928
	6		0.00003	0.00106	0.00328	0.00795	0.02929	0.07319	0.57249	0.92341	0.99434	0.99984
	5	0.00001	0.00030	0.00632	0.01564	0.03154	0.08736	0.17549	0.74477	0.96985	0.99849	0.99997
	4	0.00022	0.00289	0.03059	0.06077	0.10262	0.21579	0.35256	0.87729	0.99068	0.99969	1.00000
	3	0.00332	0.02172	0.11690	0.18782	0.26760	0.43460	0.58865	0.95582	0.99789	0.99995	1.00000
	2	0.03615	0.12055	0.33882	0.44646	0.54453	0.70421	0.81631	0.98948	0.99969	1.00000	1.00000
	1	0.26030	0.45452	0.70614	0.78536	0.84374	0.91803	0.95761	0.99876	0.99998	1.00000	1.00000

索引

符号

A

B

C

D

E

F

G

T

W

X

Y

Z

符号说明

次序统计量 $(X_{(1)}, \cdots, X_{(n)})$
随机变量的 ξ 的期望　$E(\xi)$
随机变量的 ξ 的方差　$\mathrm{Var}(\xi)$
定义成　$\triangleq$
依分布相等　$\stackrel{d}{=}$
矩阵 $\boldsymbol{A}$ 的秩　$rk(\boldsymbol{A})$
矩阵 $\boldsymbol{A}$ 的转置　$\boldsymbol{A}^{\mathrm{T}}$
X 的示性函数　$I\,(X < x)$
Bernoulli 分布, 两点分布　$b(1, p)$
二项分布　$B(n, p)$
参数为 λ 的指数分布　$Exp(\lambda)$
均匀分布　$U(a, b)$
形状参数为 α、尺度参数为 λ 的 Γ 分布　$\Gamma(\alpha, \lambda)$
参数为 (μ, σ^2) 的正态分布　$N(\mu, \sigma^2)$
标准正态分布　$N(0, 1)$
标准正态分布 $N(0, 1)$ 的上侧 α 分位数　u_α
自由度为 n 的 χ^2 分布　$\chi^2(n)$
自由度为 n 的 χ^2 分布的上侧 α 分位数　$\chi^2_\alpha(n)$
自由度为 (m, n) 的 F 分布　$F(m, n)$
自由度为 (m, n) 的 F 分布的上侧 α 分位数　$F_\alpha(m, n)$
自由度为 n 的 t 分布　$t(n)$
自由度为 n 的 t 分布的上侧 α 分位数　$t_\alpha(n)$
X_n 几乎处处收敛到 Y　$X_n \xrightarrow{\text{a.s.}} Y$
X_n 依分布收敛到 Y　$X_n \xrightarrow{d} Y$
X_n 依概率收敛到 Y　$X_n \xrightarrow{P} Y$
X_n 依 r 阶矩收敛到 Y　$X_n \xrightarrow{rth} Y$

参考文献

[1] BERGER J O. Statistical decision theory and Bayesian analysis. 2nd ed. New York: Springer-Verlag, 1985.

[2] 陈家鼎. 序贯分析. 北京: 北京大学出版社, 1995.

[3] 陈家鼎, 孙山泽, 李东风, 等. 数理统计学讲义. 2 版. 北京: 高等教育出版社, 2006.

[4] 陈希孺, 方兆本, 李国英, 等. 非参数统计. 上海: 上海科技出版社, 1989.

[5] 陈希孺. 数理统计引论. 北京: 科学出版社, 1981.

[6] 陈希孺. 数理统计学简史. 长沙: 湖南教育出版社, 2002.

[7] 陈希孺. 高等数理统计学. 合肥: 中国科学技术大学出版社, 2009.

[8] 陈希孺, 倪国策. 数理统计学教程. 合肥: 中国科学技术大学出版社, 2009.

[9] CONOVER W J. 实用非参数统计. 崔恒建, 译. 3 版. 北京: 人民邮电出版社, 2006.

[10] DAVID H A. Order statistics. 2nd ed. New York: Wiley, 1981.

[11] EFRON B. The jackknife, the Bootstrap, and other resampling plans. Philadelphia: Society for industrial and applied mathematics, 1982.

[12] EFRON B, TIBSHIRANI R J. An introduction to the Bootstrap. New York: Chapman & Hall, 1993.

[13] 高惠璇. 统计计算. 北京: 北京大学出版社, 1995.

[14] 何书元. 概率论与数理统计. 北京: 高等教育出版社, 2006.

[15] 哈夫, 盖斯图. 怎能利用统计撒谎. 沈恩杰, 马世宽, 译. 北京: 中国统计出版社, 1989.

[16] 梁小筠. 正态性检验. 北京: 中国统计出版社, 1997.

[17] LEHMANN E L. Testing statistical hypotheses. 2nd ed. New York: John Wiley & Sons, 1986.

[18] LEHMANN E L, CASELLA G. 点估计理论. 郑忠国, 蒋建成, 童行伟, 译. 2 版. 北京: 中国统计出版社, 2005.

[19] 茆诗松, 王静龙. 数理统计. 上海: 华东师范大学出版社, 1990.

[20] 茆诗松, 王静龙, 濮晓龙. 高等数理统计. 2 版. 北京: 高等教育出版社, 2006.

[21] 茆诗松, 王玲玲. 可靠性统计. 上海: 华东师范大学出版社, 1984.

[22] RAO C R. Linear statistical inference and its applications. 2nd ed. New York: Wiley, 1973.

[23] ROSS S M. 统计模拟. 王兆军, 陈广雷, 邹长亮, 译. 4 版. 北京: 人民邮电出版社, 2007.

[24] RUBINSTEIN R Y. Simulation and the Monte Carlo method. New York: Wiley, 1981.

[25] SANTNER T J, Duffy D E. The statistical analysis of discrete data. New York: Springer-Verlag, 1989.

[26] SERFLING R J. Approximation theorems of mathematical statistics. New York: Wiley, 1980.

[27] SHAO J. Mathematical statistics. 2nd ed. New York: Springer, 2003.

[28] SHAO J, TU D. The jackknife and Bootstrap. New York: Springer-Verlag, 1995.

[29] STUART A, ORD J K, ARNOLD S. Kendall's advanced theory of statistics. New York: Wiley, 2008.

[30] 王静龙, 梁小筠. 定性数据分析. 上海: 华东师范大学出版社, 2005.

[31] 韦博成. 参数统计教程. 北京: 高等教育出版社, 2006.

[32] 韦博成, 鲁国斌, 史建清. 统计诊断引论. 南京: 东南大学出版社, 1991.

[33] 杨振海. 拟合优度检验. 合肥: 安徽教育出版社, 1994.

[34] 复旦大学. 概率论: 第二册. 北京: 人民教育出版社, 1979.

[35] 中国科学院数学研究所概率统计室. 常用数理统计表. 北京: 科学出版社, 1974.

[36] KULLBACK S, LEIBLER R A. On Information and Sufficiency. The Annals of Mathematical Statistics, 1951(22): 79–86.

[37] DEMPSTER A P, LAIRD N M, RUBIN D B. Maximum Likelihood from Incomplete Data via the EM Algorithm (with Discussion). Journal of the Royal Statistical Society. Series B, 1977(39): 1–38.

[38] HOLM S. A simple sequentially rejective multiple test procedure. Scandinavian Journal of Statistics, 1979, 6(2): 65–70.

[39] BENJAMINI Y, HOCHBERG Y. Controlling the false discovery rate: a practical and powerful approach to multiple testing. Journal of the Royal Statistical Society: series B (Methodological), 1995, 57(1): 289–300.

读者意见反馈

为收集对教材的意见建议，进一步完善教材编写并做好服务工作，读者可将对本教材的意见建议通过如下渠道反馈至我社。

咨询电话 400-810-0598

反馈邮箱 hepsci@pub.hep.cn

通信地址 北京市朝阳区惠新东街4号富盛大厦1座 高等教育出版社理科事业部

邮政编码 100029